员工岗位技能培训系列教材

YUANGONG GANGWEI JINENG PEIXUN XILIE JIAOCAI

# 采油（气）工

## CAIYOU(QI)GONG

中国石油华北油田公司 编

石油工业出版社

## 内 容 提 要

本书以采油采气技能操作项目为主干，以技能操作项目相关知识为支撑，全面介绍了抽油机井采油、螺杆泵井采油、自喷井采油、电动潜油井采油、采油站管理、注水管理、智慧油田、油水井动态分析、采气井管理、常用工具和量具、仪器仪表、技术培训与论文编写、综合管理等内容，涵盖了数字化油田、煤层气开采等生产操作项目，突出技能操作标准化，有助于提高基层员工技能操作水平。

本书可作为基层员工标准化操作技能培训教材，也可作为职业技能鉴定及基层管理干部和技术人员参考用书。

图书在版编目（CIP）数据

采油（气）工/中国石油华北油田公司编．—北京：
石油工业出版社，2019.3
员工岗位技能培训系列教材
ISBN 978-7-5183-3049-2

Ⅰ．①采… Ⅱ．①中… Ⅲ．①油气开采-技术培训-教材 Ⅳ．①TE3

中国版本图书馆 CIP 数据核字（2018）第 270923 号

---

出版发行：石油工业出版社
　　　　（北京市朝阳区安华里2区1号楼　100011）
　　网　址：www.petropub.com
　　编辑部：（010）64256770
　　图书营销中心：（010）64523633
经　　销：全国新华书店
印　　刷：北京中石油彩色印刷有限责任公司

2019年3月第1版　2019年3月第1次印刷
787×1092毫米　开本：1/16　印张：27
字数：670千字

定价：85.00元
（如发现印装质量问题，我社图书营销中心负责调换）
版权所有，翻印必究

# 《采油（气）工》编委会

主　　任：朱庆忠
副 主 任：周宝银　高　峰
委　　员：王习忠　宫　玉　郭连升　范昆仑　王振东
　　　　　付　起　匡　凯　杨培伦　李秉军　王爱法
　　　　　孙泽军　史　彤

# 《采油（气）工》编写组

主　　编：郭连升
副 主 编：王振东　付　起
编　　者：陈志朋　丁文昌　胡东华　贾剑磊　匡　凯
　　　　　李秉军　李海燕　李宏伟　李　明　刘海涛
　　　　　刘宏云　刘洪林　刘　伟　刘小明　马龙娜
　　　　　莫光明　时万军　宋庚雷　孙金凤　孙泽军
　　　　　万金华　王爱法　王建强　王　捷　王　卡
　　　　　王振海　吴鑫文　徐相忠　杨国鑫　杨万平
　　　　　杨培伦　于振山　余　刚　张洪涛　周　燕
　　　　　邹红刚　史　彤
审　　稿：王习忠　范昆仑　刘秀云　董瑞情　朱　荟

# 前言

采油（气）工担负着油气生产的主要任务，是油气生产的主力军，是企业发展不可或缺的操作岗位人力资源。提升采油（气）工的岗位操作技能，是安全生产、有序生产的有力保障。随着油田生产形势发展和智慧油田建设广泛推进，油气生产设备、设施等自动化程度逐渐提高，操作方法发生了较大变化，对员工岗位操作技能提出了更高的要求。为此，华北油田公司人事处组织相关岗位专业人员，对采油（气）大工种实际操作项目进行梳理，在完善常规操作项目的基础上，增加了煤层气采气和油气生产自动化操作等新内容，形成了一套内容全面、学习简便、实用性较强的培训教材。本书所述的采气工操作项目，特指煤层气采气工。

本书在编写过程中，深入结合生产现场实际情况，对采油（气）大工种操作项目进行系统梳理，将常用、实用的操作项目作为重点内容，新增了智慧油田生产中对变送器、传感器、仪表等前端设备的操作项目。鉴于煤层气采气使用的机械设备与采油使用的机械设备种类相同，型号、参数比较接近，所以，本书尝试将煤层气采气操作归纳到采油（气）大工种操作教材中，希望在采油（气）大工种培训中发挥更大作用。

本书以实际操作项目为主线，明确操作中的风险提示和注意事项，并以相关理论知识为支撑，详细描述了员工岗位操作技能步骤，符合操作员工培训学习的习惯，适用于采油（气）大工种培训。因此，教材在层次结构上进行了适当调整，培训时不限定技能等级级别要求，学员可以进行选择性地学习，从而快速、全面掌握操作技能。

本书的编审人员由采油（气）技能专家、技师以及华北石油培训中心的培训师组成。全书共分十三章，具体分工为：第一章由付起、刘伟、吴鑫文编写；第二章由李秉军、李明、王卡、周燕编写；第三章由王振东、王振海、丁文昌、杨万平编写；第四章由刘小明、刘洪林、王爱法编写；第五章由付起、宋庚雷、贾剑磊编写；第六章由匡凯、莫光明、李海燕、刘宏云编写；第七章由刘海涛、王爱法、李秉军、李宏伟、周燕、王建强、史彤、陈志朋、于振山、刘伟编写；第八章由时万军、杨培伦、余刚编写；第九章由孙金凤、邹红刚编写；第十章由郭连升、孙泽军、王捷编写；第十一章由匡凯、马龙娜、杨国鑫编写；第十二章由胡东华、杨培伦编写；第十三章由万金华、胡东华、徐相忠、王爱法、王振东、张洪涛编写。全书由郭连升统稿。

感谢华北石油培训中心在编写过程中给予编者的大力支持与帮助，由于编者水平有限，书中难免有疏漏、错误之处，请广大读者提出宝贵意见。

编　者<br>2018 年 8 月

# 目 录

第一章 抽油机井采油 ································································· 1
  第一节 采油井场工艺流程与设备设施 ············································· 1
    项目一 检查工艺流程 ······················································· 1
    项目二 检查加热炉工况 ···················································· 2
  背景知识 ········································································ 4
  思考练习题 ····································································· 8
  第二节 抽油机井的操作 ··························································· 9
    项目一 抽油机启停 ························································ 9
    项目二 抽油机井巡回检查 ················································ 10
    项目三 抽油机井开井、关井 ············································· 12
    项目四 抽油机井井口取样 ················································ 13
    项目五 更换井口压力表 ·················································· 14
    项目六 录取油压、套压 ·················································· 15
    项目七 更换光杆密封填料 ················································ 16
    项目八 调整抽油机刹车行程 ············································· 17
    项目九 抽油机一级保养 ·················································· 19
    项目十 检查抽油机底座水平 ············································· 21
    项目十一 更换抽油机曲柄销总成 ········································ 22
    项目十二 更换抽油机毛辫子、驱动绳 ··································· 24
    项目十三 抽油机井打捞光杆 ············································· 26
    项目十四 抽油机井校对驴头对中 ········································ 27
  背景知识 ······································································· 29
  思考练习题 ···································································· 34
  第三节 抽油机井管理 ··························································· 35
    项目一 测抽油机电流 ···················································· 35
    项目二 更换抽油机井电动机皮带 ········································ 36
    项目三 抽油机井口加药 ·················································· 37
    项目四 抽油机井井口憋压 ················································ 38
    项目五 检测调整电动机四点一线 ········································ 39
    项目六 抽油机井热洗 ···················································· 40
    项目七 抽油机井调冲次 ·················································· 42

· 1 ·

  项目八 调整游梁式抽油机防冲距 …………………………………… 43
  项目九 游梁式抽油机井碰泵 ………………………………………… 44
  项目十 调整抽油机平衡 …………………………………………………… 45
  项目十一 调整游梁式抽油机冲程 ……………………………………… 47
 背景知识 ……………………………………………………………………………… 49
 思考练习题 …………………………………………………………………………… 58

## 第二章 螺杆泵井采油
 第一节 螺杆泵井工艺流程、设备与设施 ………………………………………… 59
  项目一 螺杆泵井巡回检查 …………………………………………………… 59
  项目二 螺杆泵启停 …………………………………………………………… 60
 背景知识 ……………………………………………………………………………… 62
 思考练习题 …………………………………………………………………………… 66
 第二节 螺杆泵井操作 ……………………………………………………………… 67
  项目一 更换螺杆泵井密封盒填料 ……………………………………… 67
  项目二 更换螺杆泵井皮带 …………………………………………………… 68
 背景知识 ……………………………………………………………………………… 69
 思考练习题 …………………………………………………………………………… 71
 第三节 螺杆泵井管理 ……………………………………………………………… 71
  项目一 螺杆泵井提出转子洗井 ……………………………………………… 71
  项目二 螺杆泵井更换光杆 ……………………………………………………… 73
  项目三 更换（地面卧式驱动）螺杆泵电动机 …………………………… 74
  项目四 更换螺杆泵井驱动头 ……………………………………………… 75
  项目五 螺杆泵井憋压 ……………………………………………………… 77
  项目六 螺杆泵测电流 ……………………………………………………… 78
 背景知识 ……………………………………………………………………………… 79
 思考练习题 …………………………………………………………………………… 82

## 第三章 自喷井采油
 第一节 自喷井工艺流程与设备、设施 ………………………………………… 83
  项目一 自喷井巡回检查 ……………………………………………………… 83
  项目二 自喷井开、关井 …………………………………………………… 84
  项目三 自喷井井口取样 ……………………………………………………… 85
  项目四 自喷井检查更换压力表 ……………………………………………… 86
  项目五 自喷井检查更换油嘴 ……………………………………………… 87
  项目六 自喷井清蜡钢丝打接头 ………………………………………… 88
  项目七 自喷井机械清蜡 …………………………………………………… 89
  项目八 自喷井更换阀门 …………………………………………………… 90
 背景知识 ……………………………………………………………………………… 91
 思考练习题 …………………………………………………………………………… 100
 第二节 自喷井操作 ………………………………………………………………… 100

项目一　分离器加底水 …………………………………………………………100
　　　项目二　分离器冲底砂 …………………………………………………………101
　　　项目三　更换计量分离器板式液位计 …………………………………………102
　　　项目四　更换计量分离器安全阀 ………………………………………………103
　　背景知识 ……………………………………………………………………………104
　　思考练习题 …………………………………………………………………………113
　　第三节　自喷井管理 …………………………………………………………………113
　　　项目一　合理工作制度的选择 …………………………………………………113
　　　项目二　自喷井资料录取与分析 ………………………………………………114
　　　项目三　自喷井故障分析与处理 ………………………………………………115
　　背景知识 ……………………………………………………………………………118
　　思考练习题 …………………………………………………………………………121

第四章　电动潜油泵井采油 ……………………………………………………………122
　　第一节　电动潜油泵井工艺流程、设备与设施 ……………………………………122
　　　项目一　电动潜油泵井巡回检查 ………………………………………………122
　　　项目二　电动潜油泵井启泵 ……………………………………………………124
　　　项目三　电动潜油泵井停泵 ……………………………………………………125
　　背景知识 ……………………………………………………………………………127
　　思考练习题 …………………………………………………………………………130
　　第二节　电动潜油泵井操作 …………………………………………………………130
　　　项目一　电动潜油泵井清蜡 ……………………………………………………130
　　　项目二　电动潜油泵井洗井 ……………………………………………………132
　　背景知识 ……………………………………………………………………………134
　　思考练习题 …………………………………………………………………………135
　　第三节　电动潜油泵井管理 …………………………………………………………136
　　　项目一　处理电动潜油泵井欠载停机 …………………………………………136
　　　项目二　处理电动潜油泵井过载停机 …………………………………………137
　　　项目三　电动潜油泵井更换油嘴 ………………………………………………139
　　　项目四　电动潜油泵井作业跟踪描述 …………………………………………141
　　背景知识 ……………………………………………………………………………142
　　思考练习题 …………………………………………………………………………145

第五章　采油站管理 ……………………………………………………………………146
　　第一节　采油站设备、设施 …………………………………………………………146
　　　项目一　量油 ……………………………………………………………………146
　　　项目二　测气 ……………………………………………………………………147
　　　项目三　更换分离器安全阀 ……………………………………………………149
　　　项目四　添加闸板阀密封填料 …………………………………………………150
　　背景知识 ……………………………………………………………………………151
　　思考练习题 …………………………………………………………………………160

· 3 ·

## 第二节 采油站操作 ............................................. 161
### 项目一 启、停离心泵 ..................................... 161
### 项目二 制作更换法兰垫片 ............................... 162
### 项目三 更换阀门操作 ..................................... 164
### 项目四 站内扫线 ........................................... 165
## 背景知识 ............................................................. 167
## 思考练习题 ......................................................... 170
## 第三节 采油站管理 ............................................. 170
### 项目一 油水井资料的录取 ............................... 170
### 项目二 站内设备故障诊断与处理 .................... 177
### 项目三 管线堵塞故障处理 ............................... 179
## 背景知识 ............................................................. 179
## 思考练习题 ......................................................... 184

# 第六章 注水管理 ..................................................... 185
## 第一节 注水井工艺流程与设备设施 .................... 185
### 项目一 注水井巡回检查 ................................... 185
### 项目二 注水井开、关井 ................................... 186
### 项目三 倒注水井注水流程 ............................... 188
### 项目四 清洗、更换高压水表芯子 .................... 189
### 项目五 倒注水井洗井流程 ............................... 190
### 项目六 更换注水阀门及配件 ........................... 191
## 背景知识 ............................................................. 192
## 思考练习题 ......................................................... 196
## 第二节 注水井操作 ............................................. 197
### 项目一 注水井取水样 ..................................... 197
### 项目二 调整注水井注水量 ............................... 198
### 项目三 更换注水井压力表 ............................... 199
### 项目四 测注水井指示曲线 ............................... 199
### 项目五 注水井冲洗地面管线 ........................... 201
## 背景知识 ............................................................. 202
## 思考练习题 ......................................................... 204
## 第三节 注水井管理 ............................................. 204
### 项目一 注水井资料录取 ................................... 204
### 项目二 注水井故障诊断与处理 ....................... 205
### 项目三 注水井作业跟踪描述 ........................... 205
### 项目四 分析注水井指示曲线 ........................... 207
## 背景知识 ............................................................. 209
## 思考练习题 ......................................................... 219
## 第四节 注水井分注工艺 ..................................... 220

背景知识 ·················· 220
　　思考练习题 ················ 221
**第七章　智慧油田** ············ 222
　第一节　前端感知、采集设备 ······ 222
　　项目一　抽油机更换角位移传感器 ·· 222
　　项目二　抽油机更换载荷传感器 ···· 224
　　项目三　更换压力变送器 ········ 226
　　项目四　更换温度变送器 ········ 227
　　项目五　更换油井掺水流量自控仪 ·· 228
　　项目六　更换注水井高压流量自控仪 · 229
　　项目七　油井掺水流量自控仪保养与维护 · 231
　　项目八　RTU 供电故障排除 ······ 232
　　项目九　监控系统报警处理 ······ 233
　　背景知识 ·················· 234
　　思考练习题 ················ 235
　第二节　通信部分 ············ 235
　　背景知识 ·················· 235
　　思考练习题 ················ 242
　第三节　上位机软件平台部分 ······ 242
　　项目一　油井远程启停操作 ······ 242
　　项目二　远程启停注水泵操作 ····· 243
　　项目三　视频监控系统的操作 ····· 244
　　项目四　A2 生产报表的录入 ····· 245
　　项目五　油井自动计量 ········· 246
　　项目六　电动阀远程操作 ········ 247
　　项目七　视频监控系统的常见故障判断 · 247
　　项目八　抽油机井生产运行参数的采集分析 · 248
　　项目九　示功图的采集分析 ······ 249
　　项目十　无线压力变送器的更换 ···· 250
　　背景知识 ·················· 251
　　思考练习题 ················ 256
**第八章　油水井动态分析** ········ 257
　第一节　油水井单井动态分析 ······ 257
　　项目一　整理资料 ············ 257
　　项目二　单井地面分析 ········· 258
　　项目三　生产动态分析 ········· 258
　　项目四　单井措施效果分析 ······ 259
　　项目五　单井问题原因分析和整改 ·· 265
　　背景知识 ·················· 266

　　　　思考练习题…………………………………………………………………280
　　第二节　油水井井组动态分析………………………………………………280
　　　　项目一　整理井组资料……………………………………………………281
　　　　项目二　井组生产现状分析………………………………………………282
　　　　项目三　井组油层连通状况分析…………………………………………283
　　　　项目四　三大矛盾分析……………………………………………………284
　　　　项目五　井组地下动态变化分析…………………………………………285
　　　　项目六　井组措施效果分析………………………………………………286
　　　　项目七　井组问题原因分析和整改………………………………………287
　　背景知识…………………………………………………………………………289
　　思考练习题………………………………………………………………………298
第九章　采气井管理………………………………………………………………299
　　第一节　煤层气井现场操作…………………………………………………299
　　　　项目一　煤层气井示功图测试……………………………………………299
　　　　项目二　煤层气井动液面测试……………………………………………301
　　　　项目三　单井扫线、凝液缸放水…………………………………………302
　　　　项目四　旋进旋涡流量计故障判断及处理………………………………304
　　　　项目五　清管器的发球操作………………………………………………306
　　　　项目六　清管器的收球操作………………………………………………308
　　背景知识…………………………………………………………………………310
　　思考练习题………………………………………………………………………313
　　第二节　煤层气井排采管理…………………………………………………313
　　　　项目一　煤层气井资料录取………………………………………………313
　　　　项目二　单井监测辨识与处理……………………………………………315
　　背景知识…………………………………………………………………………316
　　思考练习题………………………………………………………………………322
第十章　常用工具、量具…………………………………………………………323
　　第一节　工具…………………………………………………………………323
　　　　项目一　管钳使用…………………………………………………………323
　　　　项目二　活动扳手使用……………………………………………………324
　　　　项目三　手钢锯使用………………………………………………………325
　　　　项目四　手钳使用…………………………………………………………326
　　　　项目五　螺钉旋具使用……………………………………………………327
　　　　项目六　黄油枪使用………………………………………………………328
　　　　项目七　锉刀使用…………………………………………………………329
　　　　项目八　大锤、手锤和撬杠使用…………………………………………329
　　　　项目九　台虎钳使用………………………………………………………330
　　　　项目十　拔轮器使用………………………………………………………331
　　　　项目十一　压力钳使用……………………………………………………332

项目十二　绳具、索具使用……………………………………………333
　　　项目十三　千斤顶使用…………………………………………………334
　思考练习题…………………………………………………………………334
　第二节　量具………………………………………………………………334
　　　项目一　内、外卡钳使用………………………………………………334
　　　项目二　塞尺使用………………………………………………………335
　　　项目三　游标卡尺使用…………………………………………………336
　　　项目四　钢尺和钢卷尺使用……………………………………………337
　　　项目五　水平尺使用……………………………………………………339
　　　项目六　量油尺使用……………………………………………………339
　　　项目七　量块使用………………………………………………………340
　　　项目八　外径千分尺使用………………………………………………340
　思考练习题…………………………………………………………………341
第十一章　仪器仪表……………………………………………………………342
　　　项目一　更换压力表……………………………………………………342
　　　项目二　钳型电流表的使用……………………………………………343
　　　项目三　干式水表的使用………………………………………………344
　　　项目四　可燃气体检测仪的使用………………………………………345
　　　项目五　硫化氢气体检测仪的使用……………………………………346
　背景知识……………………………………………………………………347
　思考练习题…………………………………………………………………354
第十二章　技术培训与论文编写………………………………………………355
　第一节　技术培训…………………………………………………………355
　　　项目一　调研培训需求…………………………………………………355
　　　项目二　组织教学………………………………………………………356
　　　项目三　设计培训评估表………………………………………………356
　背景知识……………………………………………………………………356
　思考练习题…………………………………………………………………357
　第二节　材料编写…………………………………………………………358
　　　项目一　编写技术教学方案……………………………………………358
　　　项目二　编写教学大纲…………………………………………………358
　　　项目三　编写培训教材…………………………………………………359
　　　项目四　编写技术论文…………………………………………………359
　背景知识……………………………………………………………………360
　思考练习题…………………………………………………………………364
第十三章　综合管理……………………………………………………………365
　第一节　识读工艺流程图…………………………………………………365
　　　项目一　读懂井站流程图………………………………………………365
　　　项目二　绘制井站流程图………………………………………………366

背景知识…………………………………………………………………368
　　思考练习题………………………………………………………………371
　第二节　安全用电基础知识……………………………………………371
　　项目一　试电笔使用……………………………………………………371
　　项目二　站内电气设备使用……………………………………………373
　　项目三　触电的现场急救………………………………………………375
　第三节　消防安全知识…………………………………………………377
　　项目一　消防器材使用…………………………………………………377
　　项目二　疏散人员………………………………………………………379
　　项目三　报火警…………………………………………………………380
　　项目四　扑救初起火灾…………………………………………………380
　第四节　HSE 管理体系、质量管理体系基础知识……………………382
　　项目一　正压呼吸机使用………………………………………………382
　　项目二　生产现场急救…………………………………………………383
　　项目三　应急预案编制…………………………………………………384
　　项目四　编写 QC 成果报告……………………………………………385
　　背景知识…………………………………………………………………389
　　思考练习题………………………………………………………………406
附录　采油（气）工技能等级表……………………………………………407
参考文献………………………………………………………………………418

# 第一章 抽油机井采油

在油田开发过程中,随着地层能量逐渐下降,到一定时期地层能量就不能使油井保持自喷,有些油田因为原始地层能量低从开始就不能自喷。油井不能保持自喷或自喷但产量过低时,就必须借助机械的能量进行采油,这种采油方法称为机械采油。

机械采油按照是否用抽油杆来传递动力可分为有杆泵采油和无杆泵采油两大类。

有杆泵采油是地面动力通过抽油杆柱传递,带动抽油泵做功,将井内液体抽至地面的采油方法。有杆泵采油分为常规有杆泵采油和螺杆泵采油两种。常规有杆泵采油分为游梁式抽油机采油和无游梁式抽油机采油。

无杆泵采油指利用不借助抽油杆来传递动力的抽油设备而进行的机械采油,如电动潜油泵、水力活塞泵和射流泵。

目前华北油田最主要的、也是应用最为广泛的采油方式是游梁式抽油机井采油方式。抽油机井采油操作分三节:采油井场工艺与设备、设施,抽油机井操作,抽油机井管理。根据现场生产实际情况及采油岗位日常管理需要,设置了27个操作项目和20个知识点。

## 第一节 采油井场工艺流程与设备设施

### 项目一 检查工艺流程

一、学习目标

了解井口工艺流程,能及时发现井口流程存在的问题或事故隐患,并做出应急处置。

二、风险提示

(1) 中毒。
(2) 人身伤害。

三、应急处置

(1) 发生有毒气体泄漏,戴空气呼吸器把中毒人员救出,送医院救治。
(2) 发生人身伤害,立即使伤者脱离伤害源,进行应急包扎后送往医院救治。

**四、操作规程**

1. 准备工作

(1) 穿戴好劳保用品,戴好安全帽。

(2) 准备工具、用具(表1-1)。

表1-1 检查工艺流程工具、用具表

| 序号 | 名称 | 规格 | 数量 |
| --- | --- | --- | --- |
| 1 | 活动扳手 | 300mm | 1把 |
| 2 | 管钳 | 600mm | 1把 |
| 3 | 棉纱 | | 若干 |

2. 操作步骤

(1) 检查井口流程。正常生产井,生产阀门、回压阀门、胶皮阀门处于打开状态,套管阀门关闭,测压、集气时打开,常停井或者测压井等临时关井的回压阀门处于关闭状态等。

(2) 检查设备有无缺损、松动、渗漏现象,如有问题应及时处理。

**五、注意事项**

(1) 不管是正常生产井还是常停和临时停井都要按照规定进行井口流程的检查。

(2) 常停井要定期测试液面,把采油树套管阀门关闭,并加丝堵。

# 项目二 检查加热炉工况

**一、学习目标**

掌握启运、停运、倒运加热炉操作规程,能够调节加热炉经济运行,提高炉效。能够处理加热炉常见故障,能够对加热炉日常维护和保养。

**二、风险提示**

(1) 回火伤人。

(2) 炉管穿孔;着火、爆炸。

(3) 环境污染。

**三、应急处置**

(1) 立即关闭燃气阀,送医院救治。

(2) 立即报警,然后关闭水套炉燃料阀门,打开水套炉旁通阀,关闭水套炉进、出口阀门(停抽油机),并利用现有消防器材进行灭火。

(3) 及时清理污染物并集中处理。

**四、操作规程**

1. 准备工作

(1) 穿戴好劳保用品。

(2) 准备工具、用具（表1-2）。

表 1-2　检查加热炉工况工具、用具表

| 序号 | 名称 | 规格 | 数量 |
| --- | --- | --- | --- |
| 1 | 活动扳手 | 250mm | 2 把 |
| 2 | 管钳 | 450mm | 1 把 |
| 3 | 阀门扳手 | F扳手 | 1 把 |

2. 操作步骤

1）加热炉工况检查

（1）首先检查壳体附件及管线的阀门、管件、仪器、仪表是否齐全。
（2）对壳体及所有管线进行彻底吹扫，保证壳体及管线内不含液体和残渣。
（3）进行试漏检查，确保各个静密封点无泄漏。
（4）检查空气及烟气通道是否正常。
（5）检查燃烧系统，保证燃料压力正常。
（6）检查防爆门的爆破片是否损坏，若损坏应及时更换。
（7）检查供电线路连接是否正确，电压是否正常合格。
（8）检查水套炉、燃料供给系统、油井出口系统的连接。
（9）检查水套炉的水位是否合适。

2）加热炉点炉步骤

（1）打开放空阀及补水阀，向壳体内加水，将水箱液位控制在不低于液位计读数的2/3处。
（2）供给燃料气，使加热装置预热。
（3）在加热装置点火时，首先将放空阀打开，建议用燃烧器50%的负荷进行加热升温，在缓慢升温的同时（过快升温会损坏壳体）排除壳内空气，到壳内压力0.01MPa时将放空阀关闭。
（4）待压力升到0.2MPa时，缓慢打开放空阀，使装置内蒸汽不断排放，装置内压力保持不变，持续时间约15～20min，使水位达到高水位位置下10mm处，开启放空阀。
（5）待加热壳体内水温达到70℃时，缓慢依次打开盘管进口各阀门，使被加热介质温度逐渐升高。
（6）待运行正常后，锁定控制系统参数，确保安全运行，并将运行参数记录存档，以便日后查用。

3）加热炉停炉步骤

（1）关闭燃烧器。
（2）关闭燃料供应系统。
（3）待加热装置温度降到接近环境温度时，关闭被加热介质进、出口阀门，但要使进口阀稍有开度，以防盘管压力升高，待加热装置壳体温度与环境温度一致时，方可将进口阀关闭。
（4）关闭系统电源。

(5) 长期或低温环境停车，加热装置必须进行放水处理。

4）紧急停加热炉步骤

(1) 关闭系统电源。

(2) 关闭燃料供应系统。

(3) 关闭燃烧器。

(4) 待加热装置温度降到接近环境温度时，关闭被加热介质进、出口阀门，但要使进口阀稍有开度，以防盘管压力升高，待加热装置温度与环境温度一致时，方可将进口阀关闭。

**五、注意事项**

(1) 壳体内工作压力为常压，在检漏时不得大于 0.2MPa。

(2) 换热盘管中工作压力不得大于铭牌上标识的数值。

(3) 定期取水样进行化验，保证水硬度小于 0.6mol/L，pH 值保持在 8.5～10 之间（钠离子交换法）或 8.5～12 之间（加药处理）。

(4) 补水过多，会使壳体内惰性气体增加，影响传热，造成被加热介质出口温度降低，这时就要打开放空阀，按以上步骤进行放空，将壳体内惰性气体排出使加热装置恢复正常。

(5) 如遇冬季需长期停运时，应将壳体内水放空，以免把壳体冻裂。

(6) 遇到下列情况之一时应紧急停车：

① 壳内水位低于最低水位线。

② 火嘴或烟管发生穿孔或破裂。

③ 火门或烟箱密封失严，大量烟气外冒。

④ 液位计、压力表中有一失灵者。

⑤ 控制器器件及附机出现故障，不能保证安全运行。

⑥ 不能在线处理的故障。

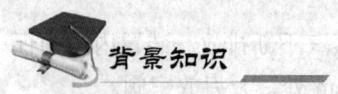
背景知识

## 一、井口装置的作用、结构和原理

**1. 抽油机井口装置的作用**

井口装置俗称"采油树"，是油、气、水井的一种重要、最常见的设备，是控制和调节油井生产的主要设备，它的主要作用是：

(1) 悬挂油管，承托井内的全部油管柱重量。

(2) 密封油、套管间的环形空间。

(3) 控制和调节油井的生产。

(4) 录取油、套压资料和测压、清蜡等日常生产管理。

(5) 保证各项井下作业，如诱喷、洗井、冲砂、打捞、酸化、压裂等的施工。

**2. 井口装置的结构**

井口装置主要由套管头、油管头和采油树三大部分组成。以国产 KY25/65 采油井口装置为例（图1-1），各部件有井口装置套管四通、左右套管阀门、油管四通、左右生产阀门、胶皮阀门、油管挂顶丝、卡箍、钢圈及其他附件。

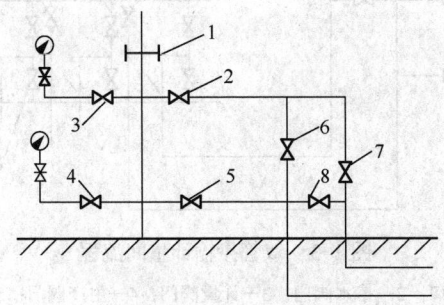

图1-1 抽油机井口装置组成示意图

1—胶皮阀门；2—右生产阀门；3—左生产阀门；4—左套管阀门；

5—右套管阀门；6—掺水阀门；7—回压阀门；8—直通阀门

## 二、集油流程

### 1. 单管冷输流程

油井所产出的油气水不用加热，经一条管线直接到多井汇集的井组计量间，如图1-2所示。

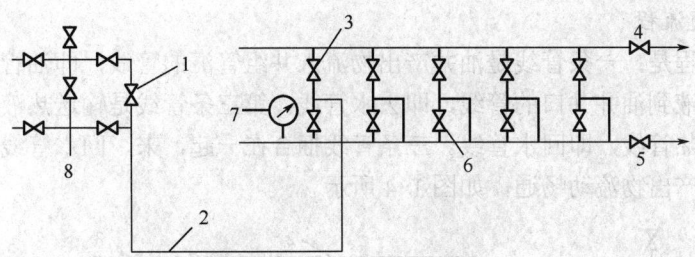

图1-2 单管冷输计量间流程

1—回压阀门；2—集油管线；3—计量阀门；4—计量总阀门；

5—外输至联合站；6—生产阀门；7—压力表；8—抽油机井井口

1）适用条件

单管冷输流程适用于油田开发的中、高含水阶段，并且单井产液量较大、管线深埋2m以下。

2）优缺点

优点：一条管线，建造成本低，因不用加热从而降低了大量油气自耗和电耗。

缺点：若油井长期停止抽油，冬季管线容易凝或冻，因此要进行清线处理；油井回压略高，驴头载荷增加。

### 2. 双管掺输流程

双管掺输流程是两条管线，一条是将泵站来热水从计量间输送到油井井口的管线，另一条是油井产出物和输送的热水在井口掺合在一起从井口回到计量间的管线，如图1-3所示。

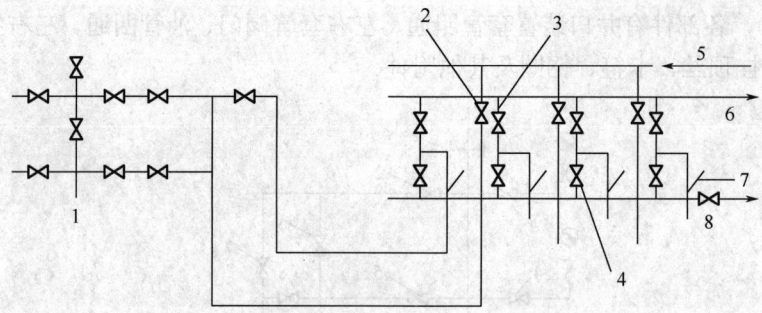

图 1-3 双管掺输计量间流程

1—抽油机井井口；2—掺水阀门；3—计量阀门；4—生产阀门；5—掺水来水；

6—去计量分离器；7—温度计；8—外输至联合站

1）适用条件

双管掺输流程适用于原油黏度较大,管材消耗低,给油井产出物加热效率较高而形成的流程。

2）优缺点

优点：热水直接与油井产出的液体接触，混合给其加热，因此热能的利用率较高，可节省热能；回油管线的温度容易控制在某一高于凝点以上的范围内。

缺点：在计量间量油时，要关闭去热水管线的阀门，然后才能计量，计量完后应及时打开阀门，计量管理较烦琐；另外，油水分离工作量较大。

3. 三管伴随流程

三管伴随流程是：一条管线是油井产出物流入井组管汇的管线，即油管线；另一条管线是由井组输送热液到油井井口的管线，即去水管线；第三条管线是输送热液管线到油井井口后，又流回的回热管线，即回水管线。三条管线捆合在一起，来、回水管线给油管线加热，以此来保证油井产出物流动畅通，如图 1-4 所示。

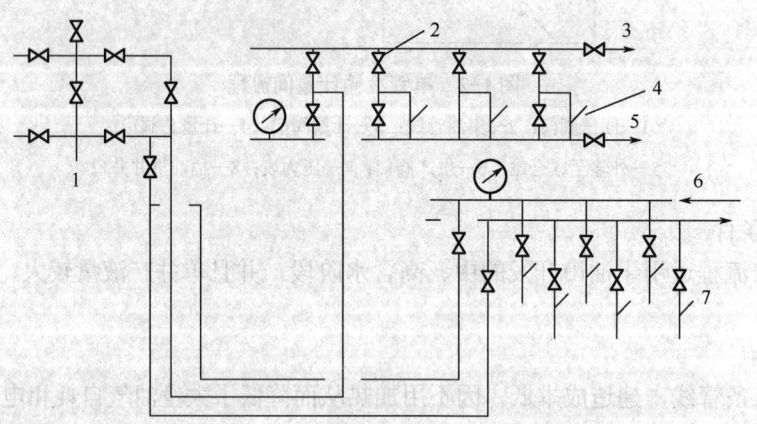

图 1-4 三管伴随计量间流程

1—抽油机井井口；2—计量阀门；3—去计量分离器；4—温度计；

5—外输至联合站；6—伴热来水；7—伴热回水

1）适用条件

三管伴随流程适用于油井所产原油稠度低、凝点偏低，或单井产液量较高的情况。

2）优缺点

优点：与两管掺输流程比较，计量方便，油水分离量大大减少，节省电能和减少三合一油罐，管理方便。

缺点：由于靠来回水管线热量传导给油管线，热能利用率低、热量损失较大；管材用量大，建造成本较高。

### 三、抽油机的结构、类型和工作原理

华北油田公司目前常用抽油机为常规式游梁式抽油机和双驴头抽油机（图1-5、图1-6），也有少量塔架式抽油机。

#### 1. 常规式游梁式抽油机的结构

常规式游梁式抽油机是游梁式抽油机的基本形式之一。它的结构特点是：曲柄连杆机构和驴头分别位于支架的前后两边，曲柄轴中心基本位于游梁尾轴的正下方，减速器多安装在用钢板焊成的高基座上。它主要由动力机、减速箱、曲柄、连杆、驴头、支架、底座、刹车装置、悬绳器以及平衡块等组成。抽油机的动力机有电动机和天然气发动机等，目前应用最多的是电动机，如图1-5所示。

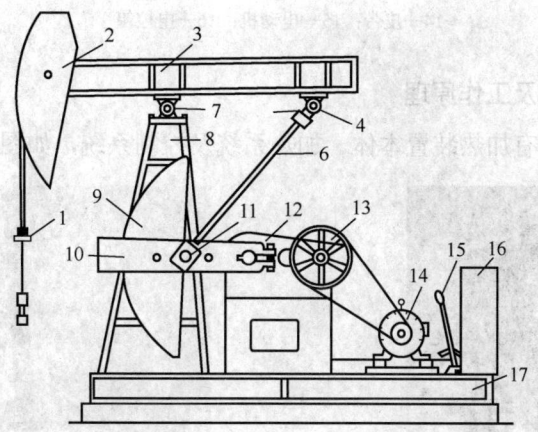

图1-5　常规式游梁式抽油机结构图

1—悬绳器；2—驴头；3—游梁；4—尾轴承；5—横梁；6—连杆；7—中央轴承；
8—支架；9—平衡块；10—曲柄；11—曲柄销；12—减速箱；13—减速箱皮带轮；
14—电动机；15—刹车装置；16—电路控制装置；17—底座

#### 2. 抽油机的类型

抽油机可分为常规式游梁式抽油机、前置式游梁式抽油机、无游梁式抽油机等。

#### 3. 抽油机工作原理

游梁式抽油机工作原理是：由动力机供给动力，经减速器将动力机的高速转动变为抽油机曲柄的低速转动，并由曲柄—连杆—游梁机构将旋转运动变为抽油机驴头的上、下往复运动，经悬绳器总成带动深井泵工作。

塔架式抽油机在华北油田常用的机型为塔架外转子电动机曳引抽油机，如图1-7所示。

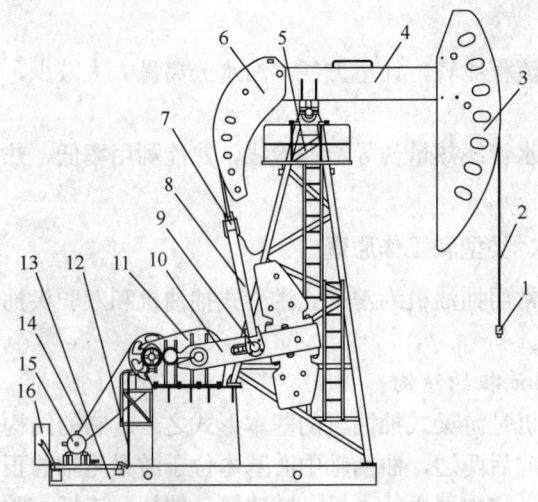

图 1-6 双驴头抽油机结构图

1—悬绳器；2—毛辫子；3—前驴头；4—游梁；5—支架；6—后驴头；7—横梁；
8—连杆；9—曲柄销；10—曲柄；11—减速箱；12—刹车装置；13—底座；
14—皮带；15—电动机；16—电控箱

## 四、加热炉的结构及工作原理

加热炉的结构主要有加热装置本体、加热系统及控制系统，如图 1-8 所示。

图 1-7 塔架式抽油机

图 1-8 加热炉

加热炉的工作原理是：由燃烧器利用油井套管气加热火筒产生火焰，经火筒和烟管对其壳体内的水进行加热，然后热水对盘管内的介质换热，提升盘管内介质的温度。

## 思考练习题

1. 井口装置由哪些部件组成？它们的作用是什么？
2. 请解释抽油机的工作原理。

3. 集油流程的种类及适用条件是什么？
4. 游梁式抽油机的工作原理是什么？
5. 加热炉的工作原理是什么？

## 第二节　抽油机井的操作

### 项目一　抽油机启停

一、学习目标

掌握抽油机启动及停止的操作方法。

二、风险提示

（1）触电。
（2）设备损坏。
（3）机械伤害。

三、应急处置

（1）人员触电后，立即切断电源或者使伤者脱离电源，然后对伤者进行救护，并送往医院救治。
（2）维修、更换设备。
（3）发生机械伤害，立即使伤者脱离伤害源，进行应急包扎后送往医院救治。

四、操作规程

1. 准备工作

（1）穿戴好劳保用品。
（2）准备工具、用具（表1-3）。

表1-3　抽油机启停操作工具、用具表

| 序号 | 名称 | 规格 | 数量 |
| --- | --- | --- | --- |
| 1 | 管钳 | 600mm | 1把 |
| 2 | 试电笔 |  | 1支 |
| 3 | 钳形电流表 |  | 1块 |
| 4 | 记录纸 |  | 1张 |
| 5 | 记录笔 |  | 1支 |
| 6 | 绝缘手套 |  | 1副 |

（3）检查光杆卡子、毛辫子是否完好，悬绳器是否水平。
（4）检查抽油机各连接部位是否紧固牢靠，各润滑部位的油质和油位是否合格。

（5）检查刹车是否灵活好用，检查皮带的松紧度及四点一线。

（6）检查电器设备和接地的完好情况，检查抽油机周围是否无障碍物。

（7）松开刹车，手按皮带盘动抽油机，检查是否有碰卡现象。

（8）检查三相电源是否有电。

2. 操作步骤

1）启动抽油机

（1）倒好流程，检查放空阀是否关闭，侧身打开回压阀、生产阀。

（2）用试电笔测试配电柜无电，打开配电柜门，松开刹车，戴好绝缘手套，侧身合上空气开关，利用惯性启动抽油机。

（3）听：抽油机各部件运行声音是否正常。

（4）看：抽油机各部件是否有松动、脱出、滑动现象，毛辫子是否打扭。

（5）测：用钳形电流表测三相电源上下冲程电流峰值。

（6）摸：检测电动机和光杆温度是否正常。

2）停止抽油机

（1）用试电笔测试配电柜无电，打开配电柜门，戴好绝缘手套，侧身按停止按钮停机，刹紧刹车，侧身断电。

（2）微调停机位置时，松刹车必须缓慢。

（3）当油井含蜡高、含稠油、含气量大时，驴头应停在下死点；当含砂量大时，驴头停在上死点。一般井，驴头停在上冲程的 1/3～1/2 处。

（4）若长期停井要扣上死刹，冬季应扫线。

**五、注意事项**

（1）新井投产时，三管流程要提前 12h 用热水对管线预热，掺水流程井提前打开掺水阀，使进站温度达到 40℃ 以上。

（2）按要求定期保养维护。

（3）操作人员在操作前自我复述确认。

# 项目二　抽油机井巡回检查

**一、学习目标**

掌握抽油机巡回检查的方法。

**二、风险提示**

（1）触电。

（2）机械伤害。

**三、应急处置**

（1）人员触电后，立即切断电源或者使伤者脱离电源，然后对伤者进行救护，并送往医院救治。

（2）发生机械伤害，立即使伤者脱离伤害源，进行应急包扎后送往医院救治。

## 四、操作规程

1. 准备工作

（1）穿戴好劳保用品。

（2）准备工具、用具（表1-4）。

表1-4　抽油机巡回检查工具、用具表

| 序号 | 名称 | 规格 | 数量 |
|---|---|---|---|
| 1 | 管钳 | 600mm | 1把 |
| 2 | 活动扳手 | 200mm、375mm | 各1把 |
| 3 | 平口螺丝刀 | 200mm | 1把 |
| 4 | 钳形电流表 | 现场自定 | 1块 |
| 5 | 压力表 | | 1块 |
| 6 | 绝缘手套 | | 1副 |
| 7 | 试电笔 | | 1支 |

2. 操作步骤

（1）检查井口流程是否正确，各阀门开关是否处于正常位置，设备有无缺损、松动、渗漏现象。

（2）检查并录取井口油压、套压。

（3）检查并调整光杆密封填料压帽松紧度，光杆应不发热、不漏气、不带油。

（4）观察驴头是否对中，驴头销子是否窜出，悬绳器是否偏斜，钢丝绳有无断丝。

（5）听有无碰挂声，出油声是否正常。

（6）听各运转部位声音是否正常。

（7）看减速箱是否漏油，油位是否合格。

（8）检查曲柄销安全线有无变化。

（9）观察皮带有无打滑跳动现象。

（10）检查各连接部位螺栓是否松动，固定螺栓开口销或止退螺帽是否齐全完好。

（11）检查刹车系统是否完好，抽油机基础有无振动现象。

（12）检查电动机接地线是否完好，电动机温度是否正常。

（13）检查抽油机平衡率。

（14）检查井场是否平整、无油污、无杂草，埋地管线有无裸露、渗漏。

（15）记录相关数据，清洁现场，将废弃物回收到指定地点。

## 五、注意事项

（1）测电流，85%≤平衡率≤115%为合格。

（2）在检查电动机温度时，防止触电。

（3）每隔4h巡回检查路线，逐井检查一次，如遇有作业施工、异常井或刮风、下雨、下雪等恶劣天气，必须增加检查次数。

# 项目三　抽油机井开井、关井

## 一、学习目标

掌握抽油机井开、关井操作。

## 二、风险提示

(1) 触电。
(2) 机械伤害。
(3) 泄漏。
(4) 火灾。

## 三、应急处置

(1) 人员触电后，立即切断电源，然后对伤者进行救护，并送往医院救治。

(2) 发生机械伤害，立即使伤者脱离伤害源，进行应急包扎后送往医院救治。

(3) 发生憋压、泄漏事故，检查并打开生产阀门、回压阀门、计量间阀门，若以上阀门均在打开状态，再进一步判断集油管线是否堵塞。

(4) 井口发生火灾，首先停机，在许可情况下再关闭生产阀门、回压阀门，同时现场取土进行灭火，根据火情大小决定是否向上级汇报。

## 四、操作规程

1. 准备工作

(1) 穿戴好劳保用品。
(2) 准备工具、用具（表1-5）。

表1-5　抽油机井开关井工具、用具表

| 序号 | 名称 | 规格 | 数量 |
| --- | --- | --- | --- |
| 1 | 管钳 | 600mm | 1把 |
| 2 | 活动扳手 | 300mm、375mm | 各1把 |
| 3 | 压力表 | 6MPa | 1块 |
| 4 | 绝缘手套 |  | 1副 |
| 5 | 试电笔 |  | 1支 |
| 6 | 棉纱 |  | 若干 |

(3) 检查并确认计量间、井口流程正常。
(4) 检查井场周围环境，确保安全。

2. 操作步骤

1) 开井操作

(1) 依次打开井口回压阀门、生产阀门。
(2) 启动抽油机（具体操作见启动抽油机操作）。

(3) 录取油、套压资料。
(4) 检查井口流程是否正常。
(5) 记录相关数据,清理现场,将废弃物回收到指定地点。

2) 关井操作

(1) 停止抽油机(具体操作见抽油机停机操作)。
(2) 关闭生产阀门、回压阀门。
(3) 记录相关数据,清理现场。

### 五、注意事项

(1) 出砂井抽油机停在上死点,气油比高、结蜡严重、油稠井抽油机停在下死点,一般抽油机井停在上冲程 1/3～1/2 处。
(2) 长期关井要注意管线保温。

## 项目四 抽油机井井口取样

### 一、学习目标

掌握井口正确的取样方法,以确保资料录取的准确性。

### 二、风险提示

(1) 样桶密封不严或受热膨胀,导致油品流出,污染环境。
(2) 中毒:井内含有硫化氢气体等有毒、有害气体。
(3) 设备损坏:因操作不当造成阀门等物件损坏。

### 三、应急处置

(1) 盖紧盖子放置阴凉处。
(2) 含有毒气体井必须要有安全防护措施。
(3) 严格按照操作规程操作。

### 四、操作规程

1. 准备工作

(1) 穿戴好劳保用品。
(2) 准备工具、用具(表1-6)。

表1-6 抽油机井井口取样工具、用具表

| 序号 | 名称 | 规格 | 数量 |
| --- | --- | --- | --- |
| 1 | 取样桶 | | 1个 |
| 2 | 排污桶 | | 1个 |
| 3 | 取样条 | | 1张 |
| 4 | 记录笔 | | 1支 |
| 5 | 取样扳手 | | 1把 |
| 6 | 绝缘手套 | | 1副 |

(3)在取样条上将井号、时间等参数填好，检查样桶无油污、无裂缝，携带样桶、工具等到达井场。

(4)核实取样井号。

2. 操作步骤

(1)打开取样阀门放净死油。

(2)用样桶对准取样阀门，分三次取样，取到样桶的2/3。

(3)关闭取样阀门，擦净取样口。

(4)盖好桶盖，贴好标签。

(5)记录好数据，收拾工具，清理现场，将废弃物回收到指定地点。

### 五、注意事项

(1)取样时站在上风口。

(2)开关阀门需侧身。

(3)抽油机上冲程过程中取样。

(4)严格按照环保要求，不能对地放空排油。

## 项目五　更换井口压力表

### 一、学习目标

掌握更换井口压力表的操作规程和安全注意事项。

### 二、风险提示

(1)中毒。

(2)人身伤害。

### 三、应急处置

(1)操作时注意风向，并正确使用劳动保护器具。

(2)使用工具、用具时，操作要平稳，避免敲击和碰撞。开关阀门时人应站在侧面，避免丝杠飞出伤人。

### 四、操作规程

1. 准备工作

(1)穿戴好劳保用品。

(2)准备工具、用具（表1-7）。

表1-7　更换井口压力表工具、用具表

| 序号 | 名称 | 规格 | 数量 |
| --- | --- | --- | --- |
| 1 | 活动扳手 | 200mm、300mm | 各1把 |
| 2 | 平口螺丝刀 | 150mm | 1把 |
| 3 | 记录纸 |  | 1张 |

续表

| 序号 | 名称 | 规格 | 数量 |
|---|---|---|---|
| 4 | 压力表 | | 1块 |
| 5 | 记录笔 | | 1支 |
| 6 | 棉纱 | | 若干 |
| 7 | 密封垫 | | 若干 |
| 8 | 放空桶 | | 1个 |
| 9 | 通针 | | 1根 |

2. 操作步骤

（1）记录井口原压力表数值，关闭压力表引压阀门。

（2）缓慢打开泄压阀门，确认被更换压力表指针归零后，用一把扳手固定表座，用另一把扳手缓慢松开压力表，用手边卸边摇压力表，将压力表卸下。

（3）用通针清理压力表接头内污物。

（4）更换压力表密封垫。

（5）装表，先用双手使压力表与表接头对正，缓慢上扣，确认没有偏扣，用一把扳手固定表座，用另一把扳手缓慢上牢压力表。

（6）关闭泄压阀，打开压力表控制阀，观察记录压力值。

（7）对照新旧压力表值，符合要求即可完成操作。

（8）更换压力表后，检查压力表接头处、压力表阀门无渗漏，检查压力表安装方向，便于资料录取。

（9）收拾工具、用具，清理现场，做好记录。

**五、注意事项**

（1）不准带压操作。

（2）拆卸压力表不能用手直接拧表盘，不准身体正对阀门操作。

（3）压力表工作压力一定要在量程的 1/3~2/3 之间。

## 项目六　录取油压、套压

**一、学习目标**

掌握正确录取油压、套压的方法。

**二、风险提示**

（1）中毒。

（2）人身伤害。

**三、应急处置**

（1）操作时注意风向，并正确使用劳动保护用品。

（2）使用工具、用具时，操作要平稳，避免敲击和碰撞，开关阀门时人应站在侧面，避兔丝杠飞出伤人。

### 四、操作规程

1. 准备工作

（1）正确穿戴劳动保护用品。

（2）准备工具、用具（表1-8）。

表1-8 录取油压、套压工具、用具表

| 序号 | 名称 | 规格 | 数量 |
| --- | --- | --- | --- |
| 1 | 活动扳手 | 200mm、300mm | 各1把 |
| 2 | 记录纸 |  | 1张 |
| 3 | 压力表 |  | 1块 |
| 4 | 记录笔 |  | 1支 |
| 5 | 棉纱 |  | 若干 |
| 6 | 密封垫 |  | 若干 |
| 7 | 放空桶 |  | 1个 |
| 8 | 通针 |  | 1根 |

2. 操作步骤

（1）携带好工具、用具及压力表等来到井场。检查井口生产流程是否正常，油压、套压阀门是否打开，油、套压力表是否符合要求。

（2）录取压力：眼睛、指针、刻度三点一线读出压力值；如果油压随井口产量波动（抽油机井泵况好的井在上冲程时压力上升，下冲程时略有下降），取其最高值，并记录下数值。

### 五、注意事项

（1）录取的压力值要在压力表量程的1/3~2/3之间，否则要更换量程合适的压力表。

（2）放空时要准备放空桶，防止污油落地，污染环境。

## 项目七 更换光杆密封填料

### 一、学习目标

掌握更换光杆密封填料的操作方法。

### 二、风险提示

（1）触电。

（2）人身伤害。

### 三、应急处置

（1）人员触电后，立即切断相关电源，然后对伤者进行救护，并送往附近医院救治。

（2）人员受伤后应对伤者进行救护并送往附近医院进行救治。

### 四、操作规程

1. 准备工作

(1) 穿戴好劳保用品。

(2) 准备工具、用具（表1-9）。

表1-9 更换光杆密封填料工具、用具表

| 序号 | 名称 | 规格 | 数量 |
| --- | --- | --- | --- |
| 1 | 管钳 | 600mm | 1把 |
| 2 | 活动扳手 | 300mm | 1把 |
| 3 | 平口螺丝刀 | 300mm | 1把 |
| 4 | 钢锯或切刀 |  | 1把 |
| 5 | 试电笔 |  | 1支 |
| 6 | 棉纱 |  | 若干 |
| 7 | 胶皮密封填料 |  | 若干 |
| 8 | 挂钩 |  | 1个 |
| 9 | 黄油 |  | 1盒 |
| 10 | 绝缘手套 |  | 1副 |

(3) 切密封填料呈30°～45°，切口要顺时针方向。

2. 操作步骤

(1) 用试电笔测试配电柜无电，打开配电柜门，戴绝缘手套侧身按停止按钮，将抽油机停在接近下死点方便操作的位置，刹紧刹车，戴绝缘手套侧身切断电源。

(2) 均匀交替关闭胶皮阀门。

(3) 卸掉密封盒压盖，用挂钩吊在悬绳器上。

(4) 取出旧光杆密封填料。

(5) 把锯好的光杆密封填料涂少许黄油加入密封盒内，密封填料切口一点要错开120°～180°，上好压盖，松紧适当。

(6) 开胶皮阀门，松开刹车，戴绝缘手套侧身送电，按操作规程启动抽油机。

(7) 调整光杆密封盒松紧度（光杆密封盒应不刺不漏，光杆不发热，即松紧度合适）。

(8) 清理场地，将废弃物回收到指定地点，把相关数据填入报表。

### 五、注意事项

1) 操作时不能用手抓光杆，密封盒压帽固定牢固。

2) 停机前检查刹车是否灵活好用。

3) 检查光杆是否发热。

## 项目八　调整抽油机刹车行程

### 一、学习目标

掌握调整刹车行程的操作方法。

## 二、风险提示

(1) 机械伤害。
(2) 触电。
(3) 高空坠落。

## 三、应急处置

(1) 禁止站在曲柄旋转范围之内，抽油机运转时，不能对机组进行任何作业。
(2) 带电设备操作前，必须先用试电笔检查设备外壳是否带电，人站在侧面并戴绝缘手套进行送、断电工作。
(3) 登高作业 2m 以上必须系好安全带。

## 四、操作规程

### 1. 准备工作

(1) 穿戴好劳保用品。
(2) 准备工具、用具（表 1-10）。

表 1-10 调整刹车行程工具、用具表

| 序号 | 名称 | 规格 | 数量 |
| --- | --- | --- | --- |
| 1 | 管钳 | 600mm | 1 把 |
| 2 | 活动扳手 | 300mm、450mm | 各 1 把 |
| 3 | 手钳 | 200mm | 1 把 |
| 4 | 方卡子 |  | 1 个 |
| 5 | 平锉 | 300mm | 1 把 |
| 6 | 试电笔 |  | 1 支 |
| 7 | 棉纱 |  | 若干 |
| 8 | 钢板尺 | 200mm | 1 把 |
| 9 | 黄油 |  | 1 盒 |
| 10 | 绝缘手套 |  | 1 副 |

### 2. 操作步骤

1) 外抱式刹车行程的调整步骤

(1) 用试电笔检查配电箱外壳不带电，停抽，抽油机停在上死点，切断电源，密封盒上打好方卡子。
(2) 检查刹车系统是否完好，是否灵活好用，刹车行程是否在 1/2～2/3 之间。
(3) 用钢板尺测量刹车蹄片与刹车轮毂之间的间隙是否在 2～3 mm 之间。
(4) 通过调节刹车拉杆和刹车拉销螺母调整刹车间隙。紧刹车拉销螺母刹车间隙变小，松刹车拉销螺母刹车间隙变大，用活动扳手将拉杆系统调节螺母两边固定螺栓松开，调节拉杆长度，顺时针旋转时，刹车间隙变小，逆时针方向旋转时，刹车间隙变大。
(5) 调整好后用活动扳手拧紧调节固定螺栓，拧紧刹车拉销备帽。
(6) 试刹车，刹车把推到最松时，刹车带全部离开刹车轮，刹车把来回全行程 2/3 时，刹车带全部抱紧，保证刹车带接触80%以上，否则重新调整。

（7）卸掉密封盒上方卡子，打平毛刺。

（8）检查抽油机周围无障碍物，试刹车，刹车最松时不刮不磨，刹车时灵活可靠，刹车片距离相等。

2）内胀式刹车行程的调整步骤

（1）用试电笔检查配电箱外壳不带电，停抽，抽油机停在上死点，切断电源，密封盒上打好方卡子。

（2）检查刹车系统是否完好，是否灵活好用，刹车行程是否在 1/2～2/3 之间。

（3）用钢板尺测量刹车蹄片与刹车轮毂之间的间隙是否在 2～3mm 之间。

（4）通过调节刹车拉杆长度和转动刹车蹄轴调整刹车间隙。用活动扳手将拉杆系统调节螺母两边固定螺栓松开，调节拉杆长度，顺时针旋转时，刹车间隙变小，逆时针方向旋转时，刹车间隙变大，转动刹车蹄轴使轮毂上半部分和下半部分间隙一致。

（5）调整好后用活动扳手拧紧调节固定螺栓，拧紧刹车蹄轴备帽。

（6）调整刹车行程在 1/2～2/3 之间。

（7）试刹车，刹车把推到最松时，刹车带全部离开刹车轮，刹车把来回全行程 2/3 时，刹车带全部抱紧，保证刹车带接触80%以上，否则重新调整。

（8）卸掉密封盒上方卡子，打平毛刺。

（9）检查抽油机周围无障碍物，启抽试刹车，要求刹车最松时不刮不磨，刹车时灵活可靠，刹车片距离相等。

五、注意事项

（1）调整后刹车无自锁现象。

（2）注意刹车片与刹车轮调整间隙应满足灵活好用的原则（间隙一般为 2～3mm）。

（3）现场操作必须有监护人，抽油机上进行任何操作必须在停机刹车状态下进行。

（4）高空作业必须系安全带。

## 项目九　抽油机一级保养

一、学习目标

掌握抽油机一级保养的操作方法——"十字作业法（紧固、润滑、调整、清洁、防腐）"。

二、风险提示

（1）触电。

（2）高空坠落。

（3）人身伤害。

三、应急处置

（1）人员触电后，立即关断相关电源或使伤者脱离电源，然后对伤者进行救护，并送往附近医院救治。

（2）发生高空坠落，进行应急救护后送往医院救治。

(3) 发生人身伤害，立即使伤者脱离伤害源，进行应急救护后送往医院救治。

### 四、操作规程

1. 准备工作

(1) 穿戴好劳保用品。

(2) 检查刹车是否灵活好用，死刹是否牢固可靠。

(3) 准备工具、用具（表1-11）。

表1-11 抽油机一级保养工具、用具表

| 序号 | 名称 | 规格 | 数量 |
| --- | --- | --- | --- |
| 1 | 管钳 | 600mm | 1把 |
| 2 | 活动扳手 | 300mm、450mm | 各1把 |
| 3 | 平口螺丝刀 | 300mm | 1把 |
| 4 | 大锤 | 4.5kg | 1把 |
| 5 | 黄油枪 |  | 1把 |
| 6 | 撬杠 | 1000mm、500mm | 各1根 |
| 7 | 工程线 | 5m | 1根 |
| 8 | 钢板尺 | 200mm | 1把 |
| 9 | 钳形电流表 |  | 1块 |
| 10 | 电工工具 |  | 1套 |
| 11 | 安全带 |  | 1副 |
| 12 | 砂纸 |  | 若干 |
| 13 | 钢丝刷 |  | 1把 |
| 14 | 试电笔 |  | 1支 |
| 15 | 绝缘手套 |  | 1副 |
| 16 | 黄油 |  | 1盒 |
| 17 | 棉纱 |  | 若干 |
| 18 | 安全帽 |  | 现场自定 |

2. 操作步骤

(1) 用试电笔测试配电柜无电，打开配电柜门，戴好绝缘手套，侧身停机，刹车，断电，挂上死刹。

(2) 清洗抽油机外部的油污、泥土，旋转部位的警示标语要醒目。

(3) 紧固各部位连接固定螺栓。

(4) 对各润滑部位加注润滑脂。

(5) 调整皮带松紧度、四点一线，皮带损坏要及时更换。

(6) 检查毛辫子、悬绳器是否完好。

(7) 检查抽油机光杆与井口对中。

(8) 打开减速箱视孔，摘开死刹，松开刹车，盘动皮带轮，检查齿轮啮合情况。

(9) 检查减速箱油位及油质,不足时应补加,变质时应更换。
(10) 清洗减速箱呼吸阀。
(11) 抽油机除锈防腐。
(12) 检查电器设备绝缘良好、接地线完好。
(13) 保养工作全部完成后,启抽,并做好相关记录。

### 五、注意事项

(1) 高空作业应办理高处作业票,系安全带。
(2) 工作时抽油机周围严禁站人。
(3) 保养结束开机后现场观察无异常后方可离开。

## 项目十 检查抽油机底座水平

### 一、学习目标

掌握抽油机底座水平的操作方法。

### 二、风险提示

(1) 触电。
(2) 人身伤害。

### 三、应急处置

(1) 人员触电后,立即切断电源,然后对伤者进行救护,并送往附近医院救治。
(2) 若发生碰撞、跌倒等人身伤害,立即进行应急救护,视情况是否送往医院救治。

### 四、操作规程

1. 准备工作

(1) 穿戴好劳保用品。
(2) 准备工具、用具(表1-12)。

表1-12 检查抽油机底座水平工具、用具表

| 序号 | 名称 | 规格 | 数量 |
| --- | --- | --- | --- |
| 1 | 抽油机 | | 1台 |
| 2 | 水平尺 | 500mm | 1把 |
| 3 | 塞尺 | | 1把 |
| 4 | 游标卡尺 | 150mm | 1把 |
| 5 | 计算器 | | 1个 |
| 6 | 试电笔 | | 1支 |
| 7 | 棉纱 | | 若干 |
| 8 | 记录纸 | | 1张 |
| 9 | 记录笔 | | 1支 |
| 10 | 绝缘手套 | | 1副 |

2. 操作步骤

(1) 停机,检查抽油机运行正常,将抽油机停在上死点,拉紧刹车,侧身断电。

(2) 测量横向水平 3 处。擦净横向底座表平面,将水平尺放在横向底座中间位置,观察气泡移动方向,将塞尺塞入气泡移动的方向,使气泡处于水平尺中间位置,用游标卡尺测量所垫塞尺厚度,根据公式算出横向水平。

(3) 测量纵向水平 4 处,整机两侧各测两个点。擦净纵向底座表平面,将水平尺放在纵向底座中间位置,观察气泡移动方向,将塞尺塞入气泡移动的方向,使气泡处于水平尺中间位置,用游标卡尺测量所垫塞尺厚度,根据公式算出纵向水平。

(4) 根据测量结果判断抽油机底座水平度(横向水平度不大于 0.5‰,纵向水平度不大于 3‰),计算公式为 1000:水平尺长度(mm)=$X$:塞尺厚度。

(5) 检查周围有无障碍物,松刹车,戴绝缘手套侧身合空气开关,按规程利用惯性启抽(具体操作见抽油机启动操作)。

五、注意事项

(1) 检查刹车的可靠性。

(2) 测量之前要擦净台面再放水平尺。

(3) 塞尺要放入气泡移动相反的方向。

## 项目十一 更换抽油机曲柄销总成

一、学习目标

掌握抽油机曲柄销总成的更换操作方法。

二、风险提示

(1) 机械伤人、物体打击、高空坠落。

(2) 设备损坏。

(3) 触电。

三、应急处置

(1) 发生人身伤害,立即使伤者脱离伤害源,进行应急救护后送往就近医院救治。

(2) 更换损坏设备。

(3) 人员触电后,立即切断电源或使伤者脱离电源,然后对伤者进行救护,并送往医院救治。

四、操作规程

1. 准备工作

(1) 穿戴好劳保用品。

(2) 戴好安全帽,系好安全带。

(3) 准备工具、用具(表 1-13)。

(4) 检查刹车是否灵活好用。

表 1-13　更换抽油机曲柄销总成工具、用具表

| 序号 | 名称 | 规格 | 数量 |
|---|---|---|---|
| 1 | 手拉葫芦（倒链） |  | 1 副 |
| 2 | 曲柄销子 | 与待换销子同型号 | 1 套 |
| 3 | 专用扳手 |  | 1 把 |
| 4 | 大锤 | 4.5kg | 1 把 |
| 5 | 撬杠 | 1000mm | 1 根 |
| 6 | 铜棒 | 300mm | 1 根 |
| 7 | 手钳 | 200mm | 1 把 |
| 8 | 管钳 | 600mm | 1 把 |
| 9 | 活动扳手 | 375mm、450mm | 各 1 把 |
| 10 | 平锉 | 300mm | 1 把 |
| 11 | 方卡子 |  | 2 副 |
| 12 | 棕绳 | 现场自定 | 1 根 |
| 13 | 钢丝绳套 |  | 1 根 |
| 14 | 砂纸 |  | 若干 |
| 15 | 试电笔 |  | 1 支 |
| 16 | 棉纱 |  | 若干 |
| 17 | 绝缘手套 |  | 1 副 |

2．操作步骤

（1）用试电笔测试配电柜无电，打开配电柜门，侧身停抽油机使曲柄停在便于操作的位置，刹车，打卸载方卡子，卸掉驴头负荷，刹车，断电，扣死刹。

（2）根据结构不平衡重，确定手拉葫芦悬挂位置并牢靠安装好。

（3）卸开曲柄销和连杆之间的固定螺栓，将棕绳捆绑在连杆下部，用撬杠撬出连杆，用棕绳拉开连杆，用大锤打松冕型螺帽，垫铜棒用大锤打松曲柄销，卸去冕型螺帽，将曲柄销从冲程孔中取出，用细砂纸等清洗净冲程孔并涂上黄油。

（4）将新衬套装入曲柄冲程孔内，再将同型号新销装入，装上键后，放好压紧垫圈，上冕型螺帽，连接连杆并上紧固定螺栓，紧冕型螺帽，作防松记号。

（5）卸掉手拉葫芦，摘刹车锁块，缓慢松刹车，让驴头挂上负荷，卸去密封盒上的卸载方卡子并打磨光杆毛刺。

（6）按操作规程启抽油机并检查安装质量。

（7）收拾工具、用具，清理现场，将废弃物回收到指定地点，有关数据填入报表。

五、注意事项

（1）撬销子时人一定要站在侧面，下方严禁站人。

（2）新曲柄销扣型正确。

（3）装卸衬套时一律用铜棒垫击，大锤使用时不准戴手套。

（4）压紧垫圈与曲柄孔端面保持 4～10mm 的间隙。

（5）运行 24h 后，要对调整部位螺栓重新紧固。

（6）结构不平衡重为正值时手拉葫芦挂驴头部分，下面挂在底座上；负值时手拉葫芦固定在尾梁部分，下面挂在减速器上。

## 项目十二　更换抽油机毛辫子、驱动绳

### 一、更换抽油机毛辫子

1. 学习目标

掌握抽油机毛辫子的更换操作方法。

2. 风险提示

（1）落物伤人、机械伤害、高空坠落。

（2）触电。

3. 应急处置

（1）发生人身伤害，立即使伤者脱离伤害源，进行应急救护后送往就近医院救治。

（2）人员触电后，立即切断电源，然后对伤者进行救护，并送往医院救治。

4. 操作规程

1）准备工作

（1）穿戴好劳保用品。

（2）戴好安全帽，系好安全带。

（3）准备工具、用具（表 1-14）。

表 1-14　更换抽油机毛辫子工具、用具表

| 序号 | 名称 | 规格 | 数量 |
| --- | --- | --- | --- |
| 1 | 毛辫子 | 与待换毛辫子同规格 | 1 套 |
| 2 | 撬杠 | 1000mm | 1 根 |
| 3 | 平口螺丝刀 | 300mm | 1 把 |
| 4 | 手钳 | 200mm | 1 把 |
| 5 | 管钳 | 600mm | 1 把 |
| 6 | 活动扳手 | 375mm、300mm | 各 1 把 |
| 7 | 平锉 | 300mm | 1 把 |
| 8 | 方卡子 |  | 2 副 |
| 9 | 棕绳 | 现场自定 | 1 根 |
| 10 | 试电笔 |  | 1 支 |
| 11 | 棉纱 |  | 若干 |
| 12 | 绝缘手套 |  | 1 副 |

2）操作步骤

（1）用试电笔测试配电柜无电，打开配电柜门，侧身停抽，将抽油机停在接近下死点位置，打卸载方卡子，启动抽油机，将卸载方卡子坐到密封盒上，停抽，拉紧刹车，侧身断电。

（2）卸掉悬绳器和驴头顶部的毛辫子锁紧装置，拆下旧毛辫子。

（3）安装新毛辫子，装好悬绳器、驴头顶部的毛辫子锁紧销或锁紧螺母，保证悬绳器水平。

（4）松刹车，启动抽油机，使悬绳器带上载荷，停抽，拉紧刹车，卸掉卸载卡子，打磨光杆毛刺，送电，按操作规程启抽，检查有无异响。

（5）收拾工具、用具，清理现场，将废弃物回收到指定地点，有关数据填入报表。

5. 注意事项

（1）使用的工具、用具要摆放得当，防止坠落伤人。

（2）悬绳器防脱螺帽和盖板螺栓紧固，悬绳器处于水平位置。

## 二、更换抽油机驱动绳

1. 学习目标

掌握抽油机驱动绳的更换操作方法。

2. 风险提示

（1）高空坠落、机械、落物伤人。

（2）触电。

3. 应急处置

（1）发生人身伤害，立即使伤者脱离伤害源，进行应急救护后送往就近医院救治。

（2）人员触电后，立即切断电源或使伤者脱离电源，然后对伤者进行救护，并送往医院救治。

4. 操作规程

1）准备工作

（1）穿戴好劳保用品。

（2）戴好安全帽，系好安全带。

（3）准备工具、用具（表1-15）。

表1-15 更换抽油机驱动绳工具、用具表

| 序号 | 名称 | 规格 | 数量 |
|---|---|---|---|
| 1 | 驱动绳 | 与待换驱动绳同规格 | 1套 |
| 2 | 撬杠 | 1000mm | 1根 |
| 3 | 平口螺丝刀 | 300mm | 1把 |
| 4 | 手钳 | 200mm | 1把 |
| 5 | 管钳 | 600mm | 1把 |
| 6 | 活动扳手 | 375mm、300mm | 各1把 |
| 7 | 平锉 | 300mm | 1把 |
| 8 | 方卡子 |  | 2副 |
| 9 | $\phi$50mm钢管 |  | 1根 |
| 10 | 棕绳 |  | 1根 |
| 11 | 试电笔 |  | 1支 |
| 12 | 棉纱 |  | 若干 |
| 13 | 绝缘手套 |  | 1副 |

2）操作步骤

（1）用试电笔测试配电柜无电,打开配电柜门,侧身停机,将抽油机停在接近上死点位置,在密封盒上打方卡子卸载,拉紧刹车,侧身断电。

（2）用吊车将前驴头吊起,使后驴头进入抽油机支架中,使横梁担在支架上,用钢管穿过支架和后驴头孔,用棕绳将横梁固定在支架上,拉紧刹车。

（3）卸后驱动绳销子等锁紧装置,拆下旧驱动绳。

（4）换上新驱动绳,上好锁紧装置。

（5）启动吊车缓吊前驴头,取出钢管,松刹车,使横梁与后驱动绳加载,拉紧刹车,挂好刹车锁块,卸掉吊绳,收吊车。

（6）取下刹车锁块,松刹车,侧身送电,启抽,将抽油机停在下死点,拉紧刹车,将悬绳器安装在光杆上并上好挡片,缓慢松刹车,使驴头带上负荷,刹车,卸掉卸载方卡子,打磨光杆毛刺,启抽。

（7）确认合格后,收拾工具、用具,清理现场,将废弃物回收到指定地点,有关数据填入报表。

5. 注意事项

（1）后驱动绳更换要求为一组。

（2）使用工具、用具及摆放得当,防止落物伤人。

# 项目十三　抽油机井打捞光杆

一、学习目标

掌握正确打捞光杆的操作方法。

二、风险提示

（1）触电。

（2）意外伤害。

（3）损坏工具。

三、应急处置

（1）人员触电后,立即关断相关电源,然后对伤者进行救护,并送往附近医院救治。

（2）方卡子压伤手指或滑落摔伤,应根据伤情进行处理,必要时送医院救治。

四、操作规程

1. 准备工作

（1）穿戴好劳保用品。

（2）戴好安全帽,系好安全带。

（3）准备工具、用具（表1-16）。

## 表 1-16 抽油机井打捞光杆工具、用具表

| 序号 | 名称 | 规格 | 数量 |
|---|---|---|---|
| 1 | 吊车 | | 1 台 |
| 2 | 打捞筒 | | 1 套 |
| 3 | 牙块 | | 1 副 |
| 4 | 打捞短节 | | 1 根 |
| 5 | 吊卡 | | 1 个 |
| 6 | 管钳 | 600mm | 1 把 |
| 7 | 活动扳手 | 300mm、375mm | 各 1 把 |
| 8 | 平锉 | 300mm | 1 把 |
| 9 | 方卡子 | | 2 副 |
| 10 | 钢丝绳套 | | 1 根 |
| 11 | 试电笔 | | 1 支 |
| 12 | 棉纱 | | 若干 |
| 13 | 绝缘手套 | | 1 副 |

2. 操作步骤

（1）用试电笔测试配电柜无电，打开配电柜门，侧身停机，刹车，断电，关回压阀门。

（2）卸掉光杆密封器（偏心井口卸掉小盘以上部分），探光杆落井深度。

（3）将组装好的打捞筒下入井筒，遇到光杆后顺时针旋转，待光杆进入捞筒内，使牙块抓牢断杆，用力上提。

（4）在打捞筒短节上打好卡子，装好吊卡，套上绳套挂在悬绳器或吊钩上。

（5）缓慢上提，使光杆露出井口 1~1.5m，在光杆上打好方卡子坐在井口，卸打捞筒、吊卡、绳套，套上光杆密封器（偏心井口装上小盘以上部分）。

（6）侧身启抽或用吊车将驴头停在下死点位置，安装悬绳器，在悬绳器上方打好方卡子，加载，拉紧刹车。

（7）卸掉方卡子，安装光杆密封器，加好密封填料。

（8）打磨毛刺，倒好流程，侧身送电，松开刹车，启抽，检查有无碰挂。

（9）清理现场，收拾工具、用具，将废弃物回收到指定地点，有关信息填入报表。

五、注意事项

（1）上提或下放光杆时，操作人员严禁手握光杆。

（2）吊臂下严禁站人。

## 项目十四　抽油机井校对驴头对中

一、学习目标

掌握校对驴头对中的操作方法。

## 二、风险提示

（1）高空坠落。

（2）意外伤害。

（3）触电。

## 三、应急处置

（1）发生高空坠落，进行应急救护后送往就近医院救治。

（2）发生意外伤害，立即使伤者脱离伤害源，进行应急救护后送往就近医院救治。

（3）人员触电后，立即切断电源，然后对伤者进行救护，并送往医院救治。

## 四、操作规程

1. 准备工作。

（1）穿戴好劳保用品。

（2）准备工具、用具（表1-17）。

表1-17 抽油机井校对驴头对中工具、用具表

| 序号 | 名称 | 规格 | 数量 |
| --- | --- | --- | --- |
| 1 | 加力杠 | 1500mm | 1根 |
| 2 | 线坠 |  | 1根 |
| 3 | 垫木 | 1/2光杆直径 | 1段 |
| 4 | 管钳 | 600mm | 1把 |
| 5 | 活动扳手 | 300mm、375mm | 各1把 |
| 6 | 平锉 | 300mm | 1把 |
| 7 | 方卡子 |  | 2副 |
| 8 | 棕绳 |  | 1根 |
| 9 | 钢板尺 | 200mm | 1把 |
| 10 | 试电笔 |  | 1支 |
| 11 | 棉纱 |  | 若干 |
| 12 | 绝缘手套 |  | 1副 |

2. 操作步骤

（1）用试电笔测试配电柜无电，打开配电柜门，侧身停抽，使游梁在水平位置，打卸载方卡子，停机卸负荷，拉紧刹车，切断电源，挂好刹车锁块。

（2）卸开悬绳器挡片用棕绳拉开，将线坠拉线放在驴头悬挂盘中心，拉线与驴头弧面接触处加1/2光杆直径的垫木，测偏差（1.5～2.5m＜18mm，2.5～3m＜22mm）。

（3）卸松中轴承座固定螺栓，根据测出偏差方向及数值，调整中轴承前后顶丝（驴头偏前：松两条后顶丝，紧两条前顶丝。驴头偏后：松两条前顶丝，紧两条后顶丝。驴头偏左：松左前右后顶丝，紧右前左后顶丝。驴头偏右：松右前左后顶丝，紧左前右后顶丝），使游梁在任何位置时驴头中心点投影都与井口中心基本重合，偏差不大于规定尺寸。

（4）拧紧中轴承固定螺栓、顶丝及备帽，拿掉线坠，接好悬绳器，取下刹车锁块，松刹

车，使抽油机带上载荷，刹车，卸掉卸载方卡子，锉净光杆毛刺。

（5）侧身送电，启抽。

（6）检查调整效果，两连杆与曲柄是否偏磨，是否有碰、挂现象。

（7）收拾工具、用具，清理现场，回收废弃物到指定地点，并将有关信息填入报表。

### 五、注意事项

（1）工具放牢，以免落下伤人。

（2）如偏差过大，可调整底座。

背景知识

### 一、抽油机皮带型号及规格

V 形槽代表，D 形槽代表普通 V 带。V、D 轮槽的截面尺寸不同。窄 V 带传递效率较高于普通 V 带。

抽油机 8 型、10 型常用：5ZV15J-5000、5ZV15J-5080、5ZV15J-5380、5ZV15J-5690、5ZV15J-6000。

抽油机 12 型、14 型常用：5ZV15J-6300、5ZV15J-6350、5ZV15J-6730。

16 型抽油机可用：5ZV15J-7100、5ZV15J-7620。

### 二、现场压力表校对方法

1）落零法

切断压源，打开压力表放空阀门进行放空泄压，观察压力表指针是否归零，若不归零，说明压力表存在误差，应予以更换。

2）互换法

将同一系统上的两块量程和精度等级相同的压力表相互交换位置安装，观察两块表所录取的压力值是否相同，若压力值相同，说明压力表是准的，可以继续使用，否则应予以更换。

3）标准压力表校对法

按规程取下待校对压力表，将另一块校对过的压力表装好，读取压力值，若两块表读数相同，说明压力表是准的，可以继续使用，若不相同，应予以更换。

在压力表刻度盘下部有数字"0.5""1.5""2.5"，这些数字表示压力精度等级。压力表的精度等级是以它的允许误差占表盘刻度值的百分数来划分的，其精度等级数越大，允许误差占表盘刻度极限值越大。例如 25MPa 的压力表，精度等级为 0.5，那么它的最大误差是 25×0.5%，即 0.125MPa，压力值范围为 25MPa±0.125MPa。

### 三、判断压力表不起压的原因

压力表不起压的原因有：压力表压源未打开，通道堵塞，压力表损坏。

### 四、抽油机一级保养内容

抽油机运转 720h，进行一级保养，具体内容有：

（1）检查减速器的齿轮。打开减速箱上部视孔，检查齿轮啮合情况并检查齿轮磨损和损坏情况；检查清洗呼吸器应卸开清洗，分析损坏和磨损原因。

（2）检查减速器油位。油位位于 1/3～2/3 为宜；检查减速器是否渗漏。

（3）检查抽油机的润滑情况。对各部位轴承加注润滑油，油脂变质应全部更换。

（4）检查抽油机的平衡率，达到 85%～115% 为合格，否则进行平衡调节。

（5）检查抽油机的紧固情况。检查各部位的螺栓是否紧固。

（6）检查刹车装置使用情况。检查刹车行程 1/2～2/3，刹车间隙 2～3mm。

（7）检查皮带情况。检查皮带有无损伤，皮带松紧是否合适，是否达到四点一线。

（8）检查驴头与井口对中情况，如不对中，应及时调整。

（9）检查毛辫子有无断丝、断股现象。检查悬绳器上、下夹板是否完好，是否水平，若钢丝绳锈蚀，应加润滑脂。

（10）检查电器设备使用情况。检查电动机运行声音及温度是否正常，接地是否完好。

### 五、影响泵效的因素及提高泵效措施

1. 泵效的概念

泵的实际排量与泵的理论排量之比的百分数称为泵效。泵效是衡量泵工作状况好坏的重要参数，也是反映油井管理水平的一项重要技术指标。

泵效的表达式为：

$$\eta = \frac{Q_{液}}{Q_{理}} \times 100\%$$

式中　$\eta$——泵效，%；

　　　$Q_{液}$——泵每天的实际体积排量，t/d；

　　　$Q_{理}$——泵每天的理论排量，t/d。

计算泵效时，泵的实际排量和泵的理论排量单位要统一，都用质量排量或都用体积排量。一般除连抽带喷的井外，泵效都是小于 100% 的，若泵效大于 70% 说明泵的工作状况良好。在实际生产中，一般泵效都低于 70%。

2. 影响泵效的因素

影响泵效的因素很多，最主要的影响因素有：油井工作制度的影响、冲程损失的影响、气体的影响、漏失的影响和供液不足的影响。

1）油井工作制度的影响

油井工作制度选择不合理指的是冲程、冲数、泵径选得过大，使地层能量供不应求，使泵效降低。

2）冲程损失的影响

冲程损失是指光杆冲程与活塞冲程之差。形成冲程损失的原因主要是：上下冲程过程中抽油杆柱和油管柱承受交变载荷而产生弹性伸缩，使活塞冲程小于光杆冲程，从而减少了活塞所让出的体积，使泵效降低。

3）气体对泵效的影响

由于抽油机井的井底压力都比较低，泵入口处的压力一般都低于饱和压力。在抽汲时，总会有气体随液体一起进入泵内。气体占据一定的泵内容积，在活塞上行时泵内气体膨胀，泵筒内压力不能及时下降，使固定阀不能及时打开，游动阀不能及时关闭，影响液体进泵。当活塞下行时，

压缩泵筒内的气体,使泵筒内压力不能立即上升,游动阀推迟打开,固定阀推迟关闭,泵筒不能及时排油。因此气体进入泵内会影响泵效,当大量气体进入泵内,还会产生气锁,使泵无法工作。

4)漏失的影响

漏失会使泵效降低。常见的漏失包括以下三方面。

(1)油管漏:螺纹漏、腐蚀穿孔漏、制造缺陷的管壁砂眼等引起的油管漏。

(2)选泵不合理:活塞与衬套的配合间隙过大。

(3)深井泵零件磨损和被卡:衬套与活塞工作面、阀球、阀座因磨损或被卡而引起的漏失。造成这种漏失的原因有:油井出砂,油井结蜡,井内液体含有腐蚀性物质,原油黏度过高;由于井身弯曲,杆、管偏磨,落下的金属碎屑垫住阀球造成漏失;钢质部件磁化,使阀球吸在阀罩的边缘而不能正常工作。

5)供液不足的影响

若油层能量低或沉没度较小时,当活塞的运动速度大于吸入液体的速度时,会使泵充不满而影响泵效。

3. 提高泵效的措施

泵效是反映抽油设备工作效率及管理水平的重要指标。泵效除与泵的工作状况有关外,还与油层条件有着密切的关系。因此,为了提高泵效必须对油井及油层两方面采取措施。

1)对于油层的措施

对于油层的措施主要是提高和维持油层能量,保证有充足的供油能力。对于注水开发的油田,合理注水是保证高产、高泵效的根本措施;对于井底附近油层物性不好的,可采取增产措施提高井底附近油层的渗透率,提高油层供油能力。

2)对于油井的措施

对于油井,要选择油井合理的工作制度。

连续抽油的井油井的工作制度指的是冲程、冲数、泵径和下泵深度;间抽井油井的工作制度指的是开、停抽时间。

(1)连续抽油的井。在满足产量要求的条件下,选择抽汲参数的最佳配合。选择油井工作制度的原则是:长冲程、慢冲数、小泵径及合理的下泵深度。

(2)间抽井。当地层供液能力很差,若连续抽油会使泵效很低,不仅浪费动力资源而且会损坏抽油设备。为了避免能源和设备的损耗而采用间抽的方法进行采油。间抽井选油井工作制度是确定油井合理的开、关井时间,使油井供油能力与泵的工作能力相适应。

3)使用油管锚,减小冲程损失

抽油机工作时,在上下冲程中,由于液柱载荷交替作用在抽油杆柱和油管柱上,引起抽油杆柱和油管柱的弹性伸长和缩短,造成冲程损失。如果用油管锚将油管柱的下端固定,则可消除油管的弹性变形,减小冲程损失。

4)合理利用气体能量,减小气体的影响

(1)控制套管气。对于地层能量较高且具有自喷能力的井,应控制套管气,利用气体能量举油,可以提高泵效。对于没有自喷能力但气油比又较高的井,可通过控制套管气,使动液面稳定,提高泵的充满程度,使气体进入活塞以上再分离,提高泵效。对于气较少的井,可以适当地放套管气,以提高沉没度。

(2)减小防冲距。在保证不碰泵的情况下,尽量减小防冲距,减小余隙容积,减小气体对泵效的影响。

（3）使用气锚减少气体影响。气锚是一种井下分离器，其工作原理是：利用气体的密度差，通过气锚的曲折（回流）通道，使进泵气体实现多级分离，分离后的气体进入油套管环形空间，分离出的油进入泵中。

5）减小漏失对泵效的影响

（1）防止油井出砂。对于由于油井出砂而使泵漏失的井，应采用防砂措施。

（2）防止油井结蜡。对于由于油井结蜡而使泵漏失的井，应制定合理的防清蜡措施。

（3）防腐蚀。对于由于腐蚀而使泵漏失的井，要制定合理的防腐措施。

## 六、抽油杆的型号、类型

抽油杆是有杆泵采油装置的一个重要组成部分。抽油杆的作用是上连抽油机，下连抽油泵，起传递动力的作用，如图1-9所示。抽油杆柱是由若干根抽油杆通过接箍连接而成的。

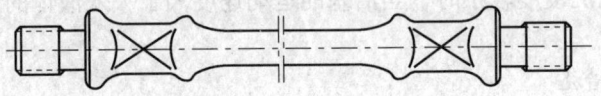

图1-9 抽油杆结构图

### 1. 抽油杆的型号

抽油杆的主体是圆形断面实心杆体，两端有加粗锻头，在锻头上有连接外螺纹和供扳手用的方形断面，抽油杆公称直径有16mm（⅝in）19mm（⅝in）、22mm（⅞in）、25mm（1in）四种，单根长度一般为8m，但为了方便配杆柱而特别加工1.0m、1.5m、2.5m、3.0m、4.0m的短节。如图1-10所示。

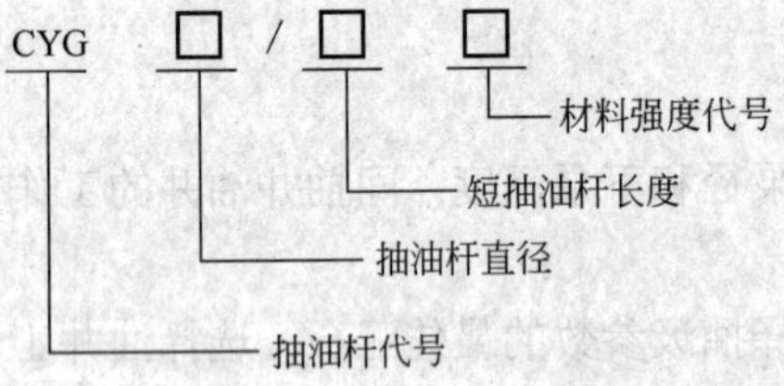

例如CYG25/2500C，CYG表示抽油杆代号，25表示抽油杆直径（mm），2500表示短抽油杆长度（mm），C为材料强度代号（C-40钢、45钢正火处理，B-20CrMo调质处理）。

图1-10 抽油杆的型号示意图

目前国产抽油杆从制作材料上分为两种，一种是碳钢抽油杆，另一种是合金钢抽油杆。碳钢抽油杆一般用40号或45号优质碳素钢制成。合金钢和抽油杆用20号铬钼钢或15号镍钼钢制成。抽油杆在靠近井口和螺纹附近的位置易断。

抽油杆柱由光杆和井下抽油杆组成。抽油杆柱最上面的一根抽油杆称为光杆，其作用是通过光杆卡子把整个抽油杆悬挂在悬绳器上，光杆与井口密封盒配合起到密封井口的作用。光杆因为承受载荷最大，承受应力集中，所以光杆用高强度50~55优质碳素钢制成。

光杆的直径有25mm、28mm、32mm、38mm、42mm，其长度共有6种。其中直径为25mm、28mm的普通光杆有三种长度，即3.5m、4.5m、6m。直径为32mm、38mm、42mm的普通光杆有三种长度，即5m、6m、8m。

### 2. 抽油杆的类型

（1）普通抽油杆：C、D、K、KD级抽油杆。

（2）高强度抽油杆：H级，分为HY、HL、KHL三种类型。

（3）特种抽油杆：空心抽油杆。

(4)连续抽油杆:钢制杆。

(5)螺杆泵专用抽油杆:锥螺纹抽油杆、插接式抽油杆。

(6)玻璃钢抽油杆:纤维增强塑料抽油杆。

(7)柔性抽油杆:碳纤维复合材料抽油杆、钢丝绳抽油杆。

(8)其他类型抽油杆:电热抽油杆。

### 七、抽油泵的类型及工作原理、适用范围

**1. 抽油泵的类型**

抽油泵也称深井泵,是通过油管和抽油杆下到井中沉没在液面以下一定深度靠抽吸作用将油抽至地面的井下设备。目前我国各油田采用的抽油泵基本都是管式泵和杆式泵(按照抽油泵在井下的固定方式分类)。

**2. 抽油泵的工作原理**

抽油泵的工作原理如图 1-11 所示。

上冲程:活塞上行,游动阀手上的油管内液柱压力关闭,排出活塞冲程的一段液体,同时活塞下面泵筒内压力下降,当泵筒内压力低于泵入口压力时,固定阀在油套环形空间液柱压力下被顶开,井内液体进入泵内,充满活塞上行所让出的空间。

下冲程:活塞下行,泵筒内液体受压,压力升高,当此压力等于或大于油套环形空间的液柱压力时,固定阀关闭,活塞继续下行,泵筒内压力继续上升,当泵筒内压力超出油管内液柱压力时,游动阀被泵内液体顶开,液体从泵内经过空心活塞上行进入油管。在一个冲程中,深井泵应完成一次进油和一次排油过程。

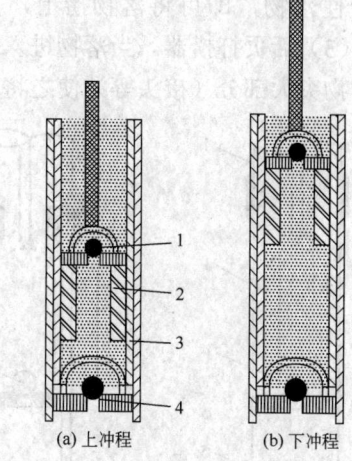

图 1-11 抽油泵的工作原理图
1—游动阀;2—活塞;3—衬套;4—固定阀

**3. 抽油泵的适用范围**

1)管式泵

管式泵又叫油管泵,特点是把外筒、衬套和吸入阀在地面组装好并接在油管下部先下入井中,然后把装有排出阀的活塞用抽油杆通过油管下入泵中。

管式泵结构简单,成本低,在相通油管直径下允许下的泵径较杆式泵大,因而排量大。但检泵时必须起下油管,修井工作量大,故适用于下泵深度不大、产量较高的井。

2)杆式泵

杆式泵又称为插入式泵,其中定筒式顶部固定杆式泵的特点是:内外有两个工作筒,外工作筒上装有锥体座和卡簧,下泵时把外工作筒随油管先下入井中,然后装有衬套、活塞的内工作筒接在抽油杆的下端下入到外工作筒中并由卡簧固定。

杆式泵检泵时不需要起出油管,而是通过抽油杆把内筒拔出。杆式泵检泵方便,但是结构复杂、制造成本高,在相通油管直径下允许下的泵径较管式泵小,适用于下泵深度较大、产量较小的油井。

### 八、打捞筒的结构原理

常用的打捞杆类工具有不可退式抽油杆打捞筒、带拨钩引鞋抽油杆卡瓦打捞筒、活页打

捞器、三球打捞器、摆动式打捞器、测试井仪器打捞筒等。下面主要介绍前三种打捞筒。

（1）不可退式抽油杆打捞筒。该打捞筒主要用来打捞抽油杆，由上接头、筒体、内套、弹簧、卡瓦等组成。当抽油杆经筒体大锥面进入筒体，推动两瓣卡瓦沿筒体内锥面上行，并随卡瓦内孔逐渐增大，弹簧被压缩。当内孔达到一定值后，在弹簧力的作用下将卡瓦下推，使筒体、卡瓦内外锥面贴合，卡瓦内孔贴紧抽油杆。此时上提工具，由于卡瓦锯齿形牙齿与抽油杆的摩擦力使卡瓦保持不动，筒体随之上升，内外锥面贴合更紧；在上提负荷作用下，内外锥面间产生径向夹紧力，使两块卡瓦内缩，咬住抽油杆；随着上提负荷的增加，夹紧力也增大，从而实现打捞。

（2）带拨钩引鞋抽油杆卡瓦打捞筒。当下至鱼顶1m左右时，应慢转慢放，以防压弯抽油杆，将鱼顶拨正，使之进入引鞋。卡瓦上行一定距离后，在弹簧力作用下，下滑卡住落物，即可将落物捞上，如图1-13所示。

（3）活页打捞器。当落物进入打捞器，顶开活页，进入一定程度后活页即落下，卡住上部落物突大部分（接头等）使之将落物捞出。

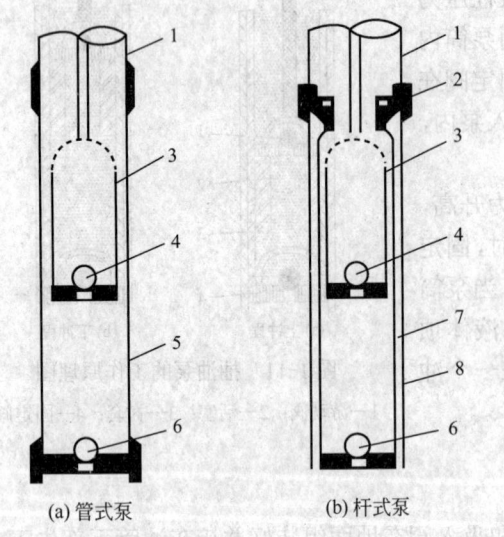

图1-12 抽油泵结构示意图
1—油管；2—锥形锁扣；3—活塞；4—游动阀；5—工作筒；
6—固定阀；7—内工作筒；8—外工作筒

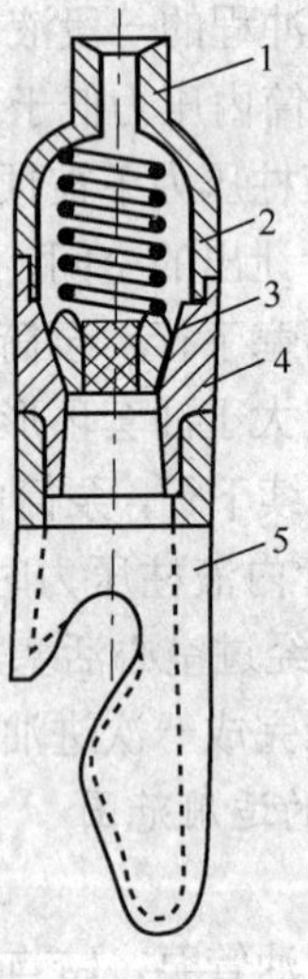

图1-13 带拨钩引鞋抽油杆卡瓦打捞筒
1—接头；2—弹簧；3—卡瓦；4—外壳；5—拨钩引鞋

## 思考练习题

1. 抽油机皮带型号及规格有哪些？
2. 压力表现场的校对方法有哪些？
3. 压力表不起压的原因是什么？
4. 抽油机例保内容包括什么？
5. 提高泵效的措施有哪些？
6. 光杆的作用是什么？
7. 解释抽油杆型号CYG22/8000C各字母、数字的含义。

8. 管式泵工作原理是什么？
9. 不可退式抽油杆打捞筒由哪些部件组成？其工作原理是什么？

# 第三节 抽油机井管理

## 项目一 测抽油机电流

一、学习目标

掌握测抽油机电流的操作方法，并能通过电流的变化，了解油井生产情况的变化以及抽油机平衡状况的好坏，能为油井的生产管理提供判断的依据。

二、风险提示

（1）触电。
（2）损坏设备。

三、应急处置

（1）人员触电后，立即切断相关电源，然后对伤者进行救护，并送往附近医院救治。
（2）更换仪器。

四、操作规程

1. 准备工作

（1）穿戴好劳保用品。
（2）准备工具、用具（表1-18）。

表1-18 抽油机测电流工具、用具表

| 序号 | 名称 | 规格 | 数量 |
| --- | --- | --- | --- |
| 1 | 钳形电流表 |  | 1块 |
| 2 | 平口螺丝刀 | 200mm | 1把 |
| 3 | 记录纸 |  | 1张 |
| 4 | 记录笔 |  | 1支 |
| 5 | 试电笔 |  | 1支 |
| 6 | 绝缘手套 |  | 1副 |

2. 操作步骤

（1）检查数字钳形电流表的钳口、表盘、铅封是否完好，检查挡位功能，检查电流表数显是否归零。
（2）利用试电笔检验配电箱外壳是否有漏电现象。
（3）选择挡位：将电流表挡位调节旋钮拨到最大挡位，然后戴绝缘手套把被测导线垂直卡入表钳中央，由大到小选择合适挡位。

（4）取值：当电流表反映上下电流较平稳后，分别读出驴头上冲程中的峰值电流和驴头下冲程中的峰值电流。

（5）测量时应分别测三相电流值，取平均值。

（6）计算平衡率，判断平衡状况。

（7）收拾工具、用具，清理现场，将有关数据填入报表。

### 五、注意事项

（1）测量值应从大到小逐项选择。

（2）表头部分不准拆动，不要猛烈震动或拍击。

（3）使用时应垂直或水平。

（4）调整电流表量程时，钳口应移开导线。

## 项目二　更换抽油机井电动机皮带

### 一、学习目标

掌握抽油机井更换皮带的正确操作以及"四点一线"的测量方法。

### 二、风险提示

（1）触电。

（2）机械伤害。

### 三、应急处置

（1）人员触电后，立即切断相关电源，对伤者进行救护并送往附近医院。

（2）人员受伤后应对伤者进行救护并送往附近医院进行救治。

### 四、操作规程

**1. 准备工作**

（1）穿戴好劳保用品。

（2）准备工具、用具（表1-19）。

表1-19　更换抽油机皮带工具、用具表

| 序号 | 名称 | 规格 | 数量 |
| --- | --- | --- | --- |
| 1 | 皮带 | 与待换皮带同型号 | 1组 |
| 2 | 活动扳手 | 300mm、375mm | 各1把 |
| 3 | 平口螺丝刀 | 300mm | 1把 |
| 4 | 管钳 | 600mm | 1把 |
| 5 | 撬杠 | 1000mm | 1根 |
| 6 | 手锤 | 3.75kg | 1把 |
| 7 | 工程线 | 5m | 1根 |

续表

| 序号 | 名称 | 规格 | 数量 |
|---|---|---|---|
| 8 | 绝缘手套 |  | 1副 |
| 9 | 黄油 |  | 1盒 |
| 10 | 棉纱 |  | 若干 |
| 11 | 试电笔 |  | 1支 |

2. 操作步骤

（1）检查刹车是否灵活好用。

（2）用试电笔测试配电柜无电，打开配电柜门，停抽，拉紧刹车，断电，扣上刹车锁块。

（3）松前顶丝，松电机座固定螺栓，用撬杠向前移动电动机，使皮带松弛。

（4）摘下旧皮带换上新皮带。

（5）用撬杠向后移动电动机到位后，利用前后顶丝，使电动机皮带轮与减速箱皮带轮"四点一线"，且皮带松紧合适。

（6）拧紧电动机固定螺栓，上紧前后顶丝。

（7）取下刹车锁块，松开刹车，送电，启抽，检查皮带传动是否正常，确保抽油机运转正常。

（8）将有关数据填入报表，收拾工具、用具，清理现场，将废弃物回收到指定地点。

### 五、注意事项

（1）紧固螺栓时，人不要站在抽油机两侧面。

（2）皮带下压一到二指为适合。

（3）盘皮带严禁用手抓。

## 项目三　抽油机井口加药

### 一、学习目标

掌握抽油井加药的方法。

### 二、风险提示

（1）人身伤害。

（2）中毒。

### 三、应急处置

（1）开关阀门要侧身，缓慢开关，防止丝杠脱出伤人。

（2）加药站在上风口，防止药剂溅到眼睛或者中毒，造成人身伤害。

（3）控制好套压，加强加药包连接部位的检查，防止造成人身伤害。

### 四、操作规程

1. 准备工作

（1）穿戴好劳保用品。

(2) 准备工具、用具（表1-20）。

表1-20　抽油机井井口加药工具、用具表

| 序号 | 名称 | 规格 | 数量 |
| --- | --- | --- | --- |
| 1 | 药剂 |  | 现场定 |
| 2 | 加药桶 |  | 1个 |
| 3 | 活动扳手 | 300mm | 1把 |
| 4 | 棉纱 |  | 若干 |

2. 操作步骤

(1) 检查加药罐各连接部位是否完好，加药通路连通阀是否灵活好用。
(2) 关闭加药罐下流阀，打开加药罐上流阀，放净加药罐内气体，将药剂倒入加药罐内。
(3) 关闭加药罐上流阀（有平衡阀门的打开），待压力平衡后，打开下流阀，药剂靠自重沿油套环形空间流入井底。
(4) 关闭下流阀（有平衡阀的关闭）。
(5) 打开加药罐上流阀进行放空，放完后关闭。
(6) 收拾工具、用具，清理现场，做好加药记录。

**五、注意事项**

(1) 操作要站在上风口。
(2) 防止药剂溅到眼睛。

## 项目四　抽油机井井口憋压

**一、学习目标**

掌握抽油机井井口憋压操作方法，会判断抽油泵工况是否正常。

**二、风险提示**

(1) 触电。
(2) 机械伤害。
(3) 人身伤害。

**三、应急处置**

(1) 人员触电后，立即切断电源，然后对伤者进行救护，并送往医院救治。
(2) 人员受伤后应对伤者进行救护并送往附近医院进行救治。
(3) 发生人身伤害，立即使伤者脱离伤害源，进行应急包扎后送往医院救治。

**四、操作规程**

1. 准备工作

(1) 穿戴好劳保用品。
(2) 准备工具、用具（表1-21）。

(3) 检查井口流程是否正常，有无渗漏，是否具备憋压条件。

表 1-21　抽油机井井口憋压工具、用具表

| 序号 | 名称 | 规格 | 数量 |
|---|---|---|---|
| 1 | 压力表 |  | 1 块 |
| 2 | 活动扳手 | 300mm | 1 把 |
| 3 | 管钳 | 600mm | 1 把 |
| 4 | 密封垫 |  | 若干 |
| 5 | 秒表 |  | 1 块 |
| 6 | 记录纸 |  | 1 张 |
| 7 | 记录笔 |  | 1 支 |
| 8 | 绝缘手套 |  | 1 副 |
| 9 | 棉纱 |  | 若干 |

2．操作步骤

(1) 录取井口压力资料，打开取样阀取样，观察出液情况。

(2) 校对套压表、油压表，必要时更换。

(3) 憋压：关井口生产阀门，开始抽憋，憋压不超过 4.0MPa，停抽油机分别到上、下死点，稳压开始计时，每隔 1min 记一次数值，稳压 10min。

(4) 确认憋压数据，恢复生产流程，启抽。

(5) 根据憋压数据绘制憋压曲线。

(6) 收拾工具、用具，清理场地。

**五、注意事项**

(1) 抽压时压力不能超过压力表的 2/3 量程。

(2) 抽压时井口不能有渗漏。

(3) 憋压时人站在阀门侧面。

# 项目五　检测调整电动机四点一线

**一、学习目标**

掌握调整电动机的操作方法，知道什么是"四点一线"。

**二、风险提示**

(1) 触电。

(2) 机械伤害。

(3) 物体打击。

**三、应急处置**

(1) 人员触电后，立即切断电源，然后对伤者进行救护，并送往医院救治。

（2）人员受伤后应对伤者进行救护并送往附近医院进行救治。
（3）发生人身伤害，立即使伤者脱离伤害源，进行应急包扎后送往医院救治。

**四、操作规程**

1. 准备工作

（1）穿戴好劳保用品。
（2）准备工具、用具（表1-22）。
（3）检查刹车是否灵活好用，刹车锁块是否完好。

表1-22  调整电动机四点一线工具、用具表

| 序号 | 名称 | 规格 | 数量 |
| --- | --- | --- | --- |
| 1 | 活动扳手 | 300mm、375mm | 各1把 |
| 2 | 撬杠 | 1000mm | 1根 |
| 3 | 手锤 | 3.75kg | 1把 |
| 4 | 工程线 | 5m | 1根 |
| 5 | 绝缘手套 |  | 1副 |
| 6 | 棉纱 |  | 若干 |

2. 操作步骤

（1）用试电笔测试配电柜无电，打开配电柜门，停抽至上死点，拉紧刹车，断电，扣上刹车锁块。
（2）用工程线在减速箱皮带轮与电动机轮边缘拉一条直线通过两轴中心，且在两轮上处于端面所在的同一平面的一条直线上。
（3）若四点不在一条直线上，则卸松电动机滑轨的固定螺栓和电动机固定螺栓，前后左右对电动机进行调整。
（4）调整合格后，对角上紧电动机固定螺栓和滑轨固定螺栓。
（5）按启抽操作规程启动抽油机，恢复正常生产。

**五、注意事项**

（1）调整两皮带轮"四点一线"偏差不超过±1mm。
（2）使用手锤时，严禁戴手套。
（3）紧固螺栓时，严禁站在抽油机两侧。

# 项目六  抽油机井热洗

**一、学习目标**

掌握抽油机井热洗方法。

**二、风险提示**

（1）烫伤，高空坠落，物体打击。

(2) 锅炉车着火、爆炸。

### 三、应急处置

(1) 发生人身伤害，立即使伤者脱离伤害源，进行应急包扎后送往就近医院救治。

(2) 发生火灾时，应立即报火警，车体着火时岗位员工立即协助司机利用现有消防器材进行扑救。

### 四、操作规程

1. 准备工作

(1) 穿戴好劳保用品。

(2) 准备工具、用具（表1-23）。

(3) 录取洗井前资料，包括油井产液量、油井含水、示功图、抽油机上下行电流值。

(4) 检查套压。

(5) 检查热洗设备、井口及站内流程。

(6) 安全附件是否齐全灵敏，包括安全阀、压力表、温度计。

(7) 检查各种仪表、控制电器是否完好，连接洗井管线，试压管线不渗不漏。

表1-23 抽油机井热洗工具、用具表

| 序号 | 名称 | 规格 | 数量 |
| --- | --- | --- | --- |
| 1 | 管钳 | 900mm | 1把 |
| 2 | 大锤 | 4.5kg | 1把 |
| 3 | 钳形电流表 |  | 1块 |
| 4 | 记录纸 |  | 1张 |
| 5 | 记录笔 |  | 1支 |

2. 操作步骤

根据不同油井控制调整洗井排量、压力、温度以及热洗时间。

(1) 替液：充填油套管环形空间到泵车起压为止。

(2) 化蜡：水量根据结蜡点位置确定，约为结蜡点深度油套环空容积的1倍。

(3) 排蜡：调整泵车出口排量，水用量约2倍油管容积，温度80℃左右。

(4) 巩固：排量巩固30min。

(5) 每30min记录一次洗井泵压、油套压及热洗温度、热洗排量、抽油机运行电流，及时判断有无油套窜通现象。

### 五、注意事项

(1) 热洗过程中，要严防高温高压热水伤人。

(2) 油井热洗后，在测示功图前不准停抽。

(3) 严格执行"三不"洗井：设备（电器、机泵、热洗车辆、流程）有故障未排除不洗井；热水温度低于70℃不洗井；热洗泵压力低于设计压力0.5MPa不洗井。

# 项目七　抽油机井调冲次

## 一、学习目标

掌握抽油机井调冲次操作方法。

## 二、风险提示

（1）机械伤害、落物伤人。
（2）触电。

## 三、应急处置

（1）发生人身伤害，立即使伤者脱离伤害源，进行应急包扎后送往就近医院救治。
（2）人员触电后，立即切断电源，然后对伤者进行救护，并送往医院救治。

## 四、操作规程

1. 准备工作
（1）穿戴好劳保用品。
（2）准备工具、用具（表1-24）。
（3）检查刹车是否灵活好用。

表1-24　抽油机井调冲次工具、用具表

| 序号 | 名称 | 规格 | 数量 |
| --- | --- | --- | --- |
| 1 | 管钳 | 600mm | 1把 |
| 2 | 活动扳手 | 300mm、375mm | 各1把 |
| 3 | 拔轮器 |  | 1套 |
| 4 | 大锤 | 4.5kg | 1把 |
| 5 | 撬杠 | 1000mm | 1根 |
| 6 | 钳形电流表 |  | 1块 |
| 7 | 游标卡尺 | 150mm | 1把 |
| 8 | 秒表 |  | 1块 |
| 9 | 电动机皮带轮及键 |  | 1套 |
| 10 | 铜棒 | 300mm | 1根 |
| 11 | 记录笔 |  | 1支 |
| 12 | 记录纸 |  | 1张 |
| 13 | 试电笔 |  | 1支 |
| 14 | 绝缘手套 |  | 1副 |
| 15 | 黄油 |  | 1盒 |
| 16 | 棉纱 |  | 若干 |
| 17 | 砂纸 |  | 若干 |

2. 操作步骤

(1) 用试电笔测试配电柜无电，打开配电柜门，侧身停机，将驴头停在上死点，拉紧刹车，扣上刹车锁块，切断电源。

(2) 松开电动机顶丝和固定螺栓，用撬杠向前移电动机，取下皮带，卸掉皮带轮锁紧螺帽。

(3) 用拔轮器将皮带轮卸下。

(4) 测量电动机轴与新换的皮带轮孔径的间隙，要求间隙不超过±0.02mm。

(5) 用砂纸清理新轮内孔和电动机轴、键、键槽。

(6) 装上新轮，垫上铜棒，砸紧皮带轮，上锁紧螺帽。

(7) 安装皮带，调整"四点一线"，拧紧电动机顶丝，固定螺栓。

(8) 取下刹车锁块，松开刹车，送电，按启抽操作规程启抽，观察皮带轮有无摆动现象和皮带松紧度。

(9) 测电动机电流，检查平衡率。

(10) 将有关数据填入报表，收拾工具、用具，清理现场，将废弃物回收到指定地点。

### 五、注意事项

(1) 用拔轮器拔轮子时，防止轮子脱落伤人。

(2) 轴和孔要清理干净。

(3) 使用大锤，不准戴手套。

(4) 砸电动机皮带轮时要垫铜棒。

## 项目八　调整游梁式抽油机防冲距

### 一、学习目标

掌握调整防冲距的方法，什么是防冲距，为什么要调防冲距。

### 二、风险提示

(1) 机械伤害。

(2) 触电。

### 三、应急处置

(1) 发生人身伤害，立即使伤者脱离伤害源，进行应急包扎后送往就近医院救治。

(2) 人员触电后，立即切断电源，然后对伤者进行救护，并送往医院救治。

### 四、操作规程

1. 准备工作

(1) 穿戴好劳保用品。

(2) 准备工具、用具（表1-25）。

(3) 检查调整刹车灵活好用。

(4) 确定防冲距数值。

表 1-25 调整游梁式抽油机防冲距工具、用具表

| 序号 | 名称 | 规格 | 数量 |
|---|---|---|---|
| 1 | 管钳 | 600mm | 1把 |
| 2 | 活动扳手 | 300mm、375mm | 各1把 |
| 3 | 方卡子 | | 2副 |
| 4 | 平锉 | 300mm | 1把 |
| 5 | 手锤 | | 1把 |
| 6 | 钢板尺 | 2m | 1个 |
| 7 | 划笔 | | 1支 |
| 13 | 试电笔 | | 1支 |
| 14 | 绝缘手套 | | 1副 |
| 15 | 黄油 | | 1盒 |
| 16 | 棉纱 | | 若干 |

2. 操作步骤

(1) 用试电笔测试配电柜无电,打开配电柜门,将驴头停在接近下死点便于操作的位置,停抽,拉紧刹车,侧身断电。

(2) 方卡子上下端面为基准,量好尺寸,做好标记,打紧卸载方卡子,卸掉驴头载荷,刹车,断电,把悬绳器上方的方卡子移到要调的位置打紧。

(3) 松刹车使驴头带上载荷,卸掉密封盒上的卸载方卡子,打净毛刺。

(4) 侧身送电,启抽,检查有无挂碰现象。

(5) 观察运转正常后,将有关数据填入报表。

(6) 收拾工具、用具,清理现场,将废弃物回收到指定地点。

### 五、注意事项

(1) 装卸方卡子时,严禁手抓光杆。

(2) 安装方卡子时,手指不能放在方卡子下端面。

(3) 调整后防冲距,要不挂不碰。

## 项目九 游梁式抽油机井碰泵

### 一、学习目标

掌握碰泵的操作方法,为什么碰泵,碰泵的作用是什么。

### 二、风险提示

(1) 高空坠落、落物伤人。

(2) 触电。

### 三、应急处置

(1) 发生人身伤害,立即使伤者脱离伤害源,进行应急包扎后送往就近医院救。

(2) 人员触电后，立即切断电源，然后对伤者进行救护，并送往医院救治。

### 四、操作规程

1. 准备工作

(1) 穿戴好劳保用品，戴好安全帽。

(2) 准备工具、用具（表 1-26）。

(3) 检查调整刹车，保证灵活好用。

表 1-26　游梁式抽油机碰泵工具、用具表

| 序号 | 名称 | 规格 | 数量 |
| --- | --- | --- | --- |
| 1 | 管钳 | 600mm | 1 把 |
| 2 | 活动扳手 | 300mm、375mm | 各 1 把 |
| 3 | 方卡子 |  | 2 副 |
| 4 | 平锉 | 300mm | 1 把 |
| 5 | 卸载器 |  | 1 个 |
| 6 | 钢板尺 | 2m | 1 个 |
| 7 | 划笔 |  | 1 支 |
| 8 | 试电笔 |  | 1 支 |
| 9 | 绝缘手套 |  | 1 副 |
| 10 | 棉纱 |  | 若干 |

2. 操作步骤

(1) 用试电笔测试配电柜无电，打开配电柜门，将驴头停在接近下死点便于操作的位置，停抽，拉紧刹车，侧身断电。

(2) 方卡子下端面为基准，量好尺寸，做好标记，打紧卸载方卡子，卸掉驴头载荷，刹车，断电，把悬绳器上方的方卡子移到要调的位置打紧。

(3) 松刹车，使悬绳器带上载荷，卸掉卸载方卡子，锉净光杆毛刺。侧身送电，启抽，使活塞和固定阀罩相碰 3~5 次。

(4) 碰泵结束后，停抽，恢复原防冲距。

(5) 松刹车，侧身送电，启抽。

(6) 收拾工具、用具，清理现场，将有关数据填入报表。

### 五、注意事项

(1) 碰泵次数不能过多，3~5 次为宜。

(2) 装卸方卡子时严禁手抓光杆。

(3) 有脱节器的井不能碰泵。

## 项目十　调整抽油机平衡

### 一、学习目标

掌握平衡率的计算方法、调平衡的操作方法。

## 二、风险提示

（1）高空坠落、物体打击、机械伤人。
（2）触电。

## 三、应急处置

（1）发生人身伤害，立即使伤者脱离伤害源，进行应急救护后送往就近医院救治。
（2）人员触电后，立即切断电源，然后对伤者进行救护，并送往医院救治。

## 四、操作规程

1. 准备工作

（1）穿戴好劳保用品。
（2）准备工具、用具（表1-27）。
（3）检查刹车是否灵活好用。

表1-27 调整抽油机平衡工具、用具表

| 序号 | 名称 | 规格 | 数量 |
|---|---|---|---|
| 1 | 专用敲击扳手 | | 1把 |
| 2 | 专用摇把 | | 1把 |
| 3 | 活动扳手 | 375mm、450mm | 各1把 |
| 4 | 手锤 | 3.75kg | 1把 |
| 5 | 撬杠 | 1000mm、500mm | 各1根 |
| 6 | 钳形电流表 | | 1块 |
| 7 | 平锉 | 300mm | 1把 |
| 8 | 安全带 | | 1副 |
| 9 | 记录纸 | | 1张 |
| 10 | 记录笔 | | 1支 |
| 11 | 计算器 | | 1个 |
| 12 | 钢板尺 | 450mm | 1个 |
| 13 | 划笔 | | 1支 |
| 14 | 试电笔 | | 1支 |
| 15 | 绝缘手套 | | 1副 |
| 16 | 棉纱 | | 若干 |

2. 操作步骤

（1）测电流，计算平衡率确定平衡重的调整方向、移动距离。
（2）用试电笔测试配电柜无电，打开配电柜门，停机，将抽油机曲柄停在接近水平位置，外调时曲柄可下垂不大于5°，内调可使曲柄上翘5°，拉紧刹车，侧身断电，扣好刹车锁块。
（3）擦净曲柄平面，卸掉锁块，由低至高卸松平衡块固定螺栓。

(4）用专用摇把将平衡块移到预定位置。

（5）上紧锁块、由高至低上紧平衡块的固定螺栓及备帽，按同样的步骤调另一侧。

（6）观察抽油机周围有无障碍物，取下刹车锁块，松刹车，侧身送电，启抽，检查调整效果。

（7）收拾工具、用具，清理现场。

### 五、注意事项

（1）工具使用及摆放要合理，以免打滑或掉落伤人。

（2）平衡率范围为85%～115%。

（3）使用大锤时不准戴手套。

## 项目十一  调整游梁式抽油机冲程

### 一、学习目标

掌握调冲程操作方法。

### 二、风险提示

（1）人身伤害。

（2）设备损坏。

（3）触电。

（4）机械伤害。

### 三、应急处置

（1）发生人身伤害，立即使伤者脱离伤害源，进行应急包扎后送往就近医院救治。

（2）更换设备。

（3）人员触电后，立即切断电源，然后对伤者进行救护，并送往医院救治。

（4）发生机械伤害，应停止操作并立即使伤者脱离伤害源，进行应急包扎后送往医院救治。

### 四、操作规程

1. 准备工作

（1）穿戴好劳保用品。

（2）准备工具、用具（表1-28）。

（3）检查刹车灵活好用。

2. 操作步骤

（1）用试电笔测试配电柜无电，打开配电柜门，侧身停抽油机使曲柄停在便于操作的位置，刹车，打卸载方卡子，卸掉驴头负荷，刹车，断电，扣刹车锁块。

（2）根据结构不平衡重，确定手拉葫芦悬挂位置并牢靠安装好。

（3）卸开曲柄销和连杆之间的固定螺栓，将棕绳捆绑在连杆下部，用撬杠撬出连杆，用棕绳拉开连杆，用大锤打松冕型螺帽，垫铜棒用大锤打松曲柄销，卸去冕型螺帽，将曲柄销从冲程孔中取出，用细砂纸等清洗净冲程孔并涂上黄油。

表1-28 调整游梁式抽油机冲程工具、用具表

| 序号 | 名称 | 规格 | 数量 |
|---|---|---|---|
| 1 | 手拉葫芦（倒链） | | 1套 |
| 2 | 曲柄销子总成 | 与待换曲柄销子型号一致 | 1套 |
| 3 | 管钳 | 600mm | 1把 |
| 4 | 活动扳手 | 375mm、450mm | 各1把 |
| 5 | 大锤 | 4.5kg | 1把 |
| 6 | 撬杠 | 1000mm | 1根 |
| 7 | 专用扳手 | | 1把 |
| 8 | 平锉 | 300mm | 1把 |
| 9 | 手钳 | 200mm | 1把 |
| 10 | 方卡子 | | 2副 |
| 11 | 铜棒 | 300mm | 1根 |
| 12 | 棕绳 | | 1根 |
| 13 | 钢丝绳套 | | 1根 |
| 14 | 钢丝刷 | | 1把 |
| 15 | 砂纸 | | 若干 |
| 16 | 试电笔 | | 1支 |
| 17 | 绝缘手套 | | 1副 |
| 18 | 棉纱 | | 若干 |

（4）将曲柄销总成装入预调的曲柄冲程孔内，上紧冕型螺帽，连接好连杆。

（5）卸掉手拉葫芦，摘刹车锁块，缓慢松刹车，让驴头挂上负荷，卸去密封盒上的卸载方卡子并打磨光杆毛刺。

（6）按操作规程启抽油机并检查安装质量。

（7）收拾工具、用具，清理现场，将废弃物回收到指定地点，有关数据填入报表。

### 五、注意事项

（1）撬销子时人一定要站在侧面，下方严禁站人。

（2）新曲柄销扣型正确。

（3）装卸衬套时一律用铜棒垫击，大锤使用时不准戴手套。

（4）压紧垫圈与曲柄孔端面保持4~10mm的间隙。

（5）运行24h后，要对调整部位螺栓重新紧固。

（6）结构不平衡重为正值时手拉葫芦挂驴头部分，下面挂在底座上，负值时手拉葫芦固定在尾梁部分，下面挂在减速器上。

## 第一章 抽油机井采油

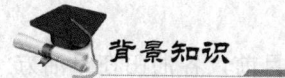
**背景知识**

### 一、抽油机平衡检查方法

1. 观察法

听——上下冲程电机的运转声音。

看——断电后不拉刹车,观察曲柄及炉头停留的位置(也可观察上下冲程光杆的运行速度的变化情况)。

2. 测时法

测时法只适用于普通机型,对有相位角及极位夹角抽油机不适用,因为其曲柄上下冲程时运转的角度不相等,用秒表测驴头上下冲程的时间。

3. 测电流法

用钳形电流表测电动机三相电流,通过计算来判断是否平衡。计算式为平衡率=(下冲程最大电流/上冲程最大电流)×100%。

### 二、抽油机井资料录取与分析

1. 抽油机井口录取油压、套压

抽油机油压、套压按资料录取标准规定在井口录取,特殊情况要加密录取次数。每次录取时可在抽油机井口油、套压力表上直接读出其大小。这里要注意的是:一是压力表,必须是按期校对合格的压力表,且所读在压力值在量程的 1/3~2/3 范围内;二是录取时抽油机井应处在正常生产状态下。

资料录取后的整理分析要及时。如抽油机井生产状况良好,录取的压力变化不大,选哪一次的都可以作为上报(地质)资料,填入当日班报表中。如果抽油机生产状况不稳定,录取的压力变化较大(超出正常允许的波动范围)时,就要选出一个能够代表当日主要生产情况的压力数值作为上报资料,并备注其原因。

2. 测抽油机工作电流

抽油机工作电流按资料录取标准规定要每天测一次上下冲程电流,如刚投产或调参等情况要多测几次,如图 1-14 所示。

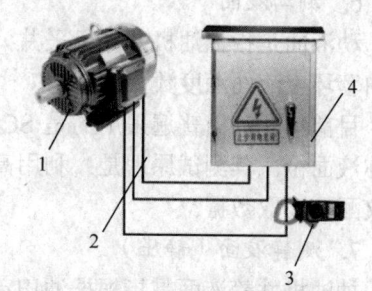

图 1-14 测抽油机工作电流示意图
1—电动机;2—三相电缆;3—钳形电流表;
4—配电柜

测电流时,选用一块合适且校验合格的电流表,按示意图分别测出上、下工作电流。在抽油机驴头上行时读出最大峰值 $I_上$,在抽油机驴头下行时读出最大峰值 $I_下$,注意电流表所选在档位要正确,以及表的指针最好在表盘量程在 1/3~2/3 之间。

抽油机在工作电流录取后,一是要及时计算抽油机平衡率是多少,二是要与上一次正常的上、下电流对比,可以及时分析了解抽油机井泵况变化情况。整理分析后把测得的电流数据填入报表中。

### 3. 抽油机井产量资料录取

抽油机井产量资料录取，实际就是指采油井的量油（产液量）。目前，各油田在量油方法较多。现场上常用的量油方法从基本原理方面可分为容积法和重力法两种，从控制方法方面可以分为手动控制和自动控制两种。华北油田目前比较先进的量油方法有"功图法量油"和"计量车量油"。

油井计量的主要目的是了解油井生产状态，分析储油层以及抽油泵的动态变化，科学地调整开发方案和制定措施，提高油井采收率，为生产决策提供准确可靠的数据支持。

### 4. 原油含水数据

原油含水是指见水井采出的液体化验中含水率的大小，它是在井口用取样桶通过取样阀放喷溢流录取油井抽出的新鲜油样（油水混合液），经化验室化验后取得的原油化验含水数据。抽油机井多数是掺水伴热的，故在取样前（约 10min，时间以本井生产情况及本油田生产管理规定为准）关掺水阀，等取完样后再及时把掺水阀打开，保持正常生产。如果含水化验结果上升且超过正常允许波动范围，就要及时分析是泵况或取样操作问题等其他影响原因。

### 5. 测试示功图

测试示功图是抽油机井录取九项资料中非常重要的一项操作，它是由专门的测试仪器（示功仪）在抽油机井口悬绳器位置的光杆上测得的，是反映驴头悬点载荷与光杆位移关系的封闭曲线。所用的测试示功仪在各油田种类很多，按其测试原理基本分为两种，一种是水力机械式动力仪，另一种就是机械电子式示功仪。二者测试的位置是一样的，但图形上的数据越来越多，如实际冲程、实际冲次、最大载荷、最小载荷、日产液量、泵效、测试日期、井号等，这给资料整理和分析带来了方便。现在的示功仪能储存测试数据并与计算机连接打印。

### 6. 测动液面

动液面是指抽油机井（机采井）正常生产时利用专门的声波枪在井口套管测试阀处测得的油套环空液面深度数据。

目前华北油田普遍采用的是 SC—$II_D$ 型油井液面深度测量装置"回声仪"（图 1-15），俗称液面枪。其测试原理是：利用高压氮气、套管气及声弹作声源，与回声仪或油井综合测试仪配接读取数据。

### 7. 测静液面（静压）

抽油机井静液面是指根据油田动态检测点计划，在指定的抽油机井利用双频回声仪在井口套管处测得的关井后液面恢复（井停抽后动液面逐步一点点上升）数据，如图 1-16 所示。

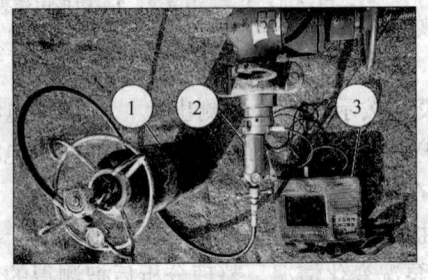
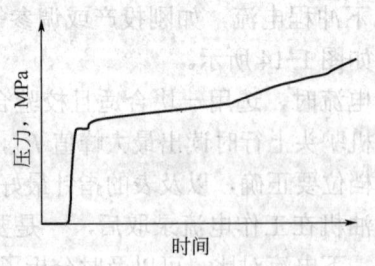

图 1-15 油井液面深度测量装置　　　　图 1-16 压力恢复曲线
1—高压氮气瓶；2—井口连接器；3—油井综合测试仪

## 三、套管气对油井生产的影响

套压是反映地层能量（井底压力）大小的一个重要指标，它的大小反映了油套环形空间压力的大小及天然气从油中分离出来的多少。

抽油机井套压应保持在一个合理的范围内进行生产，能够在不影响产量的前提下，既保持了较高的井底流压（合理的流饱压差），又可以减少气体对泵的影响，保证了抽油机井的正常生产。

套压高低直接影响着动液面的高低，也影响泵效的大小。合理的套压值应是，能使动液面满足于泵的抽吸能力的较高水平的套压值。套压太高，将使油套环形空间中的动液面下降，当动液面下降到深井泵吸入口时，气体进入深井泵内，发生气侵现象，使泵效降低，油井减产，严重时发生气锁现象。为防止这种现象的发生，在套压较高、动液面较低时，应适当放掉部分套管气，使套压降低，动液面上升。

## 四、抽油机井热洗标准

洗井后热洗出口回油温度不得低于 60℃，并稳定 60min 以上，洗井后套压应有灵敏反应，电机电流和产量恢复到原正常生产水平，示功图无结蜡显示。抽油设备完好，确保洗井期间无故障，地面管线畅通，井口设备完好，不渗不漏。洗井时不得停抽，必须停抽应停止热洗，洗井后 24h 内不准停井停抽。

## 五、检泵作业施工工序与质量要求

抽油机井检泵作业施工工序通常是：

洗井→起杆（活塞）→起油管（泵筒）→下刮蜡管柱→替蜡→起刮蜡管柱→下冲砂管柱→探砂面→探人工井底→起冲砂管柱→地面清蜡→丈量→配管柱→下完井管柱（泵筒）→洗井→下抽油杆（活塞）→碰泵→对防冲距→启抽→抽压→测示功图→交井。

## 六、抽油机井故障判断及处理

1. 抽油井故障的检查方法

抽油井井的故障大多是由于除地面设备外的井下抽油设备有了问题而引起抽油泵的工作不正常，造成油井出油不正常，影响油井生产。因此，当发现油井不正常时必须立即检查、处理。

1）利用抽油机井动态控制图

根据油井在控制图上的位置可对油井的生产状况进行分类，即正常井或不正常井。在断脱漏失区以外的井均为正常井，但有些区域的井仍须做些工作提高产量或提高效率。而断脱漏失区内的井均为不正常井，必须进一步利用其他方法，结合相关资料综合分析，找出问题采取措施，使油井恢复正常生产。

2）利用示功图

示功图是目前检查抽油泵工作状况的有效方法。根据对示功图的分析，可以判断砂、气对抽油泵工作的影响和泵的漏失、油管漏失、抽油杆断脱、活塞与工作筒的配合状况，以及活塞被卡等故障。在应用示功图时，还必须结合在平时油井管理中积累的资料，如油井的产量、动液面、油压、套压、含水变化、抽油机运转中电动机电流强度的变化以及井下设备工作期限等资料。因为用示功图分析，对某些井来说可能诊断为一种现象，多种可能。如示功图为"窄条型、两头尖"，这种示功图可能是由于抽油杆断脱、双凡尔失灵，也可能是由于油井连喷带抽等。结合其他资料综合分析诊断即可判明原因，对症下药。

3) 井口憋压法

这种方法主要用来检验抽油泵各阀的工作状况。如阀座或阀球黏附砂、蜡而造成轻微的阀不严或受卡,可用此法。应用此法时,井口压力控制在4MPa左右(根据井口设备耐压情况和泵径大小而定),否则会损坏井口设备。

具体操作方法是:在抽油机运行中关闭回压阀门或连通阀门,然后在井口观察油管压力变化,从压力上升或下降情况可以分析判断出井下抽油泵的问题。

4) 试泵法

这种方法用在双管采油井或其他设备时,往油管中打入液体即正循环,根据泵压或井口压力变化来判断抽油泵的故障。

一种是在正常生产时,即活塞在工作筒内试压,停机后从油管打入液体,若井口压力下降或没有压力,则为游动阀、活塞及固定阀均严重漏失。若井口压力上升,则为游动阀及活塞密封良好,但还要验证固定阀工作情况。

另一种是活塞在工作筒内试压,井口压力和套管压同时上升,则为油管严重漏失。这是因为从油管打入液体时,因为油管漏失,液体进入油、套环形空间,使套管压力上升。

第三种把活塞拔出工作筒,打液试泵,如没有压力或压力下降,则为固定阀漏失严重。

5) 井口呼吸观察法

这种方法用在低压、低产井上,它是把井口回压阀门关上,打开放空阀门,用手按住阀门口或在放空口处蒙张薄纸片,这样从手的感觉、纸片的活动情况,也就是从观察抽油泵上下"呼吸"情况来判断抽油泵的故障。一般可判断如下故障:

(1) 油井不出油且上行时出气、下行吸气,说明是固定阀严重漏失或进油部分堵塞。

(2) 油井不出油,活塞上行时开始出点气,随后又出现吸气现象,说明主要是游动阀漏失。

(3) 上冲程出气大,下冲程出气很小,这种现象表明抽油泵工作正常,只是油管内液面太低,油液未抽到井口,油井可能是间歇出油。

通过以上各种方法均可检查出油井的故障,要准确地判断出油井的故障应该用几种不同的方法反复检查,最后判断出正确的故障,采取相应的措施,以保证油井正常生产。

2. 抽油井常见故障的处理方法

1) 冲洗循环

这种方法用于油井产量明显下降或不出油,经分析为抽油泵阀失灵或阀卡,井下进油设备堵塞的油井。冲洗主要选用反冲洗,冲洗液温度一般在70~80℃,从套管打入经油管返出。冲洗时不要停抽,而是边抽边洗,排量由小到大,冲洗2小时以上即可。

2) 拔出工作筒冲洗

抽油泵固定阀严重漏失,反冲无效时,或抽油机运转时光杆下不去,这时将活塞拔出工作筒进行正、反冲洗。在正冲洗过程中注意观察井口油压的变化。当油压突然上升,产生憋压即可停止,然后再进行反冲洗,重新对好防冲距投入生产即可。因为正冲洗是从油管打入冲洗液,洗好后固定阀自动关闭,即堵塞了出口,油管压力突然上升,产生憋压现象,如不及时发现,压力过高会使井口设备损坏或出现其他故障。

3) 光杆对扣

光杆或光杆以下1~2根抽油杆脱扣后,一般表现为抽油机负荷上下行差别很大,悬绳器钢丝绳有松弛弯曲现象。这是因为悬绳器只承受光杆或脱扣杆柱以上的重量。这时油井不出油，是脱扣还是断杆需要在对扣中进行判断。

4）碰泵

碰泵是一种解除抽油泵阀轻微砂卡、蜡卡故障的方法。

### 七、理论示功图的绘制与解释

理论示功图是在理想状况下，只考虑驴头承受的静载荷引起抽油杆柱及油管柱弹性变形，而不考虑其他因素影响所绘制的示功图（图1-17）。

绘制理论示功图的目的是与实测示功图比较，找出负荷变化差异，判断深井泵及地层的工作情况。图中横坐标表示冲程，纵坐标代表悬点承受的载荷。

A 点——表示抽油机驴头处于下死点的位置，从 A 点开始，光杆开始上行，但活塞还未运动的瞬间，光杆加载。

AB——当活塞开始上行时，游动阀关闭，液柱重量由油管上传给抽油杆，抽油杆因增载而伸长（$\lambda_1$），油管因卸载而缩短（$\lambda_2$）。当活塞运动到 B 点时，液柱重全部由抽油杆承受，此时光杆虽然在上移，但活塞相应于泵筒来说，实际未动，这样就画出了图中 AB 斜直线，AB 表示了光杆载荷增加的过程，称为增载线。

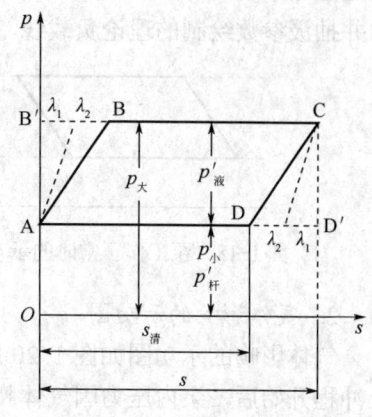

图1-17 理论示功图

BB′——当活塞开始上行时，游动阀关闭，液柱重量由油管上传给抽油杆，抽油杆因增载而伸长（$\lambda_1$），油管因卸载而缩短（$\lambda_2$）。油管和抽油杆发生伸长和缩短，因而使活塞实际冲程小于光杆冲程，B′B 的长度表示抽油杆柱伸长和油管柱缩短值，这一差值即为上冲程损失。

BC——当弹性变形完毕，光杆带动活塞开始上行（由 B 点开始），固定阀打开，液体进入泵筒并充满活塞所让出的泵筒空间，此时，光杆处所承受的负荷，仍和 B 点时一样没有变化，所以画出一条直线 BC，为上行载荷线。

CD——当活塞到达上死点后，开始下行时，固定阀关闭，原来由抽油杆承受的液柱重量从 C 点开始传到油管上，这一过程到 D 点结束抽油杆因卸载而缩短（$\lambda_1$），油管因增载而伸长（$\lambda_2$）。当活塞运动到 D 点时，液柱重全部由油管承受，此时，光杆虽然在下移，但活塞相应于泵筒来说，实际未动，这样就画出了图中 CD 斜直线，CD 表示了光杆载荷卸载的过程，称为卸载线。

DD′——当活塞开始下行时，固定阀关闭，原来由抽油杆承受的液柱重量从 C 点开始传到油管上，这一过程到 D 点结束抽油杆因卸载而缩短（$\lambda_1$），油管因增载而伸长（$\lambda_2$）。管和抽油杆发生伸长和缩短，因而使活塞实际冲程小于光杆冲程，这一差值即为下冲程损失。

DA——当弹性变形完毕，活塞开始下行，液体就通过游动阀向活塞以上转移，在液体向活塞以上转移的过程中，光杆上所受的负荷不变，所以画出一条和 BC 平行的直线 DA，为下行载荷线。

### 八、实测示功图的分析

实测示功图受多种因素的影响，与理论示功图差异较大。在分析实测示功图时，要根据影响示功图的诸项因素,全面掌握油井生产动态和静态资料、设备和仪表的状况,依据实测示功图的形状,与典型示功图对比,综合分析,解释出影响示功图的主要因素,判断抽油泵的工作状况。

1. 泵工作正常时的示功图

泵工作正常时和惯性力影响时的示功图如图 1-18、图 1-19 所示。所谓泵的工作正常,指的是泵工作参数选用合理,使泵的生产能力与油层供油能力基本相适应。其图形特点是:接近理论示功图,近似的平行四边形。这类井的泵效一般在 60%以上。图中虚线是人为根据油井抽汲参数绘制的理论负载线,上边一条为最大理论负载线,下边一条为最小理论负载线。

图 1-18 泵工作正常时的示功图　　　　　图 1-19 惯性力影响的示功图

2. 气体影响的示功图

气体影响的示功图如图 1-20 所示。由于在下冲程末余隙容积内还残存一定数量的气体,上冲程开始后,泵内压力因气体膨胀而不能很快降低,使固定阀打开滞后,增载变慢,下冲程时气体受压缩,泵内压力不能迅速提高,使游动阀打开滞后,卸载变慢。

其图形特点是:卸载线过程缓慢,卸载线 CD′向右下方变曲的弧线,增载过程也变慢,增载线较理论的增载线平缓。DD′线越长,泵受气体影响越严重。如果油井气体严重时游动阀打不开会发生气锁现象,此时,油井不出油,只出气。受气体影响的示功图其形状常常发生变化的,对这类井测试示功图时,要测一个周期的示功图,这样便于准确分析泵工作状况。

3. 供液不足的示功图

供液不足的示功图如图 1-21 所示。由于供液能力不足,沉没度太小,在抽汲过程中液体不能充满泵筒。上冲程时,吸入的液体未能将工作筒充满,当液体中含气量很少时,其特点是:下冲程开始后的悬点载荷不能立即卸载,只有当活塞接触液面时才迅速卸载。减载线与理论示功图的减载线基本平行,使减载线变陡。所以供液不足的示功图呈刀把式,充满程度越差,刀把越长。当冲程、冲次大,活塞下行速度快,由于活塞撞击液面而发生冲击载荷,使图形下冲程中呈波浪形状而使示功图变形得很厉害。

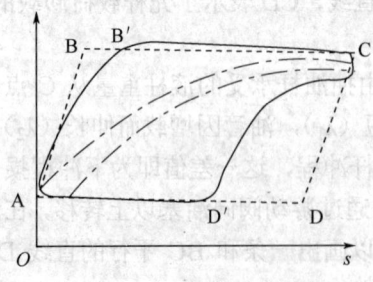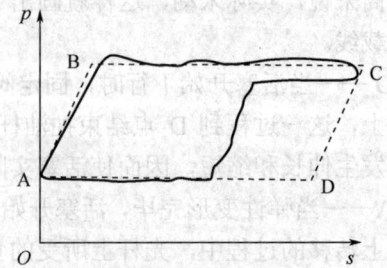

图 1-20 气体影响的示功图　　　　　图 1-21 供液不足的示功图

4. 排出部分漏失的示功图

排出部分漏失的示功图如图 1-22 所示。泵的排出部分漏失,活塞上面油管内的液体就会漏在活塞下面的泵筒内。当活塞上行程开始时，由于漏失，使泵内压力下降缓慢，固定阀推迟打开，导致悬点增载缓慢。当活塞移动速度大于漏失速度时，载荷达到最大值（B'点），当上行程快结束时活塞上行速度减慢，当漏失速度大于活塞移动速度时，又出现漏失液体对活塞的"顶推"作用，使光杆提前卸载（C'点）。当到达上死点时，悬点载荷已降到 C″，活塞的有效冲程为 B'C'。

漏失程度不同，B'C'不同，当 B'C'=0 时，悬点载荷始终达不到最大值。漏失严重时，示功图上的最大载荷达不到理论最大载荷线。

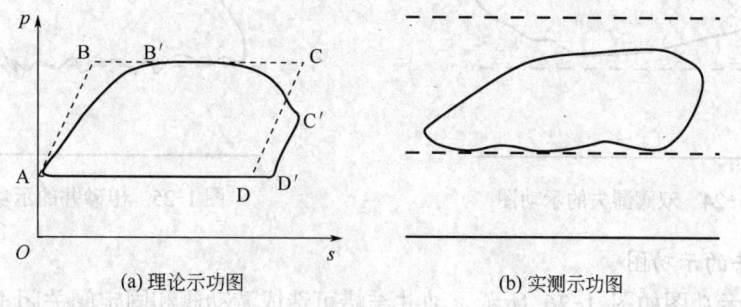

图 1-22　排出部分漏失的示功图

**5. 吸入部分漏失的示功图**

吸入部分漏失的示功图如图 1-23 所示。下行程开始时，由于吸入部分漏失，使泵内压力上升缓慢，悬点卸载缓慢，当活塞下行速度大于漏失速度时，悬点卸载结束，游动阀打开，固定阀关闭（D'）。下行程快结束时，漏失速度大于活塞运行速度时，泵内压力降低，使游动阀提前关闭（A'），悬点提前加载。当到达下死点时，悬点载荷已经增加到 A″，其有效冲程为 D'A'。

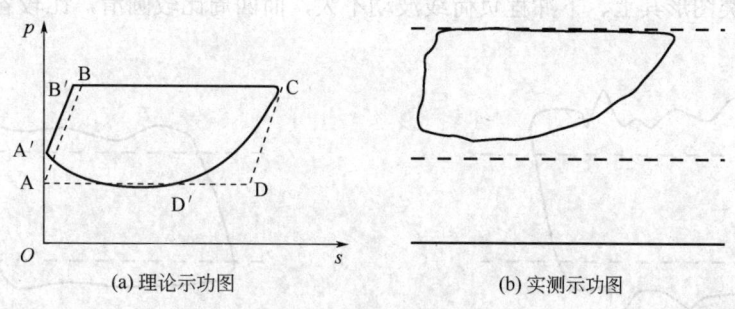

图 1-23　吸入部分漏失的示功图

漏失程度不同，D'A'不同，当 D'A'=0 时，悬点载荷始终达不到最小值游动阀漏失严重。

**6. 双阀漏失时的示功图**

双阀漏失时的示功图如图 1-24 所示。示功图为排出部分漏失和吸入部分漏失示功图的叠加。

**7. 出砂井的示功图**

出砂井的示功图如图 1-25 所示。油井出砂，细小的砂粒将随着油流进入泵筒内，造成活塞在泵筒内遇阻，使活塞在整个行程中或某个局部处增加了一个附加阻力。细砂分布在泵筒内各处的多少不同，影响的程度大小也不一样，有砂卡现象，所测的示功图的上下行程会出现振动载荷，示功图呈锯齿状。若连续测图时，每个图的尖锋位置是变化的，油井仍能出油。由于井下抽油泵工作条件比较复杂，所测示功图往往受各种因素的影响而复杂化，在解释示功图时必须全面了解油井情况，综合有关油井生产资料，才能对抽油泵工作的不正常原因做出正确的判断。

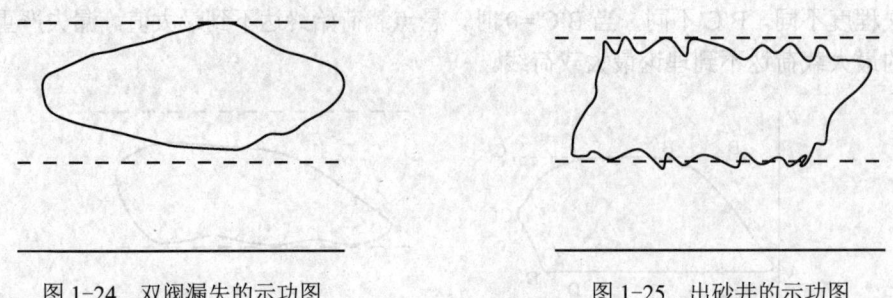

图 1-24　双阀漏失的示功图　　　　　图 1-25　出砂井的示功图

**8. 结蜡井的示功图**

结蜡井的示功图如图 1-26 所示。油井结蜡可造成游动阀和固定阀关闭不严、失灵、甚至堵塞油管的油流通道，严重时，油管被堵造成油井不出油、抽油杆柱断脱等问题。上下行程流动阻力增加，上行程时，流动阻力的方向向下，使悬点载荷增加；下行程时，流动阻力的方向向上，使悬点载荷减小。

其图形特点是：增载线和卸载线直上直下，图形肥大，大大超出最大和最小理论负荷线。

**9. 稠油井的示功图**

稠油井的示功图如图 1-27 所示。由于稠油黏度大，当抽油杆做上、下冲程运动时，摩擦阻力较大，驴头最大和最小负荷线均超过理论负荷线，图形变得肥胖，与油井结蜡的图形相似。但是这类图形其上、下冲程负荷线波动不大，而四周比较圆滑，比较容易区别于油井结蜡的示功图。

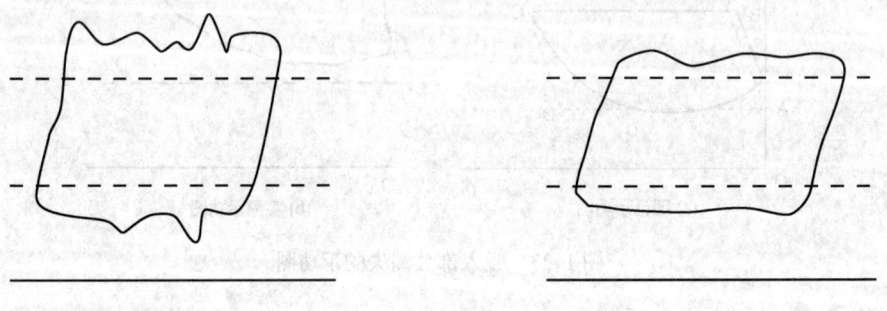

图 1-26　结蜡井的示功图　　　　　图 1-27　稠油井的示功图

**10. 杆断脱的示功图**

杆断脱的示功图如图 1-28 所示。抽油杆断脱后的悬点载荷实际上是断脱点以上抽油杆重量，只是由于摩擦力的存在才使上下载荷不重合。抽油杆发生断脱时示功图的特点是：形状为水平或倾斜的条形状，而图形的位置取决于抽油杆断脱的位置，断脱的位置越深，其图形位置越接近最小理论负荷线。图形同连抽带喷的示功图相似，在分析时要结合产量等其他油井资料，综合分析考虑。带喷井泵效高、产量大，而抽油杆发生断脱时油井不出油。抽油杆断脱的位置越高,示功图越接近基线。

11. 泵脱出工作筒的示功图

泵脱出工作筒的示功图如图 1-29 所示。下泵时由于防冲距过大,使上行程的后半行程活塞脱出泵筒,活塞与泵筒接触工作面长度已经减少,活塞以上的液体已从活塞与泵套间隙中漏失到活塞以下。脱出泵筒后悬点立即卸载,驴头负荷逐渐卸载,最后活塞全部脱出泵工作筒,驴头载荷也随之急剧下降,引起抽油杆的强烈振动,后半行程与下行程线基本重合,卸载线呈不规则波浪曲线。

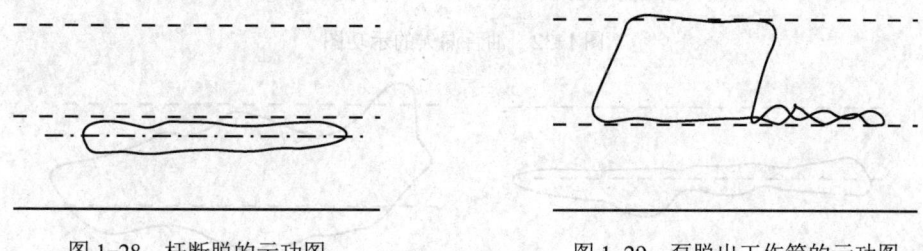

图 1-28　杆断脱的示功图　　　　图 1-29　泵脱出工作筒的示功图

12. 活塞碰固定阀(碰泵)的示功图

碰泵的示功图如图 1-30 所示。下泵时防冲距过小,活塞下行到下死点时与固定阀阀罩相撞,示功图左下角多出一点或显示打扭,这一类图形中左上角是不缺的,图形显示基本完好。

13. 活塞遇卡的示功图

活塞遇卡的示功图如图 1-31 所示。管式泵的活塞在泵筒中遇卡之后,抽汲过程中活塞不能运动,驴头上下运行时,只有抽油杆伸缩变形。上冲程时,悬点载荷首先是缓慢增加,当抽油杆被拉直后,悬点载荷急剧上升。下冲程时,首先是恢复弹性变形,卸载很快,到达卡死点以后,抽油杆柱载荷作用在卡死点,卸载变得缓慢,抽油杆柱又被压缩而发生弯曲,直到驴头到达下死点。以上是理论分析,当活塞遇卡之后,一般应马上停抽,不测示功图,因为这样容易将抽油杆拉断,电动机被烧坏。

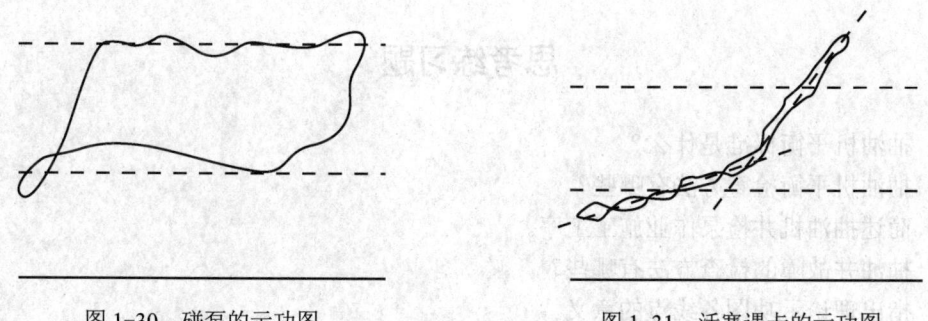

图 1-30　碰泵的示功图　　　　图 1-31　活塞遇卡的示功图

14. 油管漏失的示功图

油管漏失的示功图如图 1-32 所示。使悬点载荷达不到理论上的最大载荷,油管漏失不是深井泵装置本身造成的,所测示功图形状不会发生变异,与泵工作正常时的示功图基本一样。油管漏失后,漏失点以上的液柱就会漏失到油套管环形空间。如果漏失严重时,油井不出油。如果漏失位置处于距井口较深时，示功图的最大负荷要低于最大理论负荷线。漏失点越接近井口，实际的最大载荷线越接近理论最大载荷线。

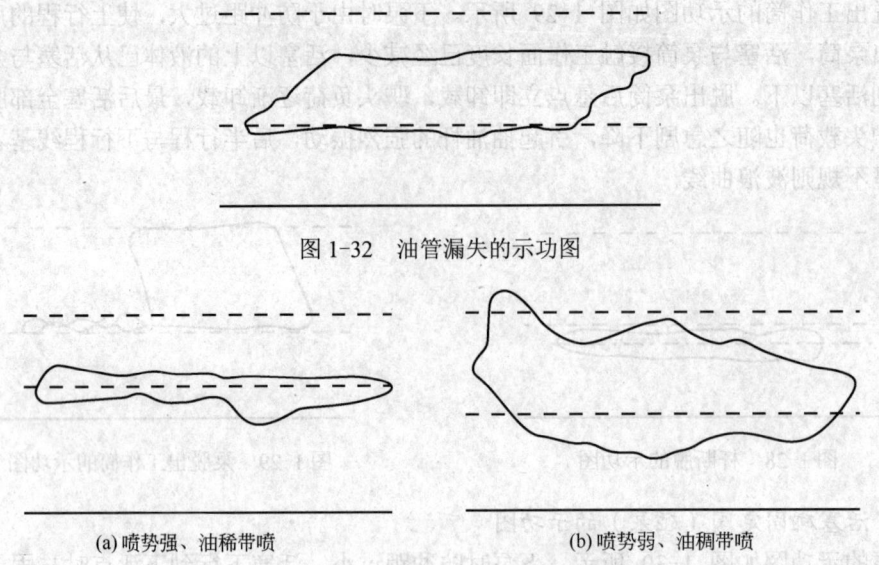

图 1-32　油管漏失的示功图

(a) 喷势强、油稀带喷　　　　　　　(b) 喷势弱、油稠带喷

图 1-33　连抽带喷井的示功图

15. 连抽带喷井的示功图

连抽带喷井的示功图如图 1-33 所示。油井具有一定的自喷能力，固定阀和游动阀都处于开启状态，抽汲只起助喷作用，液柱载荷基本上不作用在悬点上。示功图的位置及载荷的大小取决于喷势的大小。

连抽带喷的示功图特点是：图形大多数为一长条形，处在最大和最小理论负荷线之间。示功图的位置和载荷的变化大小取决于喷势的强弱及抽汲液体的黏度。当油井自喷能力很强时，活塞受油流上喷的冲力很大，大大减轻驴头的负荷，所测得的示功图可能低于最小理论负荷线。

# 思考练习题

1. 抽油机平衡标准是什么？
2. 抽油机平衡检查方法有哪些？
3. 简述抽油机井检泵作业施工工序。
4. 抽油井故障的检查方法有哪些？
5. 指出理论示功图各线点的意义。
6. 分析稠油、结蜡、连抽带喷、供液不足、杆断脱的实测示功图。

# 第二章 螺杆泵井采油

螺杆泵采油是油田稠油机械采油方式之一，目前螺杆泵采油按驱动方式分为潜油电动螺杆泵和地面驱动井下螺杆泵。现场使用最多的是地面驱动井下单螺杆泵（简称螺杆泵）。根据螺杆泵的工作原理，它兼有离心泵和容积泵的优点。螺杆泵运动部件少，没有阀体和复杂的流道，吸入性能好，水力损失小，介质连续均匀吸入和排出，沙粒不易沉积且不怕磨，不易结蜡，因为没有阀，不会产生气锁现象。螺杆泵采油系统又具有结构简单、体积小、重量轻、噪声小、耗能低、投资少及使用、安装、维修、保养方便等特点，所以螺杆泵已经成为一种新型、实用有效的机械采油设备。

螺杆泵井采油操作分为三节：螺杆泵井工艺流程与设备设施，螺杆泵井操作，螺杆泵井管理，设置了10个操作项目和24个理论知识点。

## 第一节 螺杆泵井工艺流程、设备与设施

### 项目一 螺杆泵井巡回检查

**一、学习目标**

掌握螺杆泵井巡回检查的内容和要求。

**二、风险提示**

（1）机械伤害。
（2）触电。

**三、应急处置**

（1）发生机械伤害，立即使伤者脱离伤害源，对伤者进行救护、医治。
（2）发生人员触电，立即切断电源，对伤者进行救护、医治。

**四、操作规程**

1. 准备工作

（1）正确穿戴劳保用品，并进行危害辨识和风险分析，落实必要的风险消减措施。
（2）准备工具、用具（表2-1）。

表 2-1  螺杆泵井巡回检查工具、用具表

| 序号 | 名称 | 规格 | 数量 |
|---|---|---|---|
| 1 | 检验合格压力表 | 2.5MPa | 1块 |
| 2 | 活动扳手 | 300mm | 1把 |
| 3 | 活动扳手 | 200mm | 1把 |
| 4 | 专用扳手 |  | 1套 |
| 5 | 低压试电笔 |  | 1支 |
| 6 | 绝缘手套 |  | 1副 |
| 7 | 记录本、记录笔 |  | 各1个 |
| 8 | 棉纱或擦布 |  | 若干 |

2. 操作步骤

(1) 用试电笔在配电柜上没有漆的地方验电,防止触电。

(2) 录取螺杆泵运行电流,检查过载值是否为工作电流的 1.2 倍。

(3) 检查电器元件有无氧化、破损现象。

(4) 检查井流程是否正确,各阀门开关是否处于正常位置,设备有无缺损、松动、渗漏现象,如有问题应及时处理。

(5) 检查并记录进口油压、套压,套压不能低于油压,录取压力值要在压力表量程 1/3~2/3 之间。

(6) 检查井口掺水是否正常,井口油温控制在 35℃~40℃ 之间(特殊井特殊对待)。

(7) 检查并调整密封填料松紧度。

(8) 检查安全防护罩是否完好无损,检查皮带松紧情况。

(9) 检查电动机运行情况,有无异常声音,用手背检查电机壳温度是否小于 60℃。

(10) 检查减速箱油位是否在看窗 1/2~2/3 之间,减速箱体温度是否≤50℃。

五、注意事项

(1) 巡回检查时,人员在螺杆泵安全距离 0.8m 以外,防止发生机械伤害事故。

(2) 皮带轮运转方向前严禁站人,避免发生机械伤害事故。

## 项目二  螺杆泵启停

一、学习目标

掌握启、停螺杆泵井操作方法。

二、风险提示

(1) 机械伤害。

(2) 触电。

三、应急处置

(1) 发生机械伤害,立即使伤者脱离伤害源,对伤者进行救护、医治。

(2) 发生人员触电,立即切断电源,对伤者进行救护、医治。

### 四、操作规程

1. 准备工作

(1) 正确穿戴劳保用品,并进行危害辨识和风险分析,落实必要的风险消减措施。

(2) 准备工具、用具(表2-2)。

表2-2 启、停螺杆泵井操作工具、用具表

| 序号 | 名称 | 规格 | 数量 |
|------|------|------|------|
| 1 | 管钳 | 600mm | 1把 |
| 2 | 活动扳手 | 375mm | 1把 |
| 3 | 活动扳手 | 300mm | 1把 |
| 4 | 检验合格压力表 | 2.5MPa | 1块 |
| 5 | 低压试电笔 |  | 1支 |
| 6 | 绝缘手套 |  | 1副 |
| 7 | 黄油 |  | 1袋 |
| 8 | 记录笔 |  | 1支 |
| 9 | 细纱布 |  | 若干 |

2. 操作步骤

1) 启动螺杆泵操作

(1) 检查节电箱及电器配件齐全完好,电动机、电缆及井口各配件齐全完好。

(2) 检查减速箱机油油质良好、油位在检查窗刻度线1/3~2/3之间。

(3) 皮带完好并松紧合适,螺杆泵地面装置各配件齐全且连接紧固。

(4) 检查计量站流程,开该井下流阀门。

(5) 检查掺水流程、压力是否正常,开井口回压阀门,开生产闸门,待压力稳定后,检查螺杆泵地面装置及井口各部位无渗漏现象。

(6) 戴绝缘手套。工频操作:侧身合上电源,点动确认电动机旋向,正常后,按下启动按钮。变频操作:合上电源,给变频器送电,将"变频/工频"开关扳向"变频"位置;检查变频器是否在正常待机状态,有无故障报警;按下启动按钮,观察变频器的频率、电流变化是否正常。

(7) 待电流稳定后,观察井口出液是否正常。

(8) 检查密封填料松紧合适,井口流程无渗漏。

2) 停止螺杆泵操作

(1) 戴绝缘手套侧身按"停止"按钮停机,断开空气开关开关。

(2) 侧身关闭井口生产阀门、回压阀门,防止螺杆泵倒转使管线内液体倒灌井内。

(3) 关该井计量站上下流闸门,并悬挂停井警示牌。

(4) 关井时间超过1天,要把生产阀门关闭,降低掺水量。

(5) 冬季长时间停井必须进行扫线,防止冻堵管线。扫线后关闭计量站该井上下流阀门及该井掺水阀门。若不扫线,必须保持该井一定掺水量。

（6）对3个月以上的长停井要及时组织回收电器、地面装置和井口有关设施。如为报废井则执行报废井相关管理规定。

（7）油井生产正常后，录取相关资料；收拾擦拭工具、用具，清理操作现场。

### 五、注意事项

（1）启泵前倒通流程，防止发生泄漏。

（2）各种卡子一定要打紧，防止启泵后发生光杆脱落。

（3）合、分空气开关要侧身，防止配电部位发生故障时放出电弧光，发生电灼伤。

（4）正常运转后，观察井口的出油情况，若2~4小时不出油，应停机分析原因，严禁在不出油的情况下长时间运转。

## 背景知识

### 一、螺杆泵的概念

螺杆泵又叫渐进容积式泵，由定子和转子组成，两者的螺旋状过盈配合形成连续密封的腔体，通过转子的旋转运动实现对介质的传输。螺杆泵井如图2-1所示。

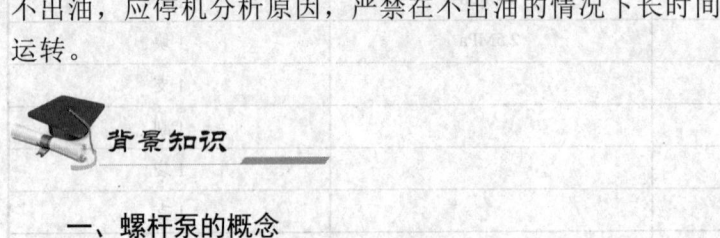

图2-1 螺杆泵井示意图

螺杆泵地面驱动装置类型有常规驱动型（图2-2）和直接驱动型（图2-3）两种。

图2-2 常规螺杆泵井

图2-3 直驱螺杆泵井

### 二、常规螺杆泵井的组成及工作原理

1. 螺杆泵井的组成

螺杆泵井组成如图2-4所示，螺杆泵采油系统由四部分组成。

电控部分：电控箱和电缆；

地面驱动部分：减速箱和驱动电机、井口动密封、支撑架、方卡等；

井下泵部分：螺杆泵定子和转子；

配套工具部分：专用井口、特殊光杆、抽油杆扶正器、油管扶正器、抽油杆防倒转装置、油管防脱装置、防蜡器、防抽空装置、筛管等。

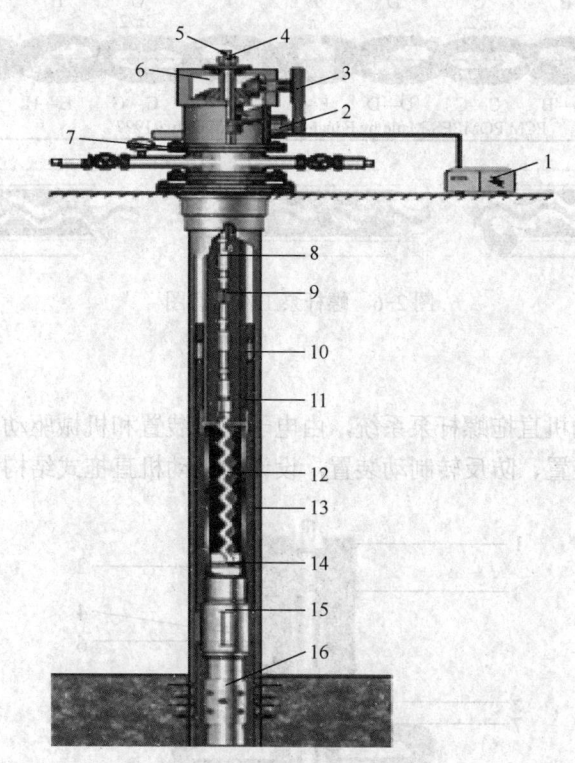

图 2-4　螺杆泵井组成示意图

1—配电箱；2—电动机；3—皮带；4—方卡子；5—光杆；6—减速箱；7—专用井口；
8—驱动杆；9—扶正器；10—油管扶正器；11—油管；12—螺杆泵；13—套管；
14—定位销；15—防脱装置；16—筛管

2. 螺杆泵工作原理

沿着螺杆泵的全长，在转子外表面与定子橡胶衬套内表面间形成多个密封腔室；随着转子的转动，在吸入端转子与定子橡胶衬套内表面间会不断形成密封腔室，并向排出端推移，最后在排出端消失，油液在吸入端压差的作用下被吸入，并由吸入端推挤到排出端，压力不断升高，流量非常均匀。螺杆泵工作的过程本质上也就是密封腔室不断形成、推移和消失的过程。如图 2-5、图 2-6 所示。

图 2-5　螺杆泵

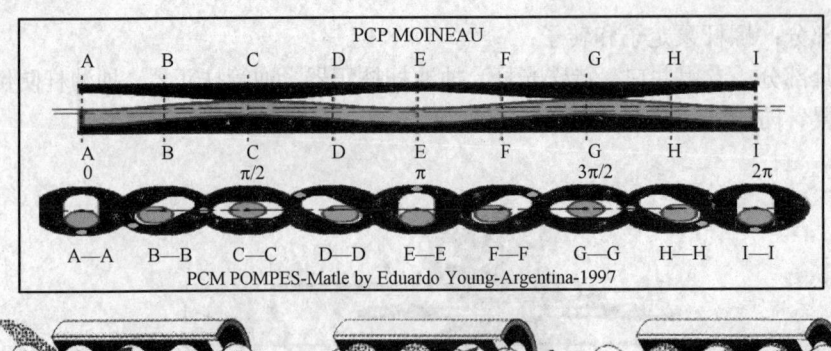

图 2-6 螺杆泵工作示意图

### 三、直驱螺杆泵

直驱螺杆泵由电动机直拖螺杆泵系统,由电子控制装置和机械驱动两部分组成,取消了皮带传动的齿轮减速装置、防反转制动装置,设计为电动机直拖式结构,如图 2-7 所示。

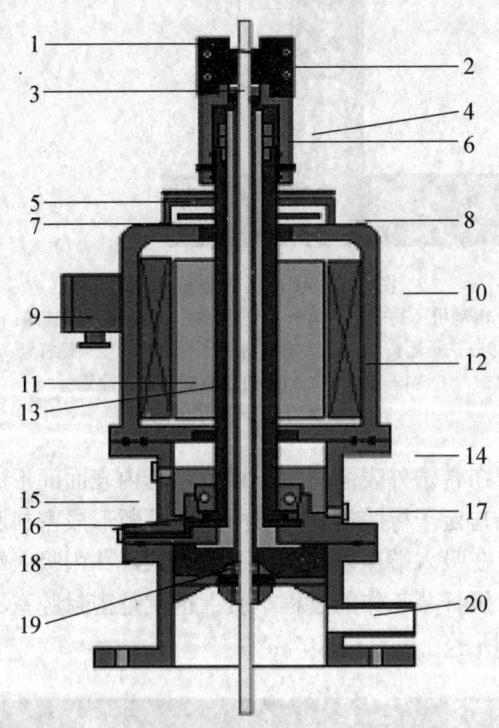

图 2-7 直驱螺杆泵头组成示意图

1—光杆;2—扭矩卡子;3—光杆密封;4—密封—连接套;5—甩水盘;6—机械密封;7—码盘;8—码盘外壳;
9—防爆接线盒;10—机座;11—转子;12—定子绕组;13—电动机空心轴;14—原溢流通道;15—润滑油面看窗;
16—承重轴承;17—承重壳体;18—溢流通道;19—密封套管;20—封井器

直驱螺杆泵有以下特点:

(1) 结构简单，减少了更换皮带等常规螺杆泵井日常的工作量；

(2) 电动机转子上既无铜损也无铁损，效率比同容量异步电动机高 5%~12%；

(3) 电动机的软起、软停功能，使泵杆弹性变形并缓慢地释放，提高泵的运动部件的寿命，减少断裂事故的发生，运行更加平稳；

(4) 根据系统的结构特点，预计可比同型号常规螺杆泵节电 20%~40%；

(5) 控制器由类似变频器的线路构成，它既能完成定子电流换向的任务，也可以实现电动机的无级调速。

### 四、电控箱的组成及特点

电控箱是螺杆泵的控制部分，控制电动机的启、停。该装置能自动显示、记录螺杆泵正常生产时的电流、电压等数据，有过、欠载自动保护功能。电控箱由供电柜和变频柜组成，如图 2-8 所示。

图 2-8　电控箱

当合上空气开关后，控制面板开始自检，自检结束后，用调速旋钮进行频率的设定，方法是向左为升频率，向右为降频率。频率选定后将旋钮拨至中间即可，再按下绿色启动按钮。当旋钮不能使用时，则需要通过控制面板进行频率的设定和螺杆泵的启停。

### 五、螺杆泵井工艺流程（掺水）

螺杆泵井的掺水流程（图 2-9）由双管组成，一条是生产管线，一条是掺水管线，原油和掺水在井口汇合至计量间，然后回到联合站。联合站通过掺水泵将热水输送至各计量间，各计量间将热水通过掺水管线再分输至各油井井口，热水从井口掺入集油管线与油井产出液混合后通过集油管线流回计量间，计量间所管油井的所有产出液集中混输至联合站。双管掺水流程的优点是可以降低原油黏度，在计量间可以进行单井计量，管理方便；缺点是管道数量多、投资高、集输能耗大。

图 2-9　螺杆泵井掺水流程

### 六、螺杆泵巡回检查的方法

螺杆泵巡回检查的方法有看、摸、听、测。

（1）看：主要是看减速器是否有漏油的地方，密封填料是否漏油，皮带是否松动，光杆是否下移和摆动，井口运行稳定性等。

（2）摸：主要是摸一下减速器和电动机温度是否过高。

（3）听：主要是听减速器、电动机内是否有异常响声，井下管柱运行是否正常。

（4）测：主要是用钳形电流表测电动机的工作电流和电压。

发现密封填料漏油要及时处理，一旦发现自己不能解决的问题，要及时向上级汇报，必要时可停机。

### 七、螺杆泵采油系统工作原理

电机通电后旋转，经过二级减速（三角皮带和齿轮）后，通过方卡带动光杆旋转，光杆通过抽油杆柱将动力传递给井下螺杆泵，螺杆泵将机械能转变为液体能，从而实现油液的有效举升。

### 八、螺杆泵型号的表示方法

螺杆泵型号示意图如图 2-10 所示。

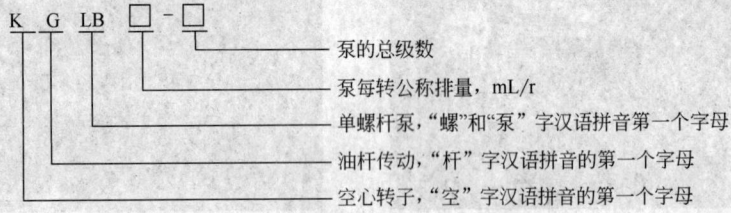

图 2-10 螺杆泵型号示意图

例如：某井下入型号为 GLB1200-12 螺杆泵，转数为 150r/min，表示为地面驱抽油杆传动的螺杆泵，总级数 12 级，每转公称排量 1200mL，其理论排量为 $1200×150×60×24×10^{-6}=259.2 m^3/d$

### 九、螺杆泵井泵况的诊断方法

（1）电流法：通过测试驱动电动机的工作电流，根据工作电流大小来诊断泵况。

（2）憋压法：通过关闭采油树回压阀门进行憋压，观测井口油压和套压变化进行诊断井下泵况。

（3）扭矩法：通过测试光杆扭矩，即螺杆泵工作扭矩来诊断泵况。

## 思考练习题

1. 简述螺杆泵地面驱动装置类型。
2. 螺杆泵井的巡回检查的方法有哪些？
3. 螺杆泵井泵况的诊断方法有几种？

## 第二节 螺杆泵井操作

## 项目一 更换螺杆泵井密封盒填料

### 一、学习目标
通过学习,使员工能够熟练掌握螺杆泵井密封盒填料更换操作。

### 二、风险提示
(1) 机械伤害。
(2) 触电。

### 三、应急处置
(1) 发生机械伤害,立即使伤者脱离伤害源,对伤者进行救护、医治。
(2) 发生人员触电,立即切断电源,对伤者进行救护、医治。

### 四、操作规程
1. 准备工作
(1) 正确穿戴劳保用品,并进行危害辨识和风险分析,落实必要的风险消减措施。
(2) 准备工具、用具。

表 2-3  螺杆泵井更换密封盒填料操作工具、用具表

| 序号 | 名称 | 规格 | 数量 |
| --- | --- | --- | --- |
| 1 | 专用勾头扳手 |  | 1 个 |
| 2 | 与光杆直径匹配密封盒 |  | 5~7 个 |
| 3 | 管钳 | 600mm | 1 把 |
| 4 | 螺丝刀 | 250mm | 1 把 |
| 5 | 活动扳手 | 200mm | 1 把 |
| 6 | 手钢锯 |  | 1 把 |
| 7 | 固定器 |  | 1 个 |
| 8 | 低压试电笔 |  | 1 支 |
| 9 | 绝缘手套 |  | 1 副 |
| 10 | 黄油 |  | 1 袋 |
| 11 | 污油桶 |  | 1 个 |
| 12 | 记录本 |  | 1 个 |
| 13 | 记录笔 |  | 1 支 |
| 14 | 擦布 |  | 若干 |

2. 操作步骤

(1) 用试电笔在配电柜上没有漆的地方验电,防止触电。

(2) 打开配电柜门,侧身停机,侧身断电,合上柜门。

(3) 当螺杆泵井泵头停止运转后,关闭回压阀门,打开取样阀门,用放空桶进行放空。

(4) 待井口回压落零后,用专用钩头扳手慢慢卸松密封盒压盖,防止余压泄出,当压盖离开密封盒体,用固定器托着压盖,一手用起子逆时针依次取出旧填料。

(5) 密封盒内清理干净后,将新填料涂抹上黄油,依次间隔 180°加入密封盒内,上好压帽。

(6) 关闭取样阀门放空阀,打开回压阀门,检查井口掺水是否正常。

(7) 打开配电柜门,送电,待显示屏数据显示正常后,按启动按钮。

(8) 当螺杆泵井运转正常后,检查密封盒有无渗漏。

(9) 填写各项生产数据,记录停井时间,收拾工具、用具,整理现场。

## 五、注意事项

(1) 卸松密封盒前,关闭流程。

(2) 合、分空气开关要侧身,防止配电部位发生故障时放出电弧光,发生电灼伤。

# 项目二　更换螺杆泵井皮带

## 一、学习目标

掌握更换螺杆泵井电动机皮带的操作方法。

## 二、风险提示

(1) 机械伤害。

(2) 触电。

## 三、应急处置

(1) 发生机械伤害,立即使伤者脱离伤害源,对伤者进行救护、医治。

(2) 发生人员触电,立即切断电源,对伤者进行救护、医治。

## 四、操作规程

1. 准备工作

(1) 正确穿戴劳保用品,并进行危害辨识和风险分析,落实必要的风险消减措施。

(2) 准备工具、用具(表 2-4)。

2. 操作步骤

(1) 用试电笔在配电柜上验电。

(2) 打开电控柜门,侧身按"停止"按钮,侧身断电。

(3) 记录停井时间,关好电控柜门。

(4) 待光杆扭力释放完毕后,侧身关闭井口生产阀门。

(5) 取下电机护罩,卸松两边支撑杆上部调整螺帽,交替均匀拧紧下部调整螺帽,使电动机在支撑杆、底座支撑下升高。

表 2-4 更换螺杆泵井电动机皮带操作工具、用具表

| 序号 | 名称 | 规格 | 数量 |
| --- | --- | --- | --- |
| 1 | 撬杠 | 500mm | 1 根 |
| 2 | 同规格新皮带 |  | 1 副 |
| 3 | 活动扳手 | 375mm | 1 把 |
| 4 | 活动扳手 | 300mm | 1 把 |
| 5 | 低压试电笔 |  | 1 支 |
| 6 | 绝缘手套 |  | 1 副 |
| 7 | 黄油 |  | 1 袋 |
| 8 | 记录本 |  | 1 个 |
| 9 | 记录笔 |  | 1 个 |
| 10 | 细纱布、擦布 |  | 若干 |

（6）取下旧皮带，依次换上新皮带。

（7）交替卸松两边支撑杆下部调整螺帽，均匀拧紧上部调整螺帽，下移动电动机，坚固皮带。

（8）安装皮带防护罩。

（9）侧身打开生产阀门，待压力稳定后，检查螺杆泵地面装置及井口各部位无渗漏。

（10）侧身送电，待配电柜控制面板正常后，按变频"启动"按钮启动油井，记录开井时间，关好配电柜门。

（11）观察运行电流变化，电流稳定后，观察井口出液情况。

（12）检查皮带松紧合适。

（13）录取相关资料，收拾擦拭工具、用具，清理操作现场。

### 五、注意事项

（1）更换皮带时，严禁手抓皮带，防止皮带夹手。

（2）合、分空气开关要侧身，防止配电部位发生故障时放出电弧光，发生电灼伤。

（3）更换皮带时，一定要检查支撑杆是否完好，以免操作时发生事故。

背景知识

### 一、螺杆泵井驱动装置主要功能

螺杆泵井驱动装置如图 2-11 所示，其主要功能有：

（1）为井下螺杆泵提供动力和合适的转速。

（2）承受杆柱的轴向载荷。

（3）为油井产出液进入地面输油管线提供通道。

（4）防止产出液渗漏到井场的密封功能。

（5）防止停机过程中杆柱高速反转的功能。

（6）安全防护功能。

（7）测试、防盗等其他功能。

图 2-11　驱动装置图

## 二、螺杆泵井驱动装置主要结构

螺杆泵井驱动装置结构如图 2-12 所示。

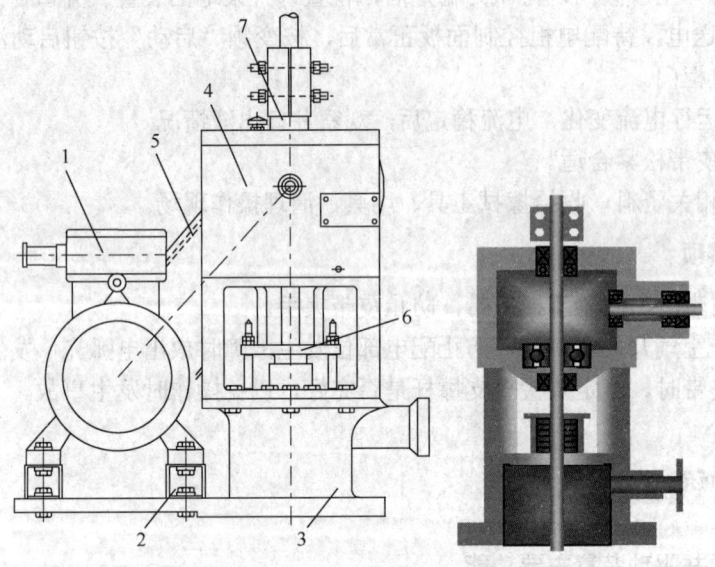

图 2-12　驱动装置结构图

1—电动机；2—电动机支架；3—支座；4—齿轮减速系统；
5—带轮传动系统；6—动密封系统；7—防反转系统

## 三、螺杆泵采油技术特点

（1）一次性投资少。与电动潜油泵、水力活塞泵和游梁式抽油机相比，螺杆泵的结构简单，一次性投资最低。

（2）泵效高，节能效果明显。由于螺杆泵工作时负载稳定，机械损失小，泵效可达70%以上，系统效率高。

（3）适合稠油开采。一般来说，螺杆泵适合于黏度为8000MPa·s以下的原油开采，因此多数稠油井都可应用。

（4）适应高含砂井。理论上，螺杆泵可输送含砂量达80%的砂浆，在原油中含砂量达40%的情况下也可正常生产。

（5）适应高含气井。螺杆泵不会发生气锁，因此较适合于油气混输，但井下泵入口的游离气会影响容积效率。

（6）适合于海上油田丛式井组和水平井。螺杆泵可下在斜直井段，而且设备占地面积小，因此适合于海上采油。

**四、螺杆泵井防反转装置的结构和类型**

螺杆泵采油井造成抽油杆脱扣的原因有多种，如在蜡堵或卡泵时会造成杆柱反转而脱扣；在停机后油管内液体回流，杆柱反转会造成抽油杆脱落；转子在油套环空内的液体作用下转动造成杆柱脱扣等。因此，必须开展螺杆泵防脱技术研究。

目前，螺杆泵井防反转装置类型主要有机械防反转装置、降压制动防反转、井下回流控制阀、放气阀防正转脱扣、杆接箍反扣等。

**五、螺杆泵过、欠载保护技术**

电动螺杆泵一旦过载就会使油井出现杆断、皮带断、减速器内的齿轮及轴承损坏，甚至烧毁电动机等，所以电动螺杆泵井必须实施过载保护。电动螺杆泵井过载保护常见的有扭矩法和电流法两种：扭矩法主要是在转动轴上安装剪断销钉；电流法依据电动机的工作电流直接反映工作载荷的大小，所以在电控系统中设置过载保护是常用的方法。

欠载保护只是针对电动螺杆泵井出现杆断、脱扣、撸扣等现象时需实施的保护措施，同样采用电流保护法。

## 思考练习题

1. 螺杆泵井驱动装置主要功能有哪些？
2. 螺杆泵井采油的特点有哪些？

# 第三节 螺杆泵井管理

## 项目一 螺杆泵井提出转子洗井

**一、学习目标**

掌握螺杆泵井热洗的操作方法。

## 二、风险提示

（1）机械伤害。
（2）触电。
（3）烫伤。

## 三、应急处置

（1）发生机械伤害，立即使伤者脱离伤害源，对伤者进行救护、医治。
（2）发生人员触电，立即切断电源，对伤者进行救护、医治。
（3）出现烫伤，立即用冷水冲淋降温、医治。

## 四、操作规程

### 1. 准备工作

（1）正确穿戴劳保用品，并进行危害辨识和风险分析，落实必要的风险消减措施。
（2）准备工具、用具（表2-5）。

表2-5 螺杆泵井热洗操作工具、用具表

| 序号 | 名称 | 规格 | 数量 |
| --- | --- | --- | --- |
| 1 | 吊车 | 25t | 1台 |
| 2 | 洗井车 |  | 1台 |
| 3 | 大锤 | 5kg | 1把 |
| 4 | 管钳 | 450mm | 1把 |
| 5 | 低压试电笔 |  | 1支 |
| 6 | 绝缘手套 |  | 1副 |
| 7 | 检验合格压力表 | 4MPa | 1块 |
| 8 | 记录本 |  | 1个 |
| 9 | 记录笔 |  | 1个 |
| 10 | 擦布 |  | 若干 |

### 2. 操作步骤

（1）检查井口流程，录取油压、套压与电流数据。
（2）放套管气，热洗车、罐车摆放合理。
（3）装上热洗接头，用管钳上紧，连接热洗管线，连接热洗车供液管线，用手锤砸紧，打开罐车上盖，检查罐内液面高度。
（4）停泵。
（5）选择停吊车位置，确保大钩与光杆在一条直线上。
（6）缓慢上提光杆，确保转子底部提出定子，上提光杆时要观察光杆是否旋转，如不旋转要查明原因。洗井中要观察泵车压力情况，如洗不通或起压超过 **4MPa**，要停泵查明原因。
（7）洗井后缓慢下放光杆，下方速度不大于 1m/min。重新校对防冲距，打好光杆卡子。
（8）启泵，试运行，若发现异常应立即停泵，处理后方可启泵运行。
（9）收拾工具、用具，清理现场，做好记录。

### 五、注意事项

（1）用吊车上提转子热洗时，吊车臂下严禁站人，避免发生机械伤害事故。

（2）开始洗井时洗井排量不易过大，排量大易导致泵反转。

（3）常规实心螺杆泵井热洗，抽油杆柱无防反转措施的，热洗排量不得大于螺杆泵理论排量。

## 项目二　螺杆泵井更换光杆

### 一、学习目标

掌握螺杆泵井更换光杆的操作方法。

### 二、风险提示

（1）机械伤害。

（2）触电。

### 三、应急处置

（1）发生机械伤害，立即使伤者脱离伤害源，对伤者进行救护、医治。

（2）发生人员触电，立即切断电源，对伤者进行救护、医治。

### 四、操作规程

1. 准备工作

（1）正确穿戴劳保用品，并进行危害辨识和风险分析，落实必要的风险消减措施。

（2）准备工具、用具（表2-6）。

表2-6　螺杆泵井更换光杆操作工具、用具表

| 序号 | 名称 | 规格 | 数量 |
| --- | --- | --- | --- |
| 1 | 吊车 | 25t | 1台 |
| 2 | 管钳 | 900mm | 1台 |
| 3 | 管钳 | 600mm | 1把 |
| 4 | 活动扳手 | 375mm | 1把 |
| 5 | 手锤 | 0.75kg | 1个 |
| 6 | 吊卡 |  | 1副 |
| 7 | 检验合格的光杆 |  | 1根 |
| 8 | 与光杆匹配的方卡子 |  | 1副 |
| 9 | 低压试电笔 |  | 1支 |
| 10 | 绝缘手套 |  | 1副 |
| 11 | 黄油 |  | 1袋 |
| 12 | 记录本 |  | 1个 |
| 13 | 记录笔 |  | 1支 |
| 14 | 细纱布、擦布 |  | 若干 |

2. 操作步骤

(1) 停井、关回压阀门，打开阀门放空。

(2) 指挥吊车，停在合适位置。

(3) 专职电工拆除电机电缆及接地线。

(4) 在密封盒压帽上端紧贴着密封盒压帽处打方卡子将驱动头吊下，放置在井场内不影响操作的位置。

(5) 打好吊卡，将吊环挂在提升大钩上，上提光杆。

(6) 卸掉密封盒帽上端的方卡子，卸开密封盒总承，卸生产阀门内卡箍，缓慢提出光杆。

(7) 在第一根抽油杆本体上打好吊卡，下放光杆，将吊卡坐于井口大四通上。

(8) 卸下光杆，将光杆吊放至地面，取下方卡子及密封盒总承。

(9) 将密封盒总承套在新光杆上，打好吊卡，用大钩缓慢上提新光杆至井口大四通以上，下放与抽油杆对接。

(10) 上紧光杆，上提大钩，拆掉抽油杆吊卡，缓慢下放，上紧光杆密封盒总承，并在密封盒总承上端方卡子并将生产阀门内卡箍安装好。

(11) 将驱动头复位，按要求调整防冲距，安装扭矩卡子及方卡子，卸密封盒总承上端方卡子，加密封。

(12) 启井。

(13) 收拾工具、用具，清理现场，做好记录。

### 五、注意事项

(1) 拆卸胶皮闸门前，井口放空，注意防止悬绳器摆动伤人。

(2) 吊装作业时，吊车臂下严禁站人，避免发生机械伤害事故。

## 项目三　更换（地面卧式驱动）螺杆泵电动机

### 一、学习目标

掌握更换螺杆泵电动机的操作内容方法。

### 二、风险提示

(1) 机械伤害。

(2) 触电。

### 三、应急处置

(1) 发生机械伤害，立即使伤者脱离伤害源，对伤者进行救护、医治。

(2) 发生人员触电，立即切断电源，对伤者进行救护、医治。

### 四、操作规程

1. 准备工作

(1) 穿戴好劳保用品。

(2) 正确穿戴劳保用品，并进行危害辨识和风险分析，落实必要的风险消减措施。

(3) 准备工具、用具（表 2-7）。

表 2-7　更换螺杆泵电动机操作工具、用具表

| 序号 | 名称 | 规格 | 数量 |
| --- | --- | --- | --- |
| 1 | 管钳 | 600mm | 1 把 |
| 2 | 活动扳手 | 375mm | 1 把 |
| 3 | 套筒扳手 |  | 1 把 |
| 4 | 撬杠 | 1000mm | 1 根 |
| 5 | 梅花扳手 | 30～30mm | 1 把 |
| 6 | 低压试电笔 |  | 1 支 |
| 7 | 绝缘手套 |  | 1 副 |
| 8 | 黄油 |  | 1 袋 |
| 9 | 记录本 |  | 1 个 |
| 10 | 记录笔 |  | 1 个 |
| 11 | 安全警示牌 |  | 1 块 |
| 12 | 擦布 |  | 若干 |

2. 操作步骤

（1）用试电笔对电控柜验电，侧身按"停止"按钮，侧身断电，关好电控柜门，悬挂安全警示牌，记录停抽时间。

（2）由专业电工拆下电动机接线盒盖，卸下电动机接线。

（3）拆掉皮带护罩，调节电动机支架前后螺母向前移动电机，使皮带松弛取下旧皮带，卸掉电动机前后底座固定螺丝。

（4）取下皮带，吊下旧电动机，装上新电动机。

（5）由专业电工接电动机接线。

（6）装上皮带，调整好四点一线，对角紧固底座螺丝，调节电动机支架前后螺母向后移动电动机，使皮带松紧合适，安装好皮带护罩。

（7）取下安全警示牌，戴绝缘手套侧身合闸，按启动按钮，观察电动机旋转方向，如果反转，可停机后，对接线调整两项，达到正转为止。

（8）收拾工具、用具，清理现场，做好记录。

五、注意事项

（1）合、分空气开关要侧身，防止配电部位发生故障时放出电弧光，发生电灼伤。

（2）严禁戴手套拆装皮带。

（3）拆装电动机时，操作要平稳，严防造成机械伤害。

# 项目四　更换螺杆泵井驱动头

一、学习目标

掌握更换螺杆泵井驱动头操作方法。

## 二、风险提示

（1）机械伤害。
（2）触电。

## 三、应急处置

（1）发生机械伤害，立即使伤者脱离伤害源，对伤者进行救护、医治。
（2）发生人员触电，立即切断电源，对伤者进行救护、医治。

## 四、操作规程

### 1. 准备工作

（1）正确穿戴劳保用品，并进行危害辨识和风险分析，落实必要的风险消减措施。
（2）准备工具、用具（表2-8）。

表2-8 更换螺杆泵驱动头操作工具、用具表

| 序号 | 名称 | 规格 | 数量 |
| --- | --- | --- | --- |
| 1 | 吊车 | 25t | 1台 |
| 2 | 同型号转速的驱动头 |  | 1套 |
| 3 | 活动扳手 | 375mm | 2把 |
| 4 | 管钳 | 800mm | 1把 |
| 5 | 撬杠 | 500mm | 1根 |
| 6 | 低压试电笔 |  | 1支 |
| 7 | 绝缘手套 |  | 1副 |
| 8 | 方卡子 |  | 1副 |
| 9 | 记录本 |  | 1个 |
| 10 | 记录笔 |  | 1个 |
| 11 | 安全警示牌 |  | 1块 |
| 12 | 绝缘胶带 |  | 若干 |

### 2. 操作步骤

1）常规螺杆泵井操作步骤

（1）试电笔验电，确认电控柜外壳无电。打开电控柜门，侧身按"停止"按钮，侧身断电，关好电控柜门。
（2）待光杆扭力释放完毕后，由专职电工拆除电动机电缆及接地线。
（3）在密封盒压帽上端紧贴着密封盒打紧方卡子。
（4）依次卸掉皮带和护罩、方卡子、光杆扭矩卡子、光杆上端的防脱帽以及支撑座与减速箱连接螺栓。
（5）使用吊具吊住驱动头，并让靠背吊缓缓将驱动头提出光杆，放到车上。
（6）将新驱动头吊至光杆上方，调整好驱动头与光杆，缓慢将驱动头套入光杆。
（7）依次上紧支撑座与减速箱连接螺栓、光杆扭矩卡子、方卡子、光杆上端的防脱帽。
（8）安装好皮带及护罩，调整皮带"四点一线"和松紧度，卸掉密封盒上端的方卡子。

(9) 由专职电工接线。

(10) 打开电控柜门，侧身合闸，按"启动"按钮，记录开井时间，关好电控柜门。

(11) 观察运行电流变化，电流稳定后，观察井口出液情况。

(12) 检查皮带、密封松紧合适，井口流程无渗漏，减速箱油位合适，温度正常，各部件无异响。

(13) 收拾工具、用具，清理操作现场。

2) 直驱螺杆泵井操作步骤

(1) 试电笔验电，确认电控柜外壳无电。打开电控柜门，侧身按"停止"按钮，侧身断电，关好电控柜门。

(2) 待光杆扭力释放完毕后，由专职电工拆除电动机电缆及接地线。

(3) 在密封盒压帽上端紧贴着密封盒打紧方卡子。

(4) 依次卸掉方卡子、光杆扭矩卡子、光杆上端的防脱帽以及支撑座与减速箱连接螺栓。

(5) 使用吊具吊住驱动头，并让靠背吊缓缓将驱动头提出光杆，放到车上。

(6) 将新驱动头吊至光杆上方，调整好驱动头与光杆，缓慢将驱动头套入光杆。

(7) 依次上紧支撑座与减速箱连接螺栓、光杆扭矩卡子、方卡子、光杆上端的防脱帽。

(8) 卸掉密封盒上端的方卡子。

(9) 由专职电工接线。

(10) 打开电控柜门，侧身送电，按"启动"按钮，记录开井时间，关好电控柜门。

(11) 观察运行电流变化，电流稳定后，观察井口出液情况。

(12) 检查密封松紧合适，井口流程无渗漏，各部件无异响。

(13) 收拾工具、用具，清理操作现场。

### 五、注意事项

(1) 方卡子卡牙朝上坐在井口密封盒上一定要打紧。

(2) 吊装驱动头作业要用有吊装资格证的专业人员指挥。

(3) 吊装作业时，吊车臂下严禁站人，避免发生机械伤害事故。

(4) 合、分空气开关要侧身，防止配电部位发生故障时放出电弧光，发生电灼伤。

## 项目五　螺杆泵井憋压

### 一、学习目标

掌握螺杆泵井憋压操作方法。

### 二、风险提示

(1) 机械伤害。

(2) 触电。

(3) 高压伤害。

### 三、应急处置

(1) 发生机械伤害，立即使伤者脱离伤害源，对伤者进行救护、医治。

(2) 发生人员触电，立即切断电源，对伤者进行救护、医治。
(3) 发生高压伤害，立即关闭流程，对伤者进行救护、医治。

### 四、操作规程

1. 准备工作

(1) 正确穿戴劳保用品，并进行危害辨识和风险分析，落实必要的风险消减措施。
(2) 准备工具、用具（表2-9）。

表 2-9 螺杆泵井憋压操作工具、用具表

| 序号 | 名称 | 规格 | 数量 |
| --- | --- | --- | --- |
| 1 | 管钳 | 600mm | 1把 |
| 2 | 活动扳手 | 300mm | 1把 |
| 3 | 开口扳手 | 17～19 | 1把 |
| 4 | 检验合格压力表 | 4MPa | 1块 |
| 5 | 秒表 |  | 1块 |
| 6 | 记录本 |  | 1个 |
| 7 | 记录笔 |  | 1支 |
| 8 | 密封垫 |  | 若干 |

2. 操作步骤

(1) 记录井口初始油压读数，检查井口流程是否正确，密封填料及连接部位有无渗漏，阀门开关是否灵活好用。
(2) 关闭油压表阀，放空，更换压力表。
(3) 关闭生产阀门，开始计时并记录压力数据。
(4) 恢复原流程，安装原压力表。
(5) 检查井口流程，密封填料及连接部位有无渗漏。
(6) 收拾工具、用具，清理操作现场。
(7) 根据憋压录取的压力值，分析判断螺杆泵故障。

### 五、注意事项

(1) 开关阀门时应侧身。
(2) 憋压过程中要注意观察压力表，如果压力表指针迅速上升，超出量程，要迅速打开阀门，以防压力表损坏。

# 项目六 螺杆泵测电流

### 一、学习目标

掌握螺杆泵测电流的操作方法。

### 二、风险提示

(1) 机械伤害。

(2) 触电。

### 三、应急处置

(1) 发生机械伤害，立即使伤者脱离伤害源，对伤者进行救护、医治。
(2) 发生人员触电，立即切断电源，对伤者进行救护、医治。

### 四、操作规程

**1. 准备工作**

(1) 正确穿戴劳保用品，并进行危害辨识和风险分析，落实必要的风险消减措施。
(2) 准备工具、用具。

表 2-10　螺杆泵测电流操作工具、用具表

| 序号 | 名称 | 规格 | 数量 |
| --- | --- | --- | --- |
| 1 | 数字式钳形电流表 |  | 1 块 |
| 2 | 低压试电笔 |  | 1 支 |
| 3 | 绝缘手套 |  | 1 副 |
| 4 | 记录本 |  | 1 个 |
| 5 | 记录笔 |  | 1 支 |
| 6 | 擦布 |  | 若干 |

**2. 操作步骤**

(1) 检查钳形电流表外观是否完好，钳口完好。
(2) 用试电笔验电，确认电控柜外壳无电，打开电控柜门。
(3) 将电流表档位调整最大量程，把被测三相中的任意一相导线垂直卡入钳口中央，读取电流表读数，若选择电流挡位不合理，拿出电流表调小一个档位继续测量。
(4) 分别测量三相电流的最大值，并做好记录。
(5) 测量完毕后，将电流表档位调至空档，关闭电流表电源。
(6) 收拾擦拭工具，清理操作现场。

### 五、注意事项

(1) 测量的档位应由大到小逐项选择，防止电流表量程使用不当导致电流表损坏。
(2) 测量时导线应行垂直卡入钳口中央，避免测量误差。
(3) 检查电路系统，操作时戴好绝缘手套，防止电路系统漏电或测量时无安全防护导致人员触电伤害。

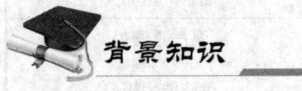
背景知识

### 一、抽油杆柱脱扣机理分析

(1) 负载扭矩过大停机后杆柱高速反转造成抽油杆脱扣。
(2) 停机后油管内液体回流杆柱反转造成抽油杆脱扣。

(3) 转子在油套环空内的液力作用下转动,造成杆柱脱扣。
(4) 施工作业过程中造成杆柱脱扣。

## 二、抽油杆柱防脱措施

摩擦焊接式空心防脱抽油杆如图 2-13 所示,防脱措施包括:
(1) 机械防反转装置;
(2) 井下回流控制阀;
(3) 放气阀防正转;
(4) 抽油杆防脱器。

图 2-13　摩擦焊接式空心防脱抽油杆

## 三、驱动头的作用:

螺杆泵井驱动头如图 2-14 所示,主要作用是:
(1) 它是传递动力并实现一级减速。
(2) 它将电机的动力由输入轴通过齿轮传递到输出轴,输出轴联接光杆,由光杆通过抽油杆将动力传递到井下螺杆泵转子。
(3) 减速箱除了具有传递动力的作用外,还将抽油杆的轴向负荷传递到采油树上。

## 四、螺杆泵井憋压法

憋压法就是通过关闭采油树回压阀门进行憋压,观测井口油压和套压变化进行诊断井下泵况的方法(表 2-11)。

生产中憋压的目的是:
(1) 通过憋压来判断螺杆泵井是否出现抽油杆断脱等故障;
(2) 作为分析螺杆泵工作状况的依据。

表 2-11　螺杆泵井憋压法

| 油压、套压 | 工况特性 | 故障形式 |
| --- | --- | --- |
| 油压不上升且不同于套压 | 无排量 | 抽油杆断脱 |
| 油压不上升且接近套压或油压上升异常缓慢且与套压变化规律一致 | 无排量或很小 | 油管脱落<br>油管严重漏失<br>油管严重漏失 |
| 油压上升缓慢且不同于套压 | 排量小,泵效低,动液面较深 | 泵严重漏失<br>气影响<br>供液能力极差 |
| 油压与套压接近 | 油套连通 | 定子橡胶脱落 |

## 五、螺杆泵井生产中常见故障的处理

(1) 抽油杆断脱。抽油杆断脱有 3 种情况,即杆断、脱扣、扣坏。一般情况这 3 种情况很难区分，通常在处理这类事故时，首先按脱扣来处理，上吊车下放杆柱进行对扣；如果是脱扣，这样处理成功率较高；对扣不成功，只有动杆柱，起出杆柱视断脱情况下打捞工具打捞余下杆柱；打捞再不成功，只有动管柱起出所有杆柱，重新作业。

（2）油管脱落。油管脱落的处理，首先要起出杆柱，然后动管柱判断脱扣位置，加深油管进行对扣，对扣成功起出原井管柱，如对扣不成功就要下打捞工具进行打捞。

（3）蜡堵。螺杆泵井发生蜡堵造成机组不能运转时，通常要上吊车上提杆柱，使转子脱离定子；然后进行彻底洗井，洗通后下放杆柱重新投产；如果洗井洗不通又无其他解堵措施，只好上作业动管柱。

（4）井下泵出现故障。一旦井下泵出现故障只好上作业进行检泵。

（5）地面驱动装置出现故障。地面驱动装置的齿轮、轴承、油封等零件因管理不当或制造缺欠等原因也会出现故障，这类故障一般通过维修即可解决，主要零部件不能维修只有更换。

（6）启动困难。出现这类事故时，如果排除蜡堵，只要上吊车活动一下杆柱即可解决。

### 六、螺杆泵洗井的目的和原则

热洗清蜡的目的是：油井热洗清蜡就是把带有一定温度和压力的热洗液由地面集油系统送到井口，由套管注入井底，经生产管柱从油管内返回井口，在不断冲洗过程中，凝结在生产管柱部位的蜡一点点地被热洗液的高温所融化，同时也被冲掉并带出井口，即达到清蜡的目的。

螺杆泵分为空心转子螺杆泵和实心转子螺杆泵。空心转子螺杆泵洗井操作同抽油机井，下面以实心转子螺杆泵洗井为例进行介绍。

正常情况下螺杆泵洗井应按洗井周期进行洗井，一般情况洗井周期为三个月，特别情况如下：

（1）螺杆泵不出油，经现场诊断非管柱原因时，需要洗井。

（2）泵运转电流较正常时增大 30% 的油井，并判断为结蜡井。

（3）卡泵井。

（4）进油通道不畅的井。

（5）在井况条件较差的出砂、出钻井液、结蜡较严重的井。

（6）使用玻璃衬里油管的井原则上不进行洗井，特殊情况下如果要洗井，洗井液温度一定要控制为不能超过 60℃。

### 七、油井结蜡对螺杆泵井采油的影响

一般原油都含有石蜡质、胶质、沥青质，只是不同油井含蜡量不同。在原油从井底通过螺杆泵沿油管举升到地面的过程中，原油的温度随地层温度降低而降低。当蜡质达到结蜡温度时，蜡质从油液中析出，并黏结在油管壁和抽油杆上。油井结蜡对螺杆泵井采油主要有以下影响：

（1）井口、地面管线结蜡，使井口回压增大，增大泵的实际压头。

（2）泵出口以上结蜡，不但会有上述的危害，还会使油管沿程损失增大，抽油杆旋转磨阻增大，抽油杆及地面驱动系统负荷增大，使产量降低，增加事故率。该部位结蜡，除上述影响外，泵的抽吸状况变差。

(3)泵吸入口以下结蜡,影响更严重,除上述影响外,泵吸入状况变差,液面上升,产液下降,严重时造成供液不足、泵效降低、易烧泵。

(4)预防油井结蜡是保证螺杆泵采油井长期正常运转的主要途径之一,因此要制定合理的洗井周期,保证洗井彻底,同时也可以对油井定期加药防止结蜡。

## 八、热洗清蜡工艺

热洗清蜡工艺是柱塞泵采油普遍采用的成熟技术,对螺杆泵采油也同样适用,但因螺杆泵采油的特殊性其热洗工艺也略有不同。螺杆泵采油井定期热洗清蜡主要有以下几种方法。

(1)将转子提出定子洗井:将转子上提,使其脱离定子,在油套环空注入热水进行清蜡洗井。该种方法一般用于不具备热洗流程且化学清蜡不能实施的螺杆泵井,需用吊车设备,费用高。

(2)在定子上部安装洗井阀热洗:在定子上部的管柱上,结蜡点以下,安装洗井阀。洗井时,在油套环空注入热水并在热洗温度、压力的作用下,洗井阀打开,使热水流入管柱内,实现清蜡。经现场试验,洗井阀的可靠性待进一步观察。

(3)自然循环热洗:在油套环空注入热水,热水经过泵举升到油管线。该方法热洗排量小,热水循环慢,热洗时间长,特别是对小排量泵,因为热洗排量受泵的排量限制,清蜡效果差。大排量螺杆泵可采取此种办法热洗,即GLB500-14型以上的螺杆泵可采取此种办法。

## 九、电流法

电流法就是通过测试驱动电机的工作电流,根据工作电流大小来诊断泵况的方法,具体诊断方法见表2-12。

表2-12 电流法诊断泵况

| 工作电流 | 工况特征 | 故障形式 |
|---|---|---|
| 接近电机空载电流 | 无排量,油套不连通 | 抽油杆断脱 |
| | 油套连通 | 油管脱落或油管严重漏失,油管头严重漏失 |
| 接近正常运转电流 | 排量很小(相对泵的理论排量),液面较浅 | 油管漏失<br>长期运转泵定子橡胶磨损严重、失效 |
| | 排量很小(相对泵的理论排量),液面较深 | 泵严重漏失,举升高度不够,气影响;油层供液能力极差 |
| 明显高于正常运转电流 | 排量正常,油压正常 | 结蜡严重 |
| | 排量降低,油压明显升高 | 输油管线堵塞 |
| | 排量正常(投产初期) | 定子橡胶溶胀大,定子不合格 |
| 周期性波动 | 脉动出液 | 转子不连续运转,泵不合格 |

# 思考练习题

1. 抽油杆柱防脱措施有哪几方面?
2. 驱动头的主要作用是什么?
3. 螺杆泵生产中憋压的目的是什么?
4. 螺杆泵常见故障有哪些?
5. 螺杆泵采油井热洗清蜡主要有哪几种方法?

# 第三章 自喷井采油

自喷采油是指原油从井底到井口、从井口流到集油站全都依靠油层自身天然能量的采油方式。它的特点是设备简单、管理方便、生产成本较低，但其产量受到地层能量的限制，油井的供给能力随着自喷产量会逐渐降低，因此应采取相应措施最大限度地延长油井自喷生产期。其方法是认真观察、记录油井日常生产情况，进行油井管理和分析油井动态。合理管好油井十分重要，一旦发现问题，及时采取必要的处理措施，对维护油井自喷采油相当关键。

自喷井生产可分为四个基本流动过程：油层中的渗流—从油层到井底的流动；井筒中的流动—从井底到井口的流动；井口后的流动—通过油嘴的流动；地面管线的流动—油嘴到分离器的流动。对自喷井进行生产分析，主要考虑第一个流动过程（即油层中的渗流）和第二个流动过程（即井筒中的流动）。

## 第一节 自喷井工艺流程与设备、设施

### 项目一 自喷井巡回检查

**一、学习目标**

掌握自喷井巡回检查的内容和要求。

**二、风险提示**

（1）机械伤害。
（2）开关阀门丝杠打出伤人。

**三、应急处置**

发生机械伤害，立即使伤者脱离伤害源，进行应急处理后送往医务室或拨打"120"急救电话。

**四、操作规程**

1. 准备工作

（1）穿戴好劳保用品。
（2）工具、用具：600mm、1200mm 管钳各 1 把，250mm 活动扳手 1 把，17mm 开口扳手 1 把，生料带、纱布、取样瓶、污油桶、记录笔、记录纸、班报表、各量程压力表、火种、

取样标签。

2. 操作步骤

（1）听管线出油声，判断出油是否正常。

（2）检查压力表是否正常，是否在校验期内，各阀门、部件有无脏、松、框、漏等现象。

（3）记录油压、套压、回压、井口温度等资料。

（4）检查流程正确、无渗漏。

（5）检查井口加热装置及出口温度，控制油温，判断油嘴是否堵塞，掺热管线是否正常。

（6）检查井场加热炉工作是否正常。

（7）沿线检查油井的地面管线是否有穿孔跑油现象。

（8）取样。

### 五、注意事项

（1）检查电器设备，人身与设备要有安全距离；

（2）手触摸电动机要用手背。

## 项目二　自喷井开、关井

### 一、学习目标

掌握自喷井开关操作方法。

### 二、风险提示

机械伤害。

### 三、应急处置

发生机械伤害，立即使伤者脱离伤害源，进行应急处理后送往医务室或拨打"120"急救电话。

### 四、操作规程

1. 准备工作

（1）穿戴好劳保用品。

（2）工具、用具：600mm 管钳 1 把，250mm 活动扳手 1 把，记录纸、笔。

2. 操作步骤

（1）检查采油树、油套压力表、温度计、备用压力表、出油管线、热水循环管线及阀门等设备仪表是否齐全完好，油嘴是否符合要求。

（2）检查清蜡的绞车、钢丝、刮蜡片、铅锤、扒杆、滑轮以及绷绳等是否齐全完好，连接是否牢固。

（3）检查灭火机、消防用具、照明灯是否完好。

（4）改好扫线流程，用空压机吹扫管线，检查管线是否畅通。

(5)单管流程井用热水预热管线,热水温度80℃以上,热水量为管线容积数的2.5倍,待出口温度达40℃即可。三管伴热井提前通热水,待回水温度达40℃即可开井。临开井时,要与计量站或转油站联系,让站内改好流程,即可开井。

3. 开井操作步骤

(1)开井前要看油、套管压力,并做好记录。
(2)依次关放空阀门,开回压阀门,最后慢慢开大生产阀门。
(3)开井后听出油声音是否正常。
(4)观察油压、套压、回压变化是否正常。
(5)将开井时间,油嘴直径,开井前后油、套压、回压及出油温度填入报表。

4. 关井操作步骤

(1)凡结蜡井均应清蜡深通一次。
(2)与计量站联系,通知关井时间,然后按确定的关井时间关生产阀门、回压阀门,开出油管线放空阀门放掉死油。
(3)单管流程井的关井时间超过管线允许停输的时间时必须扫线,也可用热水将管线内存油替到计量站,替净后用压风机扫清管线内存水,以防冻结。

### 五、注意事项

(1)遇阻时要活动钢丝抖掉蜡,判明情况,不能猛顿硬下。
(2)结蜡严重井,一定要多压钢丝抖蜡,再起刮蜡片,以利喷流,减少顶钻。
(3)上起刮蜡片遇卡时,要上下活动钢丝,不能硬拔,防止卡死。

## 项目三 自喷井井口取样

### 一、学习目标

掌握自喷井井口正确的取样方法。

### 二、风险提示

(1)中毒。
(2)机械伤害。

### 三、应急处置

(1)含有毒气体井必须要有安全防护措施。
(2)严格按照操作规程操作。

### 四、操作规程

1. 准备工作

(1)穿戴好劳保用品。
(2)工具、用具:取样桶1个,排污桶1个,笔1支,取样条、棉纱少许,取样扳手1把。
(3)在取样条上将井号、时间等参数填好,检查样桶无油污、无裂缝,携带样桶、工具等到达井场。

(4) 核实取样井号。

2. 操作步骤

(1) 打开取样阀门放净死油。

(2) 用样桶对准取样阀门,分三次取样,取到样桶的 2/3。

(3) 关闭取样阀门,擦净取样口。

(4) 盖好桶盖,贴好标签。

(5) 记录好数据,收拾工具、用具,清理现场,将废弃物回收到指定地点。

五、注意事项

(1) 取样时站在上风口。

(2) 开关阀门需侧身。

(3) 严格按照环保要求,不能对地放空排油。

## 项目四　自喷井检查更换压力表

一、学习目标

掌握自喷井检查更换压力表的操作方法。

二、风险提示

(1) 机械伤害。

(2) 环境污染。

三、应急处置

(1) 发生机械伤害,立即使伤者脱离伤害源,进行应急处理后送往医务室或拨打"120"急救电话。

(2) 放空及时回收废弃物。

四、操作规程

1. 准备工作

(1) 穿戴好劳保用品。

(2) 工具、用具:压力表 1 块,150mm 螺丝刀 1 把,200mm、300mm 活动扳手各 1 把,密封垫若干,棉纱少许,记录纸、笔。

2. 操作步骤

(1) 核对被换压力表与给定的压力表量程是否相符,检查井口流程(与压力表相通的)情况,记录压力值。

(2) 关闭压力源,放空至压力表落零。卸掉压力表。如无法放空,在压力表与表接头松动后(此时表内压力开始有下降迹象),缓慢晃动,待放掉弹簧管内的余压后卸掉压力表。

(3) 清理压力表接头内污物。

(4)接头内放入密封垫。

(5)将压力表与表接头对正、缓慢上扣,确认无偏扣后用扳手上紧上正。

(6)压力表装好后,打开压源,试压,检查压力表接头有无渗漏,与原压力值对比,做好记录。

(7)收拾工具、用具,清理现场。

### 五、注意事项

(1)压力表的螺纹没有卸松动时,不允许用手扳压力表(盘)整体卸表。

(2)开始卸压力表时必须用另一把扳手打备钳,防止连表接头或针型阀一起卸松。

## 项目五 自喷井检查更换油嘴

### 一、学习目标

掌握自喷井检查更换油嘴的操作方法。

### 二、风险提示

(1)机械伤害。

(2)油气中毒。

(3)放空时污染环境。

### 三、应急处置

(1)发生机械伤害,立即使伤者脱离伤害源,进行应急处理后送往医务室或拨打"120"急救电话。

(2)发生油气中毒,立即使伤者脱离伤害源,进行应急处理后送往医务室或拨打"120"急救电话。

(3)放空时回收废弃物。

### 四、操作规程

1. 准备工作

(1)穿戴好劳保用品。

(2)工具、用具:油嘴套筒扳手、600mm 管钳 1 把、油嘴 1 个、游标卡尺 1 把、钢丝刷 1 把、细砂布、生料带、油嘴通针、排污桶、记录纸笔。

2. 操作步骤

(1)记录好油、套压力。

(2)关闭生产阀门、回压阀门,打开放空阀,放掉油嘴套内压力。

(3)油嘴堵死时,关闭总阀门,打开清蜡阀门,从防喷管内放压。

(4)卸掉丝堵和油嘴,洗净油嘴,用测量工具检查油嘴是否符合要求。装好油嘴上紧丝堵。

(5)关放空阀,打开回压阀门、生产阀门。

(6)把相关数据填入报表,收拾工具、用具,清理现场。

### 五、注意事项

(1) 用通针通油嘴时要侧身。

(2) 标卡尺"十字"法测量,检查孔径误差不大于±0.1mm。

## 项目六　自喷井清蜡钢丝打接头

### 一、学习目标

掌握自喷井清蜡钢丝打接头的操作方法。

### 二、风险提示

机械伤害。

### 三、应急处置

发生机械伤害,立即使伤者脱离伤害源,进行应急处理后送往医务室或拨打"120"急救电话。

### 四、操作规程

1. 准备工作

(1) 穿戴好劳保用品。

(2) 工具、用具:200mm 钢丝钳 1 把,钢丝拉钩 1 个,刮蜡片 1 个、铅锤 1 个。

2. 操作步骤

(1) 取钢丝,从绞车拉出 5～6m 钢丝,用手取直约 1.5m,在钢丝首端用手钳折成圆环形。

(2) 打钢丝接头,从直钢丝的端部量起,在 700～800 mm 处用手折弯成 180°,用手钳合拢成双股。

(3) 钢丝接头连接处,主、副股并齐,主要部位不能损伤。

(4) 用手钳将双股钢丝端部 10mm 处弯成 90°。

(5) 将双股钢丝插入刮蜡片连接环内,在双股钢丝 60～70mm 处内弯成 180°成四股。

(6) 用钢丝拉钩钩住弯头,并与主股钢丝合拢拉紧,交叉配合成梨形圆环。

(7) 将其副股活钢丝头围绕另三股钢丝快速缠至弯头处,绕钢丝圈应在 12～14 圈、缠绕的钢丝间隙不能超过 0.3mm。

(8) 将弯头用钳子与所绕钢丝合拢压紧,钢丝压头要求 8～10mm,将所剩余的钢丝反复扭曲折断即成。

(9) 把相关数据填入报表,收拾工具、用具,清理现场。

### 五、注意事项

(1) 操作时不能咬伤及碰伤接头处的钢丝。

(2) 接头处一定要符合质量要求,不合格一律不准下井。

# 项目七　自喷井机械清蜡

## 一、学习目标
掌握自喷井机械清蜡操作方法。

## 二、风险提示
机械伤害。

## 三、应急处置
发生机械伤害，立即使伤者脱离伤害源，进行应急处理后送往医务室或拨打"120"急救电话。

## 四、操作规程
1. 准备工作

（1）穿戴好劳保用品。

（2）工具、用具：刮蜡片、加重杆、600mm管钳、滑轮、堵头、卡尺、班报、井下结构数据、清蜡周期要求。

2. 操作步骤

（1）打开清蜡阀门，用管钳松动密封填料压帽，不漏油，钢丝能自由通过为止。

（2）松开刹车，拨动倒顺开关通电下放刮蜡片，用刹车控制下放速度，一般不小于6m/min。

（3）下放钢丝遇阻时，要勤活动钢丝，严防猛顿、硬下。

（4）下到预定深度后，拨动倒顺开关停车，用管钳稍紧密封填料压帽，以防上起钢丝时带油。

（5）将写有清蜡日期、深度、清蜡人及井号的纸条压在钢丝下，等待20min后，再上起刮蜡片。

（6）拨动倒顺开关到上起位置，上起时要随时观察转数表，并使钢丝排列整齐，提前50m摸记号，摸到记号立即停车，断电。

（7）摘下离合器或滚筒销子，用手摇将刮蜡片起到井口防喷管内。

（8）看转数表是否归零，记号是否回到原位。压钢丝证明刮蜡片确已进入防喷管内后，关清蜡阀门。

（9）听出油声，有无油嘴堵现象，如有即排除，一切正常后将清蜡情况填入报表。

## 五、注意事项
（1）清蜡车位置距井口位置上风口位置的25～30m处。

（2）上提清蜡钢丝速度不超过50m/min。

## 项目八　自喷井更换阀门

### 一、学习目标

掌握自喷井更换阀门的方法。

### 二、风险提示

（1）机械伤害。

（2）油气中毒。

（3）放空时污染环境。

### 三、应急处置

（1）发生机械伤害，立即使伤者脱离伤害源，进行应急处理后送往医务室或拨打"120"急救电话；

（2）发生油气中毒，立即使伤者脱离伤害源，进行应急处理后送往医务室或拨打"120"急救电话。

（3）放空及时回收废弃物。

### 四、操作规程

**1. 准备工作**

（1）穿戴好劳保用品。

（2）工具、用具：200mm、300mm活动扳手2把，200mm螺丝刀1把，200mm三角刮刀1把，300mm撬杠2个，划规1把，300mm钢直尺1把，剪刀1把，10mm塞尺1把，钢丝刷1把，放空桶1个，石棉板，润滑脂，棉纱。

**2. 操作步骤**

（1）制作好法兰垫片并在两侧均匀涂上润滑脂，放在干净的地方。

（2）关闭总阀门，关回压阀门，开放空阀，放掉余压。

（3）卸掉法兰螺栓，先拆卸远离自己的那条螺栓，再拆卸其他螺栓。

（4）移开旧阀门。

（5）清理新阀门及管线法兰端面两侧水纹线，擦拭干净。

（6）安装新阀门，用撬杠对称撬开法兰间隙，手持法兰垫片放入法兰正中央。

（7）将留出的法兰连接螺栓穿入法兰螺孔，用手依次带紧螺母。

（8）阀门两侧法兰与管线法兰对正后，用扳手对称均匀紧固法兰螺栓。

（9）关闭放空阀，打开新换垫片阀门的出口阀2~3扣，试压，观察法兰垫片处是否渗漏，打开进口阀门和出口阀，关闭旁通阀，挂上运行牌。

（10）关闭放空阀，打开新安装阀门及回压阀门，缓慢打开总阀门试压，确认不渗不漏，全开总阀门。

（11）收拾工具、用具，清理现场，将有关数据填入报表。

### 五、注意事项

（1）紧固法兰螺栓时用力均匀，使法兰之间保持端面的平行。
（2）撬杠撬动法兰间隙时严禁损伤法兰密封面。

## 背景知识

### 一、完井井身结构组成

1. 井身结构的概念

井身结构是指采油目的层以上井段须下入专用套管的层次、深度以及相应的井眼（钻头）尺寸，它是保证油井生产的一个重要组成部分。

2. 井身结构的组成

井身结构是下入井下不同直径的钢管，主要包括导管、表层套管、技术套管、油层套管、油管，如图 3-1 所示。

（1）导管：靠近井壁的第一层套管。其作用是：在钻井一开始建立泥浆循环，保护井口附近的表土地层，防止被经常流出的洗井液体冲垮，保证井口正常钻井。

（2）表层套管：油气井套管程序里除导管外最外层的套管。其作用是：在钻井中用以巩固上部比较疏松易塌的不稳定岩层（松软地层及浅层气），还可用于安装防喷器等井口设备，以控制钻开高压层时可能发生的井喷现象；另外还可支撑井口设备。

（3）技术套管：深井和钻遇复杂井下入的一层套管，介于表层套管和油层套管之间。其作用是：隔绝目的层以上的高压水层、气层或封住漏失层（即坍塌层），在钻井中用以封隔某些难以控制的复杂地层，以便能顺利地钻达预定的生产目的层；还可保护生产套管。

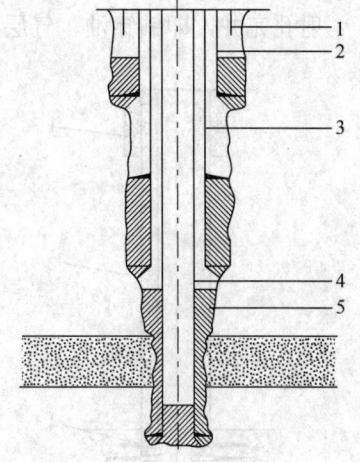

图 3-1 井身结构图
1—导管；2—表层套管；3—技术套管；
4—油层套管；5—油管

（4）油层套管：隔断上履地层和油层的通路，加固油层井壁的套管。其作用是：把生产层和其他地层封隔开，使不同压力的油气水层互相不窜通，便于油层部位射孔、分层作业，在套管内形成举升油气的良好通道。随着钻井技术的发展，根据条件现在很多油田只下油层套管，不下技术套管，达到降低钻井成本的目的。

（5）油管：下入油层套管中间的钢管。井内的油、气沿着油管上升到地面。

### 二、油井完井方式

1. 完井方式的概念

完井方式是指裸眼井钻达设计井深后，油气井井筒与生产目的层的特定连通方式，以及为实现某一特定的连通方式所采用的井身结构、井口装置和技术措施。

完井是钻井工作最后一个重要环节，又是采油工程的开端，与以后采油、注水及整个油气田的开发紧密相连。而油井完井质量的好坏直接影响到油井的生产能力和经济寿命，甚至关系到整个油田能否得到合理的开发。

合理的完井方式应满足以下几点：

（1）油气层和井筒之间应保持最佳的连通条件，最大限度地保护储集层，油气层所受的损害最小；

（2）油气层和井筒之间应具有尽可能大的渗流面积，油气入井的阻力最小；

（3）应能有效地封隔油、气、水层，防止气窜或水窜，防止层间的相互干扰；

（4）应能有效地控制油层出砂，防止井壁坍塌，确保油井长期生产，延长井的寿命；

（5）应具备便于人工举升和可以实施注水、压裂、酸化等井下作业；

（6）施工工艺简便，成本低。

2. 完井方式的分类

不同地区、不同油气层、不同类型的油气井，所采取的完井方式是不同的，主要有射孔完井、裸眼完井、割缝衬管完井、砾石充填完井。

1）射孔完井

射孔完井，即钻穿油、气层，下入油层套管，固井后对生产层射孔，是国内外最为广泛和最主要使用的一种完井方式，如图3-2所示。

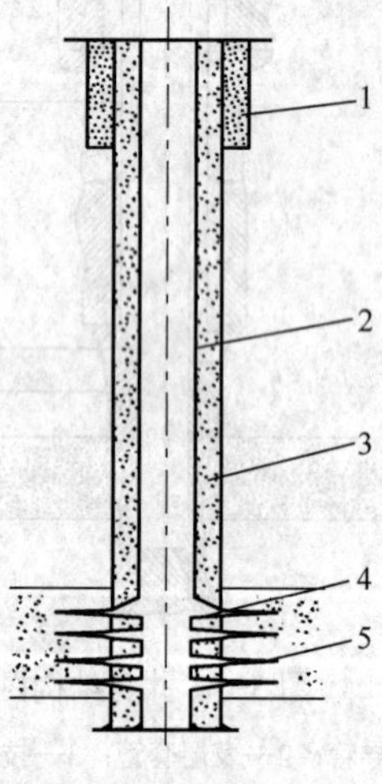

射孔完井方式包括套管射孔完井和尾管射孔完井：

（1）套管射孔完井。套管射孔完井是钻穿油层直至设计井深，然后下油层套管至油层底部注水泥固井，最后射孔；射孔弹射穿油层套管、水泥环并穿透油层某一深度，建立起油流的通道。

（2）尾管射孔完井。尾管射孔完井是在钻头钻至油层顶界后，下技术套管注水泥固井，然后用小一级的钻头，穿油层至设计井深，用钻具将尾管送下并悬挂在技术套管上。尾管和技术套管的重合段一般不小于50m。再对尾管注水泥固井，然后射孔。

射孔完井方式的优缺点如下：

图3-2 射孔完井方式示意图
1—表层套管；2—油层套管；3—水泥环；
4—射孔眼；5—油层

（1）优点：可选择性地射开不同压力、不同物性的油层，以避免层间干扰，可避开夹层水、底水和气顶，避开夹层的坍塌，具备实施分层注采和选择性压裂或酸化等分层作业的条件。

（2）缺点：出油面积小，完善程度差，对井深和射孔深度要求严格，对固井质量要求高，水泥浆可能损害油气层。

2）裸眼完井

裸眼完井，即套管下至生产层顶部进行固井，生产层段裸露的完井方法。裸眼完井方式如图3-3所示，主要方式有先期裸眼完井、复合型完井方式、后期裸眼完井。

（1）先期裸眼完井。钻头钻至油层顶界附近后，下套管注水泥固井。水泥浆上返至预定的设计高度后，再从套管中下入直径较小的钻头，钻开油层至设计井深完井。

（2）复合型完井。有的厚油层适合于裸眼完成，但上部有气顶或顶界附近又有水层时，可以将生产套管下过油气界面，使其封隔油气的上部，然后裸眼完井，必要时再射开其中的含油段。

（3）后期裸眼完井。不更换钻头，直接钻穿油层至设计井深，然后下技术套管至油层顶界附近，注水泥固井。固井时，为防止水泥浆损害套管以下的油层，通常在油层段垫砂或者替入低失水、高黏度的钻井液，以防水泥浆下沉。或者在套管下部安装套管外封隔器和注水接头，以承托环空的水泥浆防止其下沉，这种完井工序一般情况下不采用。

裸眼完井方式的优、缺点如下：

（1）优点：油层完全裸露，油层具有最大的渗流面积，产能较高，完善程度高。

（2）缺点：不能克服井壁坍塌和油层出砂对油井生产的影响，不能克服生产层范围内不同压力的油、气、水层的相互干扰，无法进行选择性酸化或压裂；先期裸眼完井方式在下套管固井时不能完全掌握该生产层的真实资料，以后钻进时如遇到特殊情况，会给钻井和生产造成被动。

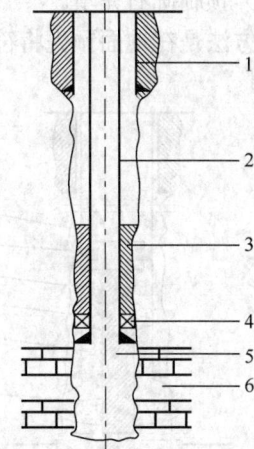

图 3-3　裸眼完井方式示意图

1—表层套管；2—生产套管；3—水泥环；
4—套管外封隔器；5—井眼；6—油层

3）割缝衬管完井

（1）割缝衬管完井方式——改进前用同尺寸钻头钻穿油层后，套管柱下端连接衬管下入油层部位，通过套管外封隔器和注水泥接头固井封隔油层顶界以上的环形空间，如图3-4所示。

（2）割缝衬管完井方式——改进后钻头钻至油层顶界后，先下套管注水泥固井，再从套管中下入直径小一级的钻头钻穿油层至设计井深，最后在油层部位下入预选的割缝衬管，依靠衬管顶部的衬管悬挂器，将衬管挂在套管上，并密封衬管和套管之间的环形空间，使油气通过衬管的割缝流入井筒。

割缝衬管完井的优点是：油层不会遭受固井水泥浆的损害；可以采用与油层相配伍的钻井液或其他保护油层的钻井技术钻开油层；当割缝衬管发生磨损或失效时也可以起出修理或更换。

4）砾石充填完井

砾石充填完井方式可分为直接砾石充填和预制砾石充填两种。

（1）直接砾石充填。

直接充填是先将绕丝筛管或衬管下入油层井内部分，然后用充填液将在地面上预先选好的砾石泵送至绕丝筛管（或衬管）与井眼或绕丝筛管与套管之间的环形空间内，构成一个砾石充填层，以阻挡油层砂流入井筒，达到保护井壁、防砂入井的目的。直接砾石充填又分为裸眼砾石充填（图3-5）、套管内砾石充填。

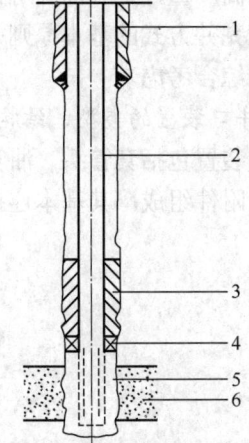

图 3-4　割缝衬管完井方式示意图

1—表层套管；2—生产套管；3—水泥环；
4—套管外封隔器；5—割缝衬管；6—油层

(2) 预制砾石充填。

该方法是在地面预先将符合油层特性要求的砾石填入具有内、外双层绕丝筛管的环形空间而制成的防砂管,将此种筛管下入井内,对准出砂层位进行防砂。

(3) 绕丝筛管的应用。

① 割缝衬管的缝口宽度由于受加工割刀强度的限制,最小为 0.5mm,因此它适用于中、粗砂粒油层;而绕丝筛管的缝隙宽度最小可达 0.12mm,故其适用范围广。

② 绕丝筛管是由绕丝形成一种连续缝隙,流体通过筛管时几乎没有压降,且绕丝筛管的断面为梯形,具有一定的"自洁作用",轻微的堵塞可被产出流体疏通,其流通面积比割缝衬管大。

③ 绕丝筛管以不锈钢为原料,其耐腐蚀性强、使用寿命长、综合经济效益高。

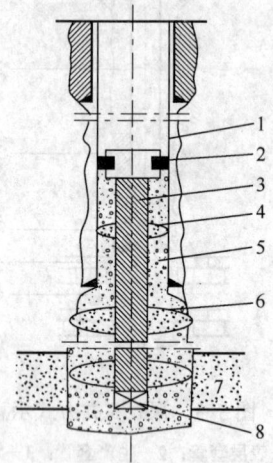

图 3-5 砾石充填示意图

1—生产套管;2—铅封;3—筛管;4—扶正器;
5—砾石;6—扶正器;7—油层;8—管堵

3. 完井方式的选择

在选择完井方式时,一定要对产层的物性、开采方式和综合经济指标进行分析对比,主要考虑以下因素:储集层类型、储集层的均质程度、产层岩性的稳定性、产层附近有无底水或气顶、产层的渗透性等,然后选用与产层相匹配且能满足采油工艺要求的完井方法,以达到保护油气层,提高产量,延长油井寿命的目的。

优选完井方式的基本原则是:针对油气藏的具体地质条件,结合工程要求进行短期和长期效益的综合考虑。

4. 井口装置的类型、结构及参数

井口装置包括套管头、油管头、采油树三个部分(图 3-6),即由悬挂密封部分、调节控制部分和附件组成,其基本连接方式有螺纹式、法兰式和卡箍式三种。

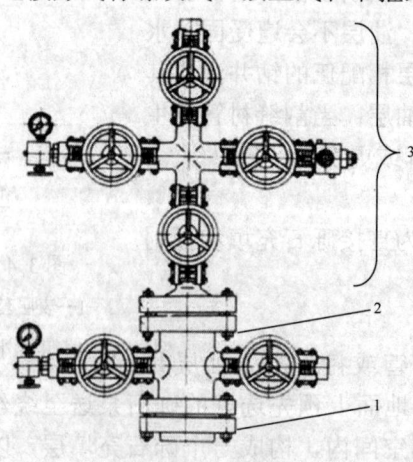

图 3-6 井口装置示意图

1—套管头;2—油管头;3—采油树

1）悬挂密封部分

悬挂密封部分由套管头和油管头两部分组成。

（1）套管头。

套管头的作用是连接下井的各层套管、密封各层套管的环行空间。

套管头连接套管柱上端，由套管悬挂器及其锥座组成，用于支承下一层较小的套管柱并密封上下两层套管间的环形空间。套管头悬挂器座的上端通常与一个上法兰连接，下端与一个四通连接，而四通下部又焊接一个下法兰，具有上下法兰和两个环空出口，从而构成一个套管头短节。

套管悬挂器安装在套管头和套管四通的锥座中，用于牢固地悬挂下一级较小的套管柱，并在所悬挂的套管和套管头锥座之间提供密封的一种装置。套管悬挂器的尺寸是由公称外径决定的，它应与套管头法兰的公称尺寸相匹配。

表层套管与其法兰之间，有的是螺纹连接，有的是焊接（即将表层套管和顶法兰用电焊焊在一起）。近年来，有的油井已不用法兰大小头了，而是一片法兰代替了法兰大小头，即用电焊将两层套管焊在同一个法兰盘上。

（2）油管头。

油管头作用是悬挂下入井中的油管，密封油、套管环形空间。油管头通常是一个有上下法兰连接的短节，并带有两个环空侧出口，构成一个四通，因此也称为油管四通。

在油田开发中，各项采油工艺不断改进，为了和不压井起下作业相配套，近年来对油管头也进行了相应的改进，经改进定型的油管头结构是顶丝法兰油管挂，它通过油管短节以螺纹与油管悬挂器（萝卜头）连接在一起，并坐在顶丝法兰盘上。顶丝法兰盘置于套管四通上法兰和原油管挂下法兰之间，顶丝法兰的上、下均用钢圈，用多条螺栓固紧并达到密封。

（3）合成一体的井口悬挂密封装置。

近年来已将单层套管头和油管头合成一个整体。油管通过油管短节以螺纹和油管悬挂器连接后，坐在套管法兰内，压紧密封圈，密封油、套环行空间，并用四条螺栓紧平和加压。

2）控制调节部分

油井的控制调节部分叫作采油树，其作用是控制和调节井中的流体，实现下井工具仪器的起下等。采油树由大小阀门、三通和四通等部件组成。

总阀门：控制着油气流入采油树的通道，正常生产是打开，需要关井时关闭。

生产阀门：控制油气流向出口管线，正常生产是打开，更换检查油嘴时关闭。

清蜡阀门：其上方可连接清蜡防喷管等，清蜡时才打开。

节流器：控制和调节油井产量。

按连接方式不同，采油树可分为三种类型：

（1）以法兰连接的采油树。如松Ⅱ型，这种采油树除了压力表、旋塞阀之外的各个阀门、三通以及四通之间均用法兰连接，所以称之为以法兰连接的采油树。

（2）以螺纹连接的采油树，即大小阀门、四通、三通等之间均用螺纹连接在一起。

（3）以卡箍连接的采油树。采油树按其控制程度又分为两部分。套管阀门以内和总阀门以下为无控制部分，如果这部分出了问题需更换时，必须先压井后方可更换，所以日常管理中不要随意开关总阀门和两个套管阀门。其余部分为有控部分。

3）附件

采油树的附件包括油嘴、压力表、取样回压旋塞阀和回压阀门等。

（1）油嘴。

油嘴的作用是控制和调节油井产量。油嘴的最小直径为1.5mm，最大直径20mm以上，因工作制度的不同，选用的油嘴规格也不同。根据油嘴安装部位不同，可分为井下油嘴和地面油嘴两种。井下油嘴采用专门装置安装在油层部位或油管下处；地面油嘴一般安装在生产阀门后的油嘴三通内。地面油嘴按结构不同，又分为单孔简易式和可调式等多种。选用油嘴时，要检查直径、长度、椭圆度、孔眼和轴线同心度、有无毛刺等。当油井出砂时更要注意检查，保持油嘴不被刺大、不堵、不变形、无毛刺，否则影响油井生产。

（2）压力表。

使用压力表时，应注意量程是否合适。一般情况下应该使压力值在压力表量程读数的30%～70%范围内，因为压力表包氏管的弧度是270°，正常工作时的压力可使包氏管偏转5°～7°，如果偏转超过这个弧度时，读数将有较大误差。读数时应注意眼睛、指针、表盘刻度成一条垂直于表盘的直线，否则易造成人为的误差。

（3）取样放空旋塞阀和回压阀门

在油嘴三通外的出油管线上，焊有一节小直径短管，并用阀门控制，这个带控制阀门的短节用来进行井口取样以及检查更换油嘴时进行放空。

回压阀门在检查和更换油嘴以及维修生产阀门等作业时应关闭，以防止出油管线内流体倒流（有时也用一个单流阀代替回压阀门）。

5. 诱喷排液

油井完成后进入试油阶段的第一步就是要设法降低井底压力，使井底压力低于油层压力，让油气流入井内，这一工作称为诱喷排液（诱导油流），是试油工作的第一道工序。

诱喷的实质是降低井底回压（即降低井筒内液柱高度、减小井内压井液密度），在油层与井底之间形成压差，使油气流入井内。其目的是满足求产、取样等测试要求。

诱喷排液的作用是使井筒中的静液柱压力小于油层压力，并清除井底砂粒和泥浆等污物，才能使油层的油、气等流体连续不断地渗透压流到井底，并被举升到地面上来。

诱喷排液方法有替喷、气举、抽汲和提捞四种方法。

1）替喷法

替喷法的实质是：减少井内液体的相对密度，使井筒液柱回压小于油层压力从而达到诱喷的目的。具体实施是先用低密度液体替出井中的压井液。替喷法有两种：

（1）一次替喷法：将油管下至油层中、下部，装好井口，接好循环管线，用泵将地面准备好的替喷液连续替入井内，直到井内压井液全部替出为止。此法简单，但是对于油管鞋至井底这段泥浆替不出来。

（2）二次替喷法：将油管下至人工井底1m处，装好井口，先用原压井液循环洗井，达到要求后向井内注入清水，注水量等于井底至油层顶部的井筒容积，用压井液将清水替到油层顶部，然后上提油管到油层中、上部，装好井口再按一般替喷法替喷。此法可将泥浆替出，但工序复杂一些，可用于底坑（沉砂口袋）较长的井。

2）气举法

气举法是往井中压入空气，替出压井液，使井中液柱高度很快降低，从而急剧降低井底回压达到诱喷的目的,利用压缩机向油管或套管内注入压缩气体,使井内液体从套管或油管中排出的方法。气举有正、反举之分。

(1) 正气举：从油管压入空气使液体从套管返出,当高压气体到达油管鞋时便和液体混合进入套管,此时油井被举通,井底压力开始下降,随着液气混合物从套管中迅速上升,井底压力便很快降低,使油气流流入井内并喷到地面。

(2) 反气举：从套管压入空气从油管返出,当高压气体到套管鞋时,便和液体混合进入油管,混合时油管被举通 ,井底压力开始下降直到把油井举喷。

3) 抽汲法

抽汲法是利用钢丝绳把胶皮抽子下入油井中将压井液抽出一部分,使液柱高度降低,直到井中液柱回压小于油层压力,从而达到诱喷的目的。抽子的结构主要由中心管、阀球的胶皮组成。

抽汲过程为：用绞车钢丝绳使抽子下入油管一定深度,然后迅速上起钢丝绳,此时阀球坐阀上,胶皮紧贴油管壁,因此,抽子以上液体被抽出油管,使井筒中液柱高度降低,依次重复进行抽汲直到诱喷为止。

抽汲法的抽汲深度受到绞车功率、钢丝绳承载能力的限制。同时,抽子胶皮容易磨损引起漏失。因此,抽汲诱喷的效率降低,抽汲深度越深,效率越低。此方法适用于岩石坚硬、不易出砂和坍塌的油井诱喷。

4) 提捞法

低压井诱导油流除用抽汲法和气举法外还可用提捞法。提捞法就是用提捞筒下入井内液柱以下,把液体一筒一筒地提捞上来以降低井底压力。

提捞筒的结构是：筒身由无缝钢管制成,其外径应比油层套管小 15 毫米,筒底部有一个单向阀,将提捞筒下放时,井内液体提至地面。

提捞法的缺点是工效低,目前已很少使用。

6. 油井自喷流态

1) 自喷井的流动过程

自喷井从油层流到地面转油站可以分为四个基本流动过程——地层渗流、井筒多相垂直管流、嘴流、地面水平管流。

(1) 渗流：从油层流入井底。由于流体是在多孔介质中渗流,故称为渗流。

(2) 垂直管流：从井底到井口,流体在油管中上升,一般在油管某断面处压力已低于饱和压力,故属于油、气或油、气、水多相流。

(3) 嘴流：流体通过油嘴,流速较高。

(4) 水平管流：流体进入出油管线后,沿地面管线流动,属于多相水平管流。

四个流动过程之间相互联系又相互制约,同处于一个动力系统中。

2) 流动形态的变化

流动形态变化气液混合物在垂直管流中的流动结构——流动形态的变化（图 3-7）有以下几种：

(1) 纯油流。

井筒压力大于饱和压力,天然气溶解在原油中称为纯油流。

(2) 泡流。

井筒压力稍低于饱和压力时,溶解气开始从油中分离出来,气体都以小气泡分散在液相中，气泡直径相对于油管直径要小很多。这种结构的混合物的流动称为泡流。混合物向上流动时，由于油、气密度的差异，气泡上升速度大于液体流速，气泡将从油中超越而过，这种气体超越液体上升的现象称为滑脱。

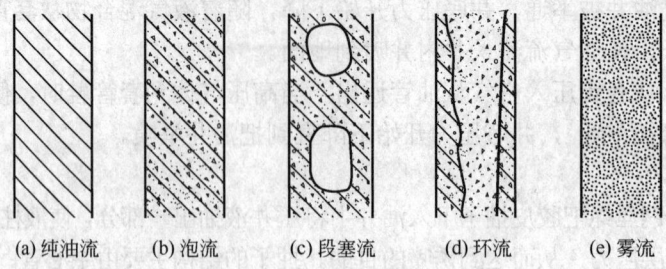

(a) 纯油流　(b) 泡流　(c) 段塞流　(d) 环流　(e) 雾流

图3-7　油气混合物流动结构示意图

泡流的特点是：气体是分散相，液体是连续相；气体主要影响混合物密度，对摩擦阻力的影响不大；滑脱现象比较严重。

（3）段塞流。

当混合物继续向上流动，压力逐渐降低，气体不断膨胀，小气泡将合并成大气泡，直到能够占据整个油管断面时，井筒内将形成一段油一段气的结构。

段塞流的特点是：气体呈分散相，液体呈连续相，炮弹状的大气泡托着油柱向上流动，像一个破漏的活塞向上推液体。油、气间的相对运动要比泡流小，滑脱也小。

（4）环流。

随着混合物继续向上流动，压力不断下降，气相体积继续增大，泡弹状的气泡不断加长，逐渐由油管中间突破，形成油管中心是连续的气流而管壁为油环的流动结构。

环流特点是：气液两相都是连续的，气体举油作用主要靠摩擦携带。

（5）雾流。

在油气混合物继续上升过程中，压力下降使气体的体积流量增加到足够大时，油管中内流动的气流芯子将变得很粗，沿管壁流动的油环变得很薄，绝大部分油以小油滴分散在气流中。

雾流的特点是：气体是连续相，液体是分散相；气体以很高的速度携带液滴喷出井口；气、液之间的相对运动速度很小；气相是整个流动的控制因素。

有几种可能出现的流型自下而上依次为：纯油流、泡流、段塞流、环流、雾流。而实际上，在同一口井内，不会出现完整的流型变化。一般段塞流是主要的，环流和雾流只是出现在混合物流速和气液比很高的情况下。

7. 流动过程

1）流动过程动力与阻力

油气从地层到转油站的四种流动过程存在的能量供给与消耗

（1）地层渗流：能量来源于原始地层压力和气体的膨胀，压力损失是由油、气、水三相流体在地层渗流过程中渗流阻力所产生的压力损失。

（2）油井垂直管流：压力损失（含重力损失、摩擦损失和气流速度变化引起的动能损失）占总压力损失的30%~80%。能量来源于井底流压和气体的膨胀能。

(3）嘴流：油气通过油嘴节流后的压力损失一般占总压力损失的 5%～30%。

（4）水平管流（出油管线流动）：压力损失主要是摩擦损失和清流速度变化引起的动能损失，一般占压力损失的 5%～10%，能量来源于井口油压和气体的膨胀能。

流体从地层流到地面分离器的总压力损失等于各个流动过程所产生的压力损失之和，即

$$\Delta p = \Delta p_{地层} + \Delta p_{井筒} + \Delta p_{油嘴} + \Delta p_{地面管线}$$

而在许多情况下，油井生产系统的总压降大部分是用来克服混合物在油管中流动时的重力和摩擦损失的。为了掌握油井生产规律及合理地控制和调节油井工作方式，保持自喷井高产稳产，取得最佳经济效益，必须熟悉气——液混合物在油管中的流动规律，从而合理地控制和调节工作方式。

2）单相流

当油井的井口压力高于原油饱和压力时，井筒内流动着的是单相液体。其流动规律与普通水力学中单相液体的流动规律完全相同。

单相流举升液体的动力是井底流动压力，有

$$p_{wf} = p_H + p_{fr} + p_{wh}$$

式中　$p_{wf}$——井底流动压力；

　　　$p_H$——井内静液柱压力；

　　　$p_{fr}$——摩擦阻力；

　　　$p_{wh}$——井口油管压力。

由上式可看出：

（1）单相垂直管流能量来源为井底流动压力，能量消耗在克服液柱的重力和摩擦阻力两个方面。

（2）当井底有足够高的流动压力时，单相原油才能喷出井口，因此，其自喷的充分条件为井底流动压力必须大于井内液柱压力与摩擦阻力之和。

（3）外筒气液两相流动与单相流动对比

3）气、液两相流

井底压力低于饱和压力时，油管内部都是气—液两相流动；井底压力高于饱和压力而井口压力低于饱和压力时，油流上升过程中其压力低于饱和压力后，油中溶解的天然气开始从油中分离出来，油管中便由单相液流变为气—液两相流动，各个断面的体积流量和流速相同。在气液两相管流中，混合物密度不断减小。

多相流举升液体的动力除了流压，还有气体的膨胀能：

$$p_{wf} = p_H + p_{fr} + p_{wh} + p_d$$

式中　$p_{wf}$——井底流动压力；

　　　$p_H$——井内静液柱压力；

　　　$p_{fr}$——摩擦阻力；

　　　$p_{wh}$——井口油管压力；

　　　$p_d$——气体流速增加引起动能变化造成损失。

气液两相垂直管流的压力损失除重力和摩擦阻力外，还有由于气流速度增加所引起的动能变化造成的损失。另外，在流动过程中，混合物密度和摩擦力沿程随气—液体积比、流速

及混合物流动结构而变化。

8. 油井自喷的基本原理

在原始条件下，油层岩石与孔隙空间内的流体处于压力平衡状态，一旦钻开油层，这种平衡就被破坏。这时，由于压力降低引起岩石和流体的弹性膨胀，其相应体积的原油就被驱向井中。油层本身的压力（地层静压）把油层中的原油驱到井底后，消耗了大部分能量后，还具有一部分剩余能量（即井底压力）；流入井底的原油在它的作用下克服重力、摩擦力和滑脱损失沿着井筒向上运动，原油中的溶解气随着井筒内压力的降低，逐步从油中分离出来，同时在上升过程中不断膨胀，推动原油在油管中上升，直到井口和地面处理装置，绝大部分能量消耗在从井底到井口这一流动过程中。这种完全依靠油层天然能量将油采出地面的油井就是自喷井。这种采油方式就是自喷采油。

自喷能量来源于地层压力，石油中大量的伴生天然气，以及由于井内压力降低原油中析出的溶解气等能降低井内流体的密度，降低流体柱压力，使油井更易自喷。所以油层压力和气油比是油井自喷能力的两个主要指标特点。

由于自喷开采依靠油层的能量，所以自喷井地面设备简单，管理方便，产量也较高，因此是最经济的采油方法。

一般情况下，地层能量不足的油田，有的没有自喷能力，有的即使有自喷能力，但自喷期限较短，只有1年左右的时间，最多的也不过3～5年，而一个油田的生产年限要延续20～30年以上，因此，油层中的原油大部分是靠人工举升方式采出来的。

## 思考练习题

1. 井口主要由哪几部分组成，其作用是什么？
2. 油井自喷的基本原理是什么？

## 第二节　自喷井操作

### 项目一　分离器加底水

一、学习目标

掌握分离器加底水操作。

二、风险提示

机械伤害。

三、应急处置

发生机械伤害，立即使伤者脱离伤害源，进行应急处理后送往医务室或拨打"120"急救电话。

### 四、操作规程

1. 准备工作

(1) 穿戴好劳保用品。
(2) F扳手,棉纱,加水漏斗。
(3) 检查流程无渗漏,各阀门开关灵活好用。

2. 操作步骤

(1) 关闭分离器进、出口阀门。
(2) 打开分离器放空阀门放空,将分离器压力降为零。
(3) 在分离器底部排污管口处安装加水漏斗。
(4) 打开加水阀门(即排污阀门)。
(5) 添加清水至高度超过分离器出口阀门,关闭分离器加水阀门。
(6) 卸掉加水漏斗,关闭分离器放空测气阀门。
(7) 打开分离器进口阀门,稍开气平衡阀门。
(8) 待分离器压力与干线回压平衡时,关闭分离器进口阀门,气平衡阀门。

### 五、注意事项

(1) 如果油井为高含水井,可不必添加底水;
(2) 一定要将分离器内部压力降为零后方可进行加水。

## 项目二　分离器冲底砂

### 一、学习目标

掌握分离器冲底砂操作。

### 二、风险提示

(1) 机械伤害。
(2) 油气中毒。

### 三、应急处置

(1) 发生机械伤害时,立即使伤者脱离伤害源,进行应急处理后送医务室或拨打"120"急救电话。
(2) 发生油气中毒时时,立即将伤者转移至通风处平卧,进行应急处理后送医务室或拨打"120"急救电话。

### 四、操作规程

1. 准备工作

(1) 穿戴好劳保用品。
(2) 冲砂管线一套,F扳手,棉纱若干,加水漏斗。
(3) 检查流程无渗漏,各阀门开关灵活好用。

2. 操作步骤

（1）在排污阀门处连接冲砂管线。

（2）打开分离器进口阀门，关闭分离器出口阀门、气平衡阀门。

（3）分离器憋压至 0.5～0.6MPa。

（4）关闭进油阀门。

（5）缓慢开分离器排污阀门进行冲砂。

（6）待分离器压力降为零，冲砂完毕，关排污阀门。

（7）卸冲砂管线，安装加水漏斗。

（8）进行分离器加底水操作。

**五、注意事项**

（1）如果一次冲不干净，可再冲一次。

（2）冲砂后一定进行加底水操作。

## 项目三　更换计量分离器板式液位计

**一、学习目标**

掌握更换计量分离器板式液位计操作。

**二、风险提示**

（1）机械伤害。

（2）油气中毒。

（3）放空时污染环境。

**三、应急处置**

（1）发生机械伤害时，立即使伤者脱离伤害源，进行应急处理后送医务室或拨打"120"急救电话。

（2）发生油气中毒时时，立即将伤者转移至通风处平卧，进行应急处理后送医务室或拨打"120"急救电话。

（3）放空时回收废弃物。

**四、操作规程**

1. 准备工作

（1）穿戴好劳保用品。

（2）工具、用具：200mm扳手，250mm扳手，刮刀，法兰垫片，黄油，放空桶，棉纱。

2. 操作步骤

（1）关闭液位计上、下流阀门。

（2）打开液位计底部排污阀。

（3）待余压放净后拆卸液位计上、下连接法兰。

（4）用刮刀清理法兰面。

(5) 安装新液位计，法兰垫片涂抹黄油加入两法兰中间。

(6) 对角上紧法兰螺栓。

(7) 关闭放空阀，打开上流阀门试压，检查无渗漏后打开下流阀门，观察翻板指示器是否正常显示。

### 五、注意事项

(1) 法兰垫片要涂抹黄油。

(2) 坚固法兰螺栓时要对角紧固。

## 项目四　更换计量分离器安全阀

### 一、学习目标

通过学习安全阀的结构了解安全阀的工作原理，在安全阀损坏、失灵、需要标定时会更换安全阀。弹簧的压紧力或重锤通过杠杆的压力与介质作用下阀瓣的正常压力平衡，这时阀瓣与阀座密封面密合；当介质的压力超过规定位时，弹簧受到压缩或重锤被顶起，阀瓣失去平衡，离开阀座，介质开始排放泄压，当介质压力降到低于规定值时，弹簧的压紧力或重锤通过杠杆的压力大于作用于阀瓣的介质力，阀瓣回座，密封面重新密合。

### 二、风险提示

(1) 机械伤害。

(2) 油气中毒。

(3) 火灾爆炸。

### 三、应急处置

(1) 发生机械伤害时，立即使伤者脱离伤害源，进行应急处理后送医务室或拨打"120"急救电话。

(2) 发生油气中毒时时，立即将伤者转移至通风处平卧，进行应急处理后送医务室或拨打"120"急救电话。

(3) 使用防爆工用具，打开门窗通风，发生火灾时，用灭火器扑救并拨打"119"报警电话。

### 四、操作规程

1. 准备工作

(1) 穿戴好劳保用品。

(2) 工具、用具：250mm扳手、300mm扳手各1把，刮刀，垫片、黄油、棉纱。

2. 操作步骤

(1) 打开分离器旁通阀门，关闭分离器进、出口阀门，关闭气平衡阀门。

(2) 打开放空阀门放空泄压。

(3) 分离器压力降为零后，对角拆卸安全阀与排空管的连接螺栓。

(4) 取下排空管，对角拆卸安全阀底座固定螺栓。
(5) 取下旧安全阀，清理法兰面，垫片两面涂抹黄油。
(6) 安装上新安全阀，对角拧紧固定螺栓。
(7) 连接排空管，对角拧紧连接螺栓。
(8) 关闭放空阀门，打开分离器进口阀门，检查有无渗漏。

### 五、注意事项

(1) 拆卸螺栓要对角拆卸。
(2) 安全阀比较重，登高时需 2 人配合完成。

背景知识

### 一、生产压差与工作制度

生产压差，又称采油压差，是指在生产过程中，地层静压与井底流压的差值。油井合理压差确定原则为：地层压力大于饱和压力，近井区域脱气不明显；地层平均压力水平较高，储集层不发生不可逆塑性形变；合理生产压差低于临界生产压差；该压差范围内，油井产量稳定，可实现一定的采油速度。

油嘴的大小与井底回压、生产压差以及产量之间的关系，称为自喷采油井的工作制度。油井的合理工作制度是根据不同的开发条件来确定的，是指在目前地层压力条件下，油井应保持多大生产压差，油井以多大的流量和产量进行工作，才是最合理的。换言之，油井控制在什么样的生产压差下生产，才能使自喷井的垂直管流压力损失最小，产量最高，油井生产处于协调点。具体内容如下：

(1) 保证较高的采油速度。油井的开采速度是指油井年采油量与地质储量的比值。在稳定生产的情况下，油井的采油速度可以按下式计算：

$$采油速度 = 日产油量 \times 350 / 地质储量 \times 100\%$$

式中，350 是指一年中除了测压、维修外的正常生产天数。

采油速度是衡量油井开采速度的重要指标。为了满足国家需要，应当在合理开发油田的前提下，尽可能地提高采油速度。各油田具体条件不同，所规定的采油速度也不一样。

(2) 要保持注、采压力平衡，使油井有旺盛的自喷能力。

(3) 要保持采油指数稳定，不断改善油层的流动系数。这是使原油产量保持在一定水平的重要条件。

(4) 合理生产压差应保证水线均匀推进，无水采油期长，见水后含水上升速度慢。

(5) 合理生产压差，应既能充分利用地层能量又不破坏油层结构。压差过大，井底附近流速增加，过分的冲刷油层会使油层坍塌。根据油层具体情况，应规定原油含砂量不超过一定的百分数值。

(6) 对于饱和压力较高的油田，应使流饱压差控制合理。此数字应在具体条件下确定。

考虑了上述各种要求所确定的工作制度则认为是合理的。但是，"合理"是相对的，工作制度应随着生产情况的变化和技术的发展而改变，应以充分发挥油层潜力为前提。在非注水开发或注水后见效不大、边水又不活跃的地区，油井基本上靠气体等天然能量生产。对于虽已注水，但地层饱和压差小的油井，其合理工作制度应根据试井及采油资料来确定。原则上是以合理利用地层能量、保持生产稳定为准。

## 二、自喷井井场流程

为使自喷井保持正常的稳产高产，必须在井口安装能控制和调节油、气产量并把产出的油、气进行集输的一些设备，同时用管件把这些设备连接成一个系统。油、气在井口通过的这套管路和设备，称为自喷井的井场流程。

自喷井井场流程的作用是：控制和调节油井产量，记录油井的动态资料，对油井产物和井口设备加热保温。

1. 根据加热保温的方式分类

根据加热保温的方式以及油气计量的先后顺序不同，可以分为三类：

（1）站上计量、供热流程（图3-8）。

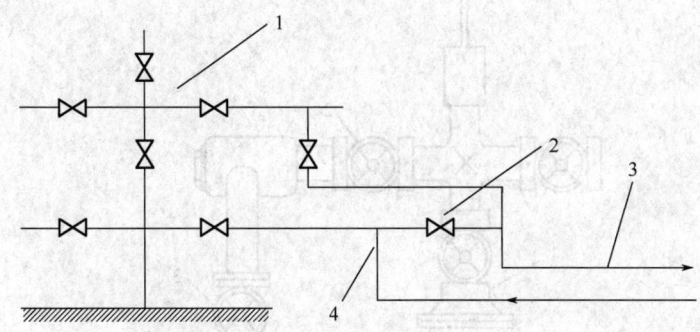

图3-8　站上计量、供热流程
1—采油树；2—热载体控制阀门；3—供热载体管线；4—井站管线

（2）站上计量，井、站联合供热流程（图3-9）。

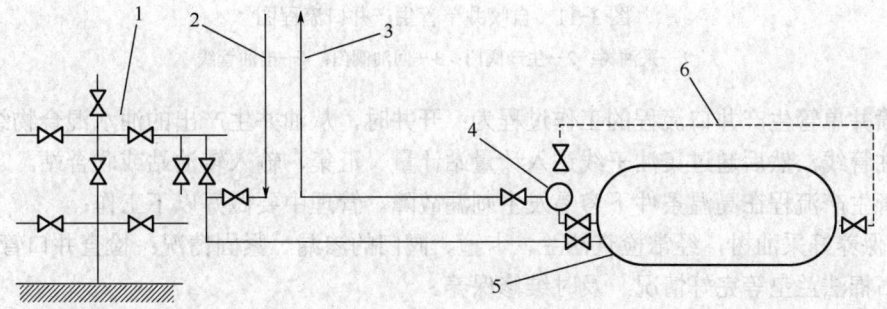

图3-9　站上计量井站联合供热流程
1—采油树；2—热油来井；3—进站管线；4—分气包；5—加热炉；6—气管线

（3）井场分离器计量与水套炉加热联合装置的井场流程（图3-10）。

2. 根据油气汇集形式分类

随着井口到计量站油气汇集形式的不同，可以分为三种：

(1) 单管生产井口流程（图 3-11）。

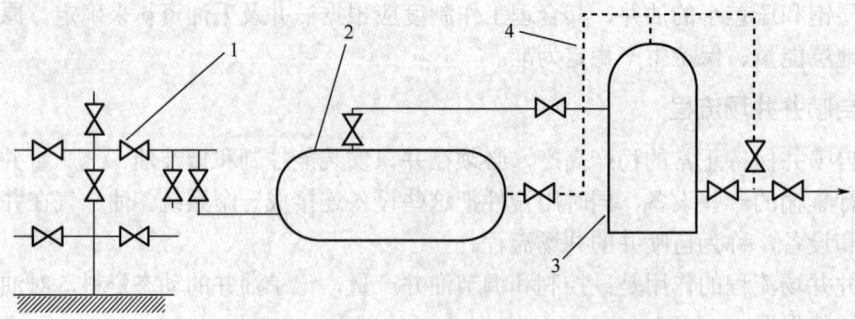

图 3-10 井场分离器计量与水套炉加热联合装置的井场流程
1—采油树；2—加热炉；3—分离器；4—气管线

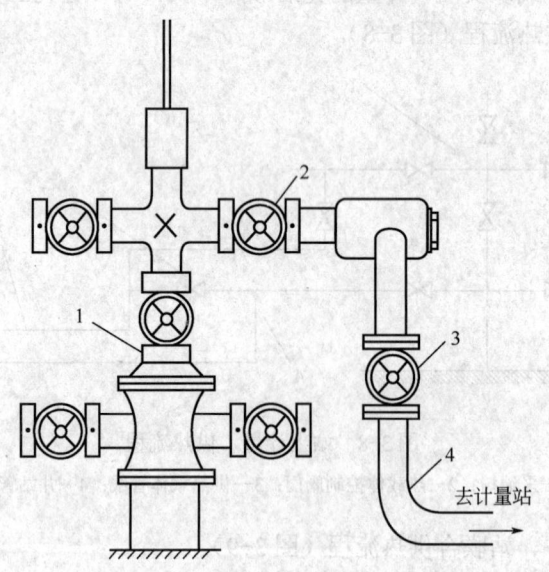

图 3-11 自喷井单管生产井口流程图
1—采油树；2—生产阀门；3—回油阀门；4—出油管线

自喷井单管生产井口流程的工作过程为：开井时，从油井生产出的油水混合物经过油嘴进入出油管线，然后通过集油干线进入计量站计量、汇集，输入转油站或联合站。

单管生产流程在高温条件下容易发生刺漏故障。管理中要做好以下工作：

① 保养好采油树，经常检查法兰、卡箍、阀门的渗漏、紧固情况；检查井口管路焊口、螺纹及石棉法兰垫等完好情况，及时维修保养。

② 非必要，不得憋压生产；憋压后注意检查各部渗漏情况。

（2）双管掺热水井口流程（图 3-12）的几种操作为：

① 掺水保温流程：计量站来热水→井口掺入阀门→油嘴套→回压阀门→井口出油管线→集油干线。

② 热洗流程：计量站来热水→井口热洗阀门→套管阀门→油套环形空间。

③ 地面循环流程：计量站来热水→连通阀门→集油干线→计量站。

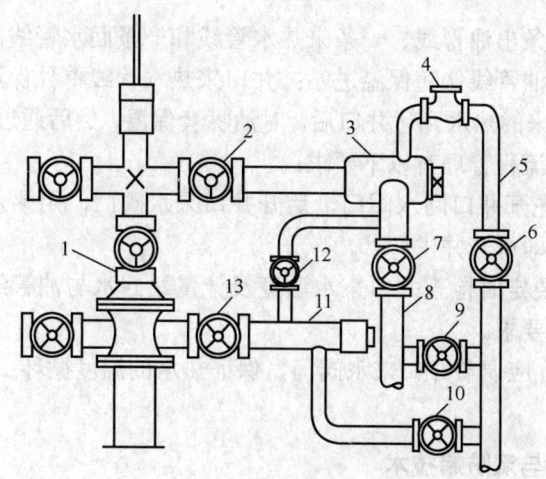

图 3-12　自喷井双管掺水井口流程
1—总阀门；2—生产阀门；3—油嘴套；4—单流阀；5—来水管线；
6—掺水阀；7—回油阀门；8—出油管线

双管掺热水井口流程的管理需注意以下几点：
① 在投产前应先开连通阀，用热水循环，加热集油干线。
② 在正常生产中，要调整掺水阀门，使井口流程保持合理的掺水压力和出油温度。
③ 一般停产井要及时倒好地面管线循环流程，保持干线温度，以备再投产；长期停产井，要停止向井口输送热水，扫线。

（3）三管热水伴随井口流程（图3-13）。

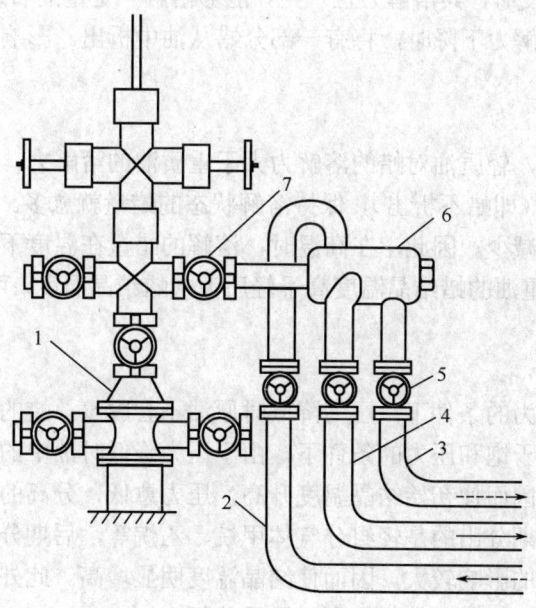

图 3-13　三管热水伴随井口流程
1—采油树；2—来水管线；3—回水管线；4—出油管；
5—阀门；6—油嘴套；7—生产阀门

三条管线包括：一条出油管线、一条来热水管线和一条回水管线。其中回水管线与油管线组合在一起，回水对油管线伴随保温进站；井口来热水管线单独保温，以提高热水到达井口时的温度。从计量站来的热水到达井口后，对油嘴套保温，然后通过回水管线返回计量站。

三管热水伴随井口流程管理有以下要求：

① 油井投产前，先开井口回水阀门，后开井口来水阀门，用热水对井口及出油管线循环加热，温度达到要求即可开井生产。

② 正常生产时，要定时检查井口来水温度及计量站回水与油管线温度，要保证计量站集油管线回油温度达到要求。

③ 油井短期停产，应调节井口来水阀门，保证热水的温度循环；长期关井，停止伴随，扫线。

### 三、油井结蜡因素与清防蜡技术

石油主要是由各种组分的碳氢化合物组成的混合物溶液，各种组分的碳氢化合物的相态随开采条件（压力和温度）的变化而变化，可以是单相液态，气、液两相或气、液、固三相共存，其中的固态物质主要是含碳原子数为 16～64 的烷烃（即 $C_{16}H_{34}$～$C_{64}H_{13}$），这种物质叫石蜡。纯石蜡为白色、略带透明的结晶体，密度为 0.88～0.905t/m³，熔点在 49～60℃之间。石油结蜡不是白色晶体而是黑色的固体和半固体状态的石蜡、沥青、胶质、泥沙等杂质的混合物。

1. 油井结蜡的原因

油井结蜡有两个过程，先是蜡从油中析出，然后聚集、黏附在油管壁上。原来溶解在石油中的蜡，在开采过程中凝析出来是石油对蜡的溶解能力下降所致。一定量的石油，当其组成成分、温度、压力不变时，其溶解力也一定，能够溶解一定量的石蜡。当石油组分、温度、压力发生变化，使其溶解力下降时，将有一部分蜡从油中析出。影响油井结蜡的因素有以下5种。

1）石油的组分

在同一温度条件下，轻质油对蜡的溶解力大于重质油的溶解力，原油中所含轻质馏分愈多，蜡的结晶温度愈低（即蜡不析出），保持溶解状态的蜡量就愈多。任何一种石油对蜡的溶解量随着温度的下降而减少。因此，在高温时，溶解的蜡量在温度下降时有一部分要凝析出来。在同一含蜡量下，重油的蜡结晶温度高于轻质油的蜡结晶温度，可见轻质组分少的石油，蜡容易凝析出来。

2）压力和溶解气

在压力高于饱和压力的条件下，压力降低时原油不会脱气，蜡的初始结晶温度随压力的降低而降低。在压力低于饱和压力的条件下，由于压力降低时油中的气体不断分离出来，降低了对蜡的溶解能力，因而使初始结晶温度升高，压力愈低，分离的气体愈多，结晶温度增加得愈高。这是由于初期分出的是轻组分气体甲烷、乙烷等，后期分出的是丁烷等重组分气体，后者对蜡的溶解力的影响较大，因而使结晶温度明显增高。此外，溶解气从油中分出时还要膨胀吸热，促使油流温度降低，有利于蜡晶体析出。

3）原油中的胶质和沥青质

试验结果表明，随着石油中胶质含量的增加，结晶温度降低。因为胶质为表面活性物质，可吸附于使蜡结晶表面上来阻止结晶的发展，沥青是胶质的进一步聚合物，它不溶于油，而是以极小的微粒分散在油中，对蜡结晶体起分散作用。显微镜的观察发现，由于胶质、沥青的存在，蜡晶体在油中分散得比较均匀，不易聚集结蜡。但是，当沉积在管壁的蜡中含有胶质、沥青质时将形成硬蜡，不易被油流冲走。

4）原油中的机械杂质

油中的细小砂粒和机械杂质将成为石蜡析出的结晶核心，使蜡晶体易于聚结长大，加速了结蜡的过程。油中含水量增高时，由于水的热容量大于油，可减少液流温度的降低，另外由于含水量的增加，容易在油管壁形成连续水膜，石蜡不易沉积在管壁上。因此，随着油井含水的增加，结蜡程度有所减轻。但是含水量低时结蜡就比较严重，因为水中盐类析出沉积于管壁，有利于蜡晶体的聚集。

5）液流速度、管壁表面粗糙程度和表面性质

油井生产实际表明，高产井结蜡没有低产井严重，因为高产井的压力高，初始结晶温度低，同时液流速度大，井筒中热损失小，油流温度较高蜡不易析出，即使油蜡晶体析出也被高速油流带走不易沉积在管壁上。如管壁粗糙，蜡晶体容易黏附在上面形成结蜡，反之不容易结蜡。管壁表面亲水性越强，越不容易结蜡，反之，容易结蜡。

2. 油井结蜡的危害

由于原油含蜡量高的原因，油层渗透率降低。油气开采中，蜡从油中分离淀析出来，不断的蜡沉积导致堵塞产油层、油井产量下降，甚至造成停产，给生产带来麻烦。油井结蜡是影响油井高产稳产的突出问题之一，寻求更合理的方法以解决油气生产中遇到的问题，成为油田开发中急需解决的课题。油井的防蜡和清蜡是油井管理的重要内容。

3. 油井清防蜡技术

1）机械清蜡技术

机械清蜡就是利用专门的刮蜡工具把附着于管壁上的蜡刮掉。这是一种既简单又直观的清蜡方法，在自喷井和抽油井中广泛应用，具有施工简单、成本低的特点。

自喷井机械清蜡由机械清蜡设备组成，主要工具及设备包括绞车、钢丝、滑轮、刮蜡片和铅锤。刮蜡片依靠铅锤的重力作用向下运动刮蜡，上提时靠绞车拉动钢丝经过滑轮拉刮蜡片上行，如此反复定期刮蜡，并依靠液流将刮下的蜡带到地面，达到清除油管积蜡的目的。采用刮蜡片清蜡时要掌握结蜡周期，使油井结蜡能及时清除，不允许结蜡过厚，造成刮蜡片遇阻下不去。

自喷井机械清蜡是最早使用的一种清蜡方法。它是以机械刮削方式清除油管内沉积的蜡。这项技术比较成熟，而且已经形成了一系列的工具和设备（刮蜡片、麻花钻头、毛刺钻头等）以及技术规范。合理的清蜡制度必须根据每口油井的具体情况确定。首先要掌握清蜡周期，使油井结蜡能及时刮除，保证压力、产量不受影响，清蜡深度一般要超过结蜡点或析蜡点以下50m。

2）热力清蜡技术

热力清蜡是利用热能将已析出的蜡晶体熔化并随同热洗介质返出地面或提高原油温度防止蜡晶析出，从而达到清蜡的目的。热力清蜡是油田抽油井最主要的清蜡方式，常用的方法有4种。

（1）热载体循环洗井清蜡。采用热容量大、经济、易得的载体将热能带入井筒中，提高

井筒温度，超过蜡的熔点使蜡熔化达到清蜡的目的。一般有两种循环方法：一种是油套环空注入热载体，反循环洗井，边洗边抽，热载体连同油井产出液一起由泵抽出；另一种方法是空心抽油杆热洗清蜡，它将空心抽油杆下到结蜡点以下，热载体从空心抽油杆注入，对油井进行热洗。

（2）井下自控热电缆清蜡。在油井中下入电热电缆，电热电缆在不同温度下会发出不同热量，保持井筒恒温；当温度达到析蜡温度以上时，则起防蜡作用，但要连续供电保持温度。

（3）电热抽油杆清防蜡。通过在油井中下入电热抽油杆，与电控柜等部件组成电加热抽油杆装置，使电能转化为热能，提高井筒温度，超过蜡的熔点使蜡熔化达到清蜡的目的。

（4）热化学清蜡方法。利用化学反应产生的热能来清除油井的结蜡，反应式为

$$NaOH+HCl = NaCl+H_2O+98.8kJ$$

具体操作过程中，两种药液要通过不同通道按比例注入油井，在射孔段上部反应达到热峰值。施工过程要严格控制。

3）油管内衬和涂层防蜡技术

这种方法的防蜡作用主要是创造不利于石蜡沉积的条件，如提高管壁表面的光滑度，改善表面的润湿性，使其亲水憎油，或提高井筒流体的流速，具体有：

（1）油管内衬，是在油管内衬一层玻璃衬里，它具有亲水憎油、表面光滑的防蜡作用。特别是油井含水后油管内壁先被水润湿，油中析出的蜡就不容易附着在管壁上，同时内壁光滑，使析出的蜡不易黏附，比较容易被油流冲走，减缓了结蜡速度。

（2）涂料油管，是在油管内壁涂一层固化后表面光滑且亲水性强的物质，其防蜡原理与玻璃衬里油管相似。最早使用的是普通清漆，但由于它在管壁上黏合强度低、效果差而逐渐被淘汰。目前应用最多的是聚氨基甲酸酯。涂料油管具有一定的防蜡效果，特别是新油管涂层质量高，防蜡效果好。使用一段时间后，由于表面蜡清除不净，以及石油中活性物质可使管壁表面性质发生变化而失去防蜡作用。

4）化学清、防蜡技术

油井化学清、防蜡技术是在油井中加入化学清、防蜡剂达到清除油井已结出的蜡或防止油井结蜡的目的。化学清蜡剂的作用是将已经沉积的蜡溶解或分散开使其在油井原油中处于溶解或小颗粒悬浮状态而随油流流出油井；化学防蜡剂通过与蜡晶结合在一起而干扰蜡晶生长，防蜡剂中的分子在原油中形成网络结构，蜡晶微粒被连在网络中处于分散状态，避免了蜡晶微粒之间相互接触长大，达到防蜡目的。

清、防蜡剂可分为：油溶性清、防蜡剂；水溶性清、防蜡剂；乳液型清、防蜡剂；固体防蜡剂。

5）强磁防蜡技术

强磁防蜡技术是在油井中下入强磁防蜡器。当原油流过磁防蜡器时，原油中的石蜡分子在磁防蜡器产生的感应磁场的作用下，其分子间力受到干扰，不再按原来的结晶规律排列，使蜡晶的聚结速度和定向生长速度的平衡遭到破坏；石蜡质点在感应磁场的作用下，按照一定的方式聚结排列时，同样受到分子间力的干扰，其结果是抑制了蜡晶的生长，使其不易达成骨架，破坏了蜡晶的聚结，达到防蜡目的。

20世纪80年代中后期磁防蜡技术开始在油田研究与应用。通过现场试验取得了一定的

应用效果。近几年又开始在油田应用。但是各油田应用效果不同。磁防蜡器主要有电磁式和永磁式两大类：电磁式因操作复杂、投资高、耗能大而很少使用；永磁式防蜡器又分外磁式和内磁式两种。

6）微生物清、防蜡技术

微生物清、防蜡工艺技术是伴随着油田微生物学而发展起来的一项全新的油井清防蜡技术。目前对微生物防蜡的机理认识主要有以下几种观点：

（1）降解作用。烃氧化菌类的微生物对原油中的高分子碳链（如石蜡等）具有一定的降解作用，它可以将高分子石油烃类物质降解为低分子石油烃类物质，从而降低了原油的黏度，提高了原油的流动性，减轻了原油在油管上的聚结，延长了清蜡周期，提高了油井产量。

（2）代谢作用。微生物的新陈代谢作用可以产生脂肪酸、糖脂、类脂体等多种生物表面活性物质，这类表面活性物质可以和蜡晶发生相互作用，改变蜡晶结晶状态，阻止蜡晶生长，从而降低原油中石蜡、沥青、胶质等重质组分的沉积。

（3）吸附作用。烃氧化菌类的微生物自身分解产物具有黏附在金属或黏土表面的作用，能够在金属或黏土表面形成一层吸附层，从而阻止蜡晶在金属表面吸附生长。

（4）溶解作用。烃氧化菌类的微生物的新陈代谢产生大量的乙醇、乙醛和有机酸等物质，这些物质可以使原油中的重质组分在原油系统中的溶解度大大增加。

### 四、常见安全阀的结构和原理

#### 1. 弹簧式安全阀

弹簧式安全阀是使用最广泛的安全阀，主要由阀体、阀座、阀芯、阀杆、弹簧和调整螺杆等组成，如图 3-14 所示。

弹簧式安全阀是利用安全阀中的弹簧被压缩后产生的弹力将阀芯压紧在阀座上，使压力容器内部压力保持在允许范围之内。当作用于阀芯底部的介质托力大于弹簧作用在阀芯上部的弹力时，弹簧就被压缩，使阀芯被顶起离开阀座，介质通过阀芯与阀座之间的间隙向外排泄；当作用于阀芯底部的介质托力小于弹簧作用在阀芯上部的弹力时，弹簧就伸长，使阀芯与阀座重新紧密结合，内部介质停止排泄。

弹簧式安全阀的整定压力是通过拧紧或放松调整螺杆来调节的。拧紧调整螺杆，弹簧被压缩，弹力增加，作用于阀芯上的压力也就增大，安全阀整定压力被调高；反之，放松调整螺杆，弹簧被放松，弹力减小，作用于阀芯上的压力也就减小，安全阀整定压力被调低。

弹簧式安全阀按其开启高度，还可分为微启式和全启式两种结构形式：

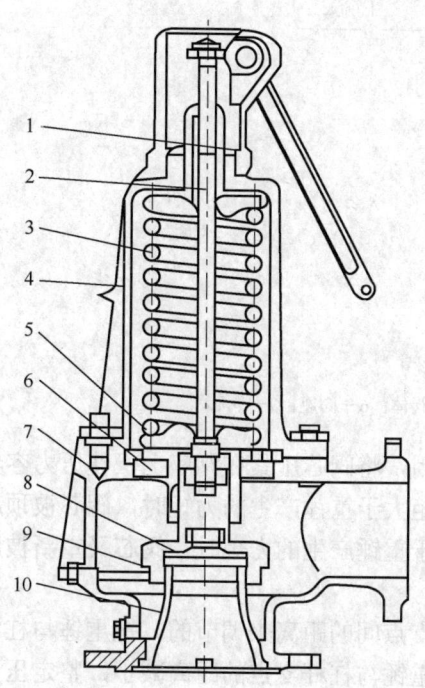

图 3-14 全启式弹簧安全阀

1—调整螺杆；2—阀杆；3—弹簧；4—阀盖；
5—导向套；6—反冲盘；7—阀体；8—阀瓣；
9—调节圈；10—阀座

（1）微启式弹簧安全阀在超压开启时，它的阀芯开启高度变化与介质压力成比例增大，排出的流量也相应成比例增大，没有突然的变化，所以也称作比例作用式安全阀。它的阀芯开启高度一般相当于阀座密封面内径（即喉径）的 1/40～1/20。

（2）全启式弹簧安全阀在阀芯的外边增加了一个与阀芯同步动作的反冲盘，从而利用介质排出时产生的反冲力使阀芯开启高度增大到相当于喉径的 1/4 以上，排出介质的环形面积增大到微启式阀芯的 5～10 倍，排量也相应大幅度增加。

### 2. 杠杆式安全阀

杠杆式安全阀主要由阀体、阀座、阀芯、杠杆和重锤等构件组成，如图 3-15 所示。

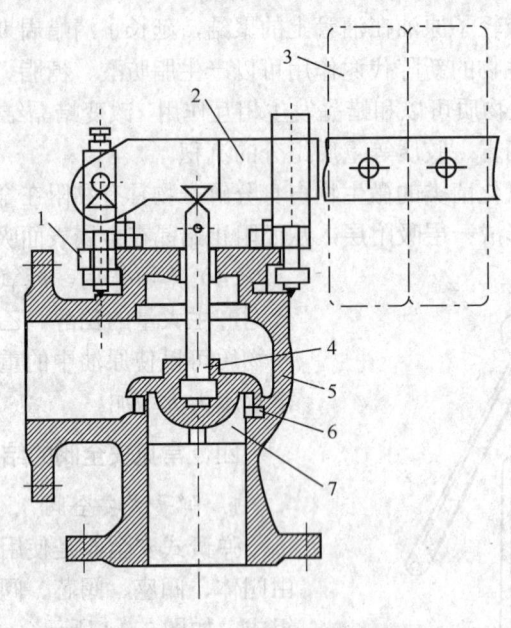

图 3-15 杠杆式安全阀
1—阀盖；2—杠杆；3—重锤；4—阀杆；5—阀体；6—阀座；7—阀芯

杠杆式安全阀是利用重锤的重量通过杠杆力矩作用，将阀芯压紧在阀座上，使压力容器内部压力保持在允许范围之内。当介质托力产生的力矩大于重锤产生的力矩时，阀芯被顶起离开阀座，介质向外排泄；当介质托力产生的力矩小于重锤产生的力矩时，阀芯又重新被压紧在阀座上，介质停止排泄。

杠杆式安全阀的整定压力是通过移动重锤与杠杆支点间的距离来调节的。把重锤与杠杆支点的距离增大，安全阀整定压力被调高；反之，把重锤与杠杆支点的距离减小，整定压力就被调低。

### 3. 静重式安全阀

静重式安全阀主要由阀体、阀座、阀芯、环状铁块、防飞螺丝和阀罩等构件组成，如图 3-16 所示。

静重式安全阀是利用加在套盘上的环状铁块的重量将阀芯压紧在阀座上，使压力容器介质压力保持在允许范围之内。当阀芯底部的介质托力大于环状铁块的总重量时，阀芯被顶起离开阀座，介质向外排泄。当作用于阀芯底部的介质托力小于环状铁块的总重量时，阀芯下压与阀座重新紧密结合,介质停止排泄。为了防止因阀芯提升过快使环状铁块飞脱,必须装设防飞螺栓。

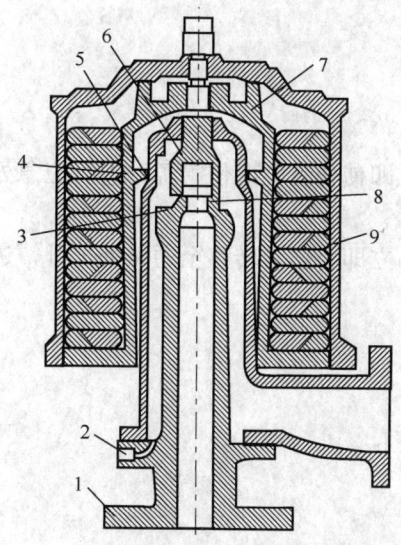

图 3-16 静重式安全阀

1—阀体;2—泄水孔;3—阀座螺丝;4—环状生铁块;5—防飞螺丝;
6—阀罩;7—载重套;8—阀座;9—外罩

静重式安全阀的整定压力是通过增减环状铁块的数量(改变总重量)来调节的。增加环状铁块数量,总重量增加,整定压力被调高;反之,减少环状铁块的数量,总重量减少,整定压力被调低。

静重式安全阀由于体积庞大、过于笨重、适应压力范围很低,现已很少有厂家生产,目前主要用于压力小于 0.1MPa 的 E2 级生活压力容器。

## 思考练习题

1. 清蜡方法有哪几种?
2. 安全阀安装有哪些要求?

# 第三节 自喷井管理

## 项目一 合理工作制度的选择

一、学习目标

掌握自喷井合理工作制度的制定选择。

## 二、风险提示

（1）机械伤害。
（2）油气中毒。
（3）环境污染。

## 三、应急处置

（1）发生机械伤害时，立即使伤者脱离伤害源，进行应急处理后送医务室或拨打"120"急救电话。
（2）发生油气中毒时时，立即将伤者转移至通风处平卧，进行应急处理后送医务室或拨打"120"急救电话。
（3）回收废弃物。

## 四、操作规程

**1. 准备工作**
（1）穿戴好劳保用品。
（2）纸、笔、绘图工具。
（3）油嘴套筒扳手、600mm 管钳 1 把、不同直径油嘴 3 个、游标卡尺 1 把、钢丝刷、细砂布、生料带、放空桶。

**2. 操作步骤**
（1）记录当前油嘴直径、产量、油压、套压、含水、油气比等各项生产参数。
（2）先关生产阀门，再关回压阀门，然后打开放空阀门，放掉油嘴套内压力。
（3）油嘴堵死时，关闭总阀门，打开清蜡阀门，从防喷管内放压。
（4）卸掉丝堵和油嘴，更换直径相邻的油嘴，拧紧堵头。
（5）关闭放空阀门，打开回压阀门、生产阀门。
（6）待生产稳定后，记录油嘴直径、产量、油压、套压、含水、油气比等各项生产参数。
（7）重复上述步骤依次更换不同直径油嘴，记录各项生产参数。
（8）在绘图纸上绘出不同直径油嘴与油压、套压、产量、含水、油气比的关系曲线。
（9）对比选择产量高、含水稳定、油气比低的相应直径油嘴生产，并做好记录。

## 五、注意事项

各项生产参数一定要在油井生产稳定后录取，选择的原则是产量高、含水低、油气比低。

# 项目二　自喷井资料录取与分析

## 一、学习目标

掌握自喷井资料录取与分析。

## 二、风险提示

（1）机械伤害。
（2）油气中毒。

(3)人员触电。

### 三、应急处置

(1)发生机械伤害时,立即使伤者脱离伤害源,进行应急处理后送医务室或拨打"120"急救电话。

(2)发生油气中毒时时,立即将伤者转移至通风处平卧,进行应急处理后送医务室或拨打"120"急救电话。

(3)发生人员触电时,立即切断电源,将伤者转移至通风处急救,同时拨打"120"急救电话。

### 四、操作规程

1. 准备工作

(1)穿戴好劳保用品。

(2)纸、笔、秒表。

2. 操作步骤

(1)填写井号、日期及录取数据的时间。

(2)填写油嘴的直径。

(3)规定时间取全、取准油压、套压、回压、温度等资料并填入报表。

(4)填写本班生产时间。

(5)填写量油次数、量油时间、量油高度、孔板直径、测气时间,分压及压差。

(6)填写本班清蜡、下起时间、深度及蜡性。

(7)填写本班工作情况,如热洗、测试、关井测压、施工作业等情况。

(8)第三班值班人要结算报表,下班后把报表送交作业区资料室。

(9)值班人、审核人要在报表上签名。

### 五、注意事项

如果是自动化采集班报表,则需将原油含水率录入班报,第二天8点后生成日报表,录入A2系统,上传至作业区资料室。

## 项目三　自喷井故障分析与处理

### 一、学习目标

掌握自喷井常见故障的分析与处理。

1. 跳槽

故障现象:跳槽就是清蜡钢丝丛从滑轮中掉出来,造成跳槽的原因很多,如清蜡操作不稳,钢丝剧烈跳动,下钻速度快突然遇阻,滑轮固定螺丝松动,滑轮不正,轮边有缺口,钢丝上焊的记号太大,防跳器或防跳小压轮失灵,钢丝严重打弯或扭劲太大,顶钻时来不及起,活动钢丝时不平稳,上起时错拨倒顺开关,钢丝跳出滚筒等,都会引起钢丝跳槽。

处理措施:发现跳槽后千万不要急刹车,应该连续缓慢下钻,然后将密封填料压帽紧死,爬上爬杆将钢丝移到滑轮槽内,再详细检查钢丝,如无毛病,便可松开压帽继续下钻。

2. 打扭

故障现象：钢丝在井内及地面都可能出现打扭。钢丝绕活圈叫活扭，绕死圈叫死扭。井内多发生死扭，通常是顶钻引起的。地面往往是因下钻时突然遇阻，钢丝松弛或跳动剧烈，起钻时拨错倒顺开关，钢丝弯多等造成的。

处理措施：钢丝在地面打活扭时千万不能停车，应继续放松钢丝，并迅速将扭打开，如已成死扭则不要让死扭缓扣，而应由一人背着钢丝缓慢匀速上起，另一人摇绞车，把死扭缠到滚筒5～15圈后，再用电动机起钻。起出刮蜡工具后，应将死扭部分减掉或更换钢丝。

3. 顶钻

故障现象：顶钻是由于刮蜡片被蜡糊死，油气流不能从刮蜡片内通过，就推着全部刮蜡工具快速上升的现象。顶钻事故通常是在起刮蜡片时发生，如不注意或处理不当，容易造成井内钢丝打扭，折断，导致掉刮蜡片的严重事故。

造成顶钻的原因很多，新井发生顶钻的原因有清蜡规律没有摸清，铅锤重量选择不当，清蜡次数过少等。正常生产时则多因没有按刮蜡制度进行清蜡或清蜡不彻底造成。结蜡严重的井，如果对结蜡规律不清楚且刮蜡片下得太猛，或当蜡块堵塞刮蜡片已形成蜡棒又高速上提并突然停车或倒放钢丝，都会引起顶钻。因此，预防顶钻就要避免上述现象的出现。

处理措施：下刮蜡片时，如有上顶现象，不要强下，应起出刮蜡片检查一下，打掉死蜡，等一会再下。

顶钻后钢丝在井内打扭时，要平稳缓慢上起，千万不要让钢丝松动，如刮蜡片还未到防喷管内就起不动，说明打扭处被堵头挡住，这时不能硬起，以免拉断钢丝，可关清蜡胶皮阀门挤住钢丝，打开清蜡放空阀门，放掉余压，卸下丝堵上提钢丝，减掉死扭，导出钢丝和清蜡工具。

4. 蜡卡

故障现象：起刮蜡片时被蜡卡住的现象叫卡蜡。多因清蜡不及时，刮蜡片发生变形或倒装，油井工作制度或清蜡制度不合理所造成的，蜡卡后往往随着发生顶钻。

处理措施：蜡卡时若还能活动，可上下缓慢活动使之解卡，如已卡死，则可灌入热油或清质油，将蜡融化解卡。注意不要硬拔，以免拉断钢丝。

5. 硬卡

故障现象：刮蜡片卡在油管内的某种金属物上的现象叫硬卡。一般原因是：刮蜡片变形；刀刃损坏；油管加工不良有毛刺；油管内径不规则；刮蜡片连杆弯曲或螺纹变形；清蜡阀门或总阀门的丝杠太长，在开阀门时，丝扣没有完全退出；刮蜡片下得过深，使刮蜡片卡在工作筒或配产器上；等等。

处理措施：遇硬卡不能硬拔，更不要用震动、冲击等办法解卡，只能是改变钢丝上提方向慢慢活动解卡。

6. 堵头或压帽打出

故障现象：堵头没上紧；密封填料压帽松动；冬季堵头丝扣上有冰，误认为已上紧，冰化后，引起堵头或压帽打出。

处理措施：在下钻前堵头或压帽打出，应立即关死清蜡阀门，仔细查阅钢丝确无损伤后再上紧堵头或压帽。

当刮蜡片起、下至井口400m以内时堵头或压帽打出，应立即关紧清蜡阀门，控制生产阀门，打开清蜡阀门，缓慢起出清蜡工具，检查钢丝有无损伤。如果清蜡阀门是钢板阀门，应根据具体情况酌情处理，一般是抢起清蜡工具进入放喷管后再关清蜡阀门。在客观条件（井喷引起火灾事故）不允许抢起的情况下，立即关清蜡阀门，灭火后再处理落物事故。

7. 自喷井其他常见故障的分析与处理

自喷井生产中常见故障的分析与处理详见表3-1。

表 3-1 自喷井生产中常见故障的分析与处理

| 序号 | 故障现象 | 故障原因 | 处理方法 |
| --- | --- | --- | --- |
| 1 | 产量、回压下降，套压、流压上升 | 油管堵或结蜡严重 | 洗井或清蜡 |
| 2 | 产量急剧下降，分离器压力下降，油套压上升 | 出油管线结蜡或有堵塞物，油嘴堵，输油温度低 | 热洗出油管线，检查油嘴，提高输油温度 |
| 3 | 静压、产量下降，含砂量增加，油气比上升 | 油嘴偏大，由于大压差生产，形成砂堵，井底脱气 | 先探砂面，换油嘴系统试井，若出砂严重则冲砂；若无砂则换小油嘴观察，或关井一段时间再开井 |
| 4 | 套管压力下降，油压不变 | 套管阀门或套管法兰接出及压力表漏气；井底砂堵或蜡堵；井有水 | 修理或改装漏气部分；冲砂或热洗；加长油管采油 |
| 5 | 产量、油套压升高，油气比下降 | 收到注水效果 | 油井注水见效后要注意观察油井是否出水 |
| 6 | 套压很高，几乎等于流压，油压低，油气比升高 | 井底有泥浆或砂堵，出气多，出油少，套管中大量充气 | 先用较大油嘴出油，若仍不畅通则进行冲洗 |
| 7 | 油气比上升，套压接近流压，井内出现硬蜡，产量降低 | 井底脱气严重，井壁附近油层结蜡 | 挤热油、软质油熔蜡 |
| 8 | 油压突然下降，套压上升油嘴处有蜡块 | 油管蜡未清好，不畅通 | 彻底清蜡 |
| 9 | 油压大于套压 | 井底压力大于饱和压力条件下生产；套管漏气；环形空间有死油或泥浆 | 校对压力表，若无损坏，则这种情况是正常的；修补漏气处；热洗或抽 |
| 10 | 油压逐渐下降，油气比逐渐上升 | 油嘴过大，气量消耗增大；油嘴孔径被刺大 | 通过试井选用合理油嘴，换合格的油嘴生产 |
| 11 | 如果用某一小油嘴，压力逐步升高，产量下降，油气比上升 | 油嘴过小，流速太低，油管上段脱气严重 | 适当换大油嘴试井，选合理油嘴生产 |
| 12 | 油管压力波动大，套压很快下降，含砂增加 | 油嘴过大或油井激动 | 用较小油嘴试井，选合理油嘴生产 |
| 13 | 在更换油嘴后发现油套压下降，出油声音不正常，即声音很高，油气比增加 | 油嘴没上紧，喷掉或换错油嘴 | 检查油嘴 |
| 14 | 清蜡之后套压上升，油压下降，出油声音不正常，分压下降 | 清蜡质量不高，蜡块在油管中未带出来 | 彻底清蜡；提高油嘴附近的温度 |
| 15 | 检查油嘴后，分压下降，油套压上升 | 回压阀门或生产阀门未开或未全开 | 检查阀门开关情况 |
| 16 | 检查油嘴后，油套压逐渐下降，分压逐步升高 | 双翼采油树双油嘴同时出油，油嘴未上紧或被冲掉 | 立即关掉一翼阀门，检查油嘴 |
| 17 | 检查油嘴前，出油正常，检查油嘴后井口压力下降 | 检查油嘴时畅喷造成的结果 | 禁止用出油管线喷油 |
| 18 | 出油时油压下降，出气时油压上升 | 油井间歇生产 | 调整工作制度 |
| 19 | 开井出油数小时后，套压下降，油压变为零 | 井筒内死油未抽完，或污物未出净，井底堵塞 | 气举冲洗或抽汲 |

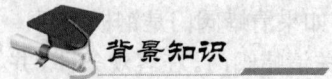 背景知识

## 一、采油常用名词解释

自喷采油——完全依靠底层本身能量将油气采到地面的方法。

油气井流入动态——在一定的油层压力下流体产量与相应的井底流压的关系，反映了油藏向该井供油气的能力。

流入动态曲线（IPR 曲线）——表示产量与井底流压关系的曲线。

表皮效应——由于钻井、完井、作业或采取增产措施使井底附近地层渗透率变差或变好从而引起附加流动压力的效应。

油井的流动效率——油井的理想生产压差与实际生产压差之比。

采油指数——单位生产压差下的油井日产油量。

油井生产中可能出现的流型——自下而上依次为纯油（液）流、泡流、段塞流、环流和雾流。

油嘴临界流动——流体的流速达到压力波的流体介质中的传播速度及声波速度时的流动状态。

液相存容比（持液率）——在气液两相流动状态下，液相所占单位管段容积的份额。

气相存容比（空隙率）——气相所占单位管段容积的份额。

节点系统分析法——应用系统工程原理，把整个油井生产系统分成若干子系统，研究各子系统间的相互关系及其对整个系统工作的影响，为系统优化运行及参数调控提供依据。

临界流动——流体的流速达到压力波在流体介质中的传播速度，即声波速度时的流动状态。

滑脱效应——气液两相管流中，由于气体与液体间的密度差而产生气体超越液体流动的现象。

滑脱损失——因滑脱效应而产生的附加压力损失。

砾石充填——将割缝衬管或是绕丝筛的管下入井内防砂层段处，用一定质量的流体携带地面选好的具有一定粒度的砾石，充填于管和油层之间，形成一定厚度的砾石层，以防止油层砂粒流入井内防砂方法。

采油指数——反映油层性质、厚度、流体参数、完井条件及泄油面积等与产量之间的关系的综合指标。其数值等于单位生产压差下油井的油井产油量。

井别——根据钻井目的和开发的要求，把井分为不同的类别。

探井——经过地球物理勘探证实有希望的地质构造，为了探明地下情况，寻找油气田而钻的井。

资料井——为了编制油田开发方案所需要的资料而钻的取心井。

生产井——用来采油的井。

注水井——用来向油层内注水的井。

油补距——从油管挂平面到钻盘补心的距离。

套补距——从套管最末一根接箍上平面到钻盘补心的距离。

油压——原油从井底流到井口的剩余压力。

套压——油套环形空间内的压缩气体压力。

流压——油井正常生产时测得的油层中部压力。

静压——油井投入生产以后，利用短期关井，待井底压力恢复稳定时，测得的油层中部压力。

采出程度——油田在某时间的累积采油量与地质储量的比值。

采油速度——年采出油量与地质储量之比。

原油凝点——在一定条件下失去了流动的最高温度。

原油黏度——原油流动时，分子间相互产生的摩擦阻力。

采油指数——油井生产压差每增大 0.1 兆帕，所增加的油量。

注采平衡——注入油层水量与采出油量的地下体积相等。

注采比——油田注入剂（水、气）地下体积与采出液量（油、气、水）的地下体积之比。

吸水指数——注水井在单位注水压差下的日注水量。

注水强度——注水井在单位有效厚度油层的日注水量。

含水率——含水油井，日产水量与日产液水量的百分比。

饱和压力——溶解在原油中的天然气刚刚开始分离时的压力。

水泥返高——套管和井壁之间水泥上升的高度。

人工井底——固井完成留在套管最下部的一段水泥的顶面。

水泥塞——从完钻井底至人工井底的水泥柱。

油田注水——利用注水井把水注入油层，以补充和保持油层压力的措施。

注水方式——注水井在油藏所处的部位和注水井与生产井之间的排列关系，可根据油田特点选择以下注水方式：边缘注水（分为缘外注水、缘上注水和边内注水三种）；切割注水；面积注水（可分五点法注水、七点法注水、歪七点法注水、四点法注水及九点法注水等）。

分层配注——在注水井内下封隔器把油层分隔开几个注水层段，下配水器，安装不同直径的水嘴的注水工艺。

试井——通过改变油、气、水井的工作制度，同时进行产量、压力、温度等参数的测试，来分析油、气层的特性，研究油、气藏不同的发展变化规律的一种方法。

油气分离器——把油井生产出的原油和伴生天然气分离开来的一种装置。有时候分离器也作为油气水以及泥砂等多相的分离、缓冲、计量之用。从外形大体分为立式、卧式、球形三种形式。

油气计量站——主要由集油阀组（俗称总机关）和单井油气计量分离器气组成，在这里把数口油井生产的油气产品集中在一起，轮流对各单井的产油气量分别进行计量。

计量接转站——有的油气计量站因油压较低，增加了缓冲罐和输油泵等外输设备，这种油气小站叫计量接转站，既进行油气计量，还承担原油接转任务。

转油站——把数座计量（接转）站来油集中在一起，进行油气分离、油气计量、加热沉降和油气转输等作业的中型油站，又叫集油站。有的转油站还包括原油脱水作业，这种站叫脱水转油站。

联合站——油气集中处理联合作业站的简称，主要包括油气集中处理（原油脱水、天然气净化、原油稳定、轻烃回收等）、油田注水、污水处理、供变电和辅助生产设施等部分。

水套加热炉——主要由水套、火筒、火嘴、沸腾管和走油盘管五部分组成，用在油井井场给油井产出的油气加温降黏。采用走油盘管浸没在水套中的间接加热方法是为了防止原油结焦。

油气密闭集输——在油气集输过程中，原油所经过的整个系统（从井口经管线到油罐等）都是密闭的，即不与大气接触，这种集输工艺称为油气密闭集输。

渗透率——有压力差时岩石允许液体及气体通过的性质称为岩石的渗透性，渗透率是岩石渗透性的数量表示。它表征了油气通过地层岩石流向井底的能力，单位是 $\mu m^2$。

地层压力——油、气层本身及其中的油、气、水都承受一定的压力，称为地层压力。

可采储量——在现有经济和技术条件下，从油气藏中能采出的那一部分油气量。

采收率——可采储量占地质储量的百分率。

递减率、自然递减率和综合递减率——油、气田开发一定时间后，产量将按照一定的规律递减，递减率就是指单位时间内产量递减的百分数。自然递减率是指不包括各种增产措施增加的产量之后，下阶段采油量与上阶段采油量之比。综合递减率是指包括各种增产措施增加的产量在内的递减率。

## 二、孔板流量计结构及工作原理

单井油、气计量，就是利用计量分离器对油井产出的液、气进行计量气时，气流通过孔板束流，在孔板前后形成压差，在此压差作用下，波纹管压缩，使铁芯随之移动，差动线圈产生电流差，读出此电流差即可知油井产气量。

使用双波纹管压差计测气时，测气仪要按规定定期校对，并根据油井产气量的大小选择合适的孔板。双波纹管差压计工作原理如图3-17所示。

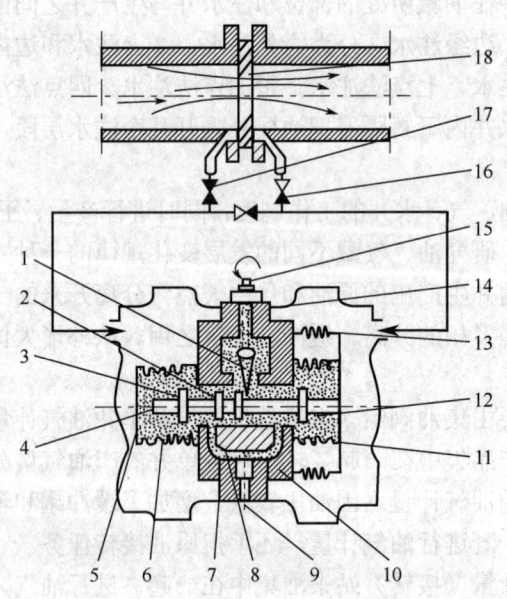

图3-17 双波纹管差压计工作原理图

1—摆杆；2—挡板；3—高压室单项保护阀；4—中心轴；5—温度补偿波纹管；6—高压室波纹管；7—阻尼环；8—阻尼旁路；9—阻尼阀；10—基座；11—低压室波纹管；12—低压差单项保护阀；13—量程弹簧；14—扭管；15—芯轴；16—低压阀；17—高压阀；18—节流装置

## 思考练习题

1. 生产压差通过什么控制？
2. 怎样才是合理的生产压差？
3. 安全阀超压报警后还可以继续使用吗？为什么？

# 第四章 电动潜油泵井采油

电动潜油泵是潜入油井液面以下，利用电动机带动离心泵进行抽油的设备，全称是电动潜油多级离心泵。电动潜油泵采油是机械采油方式之一，与其他机械采油方式相比，具有排量大、扬程高、管理方便的特点，但一次投资成本较高，施工、管理技术条件要求严格。电动潜油泵由地面的变压器、控制屏、接线盒、特殊井口，中间部分的电缆，井下的多级离心泵、分离器、电动机、保护器和压力监测系统等组成。电动潜油泵适用于受水驱控制的油井，高含水、液量大的油井，低气液比和低含砂的油井。

电动潜油泵采油操作分为三节：电动潜油泵井工艺流程与设备、设施；电动潜油泵井操作；电动潜油泵井管理。本章设置了9个操作项目和16个理论知识点。

## 第一节 电动潜油泵井工艺流程、设备与设施

### 项目一 电动潜油泵井巡回检查

**一、学习目标**

掌握电动潜油泵井巡回检查内容，能及时发现存在问题或事故隐患。

**二、风险提示**

（1）中毒。
（2）人身伤害。
（3）触电。

**三、应急处置**

（1）发生有毒气体泄漏，戴空气呼吸器把中毒人员救出，送医院救治。
（2）发生人身伤害，立即使伤者脱离伤害源，进行应急包扎后送往医院救治。
（3）人员触电后，立即切断电源或者使伤者脱离电源，然后对伤者进行救护，并送往医院救治。

**四、操作规程**

1. 准备工作

（1）穿戴好劳动保护用品。
（2）准备工具、用具（表4-1）。

表 4-1　电动潜油泵井巡回检查工具、用具表

| 序号 | 名称 | 规格 | 数量 |
| --- | --- | --- | --- |
| 1 | 管钳 | 600mm | 1 把 |
| 2 | 一字螺丝刀 | 150mm | 1 把 |
| 3 | 电流卡片 |  | 1 张 |
| 4 | 数字式钳形电流表 | 500A | 1 块 |
| 5 | 绝缘手套 |  | 1 副 |
| 6 | 试电笔 | 500V | 1 支 |
| 7 | 棉纱或擦布 |  | 若干 |
| 8 | 记录纸 |  | 若干 |
| 9 | 记录笔 |  | 1 支 |

2. 操作步骤

1）检查变压器（电工检查）

（1）检查变压器声音是否正常。

（2）检查油位、油色是否正常。

（3）检查高压隔离开关接触是否良好，刀片吃入深度应大于 80%。

（4）检查变压器是否腐蚀或绝缘失效，连接螺栓是否松动，以及变压器壳体状况。

（5）检查变压器的过滤器和干燥器是否失效。

（6）检查变压器警示牌，检查变压器端子接线，闻变压器是否有异味。

2）检查控制

（1）检查控制屏总闸位置，检查控制屏控制电压和机组工作电压。

（2）检查启动转换开关位置，在机组正常运行时控制屏启动转换开关应置于"自动"位置，对间歇生产井，转换开关置于"手动"位置。

（3）检查控制屏指示灯。指示灯有三个：正常运行——绿色；欠载——黄色；过载——红色。

（4）检查电流记录仪与电流表。主要检查电流曲线波动情况及原因，记录电流，并定期更换电流卡片。

3）检查电缆、接线盒

（1）检查接线盒接地是否良好，接线盒的门是否关闭、锁紧，接线盒有无漏电、淋雨、水侵现象等。

（2）检查接线盒两侧电缆有无破皮、鼓皮、破损现象，电缆敷设是否良好，电缆铠装接地是否完好。

4）检查井口

（1）检查生产阀、回油阀及生产总阀的开启是否正常，检查井口掺水温度是否正常，检查管网流程有无损坏、渗漏现象。检查井号标志是否醒目，井场是否整洁、规范。

（2）检查清蜡阀。一般情况下清蜡阀应关小，稍留缝隙。

（3）听油井出油声音，测管线温度，分析出油是否正常。

（4）检查并记录井口油压、回压、套压，放套管气，控制合理套压生产。

（5）填好巡回检查记录。

### 五、注意事项

（1）检查电流记录卡片，新投产或新开作业井使用日卡，正常生产后使用周卡。

（2）在检查变压器时，检查人员应站在安全护栏外检查，不得用木棒等触碰变压器，发现异常由专业人员处理。

## 项目二　电动潜油泵井启泵

### 一、学习目标

掌握电动潜油泵井的启泵操作方法。

### 二、风险提示

（1）中毒。

（2）人身伤害。

（3）触电。

### 三、应急处置

（1）发生有毒气体泄漏，戴空气呼吸器把中毒人员救出，送医院救治。

（2）发生人身伤害，立即使伤者脱离伤害源，进行应急包扎后送往医院救治。

（3）人员触电后，立即切断电源或者使伤者脱离电源，然后对伤者进行救护，并送往医院救治。

### 四、操作规程

1. 准备工作

（1）正确穿戴劳保用品。

（2）准备工具、用具（表4-2）。

表4-2　电动潜油泵井启泵工具、用具表

| 序号 | 名称 | 规格 | 数量 |
| --- | --- | --- | --- |
| 1 | 管钳 | 600mm | 1把 |
| 2 | 一字螺丝刀 | 150mm | 1把 |
| 3 | 活动扳手 | 375mm | 1把 |
| 4 | 电流卡片 |  | 1张 |
| 5 | 数字式钳形电流表 | 500A | 1块 |
| 6 | 绝缘手套 |  | 1副 |
| 7 | 试电笔 | 500V | 1支 |
| 8 | 棉纱或擦布 |  | 若干 |
| 9 | 记录纸 |  | 若干 |
| 10 | 记录笔 |  | 1支 |

2. 操作步骤

1）检查井口流程

检查井口流程，检查油嘴、仪表是否齐全合格；侧身开生产总阀，开生产阀，开回油阀；检查掺水流程的流量、压力、温度等。

2）检查控制屏

（1）检查电压仪表指示是否正常。

（2）观察指示灯状态，黄色指示灯或红色指示灯亮。

（3）用手旋转选择开关：由原手动位置旋转到停止位置，指示灯灭；再把选择开关旋转到手动位置，此时黄色指示灯应亮；若红色指示灯亮，说明电路或机组有故障，应停止启泵操作，请专业人员检修。

（4）钳形电流表及电流记录卡片，记录笔均归零。

3）启机

（1）用试电笔检测控制屏是否带电。

（2）装好电流记录卡片，戴绝缘手套侧身合上控制屏总闸。

（3）戴绝缘手套，按启动按钮，绿色指示灯亮，待电流卡片上电流平稳后，将选择开关旋转到自动位置。

（4）机组运行30min后，按规定要求进行欠载值、过载值及时间的二次设定。

4）启泵检查

（1）听井口出油声音是否正常，看电流、电压是否正常，确认井下机组启动运行。

（2）检查电流记录卡片是否正常。

（3）检查井口及控制屏上的各种仪表显示是否正常。

（4）打开定压放气阀。

5）录取生产数据

（1）记录运行电流、电压。

（2）记录井口油压、套压值。

（3）记录启泵时间。

### 五、注意事项

（1）机组启动后，正常运行半小时后，管理人员方可离开。

（2）电动潜油泵井欠载值为电动潜油泵机组额定电流的80%，过载值为电动潜油泵机组额定电流的120%。

（3）停电时间较长，套压过高时，应降低套压后再启泵。

# 项目三　电动潜油泵井停泵

### 一、学习目标

掌握电动潜油泵井的停泵操作方法。

## 二、风险提示

（1）中毒。
（2）人身伤害。
（3）触电。

## 三、应急处置

（1）发生有毒气体泄漏，戴空气呼吸器把中毒人员救出，送医院救治。
（2）发生人身伤害，立即使伤者脱离伤害源，进行应急包扎后送往医院救治。
（3）人员触电后，立即切断电源或者使伤者脱离电源，然后对伤者进行救护，并送往医院救治。

## 四、操作规程

### 1. 准备工作

（1）正确穿戴劳保用品。
（2）准备工具、用具（表4-3）。

表4-3　电动潜油泵井停泵工具、用具表

| 序号 | 名称 | 规格 | 数量 |
| --- | --- | --- | --- |
| 1 | 管钳 | 600mm | 1把 |
| 2 | 一字螺丝刀 | 150mm | 1把 |
| 3 | 活动扳手 | 375mm | 1把 |
| 4 | 绝缘手套 |  | 1副 |
| 5 | 试电笔 | 500V | 1支 |
| 6 | 棉纱或擦布 |  | 若干 |
| 7 | 记录纸 |  | 若干 |
| 8 | 记录笔 |  | 1支 |

### 2. 操作步骤

1）检查井口流程

（1）检查井口流程。
（2）记录井口油压、套压值。

2）检查控制屏

（1）检查电压表、电流表工作状况及电流记录卡片记录情况。
（2）记录电流值、电压值。

3）停泵

（1）用试电笔检查控制屏是否带电，按控制屏停止按钮，绿色指示灯灭，将选择开关旋转到停止位置。
（2）戴绝缘手套侧身拉开控制屏总闸。
（3）听井口出油声音，检查电流，确认泵停止运行。
（4）倒流程。

长期停泵井：应关井口生产阀与生产总阀。

掺水保温井：应打开井口连通阀进行干线热水循环，关闭井口掺水阀与回油阀。关闭套管定压放气阀。

4）录取生产数据

记录停泵时间，记录井口油压、套压值。

### 五、注意事项

（1）电动潜油泵停运后，应根据实际情况倒好井口流程。

（2）电动潜油泵停泵时，应先按控制屏停止按钮，再拉开控制屏总闸，不得直接拉开控制屏总闸停泵，防止烧毁机组或使电网电压波动。

## 背景知识

### 一、电动潜油泵井工作原理

当电机带动泵轴上的叶轮高速旋转时，充满在叶轮内的液体在离心力作用下，由叶轮中心甩向叶轮四周。由于液体受叶片的作用，使压力和速度同时增加，经过导壳的流道而被送到上一级叶轮，这样逐级加压就获得一定的扬程将井液提升到地面。

### 二、电动潜油泵变压器

电动潜油泵配套的变压器（图 4-1），使用三相变压器或三台单相变压器将电源提供的原边电压，变换为电动潜油泵需要的副边电压。

### 三、电动潜油泵电缆

电动潜油泵（潜油电缆）是电动机与地面控制系统相联系传送电力的纽带和 PSI/PHD 信号的通道，是一种耐油、耐盐水、耐其他化学物质腐蚀的油井专用电缆，工作于油套管之间。潜油电缆分为小扁电缆（又叫电动机引线，俗称小扁）、大扁电缆（俗称大扁）和圆电缆。按温度等级可以分为90℃、120℃、150℃等 3 个等级，部分厂家还可生产更高等级的潜油电缆。如图4-2 所示。

根据采油电动机不同的功率要求及不同的油井条件，潜油电缆有不同的规格。为防止潜油电缆损伤，通常采用镀锌铁皮铠装，对于腐蚀性介质，则采用不锈钢带铠装（图4-3）。

图 4-1　电动潜油泵变压器

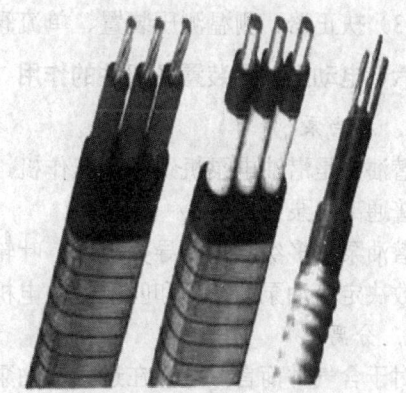

图 4-2　电动潜油泵电缆结构

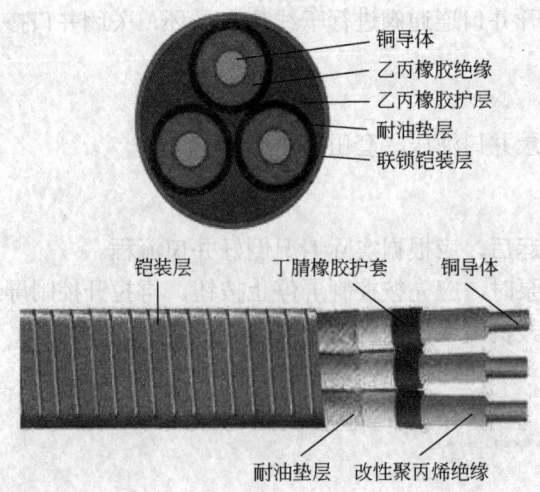

图 4-3 电动潜油泵电缆铠装

### 四、接线盒作用

(1) 连接控制制屏到井口的动力电缆。

(2) 将井下电缆芯线内上升至井口的天然气放空,防止天然气直接进入控制屏,使控制屏产生电火花时引起爆炸。

(3) 在接线盒处检查,判断地下机组状况,便于操作。

接线盒安装在井口和控制屏之间,接线盒距井口的距离不小于 3m,高度不低于 0.5m。接线盒到控制屏的电缆应埋于地下 0.2m 以下。

### 五、电动潜油泵装置的组成

电动潜油泵装置主要由三个部分组成:

(1) 井下部分:潜油离心泵、分离器、保护器、潜油电动机、潜油电缆。

(2) 地面设备:定频驱动(降压变压器、控制屏);变频驱动(降压变压器、变频器、升压变压器)。

(3) 扶正器、测温测压装置、单流阀、泄油阀、接线盒。

### 六、电动潜油泵装置各部件的作用

**1. 潜油泵**

潜油泵是潜油电泵机组中的工作机,井下液体是被潜油泵抽送到地面的。原理与地面使用的普通离心泵一样。

潜油泵由多级叶轮、导壳组成,叶轮、导壳的结构形式决定潜油泵的排量,叶轮、导壳的级数决定潜油泵的扬程和匹配潜油电机功率。

**2. 分离器**

对于含气井而言,井液在进入潜油泵之前,要先通过油气分离器进行气、液分离,以减少气体对潜油泵工作性能的影响。目前,分离器的基本结构形式有两种:一种是旋转式分离器，另一种是沉降式分离器。潜油电泵机组在工作中，气、液混合液进入分离器并被分离后，气体进入套管与油管的环形空间，液体引入潜油泵中。

3. 保护器

保护器主要是保护潜油电动机的，最终目的是阻止井液进入潜油电动机，避免烧毁潜油电动机。

4. 潜油电动机

在潜油电泵机组中使用的电动机为二级三相鼠笼式异步电动机，是潜油电泵机组的动力源。根据油井产量、扬程、温度、井液黏度及不同规格的套管，可选用不同功率、直径的潜油电动机。潜油电动机工作电压一般为400～2500V，电流为30～120A。电动机功率与电动机长度成正比，单节电动机长度最长不大于10m。电动机可以串联使用，串联方式采用内插式结构，轴连接采用花键连接。

5. 变频控制柜

潜油电泵的启动和停机，以及运行中的一系列控制，需要专门的控制设备来完成。潜油电泵专用控制柜分为手动、自动两种控制方式。控制柜具有短路保护、单相保护、三相过流保护和欠载停机、延时自动启动功能。通过仪表可随时测量电机运行电压、电流参数，并自动记录电机运行电流，从而使电泵管理人员及时掌握和判断潜油电机的运行情况。变频控制柜如图4-4所示。

6. 井口

潜油电泵井口是一个偏心并带有电缆密封装置的特殊油管柱，既可以密封动力电缆出口，又可以承受全井管柱及电泵机组的重力。

7. 电缆

潜油电泵动力电缆是一种特殊绝缘材料密封、外加钢带铠装的潜油动力电缆，其主要功能是将地面电能输送给井下的潜油电动机。

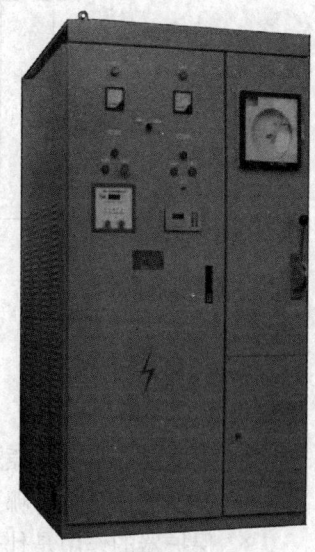

图4-4 变频控制柜

8. 单流阀

单流阀用于防止停泵时，油管内的液体回流，引起机组反转，同时减轻电泵的启动负荷，以防启动时损坏机组。

9. 泄油阀

在作业中将机组从油井中起出时，由于单流阀的作用，油管中的液体排不出去，需要把泄油阀芯砸断，使油管同套管的环形空间相通，使液体流入套管内，以便施工作业。泄油阀还可以测井中的流压与静压。

## 七、电动潜油泵井适用范围

潜油电泵是一种排量较高的抽油装置。该泵最适用于受水驱控制的油井、高含水液量大的油井和低气液比的油井。

## 八、电动潜油泵工作参数及型号

### 1. 工作参数

电动潜油泵主要参数为：

排量——电动潜油泵的最大额定排量，单位为 $m^3/d$；

扬程——电动潜油泵机组打水时的最大扬程，单位为 m；

功率——潜油电动机输出额定功率，单位为 kW；

效率——排量效率，油井实际产液量与额定排量之比，单位为%。

### 2. 型号

电动潜油泵机组型号如图 4-5 所示。

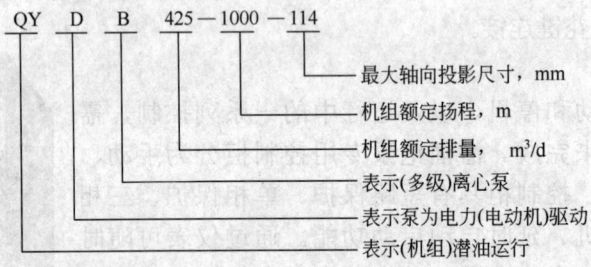

图 4-5 电动潜油泵机组型号示意图

## 思考练习题

1. 电动潜油泵工作原理是什么？
2. 电动潜油泵井有哪几部分组成？
3. 保护器的作用是什么？
4. 单流阀的作用是什么？
5. 分离器的作用是什么？
6. 电泵主要有哪些参数？
7. 潜油电泵机组型号各代表什么？

# 第二节 电动潜油泵井操作

## 项目一 电动潜油泵井清蜡

### 一、学习目标

掌握电动潜油泵井清蜡的操作方法。

## 二、风险提示

（1）中毒。
（2）人身伤害。
（3）环境污染。

## 三、应急处置

（1）发生有毒气体泄漏，戴空气呼吸器把中毒人员救出，送医院救治。
（2）发生人身伤害，立即使伤者脱离伤害源，进行应急包扎后送往医院救治。
（3）检查流程找出泄漏原因，立即处理。将油圈起来，防止污染面积扩大。

## 四、操作规程

1. 准备工作

（1）穿戴好劳保用品。
（2）准备工具、用具（表4-4）。

表4-4　电动潜油泵井清蜡工具、用具表

| 序号 | 名称 | 规格 | 数量 |
|---|---|---|---|
| 1 | 清蜡绞车 |  | 1台 |
| 2 | 专用加重杆 |  | 1根 |
| 3 | 导向轮 |  | 1个 |
| 4 | 管钳 | 900mm | 1把 |
| 5 | 管钳 | 600mm | 1把 |
| 6 | 刮蜡器 | 32mm | 1只 |
| 7 | 数字式钳形电流表 | 500A | 1块 |
| 8 | 绝缘手套 |  | 1副 |
| 9 | 试电笔 | 500V | 1支 |
| 10 | 测试井口 |  | 1套 |
| 11 | 棉纱或擦布 |  | 若干 |
| 12 | 记录纸 |  | 若干 |
| 13 | 记录笔 |  | 1支 |
| 14 | 润滑油 |  | 若干 |

2. 操作步骤

1）检查流程，布置清蜡绞车

（1）"三点一线"记录油压、套压。
（2）绞车摆放距井口20～30m，地面平坦坚硬，视线清楚，便于操作的位置，并打好堰木。
（3）拉好警戒线，设置禁止穿越警示标志。

2）刮蜡

（1）关严清蜡阀门，放空。

（2）卸掉防喷管丝堵头。

（3）手摇绞车将刮蜡片提出防喷管外，用刹车固定滚筒。

（4）检查刮蜡片加重杆和防掉器各连接部位是否牢固。

（5）将刮蜡片放回防喷管内。

（6）上紧堵头，关放空阀门，打开清蜡阀门，将密封填料调到松紧适当。

（7）松刹车，下刮蜡片，下放速度均匀。

（8）下放到预定深度，用刹车将滚筒固定，紧好丝堵，到井口检查，用手压钢丝活动，抖掉挂蜡。

（9）30min 后，送电，松开刹车将电动机开关扳到上起位置，上起刮蜡片。

（10）发现第一个记号时改为手摇，见第二个记号后，慢摇到丝堵位置停止。

（11）压紧钢丝，关清蜡阀门 2/3，松钢丝使加重杆撞击清蜡阀门闸板，查刮蜡片是否在清蜡阀门之上，再关紧清蜡阀门。放空卸丝堵头，检查蜡量和蜡性。

（12）把清蜡时间、深度、蜡性、结蜡深度填入班报表。

（13）收拾擦拭工具、用具，清理操作现场。

### 五、注意事项

（1）正常井下放速度为 50m/min，严防钢丝落地打扭或跳槽，刮蜡片直径一定要"上小下大"。

（2）遇阻时要活动钢丝抖掉蜡，不能猛顿硬下。

（3）结蜡严重井，一定要多压钢丝抖蜡，再起刮蜡片。

（4）上起刮蜡片遇卡时，要上下活动钢丝，不能硬拔，防止卡死。

## 项目二　电动潜油泵井洗井

### 一、学习目标

掌握电动潜油泵井热洗的操作方法。

### 二、风险提示

（1）中毒。

（2）人身伤害。

（3）环境污染。

### 三、应急处置

（1）发生有毒气体泄漏，戴空气呼吸器把中毒人员救出，送医院救治。

（2）发生人身伤害，立即使伤者脱离伤害源，进行应急包扎后送往医院救治。

（3）检查流程找出泄漏原因，立即处理。将油圈起来，防止污染面积扩大。

### 四、操作规程

**1. 准备工作**

（1）穿戴好劳保用品。

(2) 准备工具、用具（表4-5）。

表 4-5  电动潜油泵井热洗工具、用具表

| 序号 | 名称 | 规格 | 数量 |
| --- | --- | --- | --- |
| 1 | 热洗泵车 | | 1台 |
| 2 | 油罐车 | | 2台 |
| 3 | 管钳 | 600mm | 1把 |
| 4 | 手锤 | 3.75kg | 1把 |
| 5 | 测温仪 | | 1台 |
| 6 | 绝缘手套 | | 1副 |
| 7 | 试电笔 | 500V | 1支 |
| 8 | 数字式钳形电流表 | 500A | 1块 |
| 9 | 棉纱或擦布 | | 若干 |
| 10 | 记录纸 | | 若干 |
| 11 | 记录笔 | | 1支 |

2. 操作步骤

1）热洗前检查

（1）核实洗井方案，确认热洗液量。检查站内计量间流程是否倒混输；检查井口各部件齐全，阀门开关灵活，无渗漏；检查另一侧套管阀要处于关闭状态；压力表校验合格，在有效期内，记录压力值。

（2）套压高的井提前放套管气，使套压低于2MPa。

（3）热洗车、罐车摆放合理，避开炮位方向，将罐车前轮垫高。热洗车组如图 4-6 所示。

图 4-6  热洗车组

2）连接流程

（1）在套管阀卡箍头（或炮位）上装热洗接头，用管钳上紧。

（2）连接热洗管线，用手锤砸紧，锁好管线安全链；连接热洗车供液管线，打开罐车上盖，检查罐内液面高度。

3）洗井操作

（1）打开罐车供液阀，打开泵车出口阀，通知热洗车泵工启动热洗泵，先打循环。

（2）待泵车排量、压力平稳后，侧身打开套管阀，按照热洗方案开始洗井；热洗排量由小到大、温度由低到高进行控制；热洗刚开始时要观察压力，防止环套堵塞而憋压。

（3）观察热洗压力、热洗温度，检测井口出油温度，放样观察返出液情况，测电动机运行电流，初步判断热洗质量。

（4）热洗合格完成后停泵，关闭套管阀，关闭罐车出口阀，卸热洗车供液管线。

4）检查录取资料

（1）检查井口各部位有无渗漏，流程是否正确。

（2）录取油压、套压、回压值，电流卡片显示正常。

（3）热洗 2h 后量油，分析热洗效果。

（4）记录热洗时间、温度、热洗液量、压力、电流等，填好热洗记录，填好记录报表。

## 五、注意事项

（1）当油井套压大于 2MPa 时，应将套压放至 2MPa 以下。

（2）在放套压施工时，人要站在套管阀内侧，开启套管阀时应缓慢操作，每小时不得高于 1.5MPa，防止油层出砂。

（3）严格控制洗井液的温度，不得超过 90℃。热洗初始温度不应太高，应有一个缓慢升高的过程，最后要稳定在 90℃以下大排量冲洗。

（4）热洗过程中泵压要控制在 5MPa 以下。

（5）热洗过程中电动潜油泵如有欠载或过载停机现象，应在停机半小时后再启动，如仍不能启动，不得反复启泵，要立即与上级联系，确定解决方案。

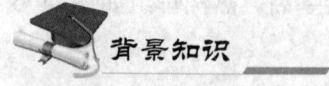

背景知识

## 一、控制屏组成及功能

（1）总闸：控制屏控制电动潜油泵电机的总电源。

（2）显示仪表：显示，三相电压、三相电流、电压不平衡度、电流不平衡度、相序、功率因数、自动计时等。

（3）启动按钮：用来启动电动潜油泵电动机的开关。

（4）手、停、自转向开关：用来切换手动控制或自动控制的开关。使用"手动方式"启动时，将转换开关转到"手动"位置，按下启动按钮，电动机保护器输出信号使接触器线圈通电，接触器吸合，电动机启动；电泵运行时，电动机综合保护器通过检测电流互感器二次测得的主回路电流信号，实现电动机的过载、欠载、电流不平衡等故障保护。检测电压互感器二次测得的主回路电压号，实现电动机的过压、欠压、电压平衡等故障保护。故障停机时有故障指示灯显示；在"自动方式"启动时，把转换开关转到"自动"位置，经自动延时后，电动机保护器发出指令自启动电动机。自启动还有欠载延时自启动功能。

（5）"PCC"显示仪：用来显示过载值和欠载值，对比确定最后调整值。

(6)"过载设定、欠载设定"调整钮:用电工螺丝刀缓慢旋转"过载设定"调整螺旋电位器,观察"PCC"电子数字显示屏的数字,直到显示要调的过载保护值为止;用电工螺丝刀缓慢旋转"欠载设定",观察"PCC"显示屏,直到显示要调整欠整保护值为止;记录重新调整的过载、欠载保护值。

(7)"过载延时调整、欠载延时调整"调整钮:电动潜油泵电动机在自动启动时可以设定过载延时调整值和欠载延时调整值,对潜油电动机起到保护功能。

## 二、影响油井结蜡的原因

(1)石油的组分。
(2)压力和溶解气。
(3)原油中的胶质和沥青质。
(4)原油中的机械杂质。
(5)液流速度、管子表面粗糙程度和表面性质。

## 三、油井结蜡规律

(1)原油中含蜡量越高,油井结蜡越严重。
(2)油井开采后期较开采初期结蜡严重。
(3)高产井及井口出油温度高的井结蜡不严重或不结蜡,反之,结蜡严重。
(4)油井见水后,低含水阶段结蜡严重,随含水量升高到一定程度后结蜡减轻。
(5)表面粗糙的油管容易结蜡,油管清蜡不彻底的容易结蜡。
(6)出砂井容易结蜡。
(7)与自喷井和机械抽油井的油井结蜡位置有所不同。

由于石油的组成复杂,油井的生产过程各不相同,温度、压力的变化和溶解气的逸出等也都比较复杂,因此对油井结蜡过程和结蜡规律的认识还需要不断深入和提高。

## 四、油井结蜡产生的危害

由于原油含蜡量高,使油层渗透率降低。油气开采中,蜡从油中分离淀析出来,不断的结蜡沉积堵塞产油层,油井产量下降,甚至造成停产,给生产带来麻烦。油井结蜡是影响油井高产稳产的突出问题之一,寻求更合理的方法以解决油气生产中遇到的问题,成为油田开发中急需解决的课题,油井的防蜡和清蜡是油井管理的重要内容。

## 五、油井清防蜡技术

油井的清防蜡方法很多,常用的清防蜡方法包括机械法、化学法、物理法以及之这几种方法的综合措施。最早采用的是机械刮蜡法,后来发展到热油或蒸汽热洗,如对锅炉车、泵车、清蜡车等传统设备进行热力清蜡。随着各种清防蜡剂的研制成功,化学法清防蜡技术得到广泛应用,近期又发展为细菌清蜡。在物理法应用方面,主要开发出电热清蜡、磁防蜡以及超声波清蜡等方法。

# 思考练习题

1."PCC"显示仪的作用是什么?

2. 过载延时、欠载延时的作用是什么？
3. 油井结蜡的规律是什么？
4. 油井结蜡有哪些危害？

## 第三节　电动潜油泵井管理

### 项目一　处理电动潜油泵井欠载停机

一、学习目标

掌握处理欠载停机的操作方法，了解欠载值调整标准。

二、风险提示

（1）触电。
（2）人身伤害。

三、应急处置

（1）人员触电后，立即切断电源或者使伤者脱离电源，然后对伤者进行救护，并送往医院救治。
（2）发生人身伤害，立即使伤者脱离伤害源，进行应急包扎后送往医院救治。

四、操作规程

1. 准备工作
（1）穿戴好劳保用品。
（2）准备工具、用具（表 4-6）。

表 4-6　处理电动潜油泵井欠载停机工具、用具表

| 序号 | 名称 | 规格 | 数量 |
| --- | --- | --- | --- |
| 1 | 电工工具 |  | 1 套 |
| 2 | 验电棒 | 6000V | 1 支 |
| 3 | 万用表 |  | 1 块 |
| 4 | 绝缘手套 |  | 1 副 |
| 5 | 兆欧表 | 1000V | 1 块 |
| 6 | 油嘴扳手 |  | 1 把 |
| 7 | 一字螺丝刀 | 300mm | 1 把 |
| 8 | 管钳 | 900mm | 1 把 |

2. 操作步骤
（1）操作人员发现欠载停泵后，及时测取欠载停机时的动液面。

（2）测取电动机三相直流电阻和对地绝缘，如果不能满足要求（三相直流电阻不平衡、对地绝缘等于零），判断井下电动机电缆烧坏，准备检泵作业；否则做好再启动准备。

（3）现场确认地面井口流程正常。

（4）如果所测欠载液面不能满足泵沉没度要求（低于150m），补液1h后用变频30Hz启泵生产，如果所测欠载液面满足泵沉没度要求，1h后用变频30Hz启泵生产。启泵后，若电流正常后，逐步升高频率至运行频率。

（5）欠载液面满足泵沉没度要求情况下，启泵后仍欠载停泵，可能存在以下原因：

① 控制屏故障，由专业人员检查排除。

② 溶解气影响，泵吸入口压力不能满足泵启动要求；可适当控制套压，提高套压或降低套压，以寻找最佳临近的泵吸入口压力，使泵达到最佳动态平衡状态。

③ 泵吸入口堵塞，反洗泵5h，清洗泵吸入口堵塞物。

④ 泵效低或生产管柱靠近泵体处漏失导致泵实际扬程低，产液下降，电流低于欠载值；环空

⑤ 补液后，再启动憋压诊断，判断是否存在泵效低或生产管柱漏失情况，若憋压压力较高，可排除此可能；否则判断为泵效低或生产管柱漏失，准备检泵作业。

⑥ 油嘴开度大，液面下降，沉没度不能满足泵充满度要求，缩小油嘴，控制产液量，使油井达到供采平衡和稳定生产。

⑦ 油嘴堵塞造成憋压欠载。启泵后，大幅度活动油嘴解除堵塞，如无效可放大油嘴，使井液中的大颗粒杂质通过，同时加密监测动液面，以免出现⑤的情况。

⑧ 套压高造成沉没度低，不能满足泵再启动充满度的要求而空载停泵。确认套压后，适当调整套管定压放气阀降低套压，提高环空液面高度，使油井达到动态平衡。

⑨ 通过以上处理，泵再启动均按步骤④启动变频。

3. 注意事项

（1）开始操作前，需验电，确认无电后方可操作。

（2）能够正确使用万用表、兆欧表等工具。

（3）测量对地绝缘以后需进行放电。

## 项目二　处理电动潜油泵井过载停机

一、学习目标

掌握处理过载停机的操作方法。

二、风险提示

（1）触电。

（2）人身伤害。

三、应急处置

（1）人员触电后，立即切断电源或者使伤者脱离电源，然后对伤者进行救护，并送往医

院救治。

（2）发生人身伤害，立即使伤者脱离伤害源，进行应急包扎后送往医院救治。

### 四、操作规程

1. 准备工作

（1）穿戴好劳保用品。

（2）准备工具、用具（表4-7）。

表4-7　处理电动潜油泵井过载停机工具、用具表

| 序号 | 名称 | 规格 | 数量 |
| --- | --- | --- | --- |
| 1 | 电工工具 |  | 1套 |
| 2 | 验电棒 | 6000V | 1支 |
| 3 | 万用表 |  | 1块 |
| 4 | 绝缘手套 |  | 1副 |
| 5 | 兆欧表 | 1000V | 1块 |
| 6 | 油嘴扳手 |  | 1把 |
| 7 | 一字螺丝刀 | 300mm | 1把 |
| 8 | 管钳 | 900mm | 1把 |

2. 操作步骤

油井过载后，再启动比较困难，需结合油井相关动、静态参数仔细分析，再实施启动程序：

（1）油井过载后，测取油套环空液面。

（2）检查控制屏无故障后（有故障加以解决后，按步骤4启泵生产），测取电动机三相直流电阻和对地绝缘，如果不能满足要求（三相直流电阻不平衡，对地绝缘等于零），判断井下电动机电缆烧坏，准备检泵作业；准备采取以下措施后实施再启动程序。

（3）检查地面井口流程正常。

（4）用变频30Hz启泵生产正常后，每10min上调5Hz，至40Hz维持2h，直至确定油井运行稳定后上调频率至50Hz。化验出砂情况（手摸有无出砂情况），有出砂情况的控制油嘴，使油井在小排量、低电流下运行。

（5）如果变频30Hz启泵运行过高，5s电流居高不下则停泵后反洗井，井口见水后停止洗井，按以下步骤启泵生产。

再次测量电动机三相直流电阻和对地绝缘，如果不能满足要求，判断井下电动机电缆烧坏，准备检泵作业；否则准备再启动程序。

① 用变频30Hz启泵生产正常后，按步骤（4）使油井逐渐进入稳定运行状态。

② 如果变频30Hz启泵运行电流居高不下，则1min后停泵，停泵30min后，测电动机三相直流电阻和对地绝缘满足要求后，按步骤（4）变频反向解卡，成功后再次停泵，停泵30min后，再次测电动机三相直流电阻和对地绝缘满足要求后，按步骤（4）正式启泵生产。

③ 如果反解卡后仍无法启动，则建议用工频柜大扭矩解卡，成功后，调整油嘴，以防

油层出砂，确保稳定生产。

④ 如果工频柜无法启动，书面通知作业区。

### 五、注意事项

（1）开始操作前，需验电，确认无电后方可操作。

（2）能够正确使用万用表、兆欧表等工具。

（3）测量对地绝缘以后需进行放电。

## 项目三　电动潜油泵井更换油嘴

### 一、学习目标

会更换电动潜油泵井的油嘴，掌握游标卡尺等工具的使用。

### 二、风险提示

（1）触电。

（2）人身伤害。

（3）环境污染。

### 三、应急处置

（1）人员触电后，立即切断电源或者使伤者脱离电源，然后对伤者进行救护，并送往医院救治。

（2）发生人身伤害，立即使伤者脱离伤害源，进行应急包扎后送往医院救治。

（3）检查流程找出漏油原因，立即处理。将油圈起来，防止污染面积扩大。

### 四、操作规程

1. 准备工作

（1）穿戴好劳保用品。

（2）准备工具、用具（表4-8）。

表4-8　电动潜油泵更换油嘴工具、用具表

| 序号 | 名称 | 规格 | 数量 |
| --- | --- | --- | --- |
| 1 | 活动扳手 | 375mm | 1把 |
| 2 | 管钳 | 600mm | 1把 |
| 3 | 游标卡尺 | 150mm | 1把 |
| 4 | 油嘴扳手 |  | 1把 |
| 5 | 油嘴 |  | 1个 |
| 6 | 通针 |  | 1个 |
| 7 | 污油桶 |  | 1只 |
| 8 | 生料带 |  | 1卷 |
| 9 | 擦布棉纱 |  | 若干 |

(3) 正常生产电动潜油泵井一口,井口设备齐全,符合要求。

2. 操作步骤

1) 停泵

(1) 检查电动潜油泵井井口流程及控制屏运行状态,记录井口油压、工作电流值。

(2) 用试电笔检测配电箱门是否带电。

(3) 控制屏选择开关旋转到"停止"位置,机组运行时绿色指示灯灭,正常时黄色指示灯亮,电流显示及电流卡片记录笔归零,说明机组已停止运行,记录停泵时间。

(4) 侧身断电,关好配电箱门。

2) 倒流程

(1) 侧身关闭井口生产阀及进站阀,若是双管输油流程,还要关直通阀,再关闭套管定压放气阀。井口为双翼生产流程的则无须停泵,改走另一侧流程。

(2) 确认阀门关严之后,用放空桶接好污油,缓慢打开取样阀放压,确认压力归零。

3) 更换油嘴

(1) 卸油嘴装置丝堵。先用活动扳手把套管定压放气阀与油嘴装置连接的活接头卸松。再用管钳卸掉油嘴装置丝堵,待丝堵卸松并要卸掉时,把放空桶准备好,卸掉丝堵,把油嘴装置内残余油接入桶内,用棉纱擦净油嘴装置边缘,用通针通油嘴,防止油嘴有脏物堵塞。

(2) 卸油嘴。用专用油嘴扳手卸油嘴,将油嘴扳手轻轻插进油嘴装置内,确认对准油嘴双耳,然后用力逆时针方向缓慢卸扣,油嘴就被卸掉,并随油嘴扳手一起取出来,用棉纱擦净油嘴及油嘴孔内的脏物,并清理保温套内的蜡及脏物,用游标卡尺按"十字"测量法检查测量原油嘴内径,并记录。

(3) 装新油嘴。用游标卡尺按"十字"测量法测量新油嘴孔径,确认符合要求后把新油嘴双耳卡在油嘴专用扳手内,双手端住油嘴专用扳手缓慢送入油嘴装置内,对正扣后顺时针上紧,最后用用管钳轻带紧扣。

(4) 装油嘴丝堵。把丝堵螺纹用棉纱擦干净,按顺时针方向缠好生料带,先用手对正扣顺时针上扣,再用管钳或扳手上紧。再把套管定压放气阀胶管扶正,带上活接头压帽,用活动扳手上紧。

4) 恢复流程

倒回流程,先关放空阀门,打开进站阀,观察有无渗漏,确认无渗漏后再打开生产阀。

5) 启机观察

(1) 侧身送电。

(2) 将控制屏选择开关旋转到"手动"位置,拇指用力按下启动按钮或(按上挡,再按启动按钮),立即听到一声"砰"的声音,绿色指示灯亮,待电流卡片上电流回落至平稳后,将选择开关旋转到"自动"位置。

(3) 确认启泵正常后,检查井口,注意油压上升情况,约 10min 后无问题可打开套管定压放气阀,并调节好。

(4) 记录井口油压,回压、套压值,记录机组工作电流。

五、注意事项

(1) 油嘴一定擦洗干净,换油嘴一定要测量准确,孔径误差小于 0.1mm。

(2)油嘴一定要上紧。

## 项目四　电动潜油泵井作业跟踪描述

**一、学习目标**

掌握电动潜油泵井作业跟踪描述操作方法，严把作业质量关。

**二、风险提示**

(1)人身伤害。
(2)环境污染。

**三、应急处置**

(1)发生人身伤害，立即使伤者脱离伤害源，进行应急包扎后送往医院救治。
(2)将油圈起来，防止污染面积扩大。

**四、操作规程**

1．准备工作

(1)穿戴好劳保用品。
(2)电动潜油泵井停产时的生产数据、测试资料、井下管柱等，停产时的故障原因。
(3)记录本、笔，5m钢圈尺1个。

2．操作步骤

(1)核对询问相关资料，在与作业施工队交井时，核对井号、本次作业原因及目的、时间、施工队队号。索要作业施工设计书，掌握本次作业施工目的及施工工序（以井下带丢手活门管柱为例）。

(2)起原井管柱。

① 抬井口、上提活门，观察井口有无溢流，判断活门是否关严。

② 起油管及电动潜油泵机组和管外电缆，观察起出油管、电潜泵机组及电缆有无刺漏、刮破现象。

③ 询问泄油阀、单流阀及测压阀情况（因施工现场非专业人员看不出问题，多数油田均不是在现场拆开检查）。

④ 在分离器出来后观察出气孔情况。

⑤ 检查多级离心泵外表有无损伤，潜油电动机与保护器有无烧痕。

⑥ 检查扶正器及捅杆有无问题。

(3)刮蜡、清洗油管。若连下部丢手管柱起出，则需冲砂，探人工井底。若是要堵水或调整层位，还要进行磁性定位。

(4)下新井管柱。

① 若是起出丢手管柱的，要先下丢手管柱到预定位置，要在井口用高压水泥车正灌清水憋压释放丢手管柱、起出释放丢手管柱及油管。

② 下新配机组管柱，同施工设计核对，如泵型、长度、潜油电动机、离心泵节数、级数及总长等。

(5) 坐井口捅活门。
(6) 记录井口大法兰上的电缆出口处密封情况。
(7) 记录机组电性检查情况数据。
(8) 接电源控制屏，调整保护值，通电启泵试运，验证泵正反转、井口憋压情况。

## 五、注意事项

(1) 坐井口时电缆密封一定严，否则过后无法处理。
(2) 投产时的井口憋压不能超过 5MPa。
(3) 在随机组油管下井过程中，电缆卡子绝不能缠绕，更不能少打卡子。
(4) 地面刮蜡后，还要用内径规检查油管。

 背景知识

### 一、电动潜油泵井的控制

由于电动潜油泵井的机泵都是在井下，工作时其承受高压、大电流的重负荷，对负载影响因素很多，所以要保证机组正常运行，就必须对其进行控制，设定工作电流的最高、最低工作值界限，即过载值和欠载值的设定。

其设定的原则是：新下泵试运行，过载电流值为额定电流的 1.2 倍，欠载电流值为额定电流的 0.8 倍（也可以为 0.6~0.7 倍）；试运几天后（一般 12h），再根据其实际工作电流值进行重新设定，原则是过载电流值为实际工作电流的 1.2 倍，但最高不能高于额定电流的 1.2 倍，欠载电流值为实际工作电流的 0.8 倍，但最低不能低于空载允许最低值。

### 二、电动潜油泵井资料录取与分析

电动潜油泵井投产运行后，取全取准各项资料对如何判断电泵井的工作状况，并进行合理的参数调整显得尤为重要。电动潜油泵井投产运行第一周应每天收集一次数据；油井平稳运行后，可根据实际情况调整为一周一次。资料录取包括：日期、液量、油量、含水、动液面、油压、套压、回压、三相运行电流等。并及时收集及保存电泵井的电流卡片，建立单井档案，进行统一存档。对收集的资料及电动潜油泵井的电流卡片，根据生产实际情况进行合理的参数调整，采取相应的管理措施来维护电动潜油泵井的平稳运行，最大程度地发挥电动潜油泵机组的潜能。

### 三、影响电动潜油井生产的主要因素

1. 抽吸流体性质

(1) 油气比：电动潜油泵井井底流压一般都较低，常低于饱和压力。井底附近将有大量气体脱出，这些游离的气体将严重影响泵的工作，使泵的扬程、排量、效率等大幅度降低，甚至有可能使泵无法工作。采用地面控制屏后，当气体影响严重时，机组将因欠载而频繁停机，造成保护器失灵导致机组损坏。为了保证井下机组正常运行，油气比控制在 1∶60 以下较为合适。

(2) 油井出砂：由于电泵叶轮间隙很小，长时间运转，砂与叶轮摩擦而使叶轮间隙变大，漏失增大，严重时会出现卡泵现象。所以要求电泵井原油含砂量在 0.05%以下，否则要安装

防砂管。

(3) 井液黏度：井液黏度较大时，与流道的摩擦阻力较大，会影响电泵的出油效率。

2. 电源电压

(1) 电压偏低：电压偏低会使电动机性能发生变化，寿命缩短，从而影响整个电泵装置的抽油效果。

(2) 电压不平衡：电源的相电压不平衡会使电动机转矩降低，转速减小，排量降低，使单位产液量的耗能增加，影响电泵的抽吸效果。

(3) 瞬间电压波动：电网中启动较大的电器或在雷雨天气等情况下，将引起瞬间电压波动。当波动严重时，可造成单相接地，电动机缺相运行，使绝缘破坏或烧毁。

3. 设备性能

电泵叶轮的磨损漏失、轴的断裂、配合尺寸不当等都会影响电泵的抽吸效率。

4. 油井管理水平

油井管理水平是关系油井生产效果的关键。首先要选择泵型，确定合适的泵挂深度。一般情况下泵机组处在油层顶部以上 10～15m，保证井下液体对电动机热量的携带作用。合理的工作制度是使整个装置与油井协调工作，提高电泵抽吸效果的必要条件。

### 四、电动潜油泵井常见故障及处理

在电动潜油泵井生产运行过程中，总是不可避免出现这样或那样的故障，使电动潜油泵不能正常工作，影响其抽油效果和设备的运转寿命。为了保证设备能够长期地正常运转，少出故障，就应该经常对设备进行维护和保养，并且在出现故障的情况下，能够尽快地予以处理，使其投入正常运行，以提高电动潜油泵井的运行时率，取得更好的经济效益。这就要求电动潜油泵井管理人员必须准确地判断所出现的故障，并及时处理。常见电动潜油泵井故障分析及处理方法见下表 4-9。

表 4-9　电动潜油泵井常见故障及处理方法

| 系统状况 | 故障内容 | 故障原因 | 处理措施 |
| --- | --- | --- | --- |
| 机组能够运行 | 排量低或等于零 | 转向不正确 | 调整相序使电动潜油泵正转 |
| | | 地层供液不足或不供液 | (1) 测动液面，提高注水井注水量；<br>(2) 井下砂堵，起井，冲砂；<br>(3) 加深泵挂深度；<br>(4) 起井，换小排量机组 |
| | | 地面管线堵塞 | 检查阀门及回压，热洗地面管线 |
| | | 油管结蜡堵塞 | 进行清蜡处理 |
| | | 泵吸入口堵塞 | (1) 未装井下单流阀，正洗井解堵；<br>(2) 装有井下单流阀，反洗井解堵；<br>(3) 起井进行处理 |
| | | 管柱有漏失 | 憋压检查，起井更换漏失油管 |
| | | 机组轴断 | 检查排量是否正常，憋压检查，起井检查并更换故障机组 |
| | | 泵扬程不够 | (1) 如采用变频控制，适当调高频率；<br>(2) 起泵，更换合适泵型 |
| | | 机组磨损 | 起井，更换机组 |
| | | 泄油器打开 | 起井，更换泄油器 |

续表

| 系统状况 | 故障内容 | 故障原因 | 处理措施 |
|---|---|---|---|
| 机组能够运行 | 排量过高 | 泵选型偏大 | (1) 安装油嘴进行控制；<br>(2) 如采用变频控制，适当调低频率；<br>(3) 起井，更换合适泵型 |
| | | 流体特性发生变化 | (1) 化验流体性质；<br>(2) 安装油嘴进行控制；<br>(3) 如采用变频控制，适当调低频率；<br>(4) 起井，更换合适泵型 |
| | 运行电流偏高 | 机组在弯曲井段 | 上提或下放若干根油管 |
| | | 电压过高 | 按需要调整电压值 |
| | | 井液黏度或密度过大 | 校对黏度和密度，重新选泵，起井更换机组 |
| | | 井液中含有泥砂 | 取样化验，严重的起出机组，进行固砂或防砂处理后，下入防砂机组 |
| | | 结垢 | (1) 定期或连续加除垢剂；<br>(2) 严重的起出机组，下入井下防垢装置，或转其他生产方式 |
| | 运行电流不平衡 | 井下设备出现故障 | 从接线盒处将电缆顺时针调整一个位置，如控制柜显示电流顺次移动，则问题在井下电机或电缆，否则不平衡原因在地面 |
| | | 电源或地面设备出现故障 | 将变压器初级绕组引线顺次调整一个位置，如果控制柜显示电流相应移动，则问题在电源，否则故障点在变压器 |
| 机组停止运行 | 机组不能启动运转 | 电源切断或没有连接 | 检查三相电源、变压器、控制柜及保险丝；检查电闸是合合上 |
| | | 控制柜控制线路发生故障 | 检查控制电压是合合适；检查整流电路二极管是否损坏；检查控制保险是否损坏 |
| | | 地面电压过低 | 根据电机额定电压和电缆压降计算出地面所需电压，调整正确的变压器挡位 |
| | | 电缆或电机绝缘破坏或断路 | 测量井下设备的三相直流电阻和对地绝缘电阻；起井更换井下故障设备 |
| | | 砂卡或井下设备机械故障 | 测量井下设备的三相直流电阻和对地绝缘电阻；做反向启动试验起井更换井下故障设备 |
| | | 油稠黏度大，死油过多，结蜡严重，压井液未替喷干净 | 用轻质油或水热洗（温度控制在电机极限温度以下），然后再启动 |
| | 过载停机（过载指示灯亮） | 过载电流调整不正确 | 过载电流应调整为额定电流的120% |
| | | 机组的摩阻增加 | 检查排量是否正常及出砂、结垢情况；起井，更换机组 |
| | | 偏载运行 | 检查三相电流、保险及整个电路 |
| | | 电机或电缆绝缘破坏 | 测量机组的三相直流电阻和对地绝缘电阻 |
| | | 控制柜线路故障 | 检查控制柜线路，并进行修理 |
| | 欠载停机（欠载指示灯亮） | 欠载电流调整不正确 | 欠载电流应调整为正常运行电流的80% |
| | | 机组轴断 | 起井检查并更换故障机组 |
| | | 控制柜线路发生故障 | 检查控制柜线路、各接头及元件 |
| | | 气体影响 | 适当放套管气，起出更换分离器或加深泵挂 |

续表

| 系统状况 | 故障内容 | 故障原因 | 处理措施 |
|---|---|---|---|
| 机组停止运行 | 欠载停机（欠载指示灯亮） | 地层供液不足 | (1) 测动液面，提高注水井注水量；<br>(2) 井下砂堵，起井，冲砂；<br>(3) 加深泵挂深度；<br>(4) 起井，更换小排量机组 |
| | | 管柱有漏失 | 憋压检查，起井更换漏失油管 |
| | | 地面管线堵塞 | 检查阀门及回压，热洗地面管线 |
| | | 油管结蜡堵塞 | 进行清蜡处理 |
| | | 泵吸入口堵塞 | (1) 未装井下单流阀，正洗井解堵；<br>(2) 装有井下单流阀，反洗井解堵；<br>(3) 起井进行处理 |
| | | 机组磨损 | 起井检查，更换故障机组 |
| | | 泄油器打开 | 憋压检查，起井更换泄油器 |
| | | 泵扬程不够 | (1) 如采用变频控制，适当调高频率；<br>(2) 启泵，更换合适泵型 |

## 思考练习题

1. 电动潜油泵井欠载停机的原因有哪些？
2. 为什么要设定电动潜油泵井过载、欠载值？
3. 电动潜油泵井欠载值的设定原则是什么？
4. 电动潜油泵井过载停机的原因有哪些？
5. 电动潜油泵井过载值的设定原则是什么？
6. 如何取全、取准电动潜油泵井的各项资料？

# 第五章 采油站管理

采油站管理是采油工的基本工作内容,包括从抽油机的管理到各项第一性资料的录取。油水井资料的录取及整理是油水井生产管理中一项非常重要的基础工作,通过第一性资料对油井生产的动态进行分析,提出合理的油井工作制度。所以油田开发能否持续稳产、高效,与采油工录取好真实准确的第一性资料是不可分的。本章设置了 10 个操作项目和 14 个理论知识点。

## 第一节 采油站设备、设施

### 项目一 量油

**一、学习目标**

掌握分离器量油的操作方法,能通过量油掌握所管生产井的产液量和产气量,从而及早发现油井存在问题,保证油井正常生产。

**二、风险提示**

(1) 油气泄漏、爆炸。
(2) 发生人身伤害。
(3) 环境污染。

**三、应急处置**

(1) 迅速拨打火警电话报警,关闭相关阀门。
(2) 发生人身伤害,立即使伤者脱离伤害源,进行应急救护后送往就近医院救治。
(3) 组织人员清理现场,恢复环境。

**四、操作规程(立式分离器量油)**

1. 准备工作

(1) 穿戴好劳保用品。
(2) 准备工具、用具(表 5-1)。

2. 操作步骤

(1) 掺水流程井应根据生产情况提前 10~30min 侧身关掺水阀门,串联流程井根据生产

表 5-1　立式分离器量油工具、用具表

| 序号 | 名称 | 规格 | 数量 |
|---|---|---|---|
| 1 | 阀门扳手 | F 扳手 | 1 把 |
| 2 | 钢卷尺 | | 1 个 |
| 3 | 秒表 | | 1 块 |
| 4 | 计算器 | | 1 个 |
| 5 | 擦布 | | |
| 6 | 纸、笔 | | |

情况提前 10～30min 停掉不需计量的抽油机,并关闭生产闸门。

(2) 开量油标尺(或磁翻板液位计)上流阀门,开下流阀门,查看液面状况,打开气平衡阀门。

(3) 打开被量油井的上流阀门,使油进入分离器,关严下流阀门。

(4) 用分离器出口阀和气平衡阀调整液面到量油下标线。

(5) 关分离器出口阀,当液面上升至与标尺下标线重合时计时开始。

(6) 当液面上升至标尺上标线时记下终止时间。

(7) 打开出油阀、关气平衡阀,将量油标尺内液面降到底部,关闭量油标尺下流阀门及上流阀门。

(8) 打开单井下流阀门,关闭上流阀门,关闭分离器出口阀门、总计量阀门、气平衡阀门。

(9) 掺水井打开掺水阀门,开启度与关前一样。串联井的流程打开生产阀门,按照启抽油机的操作规程启动抽油机。

(10) 由分离器量油常数换算出日产液量。

(11) 将有关数据填入报表。

五、注意事项

(1) 倒流程时一定要先开后关,防止憋压。

(2) 量油高度误差不能超过 2mm。

(3) 观察液面时,视线与玻璃管中液面的凹液面平齐。记录时间时,视线垂直于表盘。

(4) 掺水井关停水时间应视产量确定。

# 项目二　测气

一、学习目标

掌握测气的操作方法。

二、风险提示

(1) 油气泄露、爆炸。

(2) 发生人身伤害。
(3) 环境污染。

### 三、应急处置

(1) 迅速拨打火警电话报警，关闭相关阀门。
(2) 发生人身伤害，立即使伤者脱离伤害源，进行应急救护后送往就近医院救治。
(3) 组织人员清理现场，恢复环境。

### 四、操作规程

**1. 准备工作**

(1) 穿戴好劳保用品。
(2) 准备工具、用具（表5-2）。

表5-2 测气工具、用具表

| 序号 | 名称 | 规格 | 数量 |
| --- | --- | --- | --- |
| 1 | 管钳 | 450mm | 1把 |
| 2 | 阀门扳手 | F扳手 | 1把 |
| 3 | 秒表 |  | 1块 |
| 4 | 测气换算表 |  | 1份 |
| 5 | 2m钢卷尺 |  | 1个 |
| 6 | 纸、笔 |  |  |

**2. 操作步骤**

(1) 检查确认量油分离器量油上下高度标线是否清楚。
(2) 分离器进出口及气平衡流程是否正确。
(3) 选一口抽油机井（若是掺水伴热生产井，要提前10～30min关掺水阀门）。
(4) 打开液位计上、下流阀门。
(5) 打开分离器进油阀门，打开气平衡阀门。
(6) 打开测气装置放空阀，检查高、低压引线，关闭放空阀。
(7) 开分离器平衡阀门，控制分离器出口阀门，使液面稳定在量油标高的1/2～2/3处。
(8) 开测气装置平衡阀门及高、低压阀门，关气装置平衡阀门，开始测气，每隔10s记录一次分压和测气压差值，共取10组数据。
(9) 恢复原流程生产。
(10) 计算产气量，把录取的数据填入报表。

### 五、注意事项

(1) 测气挡板孔径要合适，压差在卡片的30～70格之间。
(2) 副孔板在前，主孔板在后，喇叭口顺气流方向。
(3) 读出测气压差，产气量高的井，每隔5s读一次，产气量低的井，每隔15s读一次。

(4) 冬季要注意波纹管保温。

## 项目三　更换分离器安全阀

### 一、学习目标

掌握安全阀的操作方法。

### 二、风险提示

（1）油气泄露、爆炸。
（2）发生人身伤害。
（3）环境污染。

### 三、应急处置

（1）迅速拨打火警电话报警，关闭相关阀门。
（2）发生人身伤害，立即使伤者脱离伤害源，进行应急救护后送往就近医院救治。
（3）组织人员清理现场，恢复环境。

### 四、操作规程

1. 准备工作

（1）穿戴好劳保用品。
（2）准备工具、用具（表5-3）。

表5-3　更换分离器安全阀工具、用具表

| 序号 | 名称 | 规格 | 数量 |
| --- | --- | --- | --- |
| 1 | 安全阀 |  | 1个 |
| 2 | 活动扳手 | 250、300mm | 各1把 |
| 3 | 平口螺丝刀 | 200mm | 1把 |
| 4 | 标准撬杠 | 500mm | 1根 |
| 5 | 相应规格石棉垫片 |  | 1个 |
| 6 | 黄油 |  |  |
| 7 | 棉纱 |  | 若干 |
| 8 | 污油桶 |  | 1个 |

2. 操作步骤

（1）检查新安全阀本体完好，有检验合格证，铅封完好，在有效期内。
（2）关闭分离器上安全阀控制阀门。
（3）卸松安全阀下法兰螺栓，放净余压，卸掉安全阀。
（4）清理法兰端面。
（5）安装新安全阀，加入石棉垫片，对角上紧法兰螺栓。
（6）稍开安全阀控制阀门，试压无渗漏，全部打开。

(7) 收拾工具、用具，清理现场。
(8) 将有关数据填入班报表。

### 五、注意事项

(1) 安全阀的标定压力不能超过分离器的最高工作压力。
(2) 安全阀的控制阀门应处于全开状态。
(3) 安全阀的出口严禁朝向电缆。

## 项目四　添加闸板阀密封填料

### 一、学习目标

掌握闸板阀添加密封填料的操作方法。

### 二、风险提示

(1) 计量站内天然气泄漏发生人员中毒。
(2) 倒错流程憋压，造成液体泄漏伤人及环境污染。
(3) 开关阀门操作不当造成人身伤害。
(4) 泄压、试压时，造成刺漏伤人及环境污染。

### 三、应急处置

(1) 人员发生人身伤害，现场视伤势情况对受伤人员进行紧急包扎处理。如伤势严重，应立即拨打"120"求救。
(2) 液体泄漏，关闭泄漏点上下流阀门，查找泄漏原因，做相应处理。

### 四、操作步骤

1. 准备工作

(1) 正确穿戴好劳保用品。
(2) 准备工具、用具（表5-4）。

表5-4　填加闸板阀密封填料工具、用具表

| 序号 | 名称 | 规格 | 数量 |
| --- | --- | --- | --- |
| 1 | 活动扳手 | 200mm、250mm | 各1把 |
| 2 | 平口螺丝刀 | 200mm | 1把 |
| 3 | 剪刀 |  | 1把 |
| 4 | 石棉绳或标准密封填料 |  |  |
| 5 | 铁丝 |  | 1段 |
| 6 | 捞钩 |  | 1个 |
| 7 | 黄油 |  |  |
| 8 | 棉纱 |  | 若干 |

2. 操作步骤

（1）检查现场流程。

（2）打开旁通阀门，关闭上流阀门，关闭下流阀门，打开放空阀门。

（3）卸松密封填料压盖螺栓，预留 2～3 扣，撬动压盖泄压，卸下螺栓并放平，撬出压盖，用铁丝挂好。

（4）取出旧密封填料。

（5）量取密封填料盒长度，加入新密封填料，切口为 30°～45°角，两切口平行，密封填料涂抹黄油后加入密封填料盒，相邻填料的切口要错开 90°～120°。

（6）松开铁丝放下压盖，紧固压盖。

（7）打开下流阀门试压，观察闸板阀有无渗漏，将阀门全部打开。

（8）恢复正常生产流程。

（9）清理现场，收拾工具。

五、注意事项

（1）开关阀门时侧身。

（2）交替上紧固定螺母。

（3）操作前打开门窗通风。

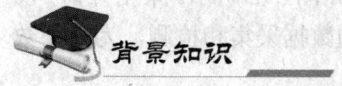

一、计量分离器的结构及工作原理

在分离器侧壁装一高压玻璃管与分离器构成连通器，立式油气分离器结构如图 5-1 所示。

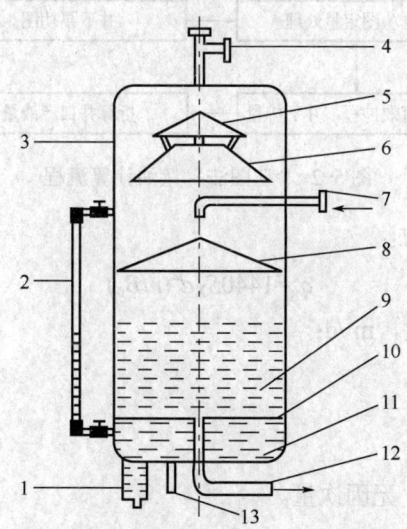

图 5-1　立式油气分离器的结构示意图

1—底水包；2—量油玻璃管；3—壳体；4—气出口；5—分离伞；6—隔板；7—混合液口；8—散油帽；
9—混合液；10—分离器隔板；11—底水；12—混合液出口；13—排污口

分离器玻璃管量油是根据连通器原理，分离器内液柱的压力应与玻璃管内水柱压力相平衡。采用定容积法，当分离器内进油后液面上升一定高度时，玻璃管内水柱也相应上升一定高度。由于油、水密度不同，上升高度不同，在计量时记录水柱上升高度所需时间，即可以计算出产油量。产油量的计算公式为：

$$Q_{实} = \frac{86400 h_{水} \rho_{水} \pi D^2}{4t}$$

式中　$h_{水}$——玻璃管内水柱高度，m；
　　　$\rho_{水}$——水的密度，t/m³；
　　　$D$——分离器直径，m；
　　　$t$——量油时间，s；
　　　$Q_{实}$——计算出的油井日产油量，t/d。

### 二、量油的方法及原理

#### 1. "功图法"量油

"功图法"计量将单井计量前移至井场，不需要专用的计量管线，具备多井单管集输条件。油井"功图法"计量技术是依据油井深井泵工作状态与油井液量的变化关系，建立抽油杆、油管、泵示功图的力学模型和数学模型，通过获取示功图数据，用无线发送设备发送到接转站计算机系统进行处理，从而计算油井产液量，计算流程如图5-2所示。采用井口"功图法"计量，利用已建的通信平台，可以实现对油井进行实时的数据采集和检测，为油田数字化管理创造了条件。

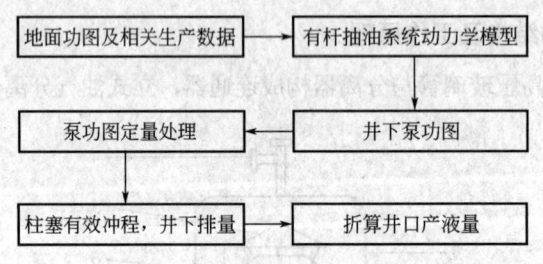

图 5-2　"功图法"量油计算流程

泵示功图计量由下式计算：

$$q_g = 1440 S_X d^2 (n/B_o)$$

式中　$q_g$——泵功图油井产量，m³/d；
　　　$S_x$——有效冲程，m；
　　　$d$——泵径，m；
　　　$n$——冲次，次/min；
　　　$B_o$——原油体积系数，无因次量。

油井产量为：

$$Q = K q_g$$

式中　$Q$——油井产量，m³/d；
　　　$q_g$——泵功图油井产量，m³/d；

$K$——修正系数。

2. 称重式计量车量油

采用称重的方式，对流经计量器在原油进行称重，通过累积一定时间内流过计量器中的原油重量，计算出油井的产液量。称重式计量车量油与传统计量分离器相比较，能消除由于油中含气造成的假体积而带来的测量误差。

称重式计量车采用计算机进行动态控制，集机、电于一身，是典型的机电一体化产品。它具有以下特点：撬装、车载可移动。在井场通过软管线与单井井口连接，在线标定产量。采用称重的方法对原油进行称重，计量精度高，具有实时状态显示、启动和停止测量、历史记录查询等功能。

3. 分离器玻璃管量油

油气混合物由分离器上部经进油管线成切线方向进入分离器后，并沿器壁旋转。在重力作用下，依靠油滴和气体人相对密度差使油气分离，气向上，而油水向下。在离心力的作用下，喷洒在散油帽上，扩散后的油靠重力沿管壁下滑到分离器的下部，经排油管排出。同时，气体因密度小而上升，经分离伞集中向上改变流动方向，将气体中的小油滴黏附在伞壁上，形成一层很薄的油膜，当此油膜与气体接触时，又可继续将气中的油捕集起来。当油多了之后，就会因重力附壁而下，脱油后的气体经分离器顶部出气管进入管线进行测气。

在分离器侧壁装一高压玻璃管（或磁翻板液位计）和分离筒构成连通器，根据连通器原理，分离器内液柱压力与玻璃管（或磁翻板液位计）内水柱压力相平衡，因此，当分离器内液柱上升到一定高度时，玻璃管（或磁翻板液位计）内水柱也相应上升一定高度，但因液、水密度不同，分离器内液柱和玻璃管（或磁翻板液位计）中的水柱上升高度也不相同。只要知道玻璃管内水柱高度，就可以计算出分离器内液柱上升高度，记录玻璃管内水柱上升高度所需时间，则可计算出分离器内液柱重量，就可求出该井日产量。

4. 玻璃管电极量油

玻璃管电极量油是在玻璃管量油基础上发展起来的，计算时也采用定容积计算法，只是计量过程中的操作和记录全部由自动仪表来代替，这样不仅避免了繁琐的开关操作，而且防止产生人为误差，适应遥控技术的发展。如图 5-3 所示。

当量油开始时，分离器出油阀门关闭，分离器内液面上升，玻璃管内水面也上升，当升到下部电极对时，电路接通，开始计时。同时，进油灯亮，开始自动计量。当玻璃管内水面上升到上部电极对时，上部电极电路接通，指示电表停止，进油灯灭，排油灯亮，计数器跳动一次，记下一个量油数字。一次量油完毕。

玻璃管电极自动量油计算同玻璃管量油，只是计量时间由仪表自动记录。

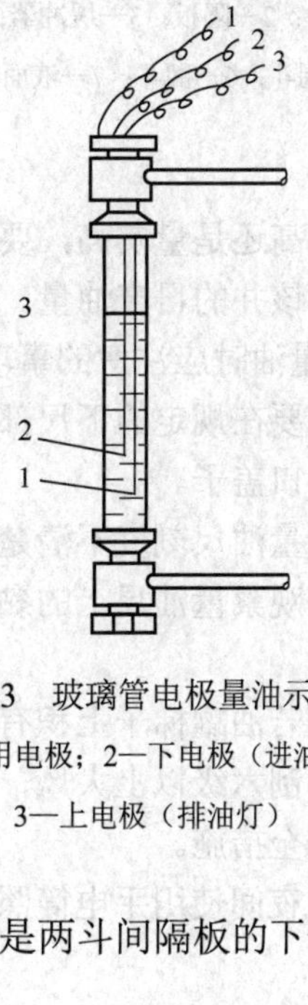

图 5-3 玻璃管电极量油示意图
1—公用电极；2—下电极（进油灯）；
3—上电极（排油灯）

5. 翻斗自动量油

翻斗量油是利用杠杆平衡原理。当翻斗未装油时，空斗的重心在两个斗所构成的等腰三角形底边的垂线下部，也就是两斗间隔板的下部。这时靠支架上的挡板支持，处于平衡状态。当一斗进油后，使原来等腰三角形的重心偏移，装满油的斗翻转，将油排出。同时另一斗处于装油位置，又出现平衡状态，装油后重心偏移，也翻转排油，如此反复进行量油，如图5-4所示。由电磁计数器记录的翻转次数，即可算出油产量。油量计算公式为：

$$Q_{实} = 1440 \times \frac{mn}{t} \times 10^{-3}$$

式中  $Q_{实}$——油井日产量，t/d；
$t$——量油时间，min；
$n$——量油时间内的累计翻斗次数；
$m$——每斗装油量，kg。

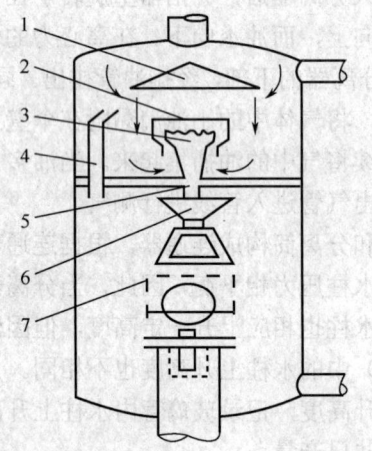

图5-4 翻斗自动量油装置示意图
1—分离伞；2—隔板；3—缓冲器；4—连通管；
5—漏斗；6—翻斗；7—液面控制部分

6. 单井罐量油

对于那些分布在油田较边缘的零散油井，目前还使用单井罐储油和计量。

1）量油原理

此种方法又称为检尺计量法，是将量油钢卷尺下（或直尺）下入油罐内量油。该量油方法又分为量空高和量实高两种。量空高是量罐口到液面的高度（$H_{空}$），量实高是量罐内油的实际高度（$H_{油}$）。

2）量油方法

从罐顶的量油口向罐内徐徐下放钢卷尺（或直尺），当铜锤浸入油中后，在量油口边缘的固定部位读出钢卷尺下入罐内的数值（$H_{下}$），再起出卷尺，读出铜锤浸入油中的数值（$H_{浸}$）。计算公式为：

$$H_{空} = H_{下} - H_{浸}, \quad H_{油} = H_{罐} - H_{空}$$

量空高还是量实高，要根据各油田的具体要求而定。量完后，要根据单井罐的量油换算表换算出该井的日产油量。

3）量油时应注意的事项

（1）要在规定的下尺部位下尺，下尺要慢要垂直。量油的人要站在上风方向，且轻开、轻关量油口盖子。

（2）量油尺刻度不清楚或打折时，不能使用。

（3）观察量油尺上的黏油位置时，应使尺子垂直或倾斜一定角度。对读数有怀疑时，应重新量。

（4）若油罐梯子上积有水、雪时，应先清除后再上罐，不能穿有铁钉的鞋上罐。

（5）刮六级以上大风，或有雷雨、闪电时，不能上罐量油。如果确实需要上罐，则应有特殊的安全措施。

（6）夜间使用手电筒照明量油时，最好使用塑料手电筒，并且应在罐下面打开手电筒。

### 三、测气的方法及原理

华北油田目前大都采用放空测气和密闭测气两种方法。放空测气是气体经测气管、挡板，然后放入大气。密闭测气是气体经测气管线和挡板后仍进入集输管线。

测气方法的基本原理都是使气体通过测气管线上装的挡板，产生节流作用，在挡板前后形成压差，利用挡板孔径和挡板前后的压差值可计算出气量。对气量小、管线压力低的气体可采用放空测气；对气量大、管线压力高的气流，应采用密闭测气。

华北油田常用 LUX 系列旋进旋涡气体流量计测气，其结构原理如图 5-5 所示。其原理是：进入流量计的流体通过旋涡发生器产生旋涡流，旋涡流在文丘利管中旋进，到达收缩段突然节流使旋涡流加速；当旋涡流突然进入扩散段后，由于压力的变化，使旋涡流发生脉动；在流动区域放置压电传感器以检测进动频率，经前置放大器进行整形放大处理，转换成频率与流量成正比的脉冲信号，最后通过智能流量积算仪中 CPU 的运算，处理转换为流量的累积值和瞬时值进行显示，此脉冲信号还可远传给用户计算机进行运算和显示。

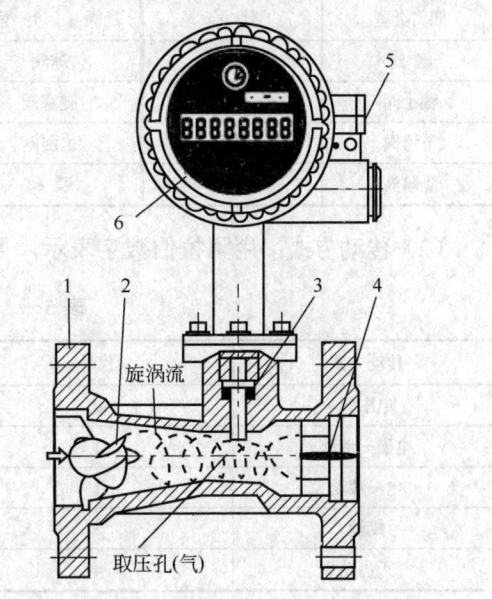

图 5-5 LUX 系列旋进旋涡气体流量计结构原理图
1—壳体；2—旋涡发生器；3—压电传感器；
4—除旋整流器；5—选择按钮；6—积算仪

### 四、常用阀门的类型及使用

阀门是流体输送系统中的控制部件，具有截断、调节、导流、防止逆流、稳压、分流或溢流泄压等功能。阀门的种类很多，且有多种分类方法。

1. 常用阀门的表示方法及类型

1）常用阀门表示方法

常用阀门表示方法由七个单元组成，如图 5-6 所示。

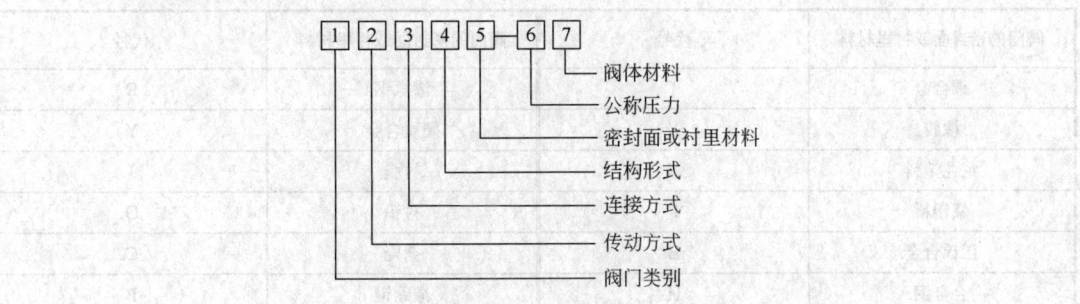

图 5-6 阀门型号示意图

（1）阀门的类别：用汉语拼音字母表示，见表 5-5。

表 5-5　阀门的类别

| 阀门类型 | 代号 | 阀门类型 | 代号 | 阀门类型 | 代号 |
|---|---|---|---|---|---|
| 闸阀 | Z | 球阀 | Q | 疏水阀 | S |
| 截止阀 | J | 旋塞阀 | X | 安全阀 | A |
| 节流阀 | L | 止回阀 | H | 减压阀 | Y |
| 隔膜阀 | G | 碟阀 | D | 调节阀 | T |

（2）传动方式：用阿拉伯数字表示，见表 5-6。

表 5-6　阀门的传动方式

| 传动方式 | 代号 | 传动方式 | 代号 |
|---|---|---|---|
| 电磁阀 | 0 | 伞齿轮 | 5 |
| 电磁—液动 | 1 | 气动 | 6 |
| 电—液动 | 2 | 液动 | 7 |
| 蜗轮 | 3 | 气—液动 | 8 |
| 正齿轮 | 4 | 电动 | 9 |

注：手轮、手柄和扳手传动以及安全阀、减压阀、疏水阀省略本代号。

（3）连接形式：用阿拉伯数字表示，见表 5-7。

表 5-7　阀门的连接形式

| 连接形式 | 代号 | 连接形式 | 代号 |
|---|---|---|---|
| 内螺纹 | 1 | 焊接 | 6 |
| 外螺纹 | 2 | 对夹 | 7 |
| 法兰 | 4 | 卡箍 | 8 |

（4）阀门的结构形式：用阿拉伯数字表示。
（5）阀门的密封面或衬里材料：用汉语拼音字母表示，见表 5-8。

表 5-8　阀门的密封面或衬里材料

| 阀门的密封面或衬里材料 | 代号 | 阀门的密封面或衬里材料 | 代号 |
|---|---|---|---|
| 铜合金 | T | 渗氮钢 | D |
| 橡胶 | X | 硬质合金 | Y |
| 尼龙塑料 | N | 衬胶 | J |
| 氟塑料 | F | 衬铅 | Q |
| 巴氏合金 | B | 搪瓷 | C |
| 合金钢 | H | 渗硼钢 | P |

（6）公称压力：公称压力及工作压力数值均用以 MPa 为单位的数值的 10 倍来表示，并用短线与前五个单元分开。

（7）阀体的材料：用汉语拼音字母表示，见表 5-9。

表 5-9　阀体的材料代号

| 阀体的材料 | 代号 | 阀体的材料 | 代号 |
|---|---|---|---|
| HT25-47（灰铸铁） | Z | H62（铜合金） | T |
| KT30-6（可锻铸铁） | K | ZG25（碳素钢） | C |
| QT40-15（球墨铸铁） | Q | 12CrMoV（铬钼钒合金钢） | V |

2）常用阀门类型

（1）按用途和作用分类。

① 截断阀类：主要用于截断或接通介质流，包括闸阀、截止阀、隔膜阀、旋塞阀、球阀、蝶阀等。

② 调节阀类：主要用于调节介质的流量、压力等，包括调节阀、节流阀、减压阀等。

③ 止回阀类：用于阻止介质倒流，包括各种结构的止回阀。

④ 分流阀类：用于分配、分离或混合介质，包括各种结构的分配阀和疏水阀等。

⑤ 安全阀类：用于超压安全保护，包括各种类型的安全阀。

（2）按压力分类。

① 真空阀工作压力低于标准大气压的阀门。

② 低压阀公称压力<1.6MPa 的阀门。

③ 中压阀公称压力<2.5～6.4MPa 的阀门。

④ 高压阀公称压力为 10～80MPa 的阀门。

⑤ 超高压阀公称压力≥100MPa 的阀门。

2. 常见阀门的使用

1）闸板阀

闸阀是作为截止介质使用的，在全开时整个流通直通，此时介质运行的压力损失最小。闸阀通常适用于不需要经常启闭，而且保持闸板全开或全闭的工况，不适用于作为调节或节流使用。对于高速流动的介质，闸板在局部开启状况下可以引起闸门的振动，而振动又可能损伤闸板和阀座的密封面，而节流会使闸板遭受介质的冲蚀。闸板阀如图 5-7、图 5-8 所示。

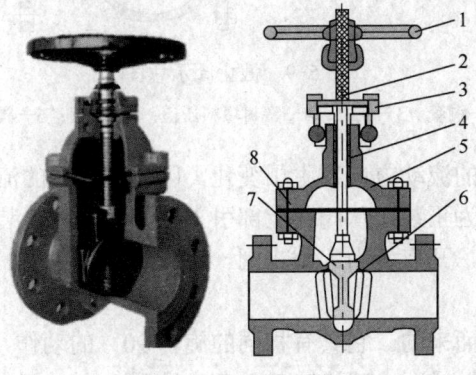

图 5-7　闸板阀示意图

1—手轮；2—阀杆；3—密封填料压盖；4—密封填料；5—阀盖；6—阀座；7—阀板；8—阀体

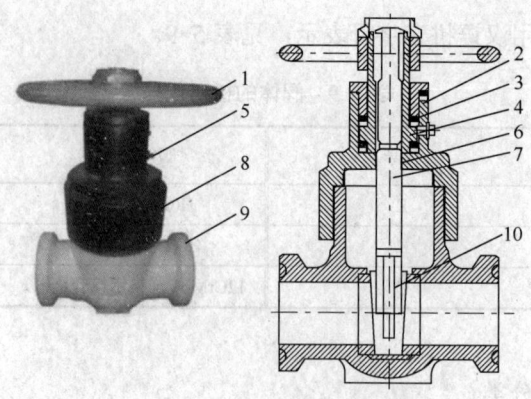

图 5-8  250 型闸板阀示意图

1—手轮；2—阀杆；3—密封填料压盖；4—密封填料；5—阀盖；6—阀座；7—阀板；8—阀体

2）截止阀

截止阀按连接方式分为三种：法兰连接、螺纹连接、焊接连接，是用于截断介质流动的。截止阀的阀杆轴线与阀座密封面垂直，通过带动阀芯的上下升降进行开断。截止阀一旦处于开启状态，它的阀座和阀瓣密封面之间就不再有接触，并具有非常可靠的切断动作，因而它的密封面机械磨损较小。由于大部分截止阀的阀座和阀瓣比较容易修理或更换密封元件时无须把整个阀门从管线上拆下来，这对于阀门和管线焊接成一体的场合是很适用的。其特点是介质流向为低进高出。截止阀如图 5-9 所示。

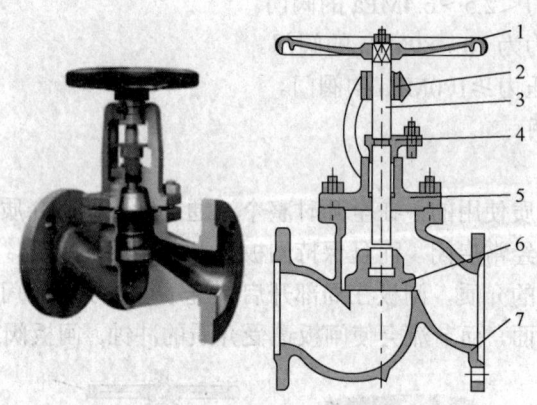

图 5-9  截止阀示意图

1—手轮；2—铜套；3—阀杆；4—密封填料压盖；5—阀盖；6—阀板；7—阀体

介质通过此类阀门时的流动方向发生了变化，因此截止阀的流动阻力较高。引入截止阀的流体从阀芯下部引入称为正装，从阀芯上部引入称为反装。正装时阀门开启省力，关闭费力；反装时阀门关闭严密，开启费力。截止阀一般正装。

3）球阀

球阀是由旋塞阀演变而来的。它具有相同的旋转 90° 的动作，不同的是旋塞体是球体，有圆形通孔或通道通过其轴线。当球旋转 90° 时，在进、出口处应全部呈现球面，从而截断流动。球阀如图 5-10 所示。

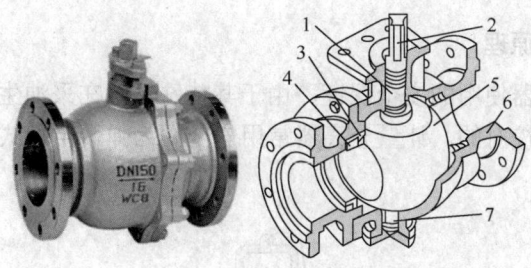

图 5-10 球阀示意图

1—阀杆；2—上轴承；3—阀座；4—弹簧；5—球体；6—阀体；7—下轴承

球阀只需要用旋转 90°的操作和很小的转动力矩就能关闭严密。完全平等的阀体内腔为介质提供了阻力很小、直通的流道。球阀最适宜直接作开闭使用，但也能作节流和控制流量之用。球阀的主要特点是本身结构紧凑，易于操作和维修，适用于水、溶剂、酸和天然气等一般工作介质，而且还适用于工作条件恶劣的介质，如氧气、过氧化氢、甲烷、乙烯、树脂等。球阀阀体可以是整体的，也可以是组合式的。

4）止回阀

止回阀的作用是只允许介质向一个方向流动，而且阻止方向流动。通常这种阀门是自动工作的，在一个方向流动的流体压力作用下，阀瓣打开。流体反方向流动时，由流体压力和阀瓣的自重合阀瓣作用于阀座，从而切断流动。止回阀包括旋启式止回阀和升降式止回阀，如图 5-11、图 5-12 所示。

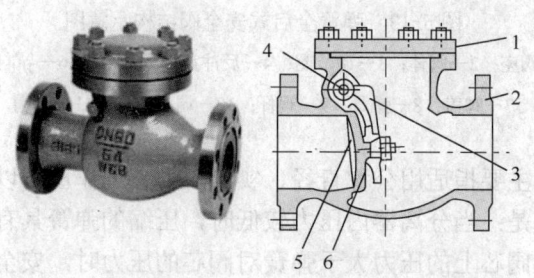

图 5-11 旋启式止回阀示意图

1—阀盖；2—阀体；3—摇杆；4—旋转轴；5—阀座；6—阀瓣

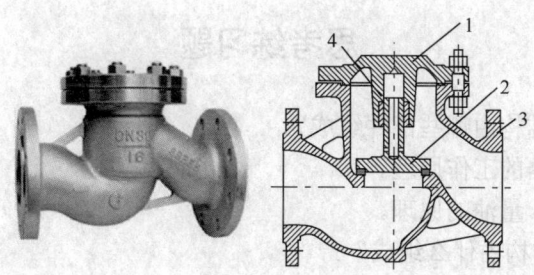

图 5-12 升降式止回阀示意图

1—阀盖；2—阀瓣；3—阀体；4—旋转轴

### 五、安全阀结构及原理

安全阀是计量分离器使用的安全保证，由于其特殊性，在采油生产实际工作中，安全阀是由专业部门进行检查校对的。计量分离器常用安全阀为弹簧全启式（A42Y-16C）安全阀，其机构如图5-13所示。

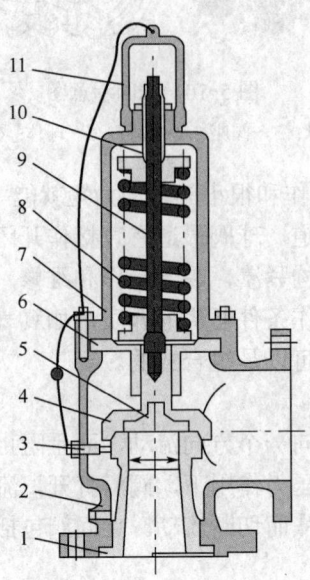

图5-13 弹簧全启式安全阀结构示意图
1—阀座；2—阀体；3—调节圈；4—反冲盘；5—阀瓣；6—导向套；
7—阀盖；8—弹簧；9—阀杆；10—调整螺杆；11—阀帽

安全阀的技术规格主要指适用公称直径、实验压力、工作压力以及安装方式。

安全阀的工作原理是：当分离器内压力较低时，压缩的弹簧具有弹性能量，使阀关闭；当分离器中气体作用在阀芯上的压力大于弹簧对阀芯的压力时，安全阀被顶开，气体冲出，安全阀发出叫声，致使分离器内压力降低，而达到安全工作压力，防止由于分离器憋压超过安全压力而损坏。

# 思考练习题

1. 计量分离器的结构由哪些部件组成？
2. 简述计量分离器的工作原理。
3. 简述"功图法"量油的原理。
4. 250型闸板阀结构由什么组成？
5. 安全阀工作原理是什么？

## 第二节　采油站操作

### 项目一　启、停离心泵

**一、学习目标**

掌握离心泵启、停抽操作的方法。

**二、风险提示**

(1) 触电。
(2) 机械伤害。
(3) 介质泄漏、着火。

**三、应急处置**

(1) 人员触电后,立即切断电源,急救后送往就近医院救治。
(2) 立即停运设备,对伤者进行救治。
(3) 立即报警,切断电源、切换流程,利用站内现有的消防器具灭火。

**四、操作规程**

1. 准备工作

(1) 穿戴好劳保用品。
(2) 准备工具、用具(表5-10)。

表5-10　启、停离心泵工具、用具表

| 序号 | 名　　称 | 规格 | 数量 |
| --- | --- | --- | --- |
| 1 | 管钳 | 600mm | 1把 |
| 2 | 活动扳手 | 200mm | 1把 |
| 3 | 平口螺丝刀 | 200mm | 1把 |
| 4 | 阀门扳手 | F扳手 | 1把 |
| 5 | 绝缘手套 |  | 一副 |
| 6 | 黄油 |  |  |
| 7 | 棉纱 |  | 若干 |
| 8 | 放空桶 |  | 1个 |

2. 操作步骤

1) 启动离心泵

(1) 检查离心泵和电动机是否完好备用。

(2) 向轴承箱加入润滑油,箱内有润滑油的检查油质是否合乎要求,油盒油位是否合适,油位应在视窗1/3~2/3之间。

(3) 检查泵进出口阀门开关情况。

(4) 盘泵 3~5 圈, 转子无卡阻现象, 无杂音, 联轴器护罩安装紧固。
(5) 检查泵进出口管线、阀门、法兰、压力表接头, 地脚螺栓及其他连接部分有无松动。
(6) 清理泵体机座、电动机杂物。
(7) 检查大罐液位及大罐出口阀门开关情况。
(8) 开启离心泵进口阀, 打开泵进口、出口放空阀排气, 关闭放空阀。
(9) 检查供电设备完好, 供电电压在 360~420V 之间。
(10) 向有关单位(如调度、变电所等)联系汇报情况。
(11) 戴绝缘手套合启动柜开关送电。
(12) 按启动按钮, 启动电动机。
(13) 观察泵压升至最大压力时, 逐步打开泵出口阀门, 控制泵的流量、压力。
(14) 检查电动机电流是否在额定值以内。
(15) 检查电动机、泵是否有杂音、振动、泄露, 温度是否正常。
(16) 挂"运行标牌"。
(17) 录取压力、温度、电流、电压等相关资料, 填写报表。
(18) 清理现场, 回收工具、用具。

2) 停止离心泵

(1) 向上级调度汇报, 由调度统一协调处理。
(2) 慢慢关小出口阀, 保持干线压力平稳, 当出口阀门全部关闭后, 按停止按钮停泵(变频控制柜控制的机泵先按停止按钮停泵再关闭出口阀门), 断电。
(3) 泵停止运行后, 关闭冷却水阀门。
(4) 挂"停运牌"。
(5) 将有关数据填入报表。

### 五、注意事项

1. 启动离心泵
(1) 离心泵在任何情况下都不允许无液体空转, 以免零件损坏。
(2) 离心泵启动后, 在出口阀未开的情况下, 不允许长时间运行。
(3) 在正常情况下, 用出口阀来调节流量。
(4) 启泵前要注意通风, 防止油气中毒。

2. 停止离心泵
(1) 停泵时不允许先关进口阀门。
(2) 停泵后, 盘泵 2~3 圈。
(3) 长期停泵时, 应将泵解体, 保养存放。
(4) 停泵后, 必须断开配电室电源, 挂"停运牌"。

## 项目二  制作更换法兰垫片

### 一、学习目标

掌握制作更换阀门法兰垫片的操作方法。

## 二、风险提示

（1）人员伤害，未侧身关闭阀门、使用工具不当或余液未放净、介质刺出造成伤害。

（2）泄漏。如发生泄漏，及时将切断阀关严，打开放空阀卸压，将管线余液全部排出，采取措施更换阀门。

## 三、应急处置

（1）人员受伤后应对伤者进行救护并送往附近医院进行救治。

（2）立即停运设备，对伤者进行救治。

（3）立即报警，切断电源、切换流程，利用站内现有的消防器具灭火。

## 四、操作规程

### 1. 准备工作

（1）穿戴好劳保用品。

（2）准备工具、用具（表5-11）。

表5-11 制作更换法兰垫片工具、用具表

| 序号 | 名称 | 规格 | 数量 |
|---|---|---|---|
| 1 | 活动扳手 | 250mm、300mm | 各1把 |
| 2 | 平口螺丝刀 | 200mm | 1把 |
| 3 | 阀门扳手 | F扳手 | 1把 |
| 4 | 梅花扳手 |  | 1套 |
| 5 | 刮刀 | 300mm |  |
| 6 | 撬杠 | 500mm | 1个 |
| 7 | 划规 | 200mm | 1把 |
| 8 | 钢板尺 | 300mm |  |
| 9 | 剪刀 |  | 1把 |
| 10 | 润滑油 |  |  |
| 11 | 石棉垫、棉纱 |  |  |
| 12 | DN50阀门 |  | 1个 |

### 2. 操作步骤

（1）选择规格合适、无裂纹、缺损的石棉垫片。

（2）清理法兰密封端面的密封水线。

（3）用钢板尺测量法兰密封面内外径尺寸。测量时尺边与两个对称法兰螺栓孔的边缘交叉相切。

（4）清洁密封垫片，用划规画出石棉垫样。

（5）用剪子剪制石棉垫片。

（6）垫片内、外圆同心，且光滑、无毛刺，内外径尺寸误差±2 mm。

（7）在剪出的法兰垫片两侧均匀涂上黄油，放在干净的地方。

（8）打开旁通阀门，依次关闭所换阀门两头的进、出口阀，打开放空阀，放净余压。

（9）用梅花扳手卸开法兰螺栓。卸四条法兰螺栓时，先卸松离自己最远的一条，另外三条螺栓卸松不要卸掉，最后卸掉面对自己的一条螺栓。

（10）取出旧垫片，清理两法兰面。

（11）将新垫片放入法兰内，对角上紧螺栓。

（12）关闭放空阀，打开新换垫片阀门的出口阀2～3扣，试压后，打开进口阀门和出口阀关闭旁通阀。

（13）收拾工具、用具，清理现场。

### 五、注意事项

（1）法兰垫片内、外圆光滑，手柄长度为露出法兰外20mm±5mm。

（2）安装过程中垫片不得有损坏现象。

（3）开关阀门时要侧身站立。

（4）倒流程时要先关上上流阀门，后关下流阀门。

（5）阀门开大后要回半圈。

## 项目三　更换阀门操作

### 一、学习目标

掌握更换阀门的操作方法。

### 二、风险提示

（1）人员伤害。

（2）泄漏。如发生泄漏，切断阀关严，打开放空阀泄压，将管线余液全部排出，采取措施更换阀门。

### 三、应急处置

（1）人员受伤后应对伤者进行救护并送往附近医院进行救治。

（2）立即停运设备，对伤者进行救治。

（3）立即报警，切断电源、切换流程，利用站内现有的消防器具灭火。

### 四、操作规程

1. 准备工作

（1）穿戴好劳保用品。

（2）准备工具、用具（表5-12）。

2. 操作步骤

（1）制作好法兰垫片并在两侧均匀涂上润滑脂，放在干净的地方。

（2）打开旁通阀门，关闭进口阀，关闭出口阀，打开放空阀。

（3）流程倒好后观察压力表是否归零，挂"停运牌"。

（4）卸掉法兰螺栓，先拆卸远离自己的那条螺栓，在拆卸其他螺栓。

（5）移开旧阀门。

表 5-12　更换阀门工具、用具表

| 序号 | 名称 | 规格 | 数量 |
| --- | --- | --- | --- |
| 1 | 活动扳手 | 250mm、300mm | 各1把 |
| 2 | 平口螺丝刀 | 200mm | 1把 |
| 3 | 阀门扳手 | F扳手 | 1把 |
| 4 | 梅花扳手 |  | 1套 |
| 5 | 刮刀 | 300mm |  |
| 6 | 撬杠 | 500mm | 1个 |
| 7 | 划规 | 200mm | 1把 |
| 8 | 钢板尺 | 300mm | 1把 |
| 9 | 剪刀 |  | 1把 |
| 10 | 润滑油 |  |  |
| 11 | 石棉垫、棉纱 |  |  |
| 12 | DN50mm 阀门 |  | 1个 |

（6）清理新阀门及管线法兰端面两侧水纹线，擦拭干净。

（7）安装新阀门，加入法兰垫片，紧固连接螺栓。

（8）关闭放空阀，打开新换垫片阀门的出口阀 2～3 扣，试压，观察法兰垫片处是否渗漏，打开进口阀门和出口阀，关闭旁通阀，挂上"运行牌"。

（9）收拾工具、用具，将有关数据填入报表。

### 五、注意事项

（1）法兰垫片内、外圆光滑，手柄长度为露出法兰外 20mm±5mm。

（2）安装过程中垫片不得有损坏现象。

（3）开关阀门时要侧身站立。

（4）倒流程时要先关上流阀，后关下流阀。

（5）阀门开大后要回半圈。

## 项目四　站内扫线

### 一、学习目标

掌握站内扫线操作的方法。

### 二、风险提示

（1）劳保护具不齐全。

（2）通风不良，造成油气中毒。

（3）安全附件失灵造成刺漏或设备损坏。

（4）流程未改通，造成刺漏或损坏设备。

### 三、应急处置

（1）正确使用穿戴劳动保护用具。
（2）打开门窗通风或启动引风机强制通风。
（3）安全阀应按期检查校验，及时维护更新。
（4）改流程前仔细检查，改完后仔细检查，确保流程畅通。

### 四、操作规程

1. 准备工作

（1）穿戴好劳保用品。
（2）准备工具、用具（表 5-13）。

表 5-13  站内扫线工具、用具表

| 序号 | 名称 | 规格 | 数量 |
| --- | --- | --- | --- |
| 1 | 活动扳手 | 200mm、300mm | 各1把 |
| 2 | 管钳 | 200mm | 1把 |
| 3 | 阀门扳手 | F扳手 | 1把 |
| 4 | 空气呼吸器 |  | 1个 |
| 5 | 多功能气体测试仪 |  | 1个 |
| 6 | 压风车 |  | 1台 |
| 7 | 石棉板 |  |  |
| 8 | 棉纱 |  |  |

2. 操作步骤

（1）吹扫前，录取压力，换上大量程压力表或关掉压力表阀门。
（2）停抽油机至下死点，关井口阀。倒好小站内总机关流程，卸掉总机关扫线堵头，连接压风车。
（3）联系联合站，并倒好流程。
（4）开始扫线，随时观察站内压力，当压力下降（注意管线是否破裂）到正常生产压力时可停止扫线操作。
（5）停止扫线车，放空。
（6）恢复站内总机关流程及单井流程，启动抽油机，拆卸连接管线。
（7）清理现场，收拾工具、用具，将有关数据记入报表。

### 五、注意事项

（1）在扫线时扫线车压力要缓慢提高，当总机关压力超过 2.5MPa 时，立刻停止扫线，防止垫子刺造成泄漏。
（2）工具、用具使用时，操作要平稳，防止打滑、产生火花引起火灾事故。
（3）确认流程正确，观察压力正常后方可离开。

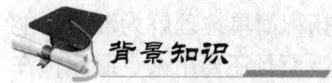

## 一、离心泵结构及工作原理

### 1. 离心泵结构

离心泵结构如图 5-14 所示，叶轮装在泵轴上，叶轮内弯曲的叶片构成流道，叶轮和泵轴装在泵壳（简称蜗壳）中，泵壳连着吸入管和排出管，主要包括以下部分：

（1）转动部分，包括叶轮、泵轴和轴套。

（2）泵壳部分，包括泵壳与泵盖，多级泵包括吸入段、中段、压出段和导翼。

（3）密封部分，包括密封环和填料函。

（4）平衡部分，包括平衡盘、平衡鼓和其他平衡装置。

（5）轴承部分，包括滚动轴承和滑动轴承。

（6）传动部分，包括弹性联轴器等。

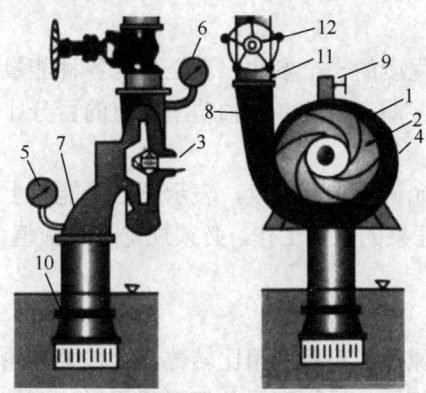

图 5-14　离心泵结构图

1—叶轮；2—叶片；3—泵轴；4—泵壳；5—进口压力表；6—真空表；7—吸入管；8—扩散管；
9—灌泵漏斗；10—单向底阀；11—排出管；12—排出管调节阀

### 2. 离心泵工作原理

离心泵主要是依靠离心力作用来输送液体的，故称其为离心泵。离心泵在运转之前必须先在泵内灌满液体，并将叶轮全部浸没。当泵运转时，电动机通过泵轴带动叶轮高速旋转，叶轮中的叶片带动液体一起旋转，因而产生离心力，在此离心力作用下，叶轮中的液体沿叶片流道被甩向叶轮外缘，经涡壳送入排出管。而叶轮中间时吸入口处却形成了低压，使吸液罐中的液体不断地经吸入管路及泵的吸液室进入叶轮中心。这样在叶轮旋转过程中，一面不断吸入液体，一面又不断给吸入液体一定的能量，将液体排出并输送到工作地点。

## 二、离心泵工况参数

### 1. 流量

离心泵的流量是指泵在单位时间内排出液体的数量，一般用 $Q$ 表示，常用单位为 $m^3/s$ 或 $m^3/h$ 等。离心泵的流量与泵的结构、尺寸和转速有关。

### 2. 扬程（压头）

离心泵的扬程又称压头，是单位质量流体经过水泵后其能量的增加值，常用 $H$ 表示，在工程实际中，扬程的单位常用米（m）液柱来表示。不能把泵的扬程简单地理解为液体所能排送的垂直高度，因为泵的扬程不仅要用来使液体提高位置水头，而且还要用来克服液体在输送过程中的阻力损失，以及用来提高输送液体的静压头和速度等。

3. 转速

转速指泵轴在单位时间内转过的圈数，常用字母 $n$ 表示，单位常用 r/min 表示。

4. 功率

泵在单位时间内对液体所做的功，称为功率。用符号 $p$ 表示，单位为 N·m/s 或 W（瓦特）。泵的功率有轴功率、有效功率和原动机功率三种。

（1）有效功率。有效功率也就是输速功率，指在单位时间内，液体通过泵后所获得的能量。

（2）轴功率。轴功率是指在一定流量下动力机给泵轴上的功率，也称输入功率，常用 $N_a$ 表示。

（3）原动机功率通常泵铭牌上标明的功率不是有效功率，而是指与泵配合的原动机功率，称为额定功率。有些铭牌上标明轴功率，它是指泵需要的功率。

5. 效率

效率是衡量功率中有效程度的一个参数，表征泵内各种能量损失程度，它是泵的一项重要技术经济指标，用 $\eta$ 表示，即有效功率与轴功率比值的百分比。

6. 允许吸上高度

泵的允许吸上高度也叫允许吸上真空度，表示离心泵能吸上液体的允许高度。用 $H_允$ 或 $H$ 表示，单位为 m。为了保证泵的正常工作，必须规定这一数值，以保证泵入口液体不汽化，不产生汽蚀现象。

7. 比转数

任何一台泵，根据相似原理，可以利用比转数 Ns 按泵叶轮的几何相似与动力相似的原理对叶轮进行分类。比转数相同的泵即表示几何形状相似，液体在泵内运动的动力相似。

### 三、离心泵常见故障及处理

离心泵常见故障及处理方法见表 5-14。

表 5-14 离心泵常见的故障及处理方法

| 常见故障 | 故障原因 | 处理方法 |
| --- | --- | --- |
| 轴承温度过高 | 缺少润滑油<br>轴瓦内杂物太多<br>轴套卡死<br>输送油温过高<br>润滑油不清洁<br>冷却水不畅 | 添加润滑油<br>清洗泵体、取出杂物<br>换轴套<br>降低油温<br>清洗轴承<br>疏通冷却水 |
| 泵不上量 | 油温过低或过高<br>原油含气或泵内有气体<br>罐内液面太低或流程不通<br>进口管线或过滤器堵<br>电动机反转 | 降低或升高油温<br>停泵排空气<br>清理流程<br>清洗过滤器<br>倒电动机控制电路 |
| 密封圈发烧漏失 | 轴套变形不光滑<br>法兰压盖不正<br>密封填料过多过量 | 换轴套<br>调整压盖<br>取出多余密封填料 |

## 四、螺杆泵常见故障及处理

螺杆泵常见故障及处理方法见表 5-15。

**表 5-15　螺杆泵常见故障及处理方法**

| 序号 | 故障现象 | 原　　因 | 处 理 方 法 |
|---|---|---|---|
| 1 | 泵不吸油 | 吸入管路堵塞或漏气；<br>吸入高度超过允许吸入真空高度；<br>电动机反转；<br>介质黏度过大 | 检修吸入管路；<br>降低吸入高度；<br>改变电动机转向；<br>将介质加温 |
| 2 | 压力表指针波动大 | 吸入管路漏气；<br>安全阀没有调好或工作压力过大，使安全阀时开时闭 | 检修吸入管路；<br>调整安全阀或降低工作压力 |
| 3 | 流量下降 | 吸入管路堵塞或漏气；<br>螺杆与泵套磨损；<br>安全阀弹簧太松或阀瓣与阀座接触不严；<br>电动机转速不够 | 检修吸入管路；<br>磨损严重时应更换零件；<br>调整弹簧、研磨阀瓣与阀座；<br>修理或更换电动机 |
| 4 | 轴功率急剧增大 | 排出管路堵塞；<br>螺杆与泵套严重摩擦；<br>介质黏度太大 | 停泵清洗管路；<br>检修或更换有关零件；<br>将介质升温 |
| 5 | 泵振动大 | 泵与电动机不同心；<br>螺杆与泵套不同心或间隙大；<br>泵内有气；<br>安装高度过大，泵内产生汽蚀 | 调整同心度；<br>检修调整；<br>检修吸入管路，排除漏气部位；<br>降低安装高度或降低转速 |
| 6 | 泵发热 | 泵内严重摩擦；<br>机械密封回油孔堵塞；<br>油温过高 | 检查调整螺杆和泵套；<br>疏通回油孔；<br>适当降低油温 |
| 7 | 机械密封大量漏油 | 装配位置不对；<br>密封压盖未压平；<br>动环或静环密封面碰伤；<br>动环或静环密封圈损坏 | 重新按要求安装；<br>调整密封压盖；<br>研磨密封面或更换新件；<br>更换密封圈 |

## 五、变频器的作用

变频器有以下作用：

（1）变频节能。变频器是应用变频技术与微电子技术，通过改变电动机工作电源频率方式来控制交流电动机的电力控制设备。变频器节能主要表现在油泵、水泵的应用上。使用变频调速，当流量要求需要改变时，改变电源的频率来达到改变电源电压，通过降低泵或电动机的转速即可满足要求。降低电动机不能在满负荷下运行时，多余的力矩增加了有功功率的消耗，减少电能的浪费。

（2）功率因数补偿节能。无功功率不但增加线损和设备的发热，更主要的是功率因数的降低导致电网有功功率的降低，大量的无功电能消耗在线路当中，设备使用效率低下，浪费严重。使用变频调速装置后，由于变频器内部滤波电容的作用，从而减少了无功损耗，增加了电网的有功功率。

（3）软启动节能。电动机硬启动对电网造成严重的冲击，而且还会对电网容量要求过高，启动时产生的大电流，震动时对挡板和阀门的损害极大，对设备、管路的使用寿命极为不利。而使用变频节能装置后，利用变频器的软启动功能将使启动电流从零开始，最大值也不超过额定电流，减轻了对电网的冲击和对供电容量的要求，延长了设备和阀门的使用寿命，节省了设备的维护费用。

另外，变频器还有很多的保护功能，如过流、过压、过载保护等等。

**六、站内扫线的技术要求**

（1）在扫线时扫线车压力要缓慢提高，当总机关压力超过 2.5MPa 时，立刻停止扫线，防止垫子刺造成泄漏。

（2）变速箱于三挡时，扫线车出口压力 1MPa 左右，停止扫线。

（3）压风车吹扫压力高低根据管线承受压力而定。

单独流程原则是作业管线必须与其他管线和阀组分开，单独走一趟管线。禁止进缓冲罐原则是：尤其是压风车扫线，空气进入缓冲罐形成混合性爆炸气体。

## 思考练习题

1. 离心泵的工作原理是什么？
2. 简述离心泵常见的故障及处理方法。
3. 螺杆泵常见故障原因有哪些？
4. 变频节能的原理是什么？
5. 站内扫线时有什么技术要求？

## 第三节 采油站管理

### 项目一 油水井资料的录取

**一、学习目标**

油水井资料的录取及整理是油水井生产管理中一项非常重要的基础工作，油田开发能否持续稳产、高效、与采油工录取好真实准确的第一手资料是分不开的。油、水、气井资料录取与建立，是搞好油田地质管理和分析的基础。

**二、油水井资料录取内容**

目前（采油井）应录取的资料有产能资料、压力资料、水淹状况资料、产出物的物理化学性质、机械采油井工况资料、井下作业资料等。

1. 抽油井资料"九全九准"

抽油机井资料"九全九准"是指油压、套压、电流、产量、气油比、原油含水、示功图、动液面、静液面等资料全面、准确。

1）油压、套压"全准"

正常情况下油压、套压按规定天数录取，以每月不少于 3 次具有代表性的压力资料为全。

2）电流"全准"

每天测一次上下冲程电流，波动±5%要查明原因。正常生产井每月有25天以上资料为全、准。

3）产量"全准"

单井日产量20t以下的井，每月量油2次，两次量油间隔不少于10d，每次量油1遍；单井日产量20t以上的井，每10d量油1次，每月必须有3次量油为全，每次量油至少3遍，取平均值；否则为不全、不准。对于不具备计量分离器条件以及冬季低产井，可采用软件法量油或计量车等方式量油。日产液量大于10t的井，每月量油2次；日产液量低于10t的井，每月量油1次。液面恢复法量油要求为：每月量油1次，每次量油不得少于3个点，两次量油间隔在20~40d。措施开井后加密量油，日产液量少于20t，一周内量油不少于3次，日产液量大于20t，一周内量油不少于5次。

日产液量计量的正常波动范围是：日产液量不低于100t的油井为±5%；日产液量为50~99t的油井为±10%；日产液量5~49t的油井为±20%；日产液量少于5t的油井为±30%。

关井扣产要求为：日产液量在5以上的油井关井影响不够1t的井不扣产。

抽油机井热洗扣产要求为：采用三管或双管流程热洗井，单井日产液在5t以下扣产4d；单井日产液在5~10t扣产3d；单井日产液在10~15t扣产2d；单井日产液在15~30t扣产1d；单井日产液在30t以上扣12h的产液量；达到以上要求为准。

4）原油含水"全准"

见水油井每10天取样1次（每月至少与量油同步进行1次），措施后取样与量油同步进行水化验分析为全。含水≥80%，化验含水波动不超过±4%；含水在40%~80%，化验含水波动不超过±5%；含水≤40%，化验含水波动不超过±3%为准。超过波动范围必须重新取样至少3个，取接近上次化验含水值算产量，含水化验值变化大，只要原因清楚，也可采用。未见水油井每月取样1次，发现油井有含水痕迹后，每10d取样1次进行含水化验分析为全。取样一律在井口取，先放空，见到新鲜原油后，采用定压方法，一桶样分3次取完，取样量必须取够样桶的1/2~2/3。双管掺水流程井，井口停掺5min后取样，井口掺水阀门若关不严，必须关闭计量间掺水阀门30min后方可取样，否则为不全、不准。

5）示功图"全准"

示功图每月测试2次，其中有一次必须与动液面同时测试，并同步测得电流、油压、套压资料为全。措施井开井后3~5d内必须测试示功图。示功仪每月校对1次合格为准。

6）动液面"全准"

每月测试1次（与示功图同时测试）为全，两次测试间隔不少于20d，措施井开井后3~5d内必须测动液面，回声仪每月校对1次合格为准。动液面波动范围±200m，超过范围必须查明原因或复测验证，否则为不全、不准，实测流压每年波动不超过±0.5MPa，超过必须查明原因，无变化原因必须复测，否则为不准。

7）静液面（静压）"全准"

动态监测井点每半年测试1次为全，一年两次测试间隔不少于4个月。在正常情况下，静压值与上次对比，测液面恢复压力波动不超过±1MPa，实测静压波动不超过

±0.5MPa，超过必须查明原因，无变化原因必须复测，否则为不准。回声仪必须校检合格为准。若用小直径压力计测压的，小直径压力计与时钟在测试前必须校验合格为准。

2. 电动潜油泵井资料"八全八准"

电动潜油泵井资料"八全八准"是指油压、套压、电沉、产量、原油含水、流压、静压、动液面等资料全面、准确。

1）油压、套压"全准"

正常情况下油压每天录取 1 次；正常情况下套压每 10d 录取 1 次，特殊情况加密录取，每月有 3 次以上具有代表性压力资料为全。采用其他取压装置，必须符合其规范要求方可允许使用，否则资料为不准。

2）电流"全准"

电流每天记录 1 次，正常井每周 1 张电流卡片，异常井每天 1 张卡片，措施井开井后每天 1 张卡片，连续 7d，每月有 28d 以上资料为全，测量仪表达到规范要求，记录读数准确为准。

3）原油含水"全准"。

见水油井每 10d 取样 1 次（每月至少与量油同步进行 1 次），措施后取样与量油同步进行含水化验分析为全。含水≥80%，化验含水波动不超过±4%；含水为 40%～80%，化验含水波动不超过±5%；含水≤40%，化验含水波动不超过±3%为准。超过波动范围必须重新取样至少 3 个，取接近上次化验含水值计算产量，含水化验值变化大，只要原因清楚，也可采用。未见水油井每月取样 1 次，发现油井有含水痕迹后，每 10d 取样 1 次进行含水化验分析为全。取样一律在井口取，先放空，见到新鲜原油后，采用定压方法，桶样分 3 次取完，取样量必须取够样桶的 1/2～2/3。双管掺水流程井，井口停掺 5min 后取样，井口掺水阀门若关不严，必须关闭计量间掺水阀门 30min 后方可取样，否则为不全、不准。

4）产量"全准"

单井日产液量 20t 以下的井，每月量油 2 次，两次量油间隔不少于 10d，每次量油 1 遍；单井产液量 20t 以上的井，每 10d 量油 1 次，每月必须有 3 次量油为全，每次量油至少 3 遍，取平均值；否则为不全不准。采用流量计计量的井，每次量油时间为 1～2h，否则为不全不准。日产液量大于 10t 的井，每月量油 2 次；日产液量低于 10t 的井，每月量油 1 次。液面恢复法量油要求为：每月量油 1 次，每次量油不得少于 3 个点，两次量油间隔在 20～40d。措施开井后加密量油，日产液低于 20t，一周内量油不少于 3 次，日产液大于 20t，一周内量油不少于 5 次。计量仪器必须达到规范要求，否则资料为不准。

日产液量计量的正常波动范围为：日产液量不低于 100t 的油井为±5%；日产液量为 50～99t 的油井为±10%；日产液量为 5～49t 的油井为±20%；日产液量低于 5t 的油井为±30%；否则必须复量验证为准。

关井扣产要求为：日产液量在 5t 以上的油井关井影响不够 1t 的井不扣产。

电泵井热洗扣产要求为：采用三管或双管流程热洗井，单井日产液在 5t 以下扣产 4d；单井日产液在 5～10t 扣产 3d；单井日产液在 10～15t 扣产 2d；单井日产液在 15～30t 扣产 1d；单井日产液在 30t 以上扣 12h 的产液量；达到以上要求为准。

5)动液面"全准"

动液面每月测试 1 次为全,两次间隔不少于 20d,回声仪每月校对 1 次为准。

6)流压、静压"全准"

流压每季度测 1 次。静压动态监测每半年测 1 次为全,一年两次测试间隔不少于 4 个月,压力计和时钟必须在测试前校验合格为准。

3. 螺杆泵井资料"七全七准"

螺杆泵井资料"七全七准"是指油压、套压、产量、电流、原油含水化验、扭矩及轴向力、动液面等资料全面、准确。

1)油压、套压"全准"

正常情况下油压每日录取 1 次。正常情况下套压每 10d 录取 1 次,特殊情况加密录取,每月有 3 次以上具有代表性压力资料为全。

2)电流"全准"

正常情况下,每天录取 1 次电流,正常生产井每月有 28d 资料为全。500 型以下螺杆泵电流波动±2A,500 型以上螺杆泵电流波动±3A,超过此范围应查明原因,否则资料为不准。

3)产量"全准"

单井日产液量 20t 以下的井,每月量油 2 次,两次量油间隔不少于 10d,每次量油 1 遍;单井产液量 20 以上的井,每 10d 量油 1 次,每月必须有 3 次量油为全,每次量油至少 3 遍,取平均值;否则为不全、不准。日产液量大于 10t 的井,每月量油 2 次;日产液量低于 10t 的井,每月量油 1 次。液面恢复法量油要求为:每月量油 1 次,每次量油不得少于 3 个点,两次量油间隔在 20~40d。螺杆泵投产和调参后 5d 内每天量油 1 次,对于措施井要求措施前 5d 和措施后 5d 内每天量油,以后每 5d 量油 1 次。对于产液量变化比较大的井,要加密量油次数。测试仪器必须达到规范要求,否则资料为不准。

日产液量计量的正常波动范围为:日产液量不低于 100t 的油井为±5%;日产液量为 50~99t 的油井为±10%;日产液量为 5~49t 的油井为±20%;日产液量低于 5t 的油井为±30%;否则必须复量验证为准。

关井扣产要求为:日产液量在 5t 以上的油井关井影响不够 1t 的井不扣产。

螺杆泵井热洗扣产要求为:采用三管或双管流程热洗井,单井日产液在 5t 以下扣产 4d;单井日产液在 5~10t 扣产 3d;单井日产液在 10~15t 扣产 2d;单井日产液在 15~30t 扣产 1d;单井日产液在 30t 以上扣 12h 的产液量;达到以上要求为准。

4)原油含水"全准"

见水油井每 10d 取样 1 次(每月至少与量油同步进行 1 次),措施后取样与量油同步进行含水化验分析为全。含水≥80%,化验含水波动不超过±4%;含水 40%~80%,化验含水波动不超过±5%;含水≤40%,化验含水波动不超过±3%为准。超过波动范围必须重新取样至少 3 个,取接近上次化验含水值计算产量,含水化验值变化大,只要原因清楚,也可采用。未见水油井每月取样 1 次,发现油井有含水痕迹后,每 10d 取样 1 次进行含水化验分析为全。取样一律在井口取,先放空,见到新鲜原油后,采用定压方法,一桶样分 3 次取完,每桶样量必须取够总桶的 1/2~2/3。双管掺水流程井,井口停掺 5min 后取样,井口掺水阀门关不严,必须关闭计量间掺水阀门 30min 后方可取样,否则为不全、不准。

5) 扭矩及轴向力"全准"

正常井每月测试扭矩和轴向力 1 次，两次测试间隔应在 20d 以上，并同步测电流、油压、套压。生产不正常井及时测试，措施井开井后连续复测 1～2 次，要求与液面同步测试。测试仪器仪表必须经检校合格方可使用。波动、误差超过±10%应复测验证，否则为不全、不准。

6) 动液面"全准"

螺杆泵井稳定工作后，每 10d 测 1 次液面，并在同日内测产量，记录转速、电流、油压、套压等数据，液面资料由测试单位计算。

4. 注水井资料"八全八准"

注水井资料"八全八准"是指注水量、油压、套压、泵压、静压、测试、洗井、水质化验等资料全面、准确。

1) 注水量"全准"。

正常注水井每天有仪表记录注水压力、注水量为全。水表发生故障必须记录水表底数，估注水量时间不得超过 48h。全井日注水量不得超过波动范围，日注量≥$20m^3$，波动为±15%；日注量＜$20m^3$，波动为±20%；否则为不全、不准。在相同压力下，分层注水井日注水量与测试资料对比，笼统注水井与测试指示曲线对比，注水井封隔器不密封和分层测试期间不得计算分层水量，待新测试资料报出后，从测试成功之日起计算分层水量。注水井发生溢流量，必须采用便携式水表或容积法计量，其溢流量必须从该井日注水量或月度累计注水量中扣除为准。计量仪表，必须按要求定期标定，否则为不全、不准。

注水量是指注水井每日实际注入油层的水量，通常是水表当日的底数与昨日同一时刻底数的差值（如今日 14 时的水表底数减去昨日 14 时水表的底数）。值得注意的是：如果在当天的 24h（即昨日 14 时至今日 14 时期间）内，井口有溢流量或洗井等以及生产管线穿孔维修时，就要根据各自具体情况，在水表底数计算出的水量中减去溢流量为该井当日的实际注水量，并在班报表中备注清楚。

注水井注水量必须按配注方案（单井的配注水量）来控制注水，一般是实际注水量误差为配注水量的±10%，如果超过此范围，就要及时分析原因，并上报地质部门。

2) 油压、泵压"全准"

油压、泵压每天录取 1 次为全。固定式取压表每季度校对 1 次，快速式取压及柱塞式（增压注水电泵）压力表每月校对 1 次，压力值应在使用压力表量程的 1/3～2/3 范围。

泵压是指注水井每日注水时注水干线的压力（即单井注水上流阀前的管压值），是在压力表上直接录取（读出）的。由于注水干线压力有时是波动变化的，不是一个定值，所以现场是在每日的几个班次（以本油田规定为准）中录取的各个压力数据里选出一个能代表当日注水生产实际情况的泵压值为当日该井的注水泵压，注意不是几个班次录取泵压值的算术平均数，而是某个班次泵压值的直接选用。

油压是指注水井实际注水时的压力值，如泵压一样，是在压力表上直接读出的，其值的选用与泵压一致，即选某一班次的泵压，也必须选某一班次的油压。油压的选取关系到当日的分水的质量（注水合格率），故油压的选用既要符合注水生产实际，又要考虑当日的分水。

3) 井口套压"全准"

下套管保护封隔器井和分层注水井每月录取 1 次，两次录取时间相隔不少于 15d。异常井每天录取套压，连续 1 周。措施井开井 1 周内录取套压 3 次。笼统注水井无套管保护封隔器的不取套压。固定式取压表每季度校对 1 次，快速式取压及柱塞式（增压注水电泵）压力表每月校对 1 次，压力值应在使用压力表量程的 1/3～2/3 范围。

注水井井口油压只有在面积注水井网系统中地面集中的配水间（多井配水间）才有意义，在行列注水井网中因井与配水间（单井配水间）同井场，几乎无管损，所以没有意义，它是在井口压力表上直接录取的。如果井口油压与配水间的油压差值过大（管损大），就要落实原因，否则就会影响实际注入油层的注水质量。

井口套压是在井口套压表上直接录取的。如下保护盐隔器的注水井套压较高超标（各油田不一），说明封隔器不严或封隔器失效。对无保护封隔器的井，套压高低只是油层压力的反映。

4）静压"全准"

动态监测井点每年测 1 次为全，测试卡片合格，年压差不超过 ±1MPa，超过波动范围，必须查明原因，否则为不准。压力计和时钟必须在测试前检查合格为准。

注水井的静压是指通过专门测压仪器从井口油管中下入井底某一深度（有两个测试点）关井测出的井底压力，再换算成该井油层中部深度的静压值。这一测试资料是由专门测试工来完成，由地质组解释计算得出的。

5）测试资料"全准"

正常分层注水井每半年测试 1 次为全，笼统注水井要求每年测指示曲线 1 次，测试水量要与卡片水量相符，且在 10d 或 1 周内稳定为准。分层注水井测试前洗井，必须提前 3d 进行，洗井后注水量稳定后方可开始测试。作业施工井和特殊要求井，必须待措施后注水压力、注水量稳定方可进行测试，但一个月内必须测出合格资料，否则为不全、不准。分层测试资料连续使用时间不得超过 7 个月，否则为不准。注水井分层测试前，测试队使用的压力表与现场使用的油压表要互换对比，误差要求小于 0.05MPa。井下流量计与地面水表计量的注水量对比，要求误差小于 ±5%，否则要查明原因或进行注水表和压力表校对，误差达到规定要求方可测试为准。注水井分层测试使用电子流量计的，测试前要用电子流量计测取井口压力，并与现场油压表对比，误差小于 0.05MPa，方可进行测试，否则要查明原因（集中配水间除外）。

6）洗井资料"全准"

正常注水井在相同压力下，日注水量比测试水量下降超过 15% 时，已下可洗井封隔器的井，应及时进行洗井。下入不可洗井封隔器的井，则应放溢流、吐上水。作业井施工后，必须进行洗井。下入不可洗井封隔器的井，必须在封隔器释放前洗井。为防止套管受压突变，洗井或放溢流前应关井降压 30min 以上，然后先放溢流 10min，排量由小到大，分别为 15$m^3$/h、20$m^3$/h、25$m^3$/h，水质达到进出口一致为准。

7）水质化验资料"全准"

注水监测井点每月取水样 1 次为全，按规定标准及时进行化验、记录准确为准。

注水井水质化验资料有两点含义：一是指对注入水质的监测化验资料；二是指对注水井洗井时的洗井化验结果资料。

注入水质监测的化验资料依据本油田对注入水质规定的标准，定期在注水系统的监测点处进行取样化验，通常是指对其注入水中悬浮物杂质的含量和含铁量（离子）的化验。化验的结果不能超标,如果超标,就要及时采取措施。

洗井化验资料指注水井按计划定期洗井或注水井调整作业投注时的洗井,对进口和出口都取样进行化验,其化验标准与水质监测一样,除要求进口与出口化验的结果一致外,还要求洗井时的进出口的三个排量也要符合洗井标准,并做好各项记录和资料的整理。

5. 注聚井资料"九全九准"

注聚井资料"九全九准"是指日注母液量、日注清水量、泵压油压、套压、静压、浓度、黏度、测试成果等资料全面、准确。

1) 流量"全准"

注入井需要录取的流量有聚合物母液注入量、注入水量。流量应每2h记录1次底数,每小时注入水量误差±0.2%,日注入水量不超配注量的±5%,日注聚合物母液量不超配注量的±5%。

2) 压力"全准"

注入井需要记录的压力有泵压、油压、井口套压。压力值每2h记录1次。

3) 静压"全准"

动态监测定点井,每年测静压1次。年压力不得超过±1.0MPa。

4) 浓度"全准"

注入井需要记录的浓度有井口浓度、母液浓度、泵出口浓度。井口浓度的取样地点为单井井口管线,母液浓度的取样点为注入站内,泵出口浓度的取样点为泵出口。对浓度根据分光光度计测量数据,经人工计算后录取,浓度应每15d记录1次。

5) 黏度"全准"

注入井需要记录的黏度有井口黏度、母液黏度、泵出口黏度。注入井井口黏度的取样地点为单井井口管线,母液黏度的取样点为注入站内,泵出口黏度的取样点为泵出口。黏度为人工录取,以实读数值为准,黏度应每15d记录1次。

6) 测试资料"全准"

对单管分层注入井要求每半年测1次分层注入量,全井测试测量与配注差值不超过±20%,层段测试流量与配注差值不超过±30%。分层测试资料要求审核,合格为准。

6. 聚合物驱采油井"全准"

(1) 聚合物驱抽油机井"九全九准"是指油压、套压、电流、产量、原油含水化验、示功图、动液面(流压)、静液面(静压)、采出液聚合物浓度化验等资料全面、准确。其中油压、套压、电流、产量、示功图、动液面(流压)静压"全准"要求同水驱抽油机井。

(2) 聚合物驱电泵井"八全八准"指油压、套压、电流、产量、原油含水化验、动液面(流压)、静液面(静压)、采出液聚合物浓度化验等资料全面、准确。其中油压、套压、电流、产量、动液面(流压)静压"全准"要求同水驱电泵井。

(3) 聚合物驱螺杆泵井"八全八准"是指油压、套压、电流、产量、原油含水化验、扭矩及轴向力、动液面、采出液聚合物浓度化验等资料全面、准确。其中油压、套压、电流、扭矩及轴向力、产量、动液面(流压)"全准"要求同水驱螺杆泵井。

(4) 聚合物驱采油井在水驱阶段的含水化验资料"全准"与水驱采油井含水资料"全准"要求相同。聚合物驱采油井在见效后应加密取样,每5d取样1次进行含水化验分析。含水处于下降阶段的井,如果含水出现上升,必须连续取样3个,取中间值计算产量。聚合物驱采油井在见效后含水稳定阶段或上升阶段,每 5d 取样化验 1 次,含水上升值超过 5%必须连续取样 3 个取中间值计算产量。若含水变化大,只要原因清楚,也可采用。

(5)聚合物驱采油井采出液浓度"全准"。注聚 1 个月后开始采出液聚合物含量分析取样未见聚合物井每月化验 1 次,见聚合物井每月化验 2 次,两次间隔不少于 10d,与原油含水取样化验同步进行为全。采出液浓度波动范围为:采出液浓度小于 100mg/L 时,正常波动范围为±50%;采出液浓度在 100~200mg/L 时,正常波动范围为±30%;采出液浓度在 200~300mg/L 时,正常波动范围为±20%;采出浓度≥300mg/L 时,正常波动范围为±15%;如果超过正常波动范围,必须重复取样,至少 3 个,取中间值为准。

## 项目二　站内设备故障诊断与处理

### 一、学习目的
掌握站内设备故障原因、正确分析、诊断和处理。

### 二、操作规程

1. 集油掺水阀组间内单管环状掺水集油流程进油阀门闸板(球)脱落故障及处理
(1)关闭阀组间内单管环状掺水流程的掺水阀门。
(2)将阀组间内单管环状集油流程所属油井全部关井。
(3)关闭阀组间内单管环状集油流程进油下流阀门。
(4)关闭相应油井井口回油阀门、定压放气阀。
(5)放空泄压。
(6)进行维修或更换。

2. 集油掺水阀组间漏油、气故障及处理
(1)将站内人员疏散到安全区域。
(2)打开阀组间门窗通风。
(3)检查阀组间内流程、设备,查找漏点。
(4)组织维修人员进行抢修。

3. 流量自动控制装置的控制故障及处理
流量自动控制装置的控制故障及处理见表 5-16。

表 5-16　流量自动控制装置的控制故障及处理

| 故障现象 | 故障原因 | 处理方法 |
| --- | --- | --- |
| 电机不转 | AC220 未接通 | 检查电路 |
| | 控制板损坏 | 更换控制板 |
| 显示屏黑屏 | 主控板电池无电量 | 更换电池 |
| | 主控板损坏 | 更换主控板 |
| 限位灯闪动 | 叶轮转动故障 | 检查更换叶轮、轴或轴承 |
| | 用户注水系统流量不足 | 检查用户注水压力和用户管路、阀门 |

4. 流量自动控制装置的可动部件流量故障及处理

流量自动控制装置的可动部件流量故障及处理见表 5-17。

表 5-17　流量自动控制装置的可动部件流量故障及处理

| 故障现象 | 故障原因 | 处理方法 |
| --- | --- | --- |
| 被测介质流动时无流量显示 | 叶轮被异物卡住或损坏 | 清除异物 |
| | 传感器故障 | 更换传感器或叶轮 |
| | 电源接触不好 | 检查电源接触是否良好 |
| 流量误差大 | 叶轮、轴或轴承损坏 | 更换叶轮、轴或轴承 |
| | 控制器出现故障 | 更换控制板 |
| | 有杂物或结垢 | 清除杂质或污垢 |

5. 注水井电旋式流量计故障及处理

注水井电旋式流量计故障及处理见表 5-18。

表 5-18　注水井电旋式流量计故障及处理

| 故障现象 | 故障原因 | 处理方法 |
| --- | --- | --- |
| 被测介质流动时，无流量显示 | 缺磁钢组件 | 检查磁钢组件 |
| | 信号板故障 | 更换信号板 |
| | 管道杂质 | 卸下磁钢，大流量冲洗 5 分钟 |
| | 3V 电池电量不足 | 更换 3V 电池 |
| 显示数字缺划或 显示屏暗/无规律 | 显示屏损坏 | 返厂检修 |
| | 电池电压不足，电池接触不良 | 更换电池（注意极性） |
| | 线路板受潮 | 干燥线路板 |
| 测量误差大 | 自控仪出现故障 | 更换电池或信号板 |
| | 磁性杂质 | 卸掉磁钢冲刷杂质，重新标校 |
| | 3V 电池电量不足 | 更换 3V 电池 |
| 瞬时不稳定 | 3V 电池电量不足 | 更换 3V 电池 |
| | 管道内吸附磁性杂质 | 卸下磁钢，大流量冲洗 |

6. 流量计通信故障及处理

流量计通信故障及处理见表 5-19。

表 5-19　流量计通信故障及处理

| 故障现象 | 故障原因 | 处理方法 |
| --- | --- | --- |
| 数据不上传 | RS485 损坏或软件故障 | 更换 RS485 接口板或通信板 |
| 数值不下载 | RS485 损坏或软件故障 | 更换 RS485 接口板或通信板 |
| 不上传也不下载 | 显示故障，通信标识不闪动 | 检查设置/重新启动/更换显示板 |

# 项目三　管线堵塞故障处理

## 一、学习目标
掌握处理管线堵塞故障的操作流程。

## 二、操作规程
1. 准备工作
（1）穿戴好劳保用品。
（2）准备工具、用具。
2. 操作步骤
（1）当发生管线冻结故障时，首先要判断冻堵的位置，继而确定处理方案。
（2）如果时间短，大多是井口和井口附近的位置，挖开冻堵管线上面的土层，联系中转站对该井热洗。倒好井间流程，在站上打开站内循环（控制压力）时，保持向冻结管线内（走地面直通流程）打压，用站内打来的热水浇透就可解冻。
（3）如果时间较长，用生石灰包在管线上往石灰上浇水，靠生石灰散发的热量达到解冻，也可用电解堵和空气吹扫来处理。目前采油现场常用空气吹扫，它利用大型空气压缩机，对堵塞管线进行分段解堵，在管线堵塞处进行分段开窗作业，进行间歇性吹扫，吹扫压力不得超过容器和管道的设计压力。
（4）如果是计量间（站）内管线冻结，可用胶皮管接热水浇来解冻。如无热水循环的计量间，可采用生石灰包在管线上往石灰上浇水解冻，如果在计量间冻的距离长（面积大），可使用锅炉车蒸汽解冻。

## 三、注意事项
（1）处理解冻时从一头处理，不可分两头往中间处理。
（2）处理过程中严禁使用明火。
（3）空气吹扫时吹扫的设备及管道应与吹扫系统隔离。
（4）管道吹扫前，不应安装孔板、法兰连接的调节阀、主要阀门、节流阀、安全阀、仪表等，对于焊接连接的上述阀门和仪表，应采取流经旁路或卸掉密封件等保护措施。
（5）吹扫排放的脏物不得污染环境，严禁随意排放。
（6）吹扫前应设置禁区。

背景知识

## 一、资料录取的技术要求
采油化验工作，主要是对原油、天然气、油田地层水、油田注水、聚合物等各项进行常规监测化验分析，为油田开发人员提供原始和生产状态下流体性质的变化规律和数据，使开发管理人员利用资料制定合理的油藏开发方案，确定合理的油、水井工作制度及地面集输流程设计。

1. 原油性质化验分析

原油性质化验分析包括密度测定、黏度测定凝点测定、含砂量测定、含蜡含胶量测定、含水量测定、含盐量测定、含硫量测定、馏程测定等九项测定。

2. 地层原油物理性质化验分析

地层原油物理性质化验分析包括：物理性质的测定（色、味、透明度、悬浮物、pH值、氧化—还原电位）和化学性质的测定（氯离子、碱度、氢氧根、碳酸根及重碳酸根、钙、镁、硬度、硫酸根、钠、钾）等。

3. 天然气性质化验分析

天然气性质化验分析主要包括天然气化学组分和物理性质的分析。

4. 粉状聚丙烯酰胺化验分析

粉状聚丙烯酰胺化验分析主要包括：聚丙烯酰胺浓度测定、固含量测定、粒度测定、聚丙烯酰胺溶液筛网系数定、聚丙烯酰胺及部分水解化相对分子质量测定、聚合物溶液黏度测定、过滤性能测定、聚合水解度测定、残余单体含量测定、不溶解物测定等十项内容。

## 二、油井清、防蜡方法

1. 油井清蜡方法

在含蜡原油的开采过程中，虽然可采用各类防蜡方法，但油井仍不可避免地存在有蜡沉积的问题。蜡沉积严重地影响着油井正常生产，所以必须采取措施将其清除。目前抽油井常用的清蜡方法根据清蜡原理可分为机械清蜡和热力清蜡两类。其他还有用电热法或热化学方法清蜡的，但在中国很少使用。

1) 机械清蜡

有杆抽油井的机械清蜡是利用安装在抽油杆上的活动刮蜡器清除油管和抽油杆上的蜡，如图5-15所示。油田常用尼龙刮蜡器，在抽油杆相距一定距离（一般为冲程长度的1/2）两端固定限位器，在两限位器之间安装尼龙刮蜡器。抽油杆带着尼龙刮蜡器在油管中往复运动，上半冲程刮蜡器在抽油杆上滑动，刮掉抽油杆上的蜡，下半冲程由于限位器的作用，抽油杆带动刮蜡器刮掉油管上的蜡。同时油流通过尼龙刮蜡器的倾斜开口和齿槽，推动刮蜡器缓慢旋转，提高刮蜡效果，由于通过刮蜡器的油流速度加快，使刮下来的蜡易被油流带走，而不会造成淤积堵塞。

2) 热力清蜡

热力清蜡是利用热力学能提高液流和沉积表面的温度，熔化沉积于井筒中的蜡，从而达到清蜡的目的。根据提高温度的方式不同可分为热流体循环清蜡、电热清蜡两种方法。

（1）热流体循环清蜡法（热洗清蜡）。

热流体循环清蜡法的热载体是在地面加热后的流体物质，如水或油等，通过热流体在井筒中的循环传热给井筒流体，提高井筒流体的温度，使蜡沉积熔化后再溶于原油中，从而达到清蜡的目的。

根据循环通道的不同，可分为开式热流体循环、闭式热流体循环、空心抽油杆开式热流

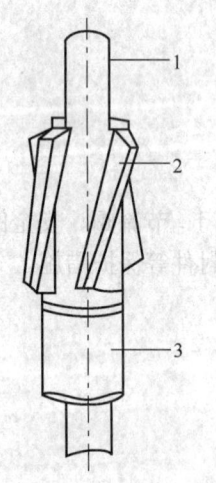

图5-15 机械刮蜡示意图
1—抽油杆；2—刮蜡齿；3—挡环

体循环和空心抽油杆闭式热流体循环四种方式。

热流体循环清蜡时,应选择比热容大、溶蜡能力强、经济、来源广泛的介质,一般采用原油、地层水、活性水、清水及蒸汽等。为了保证清蜡效果,介质必须具备足够高的温度。在清蜡过程中,介质的温度应逐步提高,开始时温度不宜太高,以免油管上部熔化的蜡块流到下部,堵塞介质循环通道而造成失败。另外,还应防止介质漏入油层造成堵塞。

（2）电热清蜡法。

电热清蜡法是采用电加热抽油杆,接通电源后,电热杆放出热量,提高液体的温度,熔化沉积的石蜡,从而达到清蜡的作用。

2. 油井防蜡方法

油井防蜡主要从以下方面进行。

阻止蜡晶的析出:在原油开采过程中,采用某些措施(如提高井筒流体的温度等),油流温度高于蜡的初始结晶温度,从而阻止蜡晶的析出。抑制石蜡结晶的聚集:在石蜡结晶已析出的情况下,控制蜡晶长大和聚集的过程,如在含蜡原油中加入防止和减少石蜡聚集的某些化学剂—抑制剂,使蜡晶处于分散状态而不会大量聚集。创造不利于石蜡沉积的条件:提高沉积表面光滑度,改善表面润湿性,提高井筒流体速度等。具体防蜡方法有以下几种。

1）油管内衬和涂层防蜡

（1）玻璃衬里油管防蜡。玻璃衬里就是在油管内壁衬上由 $SiO_2$、$NaO$、$CaO$、$Al_2O_3$ 等氧化物烧结而成的玻璃衬里。玻璃内壁光滑、憎油亲水,因此蜡不容易积附在管壁上。

（2）涂料油管防蜡。涂料油管就是在油管内壁涂一层凝固后表面光滑且亲水性强,与管壁黏结牢固不易脱落的涂料,使蜡在管壁上不易积附。应用涂料油管,可以减缓结蜡速度,延长油井清蜡周期。

2）化学防蜡剂防蜡

化学防蜡是通过向油套管环形空间加入液体防蜡剂或在抽油泵下的油管中下入固体防蜡剂,防蜡抑制剂可防止石蜡晶体聚结长大或沉积在钢铁表面。目前所用的防蜡剂有表面活性剂型和高分子型两大类:

（1）表面活性剂型防蜡剂。

这种防蜡剂可吸附在蜡结晶微粒表面,形成极性表面薄膜,防止晶体微粒聚集长大,使微粒分散在油中,被上升的油流带走,表面活性剂还可吸附在油管壁上形成极性表面薄膜,防止石蜡在管壁上沉积。常用的表面活性剂有:磺酸盐型活性剂、平平加型活性剂、胺盐型活性剂及聚醚型活性剂等。活性剂主要用于抽油井防蜡,具体配方和用量要通过实验来确定。把配好的表面活性剂溶液从套管注入井中,在抽油泵入口处与原油混合,其注入方法如图 5-16 所示。

（2）高分子聚合物型防蜡剂。

高分子型防蜡剂都是油溶性的,具有石蜡结构链节的支链型高分子,在浓度很低的情况下能够形成遍及整个原油的网状结构,而析出的石蜡微晶就可以在这网状结构上,因而彼此分散,不能聚集长大,也不易在钢铁管道表面上沉积,而易被液流带走。常用的防蜡剂有高压聚乙烯、聚异丁烯、聚丙烯等。

化学防蜡剂防蜡是把化学防蜡剂通过加药装置加入井内,使其在井下的生产管柱及油管内壁(整个采油通道)表面黏附活性剂(亲水的)而不易结蜡。

抽油机井井口常用的加药装置(固定加药法)如图 5-16 所示,它以加药罐为主,靠套管气及药剂的自重由井口套管处加入井底。其操作程序为:关套管加药阀 5 和平衡阀 7,开加药放空阀 3,把加药罐内的压力放净;打开加药阀 2,即可把事先按比例浓度配好的药剂倒入加药罐内,待加入量足够(注意加药量不许超过罐容积的 90%)时,关闭加药放空阀 3 和加药阀 2;缓慢打开平衡阀 7,使套管气进入加药罐内,达到平衡后再打开套管加药阀 5,药就会自动(自重和套压作用)从套管流入井内;并在油套环空的液体(油)中继续下降,最后到油管的吸入口随液体一起沿着油管内被举升到井口,在这过程中药不断地吸附在油管内壁表面起到防蜡作用。这种加药防蜡在生产现场普遍采用,效果很好,特别是在抽油机井热洗后立即加药效果最好。其次是日常的定期加药(不能等到井筒内已结蜡后再加)。

3)强磁防蜡技术

强磁防蜡技术的基本原理是:原油通过强磁场作用而定向排列做有序流动,克服了石蜡分子之间的作用力,不能按结晶的要求形成石蜡晶体。对于已形成蜡晶的微粒通过磁场后,石蜡晶体细小分散,并且有效地削减了蜡晶之间、蜡晶与胶体分子之间的黏附力,抑制了蜡晶的聚集长大。此外,磁场处理后还能改变井筒中蜡的状态,使蜡质变软,易于清除。目前该项技术在油田上已经得到广泛的应用。抽油机井强磁防蜡装置如图 5-17 所示。

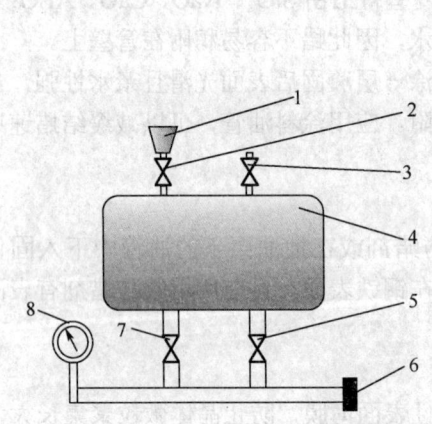 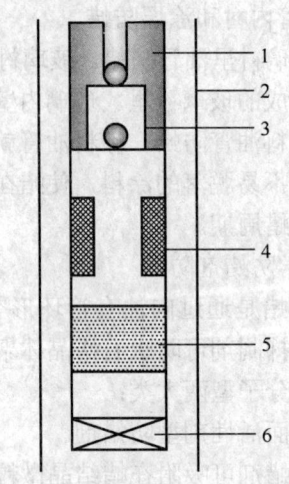

图 5-16 抽油机井井口加药装置

1—加药漏斗;2—加药阀;3—加药放空阀;4—加药罐;
5—套管加药阀;6—套管入口;7—平衡阀;8—压力表

图 5-17 抽油机井强磁防蜡装置

1—活塞;2—套管;3—泵筒;4—磁防蜡器;
5—筛管;6—丝堵

### 三、调节并计量单井井口掺水量的方法

目前,华北油田公司的数字化油田油井采用环路掺水流程,在阀组间进行调节和开关各环路及单井的掺水量,如图 5-18 所示。

阀组间掺水采用 LZK 流量自动控制装置,如图 5-19 所示。它由流量计、流量阀及控制器(流量控制及数据通信)三部分集于一体。根据控制要求输入设定流量,自动完成稳定的流量掺注,特别适用于油田掺油、掺水、掺药、定量注水及各种液体的定量控制;并可根据掺水温度进行流量的控制,可选择"流量""温度控制"或"压力控制"等几种方式进行调节,具有手动控制流量或自动控制流量等特点。该装置具有多种通信接口，通过无线通信能够实现远程监控。

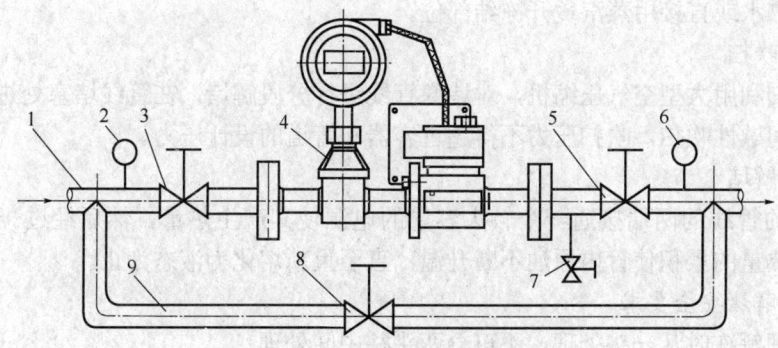

图 5-18　单井掺水流程

1—掺水管线；2—上流压力表；3—上流阀门；4—流量自动控制装置；5—下流阀门；
6—下流压力表；7—泄压阀；8—旁通阀门；9—旁通管线

手动控制掺水流量的方法是：如图 5-20 所示，先按"功能"键，再按"设置"键，调到"K[37]"项界面；然后按"向上""向下"键调到"00000"（0——手动控制、5——自动控制），按"设置"键调到"K[38]"或"K[39]"项界面；最后一起按"功能"和"设置"键返回主界面。

图 5-19　LZK 流量自动控制装置

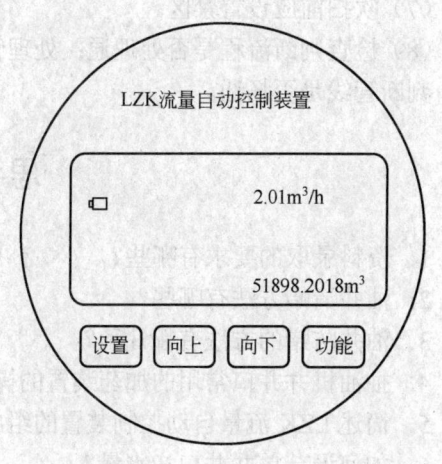

图 5-20　面板键盘示意图

### 四、管线解堵方法和安全要求

**1. 管线解堵方法**

1）用生石灰解冻

（1）挖坑露出管线冻结处。

（2）用麻袋装上生石灰包住管线，用水浇透。

（3）观察生石灰散发的热量能否解开冻结。

2）用热水或锅炉蒸汽解冻结

(1) 挖坑露出管线冻结处。
(2) 用毛毡包住管线冻结处。
(3) 浇热水或直接用蒸汽烫开冻结部位。

3) 空气吹扫

空气吹扫利用大型空气压缩机，对堵塞管线进行分段解堵，在管线堵塞处进行分段开窗作业，进行间歇性吹扫，吹扫压力不得超过容器和管道的设计压力。

4) 电热解堵

把凝堵的管线的两端接通一个较大容量的电源使其产生热量，然后经过一定时间的吸热、散热和热量的累积使管内原油不断升温，直至重新熔化为液态为止。

2. 管线解堵安全要求

(1) 处理解冻时从一头处理，不可分两头往中间处理。
(2) 处理过程中严禁使用明火。
(3) 空气吹扫时不允许吹扫的设备及管道应与吹扫系统隔离。
(4) 管道吹扫前，不应安装孔板、法兰连接的调节阀、主要阀门、节流阀、安全阀、仪表等，对于焊接连接的上述阀门和仪表，应采取流经旁路或卸掉密封件等保护措施。
(5) 吹扫的顺序应按主管、支管、疏排管的顺序依次进行，吹出的脏物不得进入已吹扫合格的管道。
(6) 吹扫排放的脏物不得污染环境，严禁随意排放。
(7) 吹扫前应设置禁区。
(8) 检查判断流程是否处理通：处理管线冻结部位时，要随时摸井口管线，检查温度变化，判断管线是否畅通。

## 思考练习题

1. 资料录取的要求有哪些？
2. 油井清蜡方法有哪些？
3. 油井防蜡的方法有哪几种？
4. 抽油机井井口常用的加药装置的操作过程是什么？
5. 简述 LZK 流量自动控制装置的组成。
6. 如何调节单井井口掺水量？
7. 管线解堵方法有哪些？

# 第六章 注水管理

油田注水是油田开发过程中向地层补充能量、提高油田采收率的重要手段之一。注水井管理技术水平的高低决定着油田开发效果的好坏，同时也决定着油田开发寿命的长短。本章分为四节：注水井工艺流程与设备设施、注水井操作、注水井管理、水井分注工艺，共设置了15个操作项目和14个理论知识点。

## 第一节 注水井工艺流程与设备设施

### 项目一 注水井巡回检查

#### 一、学习目标

掌握注水井巡回检查的内容和要求，能够熟练掌握注水井巡回的各种操作，达到注水井标准化巡回检查的目标。注水井流程如图6-1所示。

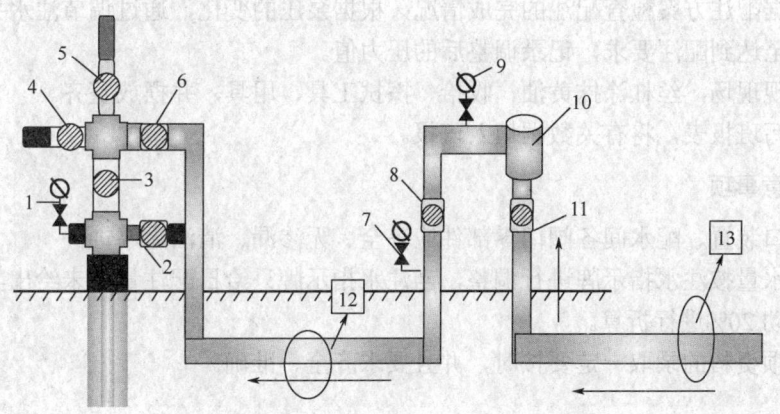

图6-1 注水井流程示意图

1—套压表；2—套管阀门；3—总阀门；4—油管放空阀门；5—测试阀门；6—油管阀门；7—油压表；8—注水下流阀门；9—注水干线泵压表；10—高压水表；11—注水上流阀门；12—单井管线；13—注水干线

#### 二、操作规程

1. 准备工作

（1）正确穿戴劳保用品；进行危害辨识和风险分析，落实必要的风险消减措施。

(2) 准备工具、用具（表 6-1）。

表 6-1 注水井巡回检查工具、用具表

| 序号 | 名称 | 规格 | 数量 |
|---|---|---|---|
| 1 | 棉纱 |  | 若干 |
| 2 | 班报表 |  | 1 份 |
| 3 | 记录纸 |  | 1 份 |
| 4 | 记录笔 |  | 1 支 |
| 5 | 管钳 | 600mm | 1 把 |
| 6 | 活动扳手 | 375mm | 1 把 |
| 7 | 润滑脂 |  | 若干 |

2. 操作步骤

(1) 检查注水井各阀门开关情况，应无渗漏，齐全可靠，井口各连接处无渗漏现象，检查阀门开关状态。

(2) 录取压力值：录取井口压力，观察压力时眼睛、指针、刻度呈垂直于表盘的直线。

(3) 检查单井管线：检查注水井的单井管线是否有穿孔刺漏现象。

(4) 录取泵压、油压，调整注水量。

(5) 检查配水间各阀门有无渗漏现象，检查配水间管线及各连接处有无穿孔或渗漏处，检查压力表是否完好，量程是否合适。

(6) 录取配水间泵压、单井油压、水表底数等各项资料。

(7) 根据配注方案检查配注的完成情况，根据泵压的变化，通过调节注水井下流阀门控制注水量直至达到配注要求，记录调整后的压力值。

(8) 清现现场，丝杠涂抹黄油，收拾、擦拭工具、用具，并摆放整齐。

(9) 填写班报表，将有关数据填入班报。

三、注意事项

(1) 井口装置、配水间各阀门零部件应齐全、无渗漏、清洁无腐蚀。

(2) 注水量按注水指示牌进行调整，当注水指示牌只给日配注量而未给出其范围时，可按其上下浮动 20% 进行折算。

(3) 各项资料的录取一定要按时，并且要求齐全、准确。

# 项目二 注水井开、关井

一、学习目标

掌握注水井开、关井的内容和要求，能够熟练执行注水井开、关井的操作，提高注水井的管理水平。

## 二、操作规程

1. 准备工作

（1）正确穿戴劳保用品；进行危害辨识和风险分析，落实必要的风险消减措施。

（2）准备工具、用具（表6-2）。

表6-2　注水井开、关井工具、用具表

| 序号 | 名称 | 规格 | 数量 |
| --- | --- | --- | --- |
| 1 | 记录纸 |  | 1份 |
| 2 | 记录笔 |  | 1支 |
| 3 | 管钳 | 600mm | 1把 |
| 4 | 活动扳手 | 250mm | 1把 |
| 5 | 秒表 |  | 1块 |
| 6 | 计算器 |  | 1台 |

2. 操作步骤

（1）检查渗漏及流程状况，开井前必须检查管线的各连接部位，保证不渗、不漏，仪表准确好用，检查注水井的流程状况。

（2）倒井口流程，按注水方式改好注水流程（应先倒好注水井井口流程，后倒配水间流程）。

（3）倒注水井正注流程时，注水井井口打开的阀门应为油管阀门，总阀门；关闭的阀门应为套管阀门、测试阀门、油管放空阀门。倒注水井反注流程时，注水井井口打开的阀门应为套管阀门、总阀门；关闭的阀门应为油管阀门、测试阀门、油管放空阀门。倒注水井合注流程时，注水井井口打开的阀门应为套管阀门、油管阀门、总阀门；关闭的阀门应为测试阀门、油管放空阀门。

（4）检查流量计，检查校对流量计是否合格。

（5）调整水量：缓慢打开注水上流阀门，注意观察压力的变化，使压力缓慢上升，应无渗漏，待压力稳定后，缓慢打开注水下流阀门，观察水量值，稳定至注水指示牌水量值即可。

（6）关井时，先关注水上流阀门，后关井口阀门。如遇多井关井时，先关高压井，后关低压井，以免井内脏物吐进注水系统。

（7）合注井在井口关井时，先关套管阀门，后关油管阀门。

（8）冬季长期关井要扫线，扫线后将两端卡箍松开，阀门以下用毛毡包好。

（9）记录开、关井的时间、压力、水表底数等有关资料。

## 三、注意事项

（1）开关阀门要侧身、平稳，以免发生水击现象和造成压力的波动。

（2）对井内有封隔器的合注井，先开油管阀门注水，待封隔器坐封后再缓慢打开套管阀门进行合注。

（3）长期关井须进行扫线，不允许在井口放溢流。

(4) 操作过程中发现刺漏，停止操作并汇报。

## 项目三  倒注水井注水流程

### 一、学习目标

掌握反洗井后倒注水井正注流程的内容和要求，能够熟练掌握反洗井后倒注水井正注流程的操作规程及注意事项，达到管理好注水井的目的。

### 二、操作规程

1. 准备工作

(1) 正确穿戴劳保用品。并进行危害辨识和风险分析，落实必要的风险消减措施。
(2) 准备工具、用具（表 6-3）。

表 6-3  注水井巡回检查工具、用具表

| 序号 | 名称 | 规格 | 数量 |
|---|---|---|---|
| 1 | 记录纸 |  | 1 份 |
| 2 | 记录笔 |  | 1 支 |
| 3 | 管钳 | 600mm | 1 把 |
| 4 | 活动扳手 | 300mm | 1 把 |
| 5 | 秒表 |  | 1 块 |
| 6 | 黄油 |  | 若干 |
| 7 | 棉纱 |  | 若干 |

2. 操作步骤

(1) 检查流程，检查注水井流程中各阀门管线有无渗漏，检查各阀门开关情况，检查压力表，确认井口处于反洗井流程状态。
(2) 侧身缓慢打开生产阀门，站在生产阀门侧面，逆时针旋转手轮，打开生产阀门操作要平稳，开到最大后，顺时针转动手轮半圈，使用管钳开阀门时，管钳开口朝外。
(3) 侧身缓慢关闭放空阀门，站在洗井放空阀的侧面，顺时针转动手轮，关闭放空阀门操作要平稳，关严后逆时针转动手轮半圈。
(4) 侧身缓慢关闭井口套管阀门，站在井口套管阀门的侧面，顺时针转动手轮，关闭套管阀门操作要平稳，关严后逆时针转动手轮半圈。
(5) 按配注方案控制压力与注水量，判断调整水量操作注水下流阀门手轮的转动方向，平稳控制注水下流阀门，按配注方案控制压力与注水量。
(6) 检查渗漏：检查管线、阀体、丝杠有无渗漏，压力表工作是否正常。
(7) 填写报表：记录水表底数、开井时间、泵压、油套压数据，填入报表。
(8) 给丝杠涂抹黄油，收拾工具、用具，清理现场。

### 三、注意事项

(1) 开关阀门速度过快、未侧身，管钳开口未向外。

(2) 在打开来水阀门之前，一定要关闭测试阀和油管放空阀，防止发生注入水泄漏。

(3) 本操作针对反洗井流程状态下执行倒正注流程。

(4) 开250型阀门时，先慢开，听到有"刺水声"立即停止，待丝杠向外撞击时，再继续开大，开到最大时返回半圈。

(5) 控制好注水量与注水压力，禁止超地层破裂压力注水。

## 项目四　清洗、更换高压水表芯子

### 一、学习目标

掌握高压水表芯子管理的内容和要求，能够熟练掌握清洗、更换高压水表芯子的方法，达到够解除高压水表芯子故障的学习目标。

### 二、操作规程

1. 准备工作

(1) 正确穿戴劳保用品；进行危害辨识和风险分析，落实必要的风险消减措施。

(2) 准备工具、用具（表6-4）。

表6-4　注水井巡回检查工具、用具表

| 序号 | 名称 | 规格 | 数量 |
|---|---|---|---|
| 1 | 梅花扳手 | 24～27mm | 1把 |
| 2 | 活动扳手 | 300mm、375mm、450mm | 3把 |
| 3 | 一字螺钉旋具 | 200mm | 1把 |
| 4 | 十字螺钉旋具 | 200mm | 1把 |
| 5 | 管钳 | 450mm | 1把 |
| 6 | 秒表 |  | 1块 |
| 7 | 计算器 |  | 1台 |
| 8 | 记录纸 |  | 1份 |
| 9 | 记录笔 |  | 1支 |
| 10 | 水表芯子 |  | 1块 |
| 11 | 上、下部密封圈 |  | 2个 |

2. 操作步骤

(1) 倒流程，待清洗、更换的水表芯子有备用注水（计量）流程的，应先将备用注水流程打开，再关闭待清洗、更换的水表芯子所在流程的注水上流阀门和注水下流阀门，打开放空阀门。待清洗、更换的水表芯子无备用注水（计量）流程的，关闭待清洗、更换的水表芯子所在流程的注水上流阀门和注水下流阀门，打开放空阀门。

(2) 拆卸水表表头，记录停井时间和水表底数，用螺丝刀拆下水表表头，拆卸水表芯子法兰，卸松水表芯子法兰螺母，确认无压力时卸下水表芯子法兰。

(3) 拆卸水表芯子，用平口螺丝刀撬出水表芯子，并将水表底部密封垫和上部密封垫一并取出。

（4）清洗检查，清洗水表座腔体和密封垫，清洗拆下的水表芯子，检查水表芯子有无损坏。

（5）安装水表芯子，将合格的水表芯子和密封垫安装到水表座内，安装好水表芯子法兰，用螺丝刀装好水表表头。

（6）试压，关闭放空阀门，稍开注水下流阀门试压，待压力上升后检查是否有渗漏。

（7）倒流程，打开注水上流阀，控制注水下流阀，根据注水指示牌调整水量。

（8）清理卫生，收拾工具、用具，将有关数据填入报表内。

### 三、注意事项

（1）开关阀门时要平稳，操作时应站在阀门的侧面。

（2）水表座内腔的壳内的脏物要清理干净。

（3）记录好水表前后的底数。

## 项目五　倒注水井洗井流程

### 一、学习目标

掌握倒注水井洗井流程管理的内容和要求。

### 二、操作规程

#### 1. 准备工作

（1）正确穿戴劳保用品；进行危害辨识和风险分析，落实必要的风险消减措施。

（2）准备工具、用具（表6-5）。

表6-5　倒注水井洗井流程工具、用具表

| 序号 | 名称 | 规格 | 数量 |
| --- | --- | --- | --- |
| 1 | 管钳 | 600mm、900mm | 2把 |
| 2 | 洗井专用装置 |  | 1套 |
| 3 | 水质化验仪器 |  | 1套 |
| 4 | 药品 |  | 若干 |

#### 2. 操作步骤

（1）检查井口流程，检查待操作的注水井所处的流程状况是否处在正注的流程状态，仪表是否齐全好用，接装好排污管（水龙带）至污水罐内。

（2）记录洗井前的水表底数、压力、洗井时间。

（3）关注水生产阀门，缓慢打开油管放空阀门。

（4）开套管洗井阀门，开注水下流阀门，控制洗井排量为 $15m^3/h$，洗井 1～2h 直至水清洁为止。

（5）调大洗井排量近 $20m^3/h$，进出口排量一致，达到进出口水质相同。

（6）调大洗井排量近 $25m^3/h$，进出口排量一致，达到进出口水质相同。

(7) 倒回注水流程，洗井合格后倒回原流程。
(8) 待注水压力及水量稳定后记录数据并填入报表。
(9) 收拾工具、用具，恢复现场。

### 三、注意事项

(1) 开关阀门时站在阀门侧面操作。
(2) 新井投注前的洗井，必须冲洗地面管线。
(3) 洗井排量最高不能大于 $25m^3/h$。
(4) 进出口水质分析一致，方可转入注水。

## 项目六　更换注水阀门及配件

### 一、学习目标

消除注水生产过程中的安全隐患，确保注水设施正常运行。

### 二、操作规程

1. 准备工作

(1) 正确穿戴劳保用品；进行危害辨识和风险分析，落实必要的风险消减措施。
(2) 准备工具、用具（表6-6）。

表6-6　注水井巡回检查工具、用具表

| 序号 | 名称 | 规格 | 数量 |
|---|---|---|---|
| 1 | 专用套筒扳手 |  | 2把 |
| 2 | 记录笔 |  | 1支 |
| 3 | 管钳 | 600mm | 1把 |
| 4 | 活动扳手 | 300mm、375mm | 1把 |
| 5 | 黄油 |  | 若干 |
| 6 | 棉纱 |  | 若干 |
| 7 | 砂纸 |  | 若干 |

2. 操作步骤

(1) 切断流程放空。
(2) 关闭注水阀门及配件所在的上下流阀门。
(3) 打开放空阀门，待压力落零。
(4) 用套筒扳手，将待更换注水阀门（旧阀门）的卡箍螺栓卸掉，取下卡箍。
(5) 取下旧阀门，清理钢圈槽内的污物锈蚀，在新钢圈表面涂抹润滑脂后，安装新阀门。
(6) 安装好卡箍，紧固好卡箍螺栓。
(7) 更换阀门损坏的铜套、键及手轮时，先卸下手轮压帽，取下手轮，取下键，卸下铜套压帽，顺着丝杠退出铜套。
(8) 将相应的新配件更换好后，按照先装铜套，再装铜套压帽、手轮键、手轮、压帽的顺序安装好配件。

(9) 关闭放空阀门,缓慢打开流程的下流阀门试压。

(10) 待压力恢复到正常工作压力后,不渗不漏,恢复原流程。

### 三、注意事项

(1) 放空时,必须等到压力落零才可进行拆卸阀门操作。

(2) 有伤痕的钢圈,必须更换。

(3) 试压时,人要远离阀门。

(4) 开关阀门时,要侧身。

背景知识

### 一、注水的目的

利用注水井把水注入油层,以补充和保持油层压力的措施称为注水。油田投入开发后,随着开采时间的增长,油层本身能量将不断地被消耗,致使油层压力不断地下降,地下原油大量脱气,黏度增加,油井产量大大减少,甚至会停喷、停产,造成地下残留大量死油采不出来。为了弥补原油采出后所造成的地下亏空,保持或提高油层压力,实现油田高产稳产,并获得较高的采收率,必须对油田进行注水。

### 二、水源的类型

(1) 地下水,浅层水:一般产于河流冲积层中,水量丰富,水质较好。深层地下水中矿化度较地面水高,水中含有铁、锰,对于含铁较高的水应进行除铁。

(2) 地面水:主要有江河水、湖泊水、水库水等。江河水水量丰富,矿化度较低,但泥砂含量大,用于油田注水时需要进行澄清处理;湖泊、水库有良好的澄清能力,水中泥砂含量较江河水少,但浅水湖泊或水库水由于水中溶解氧充足,水生动植物大量繁殖,常有异常气味及胶体,用作油田注水时也需作水质处理。

(3) 含油污水:指油层采出水,一般偏碱性,硬度较低,含铁少,矿化度高。含油污水必须经过水质处理后才能回注地下油层或外排。由于这部分水随着油田注水开发的时间增长,采出水量不断增多,已成为油田注水的主要水源。

除上述三种供水水源之外,还有海水、工业废水等可以利用的水源。

### 三、注水方式

注水方式,即注采系统,指注水井在油藏所处的部位和注水井与生产井之间的排列关系。可根据油田特点选择以下注水方式:边缘注水(分为缘外注水、缘上注水和缘内水);切割注水;面积注水(分五点法注水、七点法注水、歪七点法注水、四点法注水及九点法注水等)。注水驱替效果如图 6-2 所示。

### 四、注水井站工艺流程及设备设施

1. 配水间

配水间是控制、调节和计量注水井注入量的操作间。所谓配水,就是根据配注量控制各井注水量,配水间流程如图 6-3 所示。配水间一般分为单井配水间和多井配水间两大类。

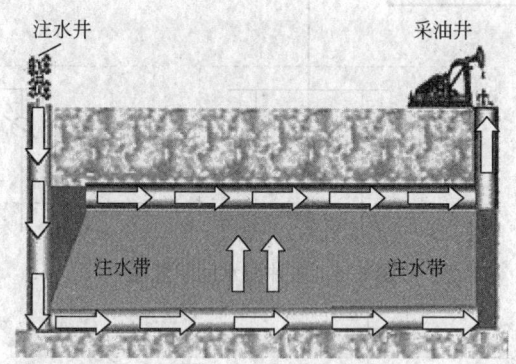

图 6-2　注水驱替效果图

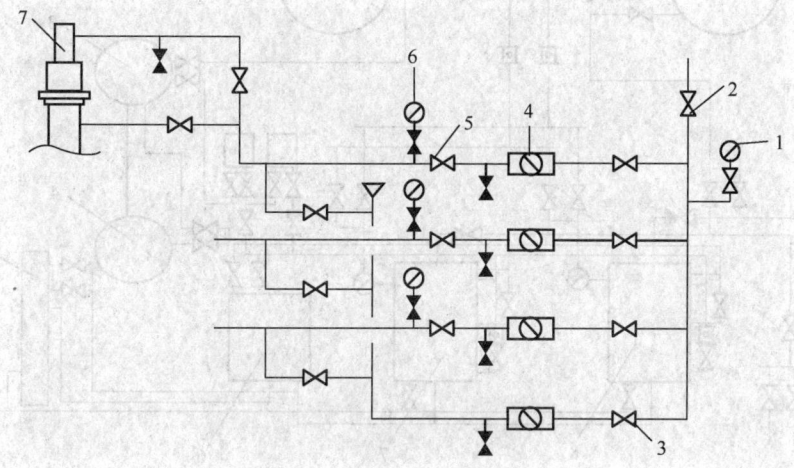

图 6-3　配水间流程示意图

1—干线来水压力表;2—总截断阀;3—注水支线截断阀;4—注水水表;5—注水控制阀;
6—注水压力表;7—注水井口装置;8—洗井水表

(1)单井配水间。单井配水间是用来控制和调节一口注水井注入量的操作间。单井配水间的流程比较简单,配水间与注水干线相连接,经水表、阀组后至注水井口,如图 6-4 所示。

(2)多井配水间。多井配水间一般可控制 2～7 口井。它的工艺流程比单井配水间复杂一些。注入水从注水干线碰头连接,然后进配水间的分水器,分水器由总阀门、汇集管、孔板法兰、压力表和上、下流阀门组成,分水器把水分配到各个注水井,如图 6-5 所示。

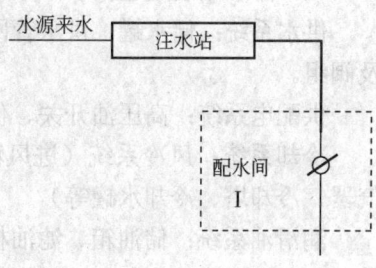

图 6-4　单井配水间示意图

2. 注水站工艺流程

(1)注水站工艺流程为:来水进站→计量→水质处理→储水罐→进泵加压→输出高压水,如图 6-6 所示。

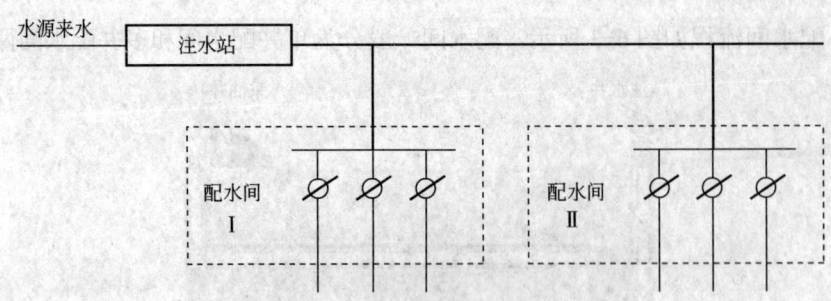

图 6-5 多井配水间示意图

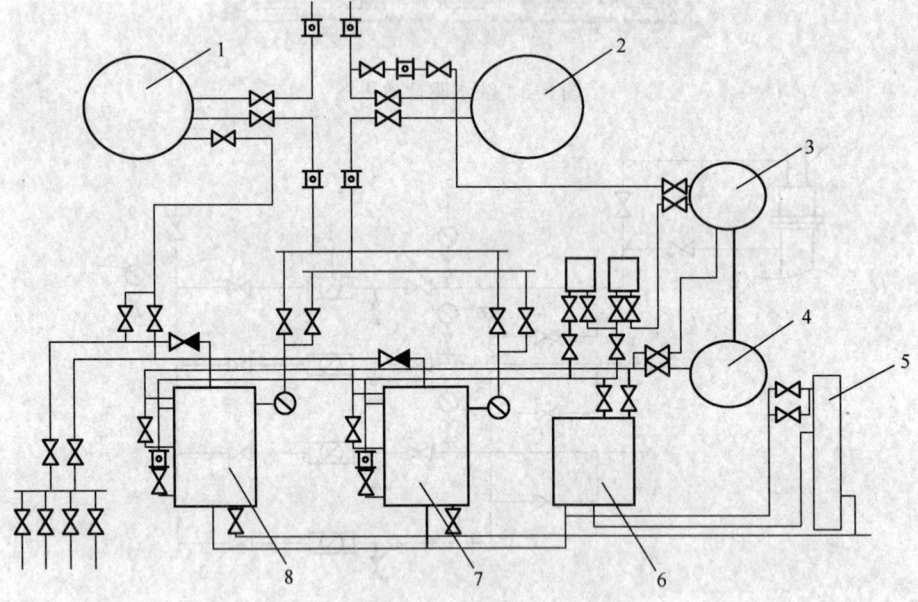

图 6-6 注水站工艺流程简图

1—污水储罐；2—清水储罐；3—冷却水罐；4—冷却塔；5—润滑油缓冲罐；
6—稀油站；7—注水泵机组Ⅰ；8—注水泵机组Ⅱ

（2）注水站组成包括以下系统：

供水系统：储水罐、供水管网、泵机组、进口过滤器、低压水表、加压泵、高压水管网及阀组。

供配电系统：高压油开关、供电电缆、高低压配电柜、星点柜、电动机等。

冷却系统：风冷系统（进风和排风筒等）；水冷系统（冷却水泵、冷却水表、电动机冷气器、冷却塔、冷却水罐等）。

润滑油系统：储油箱、滤油机、润滑油泵、冷却粗滤器、润滑油管线、润滑油阀门、事故高架油塔、总油压及分油压表等。

保护系统：低水压、低油压保护及润滑油泵自动切换。

排水系统：水池、排水泵、管线及阀门等。

采暖系统：热水锅炉、锅炉风机、循环水泵、补水泵、散热器和管线及阀门等。

（3）注水流程有以下要求：

① 满足油田开发对注水水质、压力及水量的要求；
② 管理方便、维修量小、容易实现自动化；
③ 节省钢材及投资，施工工程量小；
④ 能注清水和含油污水，既能单注又能混注。

### 五、目前主要注水工艺流程

1. 单干管多井配水流程

单干管多井配水流程是指水源来水经过注水站加压后，通过单条注水干线输送至各个多井配水间，在每个配水间内，按油田开发单井注水配注方案的要求，分别完成多口井注水量的控制和计量，然后再进入各个注水井（图6-7）。这种流程的优点是：便于调整注水井网，且配水间可与计量站建在一起，利于集中控制和计量注水量，方便生产管理。该配水流程适用于油田面积大、注水井多、注水量较大、面积注水开发方式的油田。

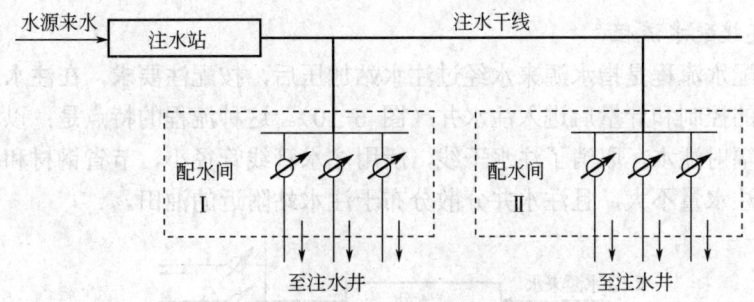

图6-7　单干管多井配水流程示意图

2. 单干管单井配水流程

单干管单井配水流程是指水源来水经过注水站加压后，通过单条注水干线输送至各个配水间，在每个配水间内，按配注要求，完成单口井注水量的控制和计量后进入注水井（图6-8）。

这种流程的优点是：配水间多，便于注水井的分层测试，节省基建投资。它适用于油田面积大、注水井多、注水量较大的行列注水开发形式的油田。

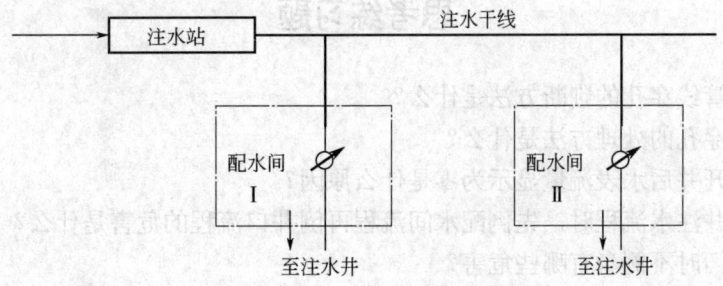

图6-8　单干管单井配水流程

3. 双干管多井配水流程

该流程是从注水站到配水间敷设两条干线，一条用于正常注水，另一条用于洗井或注其他液体。这种流程的特点是：注水和洗井可同时分开进行，洗井操作时，注水干线和注水压力不受干扰，有利于保持注水井不受激动；同时，洗井水可以得到回收利用，避免洗井水外溢,造成环境污染;且当不洗井时,洗井管线又可为酸化、压裂等井下作业提供水源。它适用于单井注水量较小的油田,如图6-9所示。

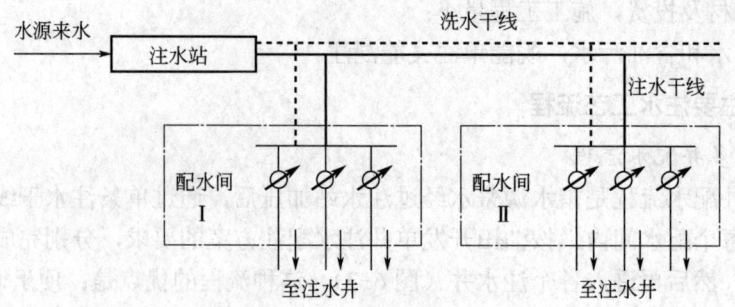

图6-9 双干管多井配水流程

4. 小站直接配水流程

小站直接配水流程是指水源来水经过注水站加压后,按配注要求,在注水站内直接完成单口井注水量的控制和计量后进入注水井(图6-10)。这种流程的特点是:以注水站为中心向周围注水井辐射注水,取消了注水干线,所用注水管线管径小,节省钢材和基建投资。这种流程适用于注水量不大,且注水井分散分布于注水站附近的油田。

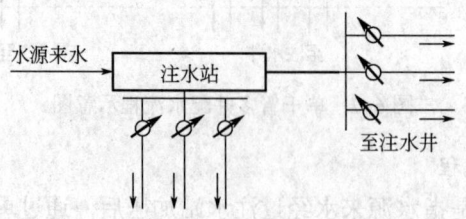

图6-10 小站直接配水流程

## 思考练习题

1. 注水井管线穿孔的判断方法是什么?
2. 注水井穿孔的处理方法是什么?
3. 注水井开井后水表流量显示为零是什么原因?
4. 倒注水井注水流程时,先倒配水间流程再倒井口流程的危害是什么?
5. 开关阀门时不侧身有哪些危害?
6. 干式高压水表漏水的原因有哪些?
7. 干式高压水表不走字的原因有哪些?
8. 注水井洗井过程中排量过大的危害是什么?
9. 注水井更换阀门后卡箍渗漏的原因有哪些?

## 第二节 注水井操作

## 项目一 注水井取水样

### 一、学习目标

掌握注水井取水样操作方法,提高实际操作技能,从而保证注水井正常运转,确保安全生产。

### 二、操作规程

1. 准备工作

(1) 正确穿戴劳保用品;进行危害辨识和风险分析,落实必要的风险消减措施。

(2) 准备工具、用具(表6-7)。

表 6-7 注水井取样工具、用具表

| 序号 | 名称 | 规格 | 数量 |
|---|---|---|---|
| 1 | 取样瓶 | 500ml | 1个 |
| 2 | 记录笔 |  | 1支 |
| 3 | 管钳 | 600mm | 1把 |
| 4 | 活动扳手 | 250mm | 1把 |
| 5 | 排污桶 |  | 1个 |
| 6 | 棉纱 |  | 若干 |
| 7 | 标签 |  | 若干 |

2. 操作步骤

(1) 检查取样瓶干净无破损,放污桶无砂眼、无渗漏。

(2) 检查配水间流程、注水井井口流程;检查各压力正常,各阀门及连接部位不渗不漏。

(3) 人站上风口缓慢开取样阀,将死水排于排污桶。将取样瓶对准取样口,缓慢打开取样阀,用所取样品的水洗刷取样瓶三次以上,将废液排入污水桶。

(4) 取水样至取样瓶的2/3高度处,盖好样瓶盖,侧身关严取样阀,擦拭取样瓶及井口。

(5) 取样瓶贴标签,在纸签上写明井号、取样人、取样时间,送交化验室,将有关数据填入班报表。

(6) 收拾工具、用具,清洁场地。

### 三、注意事项

(1) 开关阀门、取样时需侧身。

(2) 雨天取样要有防雨措施,不可让雨水、泥砂等进入取样瓶内。

(3) 取样时取样阀门开启要适当,一般控制在水样不溅起为合适。

# 项目二　调整注水井注水量

## 一、学习目标

正确地进行调整注水井注水量基本操作,使水量满足配注要求,加深对定压、定量注水的认识,确保注水井的正常注水。

## 二、操作规程

1. 准备工作

(1) 正确穿戴劳保用品;进行危害辨识和风险分析,落实必要的风险消减措施。

(2) 准备工具、用具(表6-8)。

表6-8　注水井取样工具、用具表

| 序号 | 名称 | 规格 | 数量 |
| --- | --- | --- | --- |
| 1 | F扳手 |  | 1把 |
| 2 | 记录笔 |  | 1支 |
| 3 | 秒表 |  | 1块 |
| 4 | 计算器 |  | 1块 |
| 5 | 班报表 |  | 1份 |
| 6 | 棉纱 |  | 若干 |

2. 操作步骤

(1) 检查注水流程完好,装置齐全。

(2) 核对定压、定量注水指示牌有关数据及测试日期,并记录注水泵压、油压,检查压力表压力在定压范围。

(3) 根据配注量计算出合格范围,将低、高限水量分别除以1440,折算出该井每分钟的合格范围。

(4) 利用秒表计时,测出每分钟的实际注入量。

(5) 配注量与实际注水量进行比较,当实注水量大于配注水量高限时,用F扳手侧身缓慢关小下流阀门,若小于低限,则开大下流阀门,并重复计时测算直至达到配注要求。

(6) 观察瞬时流量5min,瞬时流量若基本平稳,则注水量已经基本符合要求,然后记录油压、泵压、瞬时水量及水表底数。

(7) 收拾、擦拭工具并摆放整齐,将有关数据填入报表。

## 三、注意事项

(1) 调整注水量一定要用下流阀门调控。

(2) 操作阀门要平稳,防止损坏计量仪表。

(3) 开关阀门时,人身体要站在阀门侧面。

## 项目三　更换注水井压力表

### 一、学习目标

掌握压力表的工作原理和使用范围,以及压力表安装的校验方法,会检查、更换压力表。

### 二、操作规程

1. 准备工作

(1)正确穿戴劳保用品;进行危害辨识和风险分析,落实必要的风险消减措施。

(2)准备工具、用具(表6-9)。

表6-9　注水井取样工具、用具表

| 序号 | 名称 | 规格 | 数量 |
| --- | --- | --- | --- |
| 1 | 压力表 |  | 1块 |
| 2 | 记录笔 |  | 1支 |
| 3 | 密封垫 |  | 1个 |
| 4 | 活动扳手 | 200mm、300mm | 2把 |
| 5 | 排污桶 |  | 1个 |
| 6 | 棉纱 |  | 若干 |

2. 操作步骤

(1)记录井口原压力表值。

(2)关闭压力表阀门,缓慢打开放空阀放空,待压力表落零后,用活动扳手缓慢卸下压力表。

(3)在压力表接头装上密封垫片,平稳安装新压力表,缓慢打开压力表阀门,待稳定后观看并记录压力值。

(4)收拾工具、用具,做好记录。

### 三、注意事项

(1)开关阀门时人应站在侧面,避免丝杆脱出伤人。

(2)压力表安装要紧固,表面应对着易于观察的方向。

## 项目四　测注水井指示曲线

### 一、学习目标

会测注水井指示曲线,分析注水井井下工具工作状况及了解地层吸水能力。

### 二、操作规程

1. 准备工作

(1)正确穿戴劳保用品;进行危害辨识和风险分析,落实必要的风险消减措施。

(2)准备工具、用具(表6-10)。

表 6-10　测注水井指示曲线工具、用具表

| 序号 | 名称 | 规格 | 数量 |
|---|---|---|---|
| 1 | F 扳手 | | 1 把 |
| 2 | 记录笔 | | 1 支 |
| 3 | 秒表 | | 1 块 |
| 4 | 标准压力表 | | 1 块 |
| 5 | 班报表 | | 1 份 |

2. 操作步骤

（1）关闭测试井的油压表控制阀，打开放空阀，压力表落零后卸下压力表，换上标准压力表，打开压力表控制阀。

（2）调大注水下流阀门，将井口压力逐步调至设定的最高测试压力点。

（3）观察流量变化，30min 内瞬时流量波动在 ±5% 以内，记录注水压力和相应的瞬时注入量，稳定应取 3 个以上记录点的平均值，换算成日注水量。

（4）平稳地调小注水调节阀，使井口压力逐步下降至下一个设计测试压力点进行测试，20min 内瞬时流量波动在 ±5% 以内，记录注水压力和相应的瞬时注入量。

（5）边测试边画指示曲线，当指示曲线出现异常点时应重新测试此点，测量方法同步骤（4）。

（6）共连续测试 5 个点以上，如果指示曲线出现拐点，应增加测试点数。

（7）测试结束后调整下流阀门，恢复正常注水。

（8）将相头数据填入报表，并绘制注水指示曲线图。例如：岔 12-84 井注水指示曲线测试报表见表 6-11，注水指示曲线图如图 6-11 所示。

表 6-11　岔 12-84 井注水指示曲线报表

| 序号 | 开始时间 | 结束时间 | 泵压 MPa | 油压 MPa | 起点底数 m³ | 终点底数 m³ | 日注水量 m³ | 备注 |
|---|---|---|---|---|---|---|---|---|
| | | | 日期：2017 年 4 月 2 日 | | | | | |
| 1 | 8：00 | 8：30 | 18.5 | 16.5 | 2314.251 | 2314.916 | 31.920 | |
| 2 | 8：50 | 9：10 | 18.5 | 16.0 | 2315.385 | 2315.761 | 27.072 | |
| 3 | 9：30 | 9：50 | 18.5 | 15.5 | 2316.312 | 2316.630 | 22.928 | |
| 4 | 10：10 | 10：30 | 18.5 | 15.0 | 2316.992 | 2317.255 | 18.920 | |
| 5 | 10：50 | 11：10 | 18.5 | 14.5 | 2317.206 | 2317.401 | 14.072 | |

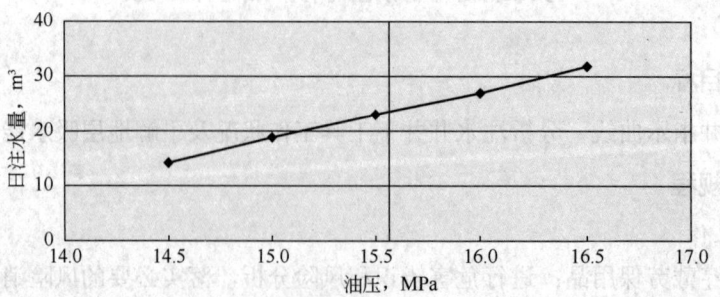

图 6-11　岔 12-84 井注水指示曲线图

### 三、注意事项

(1) 开关阀门时人应站在侧面,避免丝杆脱出伤人。
(2) 压力、流量数据记录要准确。

## 项目五　注水井冲洗地面管线

### 一、学习目标

掌握冲洗注水管线,解除或缓解管线受到的水质污染及堵塞,保证正常注水。

### 二、操作规程

1. 准备工作

(1) 正确穿戴劳保用品;进行危害辨识和风险分析,落实必要的风险消减措施。
(2) 准备工具、用具(表6-12)。

表6-12　注水井冲洗地面管线工具、用具表

| 序号 | 名称 | 规格 | 数量 |
| --- | --- | --- | --- |
| 1 | 管钳 | 600mm | 1把 |
| 2 | 洗井专用装置 |  | 1套 |
| 3 | 水质化验仪器 |  | 1套 |
| 4 | 药品 |  | 若干 |

2. 操作步骤

(1) 检查配水间到井口各部位有无渗漏,阀门开关灵活,仪表齐全好用,接装好排污管(水龙带)至排污池内。
(2) 先关井,让油套压平衡。
(3) 关闭总阀门,关闭油套连通阀门,打开油管放空阀门。
(4) 缓慢打开洗井阀门,开注水下流阀门控制冲洗排量,洗1~2h直到水清洁为止。排量应由大到小,再由小到大,分三个阶段:初期排量 $25m^3/h$,中期排量 $15m^3/h$,后期排量 $25m^3/h$。进出口排量一致,达到进出口水质相同。
(5) 倒回原流程,转入正常注水。
(6) 待注水压力及水量稳定后记录数据并填入报表。

### 三、注意事项

(1) 开关阀门一定要平衡、缓慢,听到过水声音时停止操作,必须站在阀门侧面操作。
(2) 冲洗排量最高不能大于 $50m^3/h$。
(3) 冲洗液不得任意排放,污染环境。

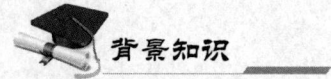
### 背景知识

## 一、注入水质要求及处理工艺

### 1. 注入水质要求

（1）水量充足，取水方便，价格低廉，能满足油田注水量的要求。

（2）水质稳定，与油层岩性及油层水有较好的配伍性，注进油层后不产生沉淀和堵塞油层的物理化学反应。

（3）驱油效率好，不会引起地层岩石颗粒及黏土膨胀，能将岩石孔隙中的原油有效地驱替出来。

（4）不携带悬浮物、固体颗粒、菌类、藻类、泥质、黏土、原油、矿物盐类等，以防引起堵塞油层孔隙的物质进入油层。

（5）对生产设备腐蚀小，或者经过简便工艺处理，便可以使腐蚀危害降到允许的标准，见表6-13。

表6-13 注入水水质标准

| 项目 | 指标 | 项目 | 指标 |
| --- | --- | --- | --- |
| 总含铁量 | <0.5mg/L | 腐生菌 | <200个/L |
| 悬浮物 | <2mg/L | 铁细菌 | <100个/L |
| 溶解氧 | <4mg/L | 硫酸盐还原菌 | <5个/L |
| 水中含油量 | <10mg/L | pH值 | 6.5~8.5 |

注：各油田注入水水质标准可因地制宜。

### 2. 注入水处理工艺

水源不同，水处理工艺也不同，现场常用的水质处理措施有沉淀、过滤、杀菌、脱氧和曝晒。

1）沉淀

对地面水源的水首先应进行沉淀处理，以便于除去机械杂质。地面水源的来水在沉淀池内停留一段时间，使其中所悬浮的固体颗粒沉淀下来。为了加速水中的悬浮物和非溶性物质的沉淀，可在沉淀过程中加聚凝剂。

2）过滤

过滤的目的在于除去残留。在沉淀池或澄清池设备常用过滤池和过滤器，内装石英砂、大理石屑砾石支撑层，然后从池底出水管流入澄清池加以澄清。过滤的水应具备化学稳定性、价格低廉等特点。

3）杀菌

地层水中多数含有藻类、粪类、铁菌或硫酸还原菌，在注入水时必须将这些物质除掉，以防止堵塞油层和腐蚀管柱。

4）脱氧

氧是造成注水系统腐蚀的最主要、最直接的因素，也是其他水质指标能否达到标准的关键。常用的化学除氧剂有亚硫酸钠、二氧化硫等。

5）曝晒

当水源含有大量的过饱和碳酸盐时，由于它们极不稳定，注入地层后，由于温度升高，可能产生碳酸盐沉淀而堵塞油层。因此需要预先进行曝晒处理，将碳酸盐沉淀下来而使水质稳定。

## 二、注水井的结构及生产原理

注水井结构是在完钻井身结构井筒套管内下入油管及配水管柱与井口装置，即由采油树组成，如图6-12所示。

注水井生产原理是：地面的注入水（一定压力）通过井口装置从油管（正注）进到井下配水器对油层进行注水。

## 三、注水井投注程序

注水井从完钻到正常注水，一般要经过排液、洗井、试注之后才能转入正常注水。

1. 排液

排液的目的是：清除井底周围油层内的脏物；排除井底附近一部分原油，造成低压区；采出一部分油量，减少储量损失。油层性质不同，排液的目的也不同。对于均质油层，排液的主要目的在于清除井底附近油层内的堵塞物，使井底周围畅通；对于低渗透的地层，吸水能力差，启动压力高，不易吸水，因此排液的目的是在井底附近造成适当的低压带，为注水创造有利条件。地层开始吸水时的井底压力称为地层的启动压力，一般用降压法求得。

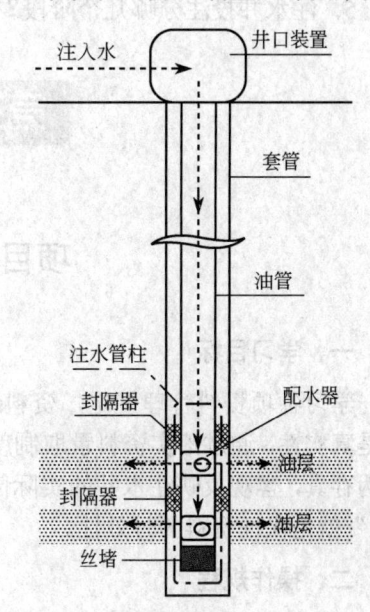

图6-12 注水井结构及生产原理示意图

排液时间根据开发方案确定，排液强度以不损伤油层结构为原则。

2. 洗井

注水井在排液之后还需要进行洗井。洗井的目的是把井筒内的腐蚀物、杂质等污物冲洗出来，避免油层被污物堵塞。

洗井有两种方式：一种是正洗，水从油管进入井内，从油套环形空间返回地面；另一种是反洗，水从油套环形空间进井，从油管返回地面。洗井时排量应由小到大，一般排量为15~30m³/h，当进出口水质完全一致时，认为洗井合格。

3. 试注

试注的目的是为了了解地层的吸水能力，确定配注压力。洗井后要对水井进行分层测试，根据分层指示曲线确定地层的吸水指数，并根据配注量确定配注压力。

4. 转注

所谓转注，就是指转入正常注水。注水井通过排液、洗井、试注，取全、取准试注资料，并绘制出注水指示曲线，按配注要求转为正常注水。

## 思考练习题

1. 取水样的操作要点是什么？
2. 注水井对注入水的水质要求是什么？
3. 注水井洗井方式的区别是什么？
4. 油层性质不同，排液的目的是什么？
5. 注水井投注分哪几个阶段？

## 第三节 注水井管理

### 项目一 注水井资料录取

#### 一、学习目标

学习各项资料管理规定，资料录取应做到"真、准、稳、效"的资料管理目标。"真"就是真实性，通过落实资料录取制度，避免假资料真分析；"准"就是准确性，通过去粗取精，去伪存真，客观反映注水井的实际情况；"稳"是指连续性，做到持之以恒，制度化，规范化；"效"就是保证资料的时效性。

#### 二、操作规程

1. 准备工作

（1）正确穿戴劳保用品；进行危害辨识和风险分析，落实必要的风险消减措施。

（2）准备工具、用具（表6-14）。

表6-14 注水井资料录取工具、用具表

| 序号 | 名称 | 规格 | 数量 |
| --- | --- | --- | --- |
| 1 | F扳手 |  | 1把 |
| 2 | 活动扳手 | 300mm | 1把 |
| 3 | 计算器 |  | 1块 |
| 4 | 记录本 |  | 1份 |
| 5 | 记录笔 |  | 1支 |
| 6 | 擦布 |  | 若干 |

2. 操作步骤

（1）检查井场平整、无油污、无杂草，埋地管线无裸露、渗漏现象，井号清晰。

（2）检查井口流程。注水井正常生产时，注水上流阀门全开，注水下流阀门部分打开；生产阀门、总阀门全开；测试阀门、油管放空阀门、套管阀门均处于关闭状态；设备无缺损、松动、渗漏现象。

（3）录取并记录泵压、油压、套压。压力值在合理范围内，油压不超过允许注入压力。读取压力值时，视线与表盘垂直，确保读值准确。

（4）检查水表计数器清洁、完好，水表计数器显示正常。

（5）记录水表底数并根据公式计算日注水量。

（6）核实并调整注水量。根据注水指示牌调整注水量，保证压力在允许范围内。

（7）收拾工具、用具，清理现场，将录取的相关数据填入报表。

### 三、注意事项

（1）开、关阀门应侧身、平稳操作，防止阀门阀杆弹出造成人身伤害。

（2）生产流程应无刺、漏、渗现象，防止高压水刺出伤人或造成环境污染。

（3）冬季对于吸水能力差、注入量低的井，应加密检查防止冻井事故。

## 项目二　注水井故障诊断与处理

### 一、学习目标

日常工作中能及时发现注水井出现故障，并能够做出正确的判断及处理，保证注水井的正常工作。

### 二、操作规程

1. 准备工作

（1）正确穿戴劳保用品；进行危害辨识和风险分析，落实必要的风险消减措施。

（2）准备工具、用具（表6-15）。

表6-15　注水井故障诊断工具、用具表

| 序号 | 名称 | 规格 | 数量 |
| --- | --- | --- | --- |
| 1 | 记录本 |  | 1份 |
| 2 | 记录笔 |  | 1支 |
| 3 | 擦布 |  | 若干 |
| 4 | F扳手 |  | 1把 |

2. 操作步骤

（1）准确全面分析故障原因。

（2）准确全面提出处理方法。

## 项目三　注水井作业跟踪描述

### 一、学习目标

依据作业施工设计书和本油田施工管理规定，对注水井常规作业施工进行跟踪描述。

## 二、操作规程

### 1. 准备工作

(1) 正确穿戴劳保用品；进行危害辨识和风险分析，落实必要的风险消减措施。

(2) 准备工具、用具（表6-16）。

表6-16 注水井作业跟踪描述工具、用具表

| 序号 | 名称 | 规格 | 数量 |
| --- | --- | --- | --- |
| 1 | 记录本 |  | 1份 |
| 2 | 记录笔 |  | 1支 |
| 3 | 钢卷尺 | 5m | 1把 |
| 4 | 计算器 |  | 1台 |

### 2. 操作步骤

(1) 到施工现场核实询问作业井号、施工目的，要施工设计书等，具体工序为：

① 首先确定是修整更换井下工具、配水器，还是新方案调整层段、细分水以及井下管柱影响正常测试（仪器下不去、卡住、掉等）施工原因。

② 施工工序单及要求：是否需要水井管理者配合，如洗井等。

③ 配水管柱图：配水管柱是悬挂的，还是整体支撑的；是可洗井的，还是不可洗井的；有没有保护封隔器等。

④ 若是层段调整的，还要看调整的层段及层位、配水量等。

⑤ 其他相关工序：如冲砂、验封等有关特别的要求。落实井口油压、套压是否达到关井降压的要求标准，在全部确认后准许施工队开始作业，并把要求与施工队负责人交代清楚。

(2) 详细看施工设计书并记住一些要点，做到心中有数，便于下步跟踪检查。

(3) 认真做好现场监督施工（以现场能看到的为主要对象，无法检查的如封隔器不密封是否由于其机械性能影响等），具体包括以下内容：

① 搭油管桥：井场有3道油管桥，每道一般有5个支撑点，桥离地面30cm以上，每10根油管为一组，两侧规定长度不大于1.5m，禁止作业工把其他杂物往上放，符合上述要求，抬井口、起油管作业工序就算具备了。

② 抬井口：抬井口四通前（实际卸大法兰螺丝时），要做好从套管连接至井场外污油池的放溢流管线，仪表及配件等不能损坏或丢失。

③ 观察起出油管：是否有刺漏（若油管漏，现场可以看到地上提油管时刺漏水明显）、有无偏磨等现象，螺纹头要保护好。

④ 查看起出的井下工具情况：如该井的第一段封隔器皮碗有无破损，配水器水嘴有无刺漏，筛管等处水锈结垢情况是否严重，有无其他脏物。

⑤ 了解冲砂情况：要记录好冲砂时间、排量，核实人工井底数据；注意冲砂时中途不能停止。

⑥ 检查地面油管：检查、记录好清洗、通管及丈量油量情况查看管柱级数、封隔器型号、配水器型号及筛管中球、死堵情况，是否与设计书相符。

⑦ 下管柱及油管：下管柱及油管时，螺纹一定要涂螺纹脂、密封脂、密封胶等，工具、油管相互接连时要用管钳打紧，但不能在工具的中间主体部位紧扣。

⑧ 了解磁性定位结果：磁性定位资料是上交技术部门的，所以采油工只需要了解情况就可以了。

⑨ 坐井口：了解坐井口时初期交代的问题是否解决；法兰、卡箍螺丝要上齐扣，阀门压力表等要装正，法兰顶丝及备帽调整上紧。

⑩ 洗井：先冲洗地面管线至进出口一致，再改到井底反洗至出口水质一致，排量一般在 15～20～25m³/h 进行调控冲洗。

⑪ 释放（封隔器）：在洗井合格后井筒内满水，从井口油管（一般在测试阀门上）连接水泥车打压至设计压力值，稳定 30min，目前多数油田都在释放同时从井口处装压力计打验封中卡来作为验封资料上交。

⑫ 验封：看水泥车打的压力降不降，井口套管溢流量（释放后打开或卸掉套管阀门）大小，以不流水为最好，一般都有一点点小水流；若溢流量大，证明释放不合格，这就是注水井作业施工时的试压工序；此时记录好释放压力值、释压时间、井口套管溢流量大小等数据，交地质资料组和技术员。

（4）查看捞出偏心堵塞器和下入的水嘴是否符合设计要求。

（5）转注：与配水间（站）联系好，倒好流程注水，注意按配水量 120%试注（也叫水井作业后的初期放大注水）。

（6）交接井：按作业前交井情况及要求，达到合格标准后先交接地面，再根据测试和实际注水情况确定交接井下，签字，并及时整理好跟踪报告。

### 三、注意事项

（1）凡是下整体管柱的，在释放前一定要洗好井。

（2）释放时严禁作业队用配水间（站）泵压正注直接来进行释放。

（3）从作业开始到结束水表底数要记准。

相关知识详见本油田注水井施工作业质量标准。

## 项目四　分析注水井指示曲线

### 一、学习目标

按实测井注入压力绘制的实测指示曲线，通过对实测指示曲线的形状及斜率变化的情况进行分析，掌握油层吸水能力的变化，分析井下配水工具的工作状况，作为分层配水、管好注水井的重要依据。

### 二、操作规程

1. 准备工作

（1）正确穿戴劳保用品；进行危害辨识和风险分析，落实必要的风险消减措施。

（2）准备工具、用具（表 6-17）。

表6-17 分析注水井指示曲线工具、用具表

| 序号 | 名称 | 规格 | 数量 |
|---|---|---|---|
| 1 | 坐标纸 | | 1份 |
| 2 | 铅笔 | | 1支 |
| 3 | 橡皮 | | 1个 |
| 4 | 某井指示曲线数据 | | 1套 |

2. 操作步骤

（1）绘制注水指示曲线：

① 以注入压力为纵坐标，注入量为横坐标，建立直角坐标系；

② 在坐标系上找出注入压力与注入量的对应点；

③ 连接各对应点，绘出两次测试的指示曲线。

（2）对比两条指示曲线、分析吸水能力的变化情况。

（3）分析判断造成吸水能力变化的主要因素。

（4）提出相应的整改措施。

### 三、注意事项

（1）测试数据要准确，力求指示曲线真实。

（2）开关阀门时操作人员要侧身，不能正对阀门。

【例】目前测指示曲线使用的是降压法，规定第一个点隔30min，稳定15min，记录20min水量，第二点之后每稳定15min，记录20min水量。

某计量站在2017年1月15日和5月15日测得岔39-××井指示曲线数据表分别见表6-18、表6-19。

表6-18 岔39-××井指示曲线数据表（2017年1月15日）

| 时间 | 9：00-9：30 | 9：45-10：05 | 10：20-10：40 | 10：55-11：15 | 11：30-11：50 |
|---|---|---|---|---|---|
| 注水压力，MPa | 13.5 | 13 | 12.5 | 12 | 11.5 |
| 注水量，m³ | 0.437 | 0.257 | 0.176 | 0.144 | 0.109 |
| 折算日注水量，m³/d | 20.976 | 18.504 | 12.672 | 10.368 | 7.848 |

表6-19 岔39-××井指示曲线数据表（2017年5月15日）

| 时间 | 8：40-9：10 | 9：25-9：45 | 10：00-10：20 | 10：35-10：55 | 11：10-11：30 |
|---|---|---|---|---|---|
| 注水压力，MPa | 13.5 | 13 | 12.5 | 12 | 11.5 |
| 注水量，m³ | 0.268 | 0.145 | 0.131 | 0.099 | 0.082 |
| 折算日注水量，m³/d | 12.864 | 10.44 | 9.432 | 7.128 | 5.904 |

通过两次所测得的数据，在同一坐标系中绘制出注水曲线，如图6-13所示。

对比两条指示曲线、分析吸水能力的变化情况：

（1）指示曲线左移左转，斜率变大。

（2）这种变化说明油层吸水能力下降，吸水指数变小。

（3）产生这种变化的原因可能是地层深部吸水能力变差，注入水不能向深部扩散，或是地层堵塞等。

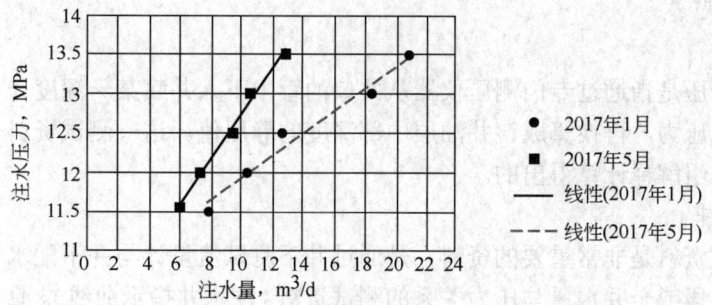

图 6-13　岔 39-××井指示曲线

## 一、注水井资料录取与分析

1. 注水量

注水量是指注水井每日实际注入油层的水量，通常是每日水表的底数与昨日同一时刻水表底数的差值（如今日 14 时的水表底数减去昨日 14 时水表的底数）。值得注意的是：如果在当天的 24h（即昨日 14 时至今日 14 时期间）内，井口有溢流量、洗井以及生产管线穿孔维修时，就要根据各自具体情况在水表底数计算出的水量中减去溢流量为该井当日的实际注水量，并在班报表中备注清楚。

注水井注水量必须按配注方案（单井的配注水量）来控制注水，一般实际注水量的误差为配注水量的±10%，如果超过此范围，就要及时分析原因，并上报地质部门。

2. 泵压、油压

泵压是指注水井每日注水时的注水干线压力，是在压力表上直接录取的。由于注水干线压力有时是波动变化的，不是一个定值，所以现场是在每日的几个班次（以本油田规定为准）中录取的各个压力数据里选出一个能代表当日注水生产实际情况的泵压值为当日该井的注水泵压。值得注意的是，不是几个班次录取泵压值的算术平均数，而是某个班次泵压值的直接选用。

油压是指注水井实际注水时控制调节阀后的压力值，如泵压一样，是在压力表上直接读出的；其值的选用应与泵压一致，即选某一班次的泵压，也必须选某一班次的油压。油压的选取关系到当日的注水合格率，故油压的选用既要符合注水生产实际，又要考虑当日的分水。

3. 井口油压、套压

注水井井口油压只有在面积注水井网系统中地面集中的多井配水间才有意义，在行列注水井网中因井与单井配水间同井场，几乎无管损，所以没有意义，它是在井口压力表上直接录取的。如果井口油压与配水间的压差值过大（管损大），就要落实原因，否则就要影响实际注入油层的注水质量。

井口套压是在井口套压表上直接录取的。如下保护封隔器的注水井套压较高超标（各油田不一），说明封隔器不严或封隔器失效；如是无保护封隔器的井，套压高低只是油层压力的反映。

4. 静压

注水井的静压是指通过专门测压仪器从井口油管中下入井底某一深度（有两个测试点）关井测出的井底压力，再换算成该井油层中部深度的静压值。这一测试资料是由专门测试工来测试，由地质组解释计算得出的。

5. 测试资料

注水井测试资料是非常重要的资料，是通过井下测试流量计与井下配水管柱配合测试出的分层注水井各段或全井水量与压力关系的测试资料（注水井指示曲线）。具体测试过程是把校检合格的井下流量计从井口油管下入到井下分层注水管柱，由下向上地按各层段配注水量测出各层及全井水量与压力的关系。

6. 水质化验

注水井水质化验资料有两点含义：一是指对注入水质的监测化验资料；二是指对注水井洗井时的洗井状况化验结果资料。

注入水质监测的化验资料依据本油田对注入水质规定的标准，定期在注水系统的监测点处进行取样化验，通常是指对其注入水中悬浮物杂质的含量和含铁（离子）量的化验。化验的结果不能超标，如果超标，就要及时采取措施。

洗井化验资料是指注水井按计划定期洗井或注水井调整作业投注时的洗井，对进口和出口都取样进行化验，其化验标准与水质监测一样，除要求进口与出口化验结果一致外，还要求洗井时的进出口三个排量也要符合洗井标准，并做好各项记录和资料的整理。

## 二、注水井洗井目的及标准

注水井洗井是经常性的维护工作，其目的是为了把井筒内的铁锈、杂质等脏物冲洗出来，保护井筒清洁，防止脏物堵塞水嘴和油层，保证注入水畅通无阻。

洗井有两种方式：一种是正洗，水从油管进入井内，从油套环形空间返回地面；另一种是反洗，水从油套环形空间进井，从油管返回地面。洗井时排量应由小到大，一般排量为15~30$m^3$/h，当与进出口水质完全一致时，认为洗井合格。

1. 洗井

注水井在下列情况必须洗井，有洗井回水管线的井可以由采油作业区利用回水管线进行洗井，并向工程技术研究所上报洗井相关数据（包括洗井水量、水质化验、现场水样等）。没有回水管线的井必须由测试大队利用洗井车进行洗车。

（1）排液井转注或投注前。

（2）停注24h以上的注水井。

（3）注入水质不合格的井。

（4）已经到洗井周期的井。

（5）注入量明显下降的井。

（6）动井下管柱后的井。

2. 洗井操作步骤

(1) 关井安装洗井管线,准备好计量池。
(2) 倒好配水间流程,校对流量计。
(3) 开关井口阀门。
(4) 开洗井阀门洗井。
(5) 洗井合格后稳定 2h,恢复正常注水。

3. 洗井注意事项

(1) 洗井时计量出口排量必须标准。
(2) 洗井中最高排量一般为 $30m^3/h$,一般不能再大。
(3) 对水质经常洗井不合格分注井,可用 $40m^3/h$ 的大排量洗井。但要保证不漏,井口压力不高于该井关井压力。
(4) 操作要平稳。
(5) 提高排量时,必须待水净后进行。

### 三、注水井注水量变化的原因分析

注水量是注水井的主要配注指标。因此,由注水量的变化可分析注水井是否正常。引起注水量变化的原因概括起来有以下几种。

1. 注水量上升的原因

(1) 地面设备的影响。流量计起始不落零,造成记录数值偏高;地面管线漏失,流量计系统差错,泵压升高造成注水量增加。
(2) 井下设备的影响。封隔器失效,油管漏失,配水嘴被刺大或脱落,球与球座密封不严等都会引起注水量上升。
(3) 油层的影响。由于不断注水,改变了油层的含水饱和度,从而引起相渗透率的变化,使水的流动阻力减小,从而造成油层的吸水能力不断增加。

2. 注水量下降的原因

(1) 地面设备的影响。流量计起始数据在零以下,使记录的压差数值偏小;地面管线不同程度的堵塞,流量计系统差错,造成记录压差值偏低;杂质堵塞仪表芯子或损坏零部件造成注水量下降。
(2) 井下配水工具的影响。水嘴被堵塞会引起注水量下降。
(3) 油层的影响。在注水过程中油层孔道被脏物堵塞;油层压力回升使注水压差变小引起注水量下降。

### 四、分层注水管柱类型

为了解决层间矛盾,调整油层平面上注入水分布不均匀的状况,从而控制油井含水率和油田综合含水率的上升速度,提高油田的开采效果,需要进行分层注水。

分层注水管柱按配水器结构一般分为三大类,即固定配水管柱、活动配水管柱和偏心配水管柱。偏心配水管柱是使用最广泛的配水管柱,活动配水管柱在许多领域又有新的发展。常用分层注水管柱见表 6-20。

表 6-20 常用分层注水管柱表

| 序号 | 管柱名称 | 管柱组成 | 管柱特点 |
|---|---|---|---|
| 1 | 偏心配水管柱（Ⅰ） | K344 封隔器+KPX-114 配水器+撞击筒+球座 | 可大排量洗井，易解封，小卡距 |
| 2 | 偏心配水管柱（Ⅱ） | Y341-114 封隔器+TPX-114 配水器+撞击筒+球座 | 具有反洗井功能，适用于高压注水 |
| 3 | 多级免投死嘴配水管柱 | HNY341-114 封隔器+KPX-114 配水器+撞击筒+球座 | 免投死嘴，低压坐封封隔器，逐级验封，具有不起出管柱能重复坐封封隔器，工作压力 25MPa，适用井深 2500m |
| 4 | 中深井分层注水管柱 | 补偿器+HNY341-114 封隔器+KPX-114 配水器+撞击筒+球座 | 减轻因测试或洗井时注水管柱张力变化对封隔器密封性的影响，延长注水管柱的使用寿命，工作压力 25MPa，适用井深 2500m |
| 5 | 偏心细分注水管柱 | DQYl41-114 封隔器+KPX-114A 配水器+KPX-114B 配水器+球座 | 配水器最小连接距离 2m，适用于细分注水 |
| 6 | 液力投捞细分注水管柱 | DQYl41-114 封隔器+KPX-114 配水封隔器+连通器+丝堵 | 2~5 个层段的分层注水，卡距 2m，液力投捞调配，测试工艺简单 |
| 7 | 空心配水斜井分注管柱 | 万向器+KKX-114 空心配水器+HBY341-114 封隔器+丝堵 | 2~3 个层段的分层注水，液力投捞调配，测试工艺简单，适用井斜 25°，工作压力 35MPa，适用井深 3500m |
| 8 | 液力投捞斜井分注管柱 | 缓冲器+扶正器+HNY341-114 配水封隔器+HNY341-115 封隔器+连通器+丝堵 | 2~3 个层段的分层注水，卡距 1.2m，液力投捞调配，测试工艺简单，适用井斜 45°，工作压力 25MPa，适用井深 3000m |

1. 偏心配水管柱（Ⅰ）

1）结构

偏心配水管柱（Ⅰ）由扩张式封隔器和偏心配水器等构成，如图 6-14 所示。

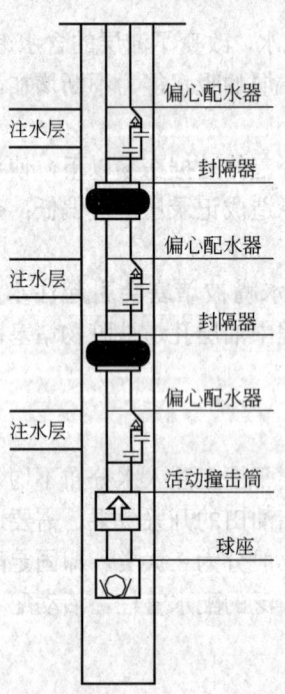

图 6-14 偏心配水管柱（Ⅰ）示意图

2) 技术要求

（1）各级配水器的水嘴压力损失必须大于 0.7MPa，以保证封隔器坐封；

（2）各级偏心配水器的堵塞器编号不能搞错，以免数据混乱，资料不清。

3) 存在问题

扩张式封隔器的胶筒不能适应深井高温要求。

2. 偏心配水管柱（Ⅱ）

1) 结构

偏心配水管柱（Ⅱ）由压缩式封隔器和偏心配水器等构成，如图 6-15 所示。

2) 技术要求

（1）筛管应下在油层以下 10m 左右；

（2）因各级封隔器的解封销钉直径和解封负荷是从上到下逐渐减少的，所以封隔器应按编号下井，否则会造成解封困难；

（3）各级贪偏心配水器的堵塞器编号不能搞错；

3. 多级免投死嘴高压偏心配水管柱

1) 结构

多级免投死嘴高压偏心配水管柱由 HNY341-115C 封隔器和 KPX-114A 配水器等构成，如图 6-16 所示。

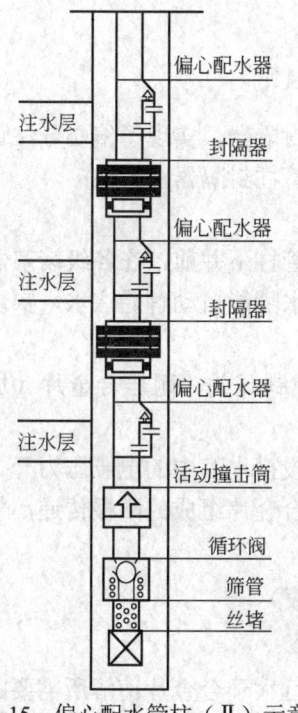
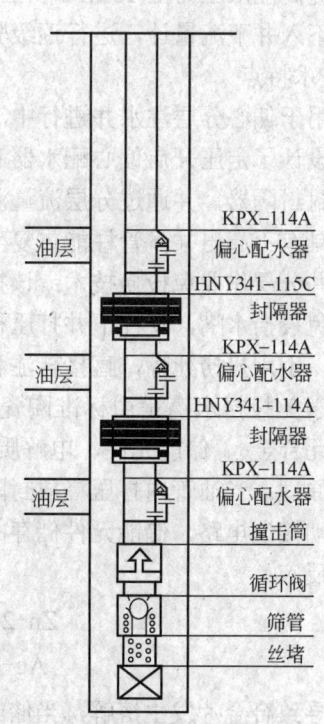

图 6-15　偏心配水管柱（Ⅱ）示意图　　图 6-16　多级免投死嘴偏心配水管柱示意图

2) 原理

井下分注管柱配水器开启压力大于封隔器坐封压力，憋压时在配水器水嘴开启之前，封隔器已将各个配水器及其对应油套环空分隔开，封隔器密封时，各个配水器互相不影响，随着注水压力的提高配水器水嘴依次开启，实现带水嘴坐封分层注水；封隔器不密封时，各个配水器互相影响，配水器水嘴无法完全开启，通过下入井下流量计进行分层测试，结合相应的分析判断方法，就可以验证多级分注管柱封隔器密封性。管柱上提即可解封，解封后重新憋压达到一定压差，即可重新坐封封隔器，进行分注。

3）技术指标

坐封压力：4～5MPa；

水嘴开启压力：7～8MPa；

工作耐压：25MPa；

工作耐温：120℃；

反洗流量：不大于40m³/h；

单级解封负荷：15～20kN；

封隔器重复坐封：8次；

适应井深：≤2500m；

适应套管内径：121～125mm。

4）技术要求

（1）各级偏心配水器的堵塞器编号不能搞错；

（2）控制注水压力，油管憋压5～6MPa，坐封封隔器并验证管柱密封性；

（3）提高注水压力至10MPa以上，堵塞器水嘴依次打开；

（4）下入井下流量计，进行逐级验封。

5）技术特点

（1）用于偏心分层注水井进行中深井多级高压分注；

（2）设计了定压开启偏心配水器和低压坐封可洗井封隔器，实现了偏心分注管柱可带任意水嘴坐封封隔器，并通过分层流量测试验证多级分注管柱封隔器密封性；

（3）具有不起出井下管柱能重复坐封封隔器的优点。

注水井分层作业免投捞技术：该技术是在分层注水管柱下井前，在各级堵塞器中下入一个电化学免投捞水嘴，管柱下井打压释放后，4～8h后水嘴能自动解通注水，实现注水井分层作业后，不用投捞死嘴，直接转注和测试。

电化学免投捞水嘴是由标准陶瓷水嘴、电子压力控制开关、耐压合金片（均相的银—锌—锑三元合金）、储能元件、电解质组成。

工作原理：当油管内打压释放封隔器时，电化学免投捞水嘴中的电子压力开关在压力的作用下自动接通电路，储能元件储存的电能通过电路向合金片组成的阳极传递，使阳极发生阳极氧化反应：

$$Zn-2e \rightarrow Zn^{2+}（进入溶液）$$

$$Ag-e \rightarrow Ag^+（进入溶液）$$

反应导致合金片发生溶解，当储能元件储存的能量远大于合金片溶解所需要的能量时，该反应能够不断地进行下去，直到合金片全部溶解，达到水嘴自动解通而注水目的。

4. 中深井分层注水管柱

1）结构

中深井分层注水管柱由缓冲器、HNY341-115C封隔器和KPX-114A配水器等构成，如

图 6-17 所示。

缓冲器由锁紧部分、缓冲部分等组成。下井前缓冲部分的内、外管通过锁块固定。油管憋压超过封隔器坐封压力后，活塞剪断剪钉，锁块让开。油管降压后，内外管在注水管柱张力的作用下，可相对移动一定距离，减缓了注水管柱伸缩时对封隔器造成的不利影响。

2）技术要求

缓冲器解锁压力应与封隔器坐封压力相匹配，解锁压力应大于坐封压力 1MPa。

3）技术特点

(1) 用于中深井、深井的多级高压分注；

(2) 减轻因测试和洗井时注水管柱张力变化对封隔器密封性的影响，大大延长注水管柱的使用寿命。

5. 偏心细分注水管柱

1）结构

该管柱主要由超短式可洗井封隔器、KPX-114-4Ⅰ型配水器、KPX-114-4Ⅱ型配水器、撞击筒、筛管和循环阀组成，如图 6-18 所示。

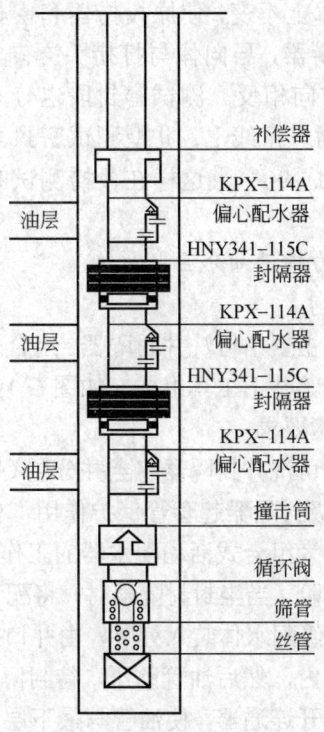
图 6-17 中深井分层注水管柱示意图

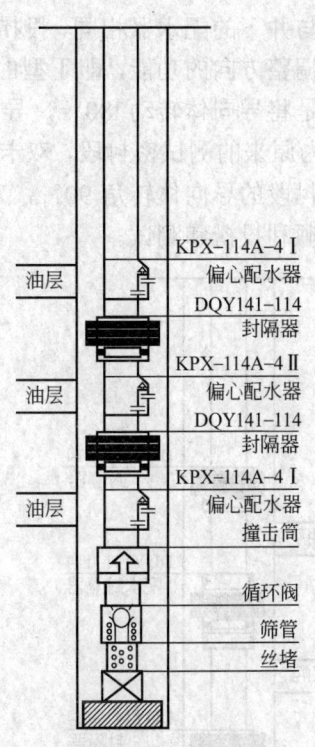
图 6-18 偏心细分注水管柱示意图

2）技术要求

根据方案，将封隔器和配水器连接，如果两个配水器之间距离在 4m 以内，上边用Ⅰ型，下边用Ⅱ型配水器，下到预定位置即可憋压释放封隔器，之后就根据配水量进行调试、正常注水。

3）技术特点

该管柱的配水器是根据 KPX-113 型配水器改进的，比原来的工具短，并可将 3 个封隔器和 2 个配水器直接连接，不需要油管短节。2 个配水器之间距离可达 2m，常规的投捞测试技术对该堵塞器的投捞和分层测试不影响，因为在偏心器上装有特殊滑道和正、反两种导向，可实现不动管柱任意调换井下水嘴和进行分层测试，能大幅度降低注水井调配和测试作业工作量，而且测任意层注水量时，不影响其他层注水。

4）KPX-114-4 型配水器工作原理及测试工艺

KPX-114-4 型配水器分Ⅰ型和Ⅱ型两种，它是在 KPX-113-2 型的配水器的基础上改进的，具有原配水器的优点，原投捞器和测试系统基本不变，方法与原来相同，但测试时需要下两次仪器：一次测Ⅰ型，一次测Ⅱ型。因Ⅰ型和Ⅱ型两个配水器连接时最小距离可达 2m，为使投捞和测试不受影响，主要将下接头处的导向体分为两种，一种导向体开口与堵塞器的安装方向相同，并在下接头的上部安装一种与堵塞器成 90°的两个滑块，这种配水器为Ⅰ型；另一种导向体与堵塞器的安装方向相反，并在下接头的上部安装一种与堵塞器成 0°和 180°的两个滑块，这种配水器为Ⅱ型。这样在投捞和测试时就需要投捞器和密封段的导向体与井下的配水器相同，投捞器和密封段基本上不变，使原投捞器和密封段的导向体具有可调整方向的功能，即Ⅰ型的投捞器为原投捞器，导向体与打捞头方向相同，Ⅱ型的投捞器是将导向体转动 180°，导向体与打捞头方向相反。测试密封段也分为Ⅰ型和Ⅱ型：Ⅰ型为原来的测试密封段，双卡片和导向体在同一条线上；Ⅱ型测试密封段是将原来的测试密封段的导向体转角 90°，双卡片和导向体成 90°。这样在投捞测试时用相对的仪器即可顺利投捞和测试。

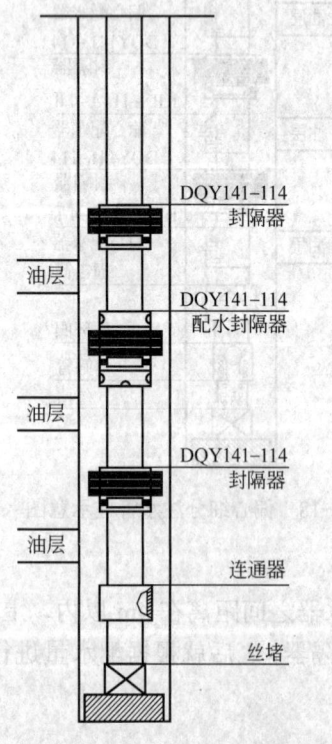

图 6-19 液力投捞细分注水管柱示意图

6. 液力投捞细分注水管柱

1）结构

该管柱主要由可洗井封隔器、组合式活动配水器、连通器等井下工具组成，如图 6-19 所示。

2）技术要求

由三级可洗井封隔器将全井分层（以分注三层为例），上级封隔器起套管保护作用，中间封隔器的中心管作为组合式活动配水器的工作筒，工作筒内有定位台阶。当坐封封隔器时，将配水器芯子里的上、中两级配水体装入死嘴，由井口投入，坐在中间封隔器内，然后油管憋压，待封隔器坐封后，提高压力打开连通器，使油管与最下层连通。井口装上捕捉器，将地面管线倒成洗井流程，通过配水器芯子上的节流环密封，使其上、下存在压差并将其冲出。配注时，将装有合适水嘴的配水器芯子投入，恢复正常注水。在反洗井压力不高或其他异常情况时，也可采用钢丝将配水器芯子捞出。

3）工艺特点

（1）该工艺适用于 $\phi$140mm 套管井 2~3 个层段

的注水，最小卡距可以控制在 2m，可实现小卡距的细分注水；

（2）通过液力投捞实施注水量的调配，测试工艺简单；

（3）更换配水器芯子时，一次可完成 3 个层段注水量的测试和调整；

（4）密封性好，对套管起到保护作用。

7. 空心配水斜井分注管柱

1）结构

该管柱由斜井注水封隔器、任意转向短节、液力锚定扶正器、空心活动配水器等组成。

2）技术要求

单级验封过程是：提起球棒，油管憋压观察套管溢流情况，判断封隔器是否坐封。双级验封过程是：提出球棒，下压力计，油管憋压，根据压力曲线变化情况，判断封隔器坐封情况。

注水调配时，下级配水器芯子由压送器送入，以保证通过上部配套工具内孔。打捞时，下入液力打捞器于配水器芯子中，由套管反憋压冲动后，由试井钢丝捞出。更换管柱时，直接上提管柱解封封隔器，起出管柱。

3）技术特点

（1）管柱采用能径向转动、轴向偏摆、能承受轴向拉压载荷、耐压好且密封性好的万向节，保证了管柱起下安全；

（2）HBY341-115 斜井注水封隔器采用同步液压锚定扶正方法，提高了封隔器的密封可靠性；

（3）采用液力助捞方法，使投捞工具下得去、提得出，最大限度地减轻钢丝负荷，保证了投捞调配施工的安全性及成功率。

4）适应条件

工作压力：35MPa；

工作温度：150℃；

井斜：25°；

适应井深：3500m；

分注层数：2，3。

8. 液力投捞斜井分注管柱

1）结构

该管柱主要由 HNY341-115C 配水封隔器、HNY341-115C 封隔器、缓冲器、扶正器、连通器和 KHD-114 配水器芯子组成，如图 6-20、图 6-21 所示。

2）技术要求

（1）坐封封隔器：配水器芯子装死嘴从井口投入，依靠注水力量投送，坐到配水封隔器上后，继续升高压力，坐封封隔器，并打开底部注水层对应的连通器。

（2）调配水嘴及分层测试：通过反冲，将配水器芯子冲出，井口捕捉，取出死嘴调换合适水嘴，同时将 3 支小直径流量计放入芯子内，然后把芯子投入井内，坐到配水封隔器上之后，注入水通过 3 个水嘴对 3 个地层注水，同时 3 支电子储存式井下流量计工作，测试分层水量。通过控制 3~5 个压力点测试不同压力下的分层注水量。

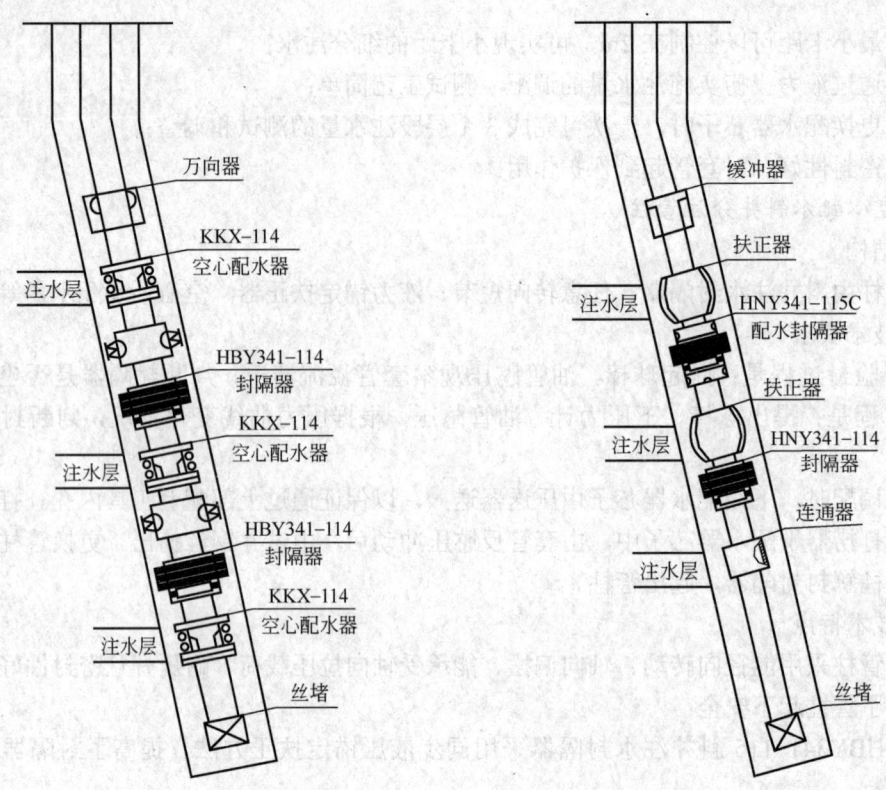

图 6-20 液力投捞斜井分注管柱示意图（一）　　图 6-21 液力投捞斜井分注管柱示意图（二）

3）技术特点

（1）工艺适用于 $\phi$140mm 套管井 2～3 个层段的注水。最小卡距可以控制在 1.2m，可实现小卡距的细分注水；

（2）通过液力投捞实施注水量的调配，测试工艺简单；

（3）更换配水器芯子时，一次可完成 3 个层段注水量的测试和调整。

4）适应条件

工作压力：25MPa；

工作温度：120℃；

井斜：45°；

适应井深：3000m；

分注层数：2，3。

## 五、注水井调剖的目的

油层是不均质的。注入油层的水，80%～90%的水量常常被厚度不大的高渗透层所吸收，注水层吸水剖面很不均匀，且其不均质性常常随时间推移而加剧。这是因为水对高渗透层的冲刷提高了它的渗透性，从而使它更易于受到注入水的冲刷。因此，注水油层常常局部出现特高渗透性，使注水油层的吸水剖面更不均匀。

为了调整注水井的吸水剖面，提高注入水的波及系数，改善水驱效果，可以向地层中的高渗透层注入堵剂。堵剂凝固或膨胀后，降低高渗透层的渗透率，从而提高注入水在低渗透层位的驱油作用。这种工艺措施称为注水井调剖。注水井调剖封堵高渗透层的方法有单液法和双液法两种。

1. 水井调剖技术的原理

调剖是利用注水井非均质多油层间存在的吸水差异和启动压力的差异，通过合理控制较低的注入压力，使调剖剂优先进入并封堵启动压力最低的高渗透层或部位；再通过提高注入压力，使调剖剂顺次进入到其他启动压力较低的层，达到调整吸水剖面，改善水驱开发效果的目的。按调剖深度可分为深剖调剖和浅部调剖两种类型，简称深调和浅调。

2. 水井调剖的作用

（1）化学调剖技术可以解决机械细分注水中无法解决的层段间、层段内矛盾，进一步提高细分注水工艺能力。

（2）化学调剖技术可以提高机械细分中与高吸水层相邻层的吸水能力，特别适用于以下几种情况下的细分挖潜：

① 通过化学调剖，可以较好地解放高含水停注层的注水问题；
② 解决由于夹层小或夹层窜槽而无法实施分层注水的问题；
③ 解决由于受隔层条件影响而不能细分注水的井，实现细分注水的问题。

## 思考练习题

1．注水井要取全、取准哪几个方面的资料？
2．什么是注水井资料的"八全八准"？
3．注水井常见故障有哪些？
4．配水器故障及处理方法有哪些？
5．请画出水嘴孔眼被刺大的变化图型及规律。
6．搭油管桥的要求有哪些？
7．操作过程中对洗井的要求有哪些？
8．什么是注水井指示曲线？
9．什么是吸水指数？
10．试述如何应用注水指示曲线来分析注水井的吸水能力。
11．通过如图 6-22 所示的指示曲线分析原因。

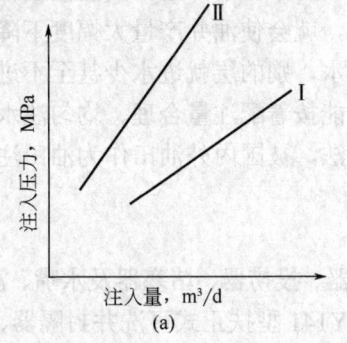
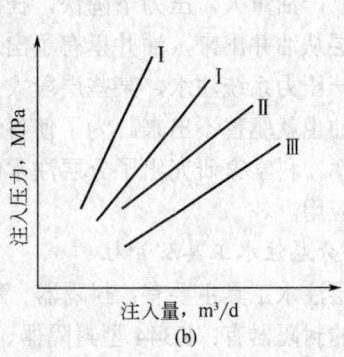

图 6-22

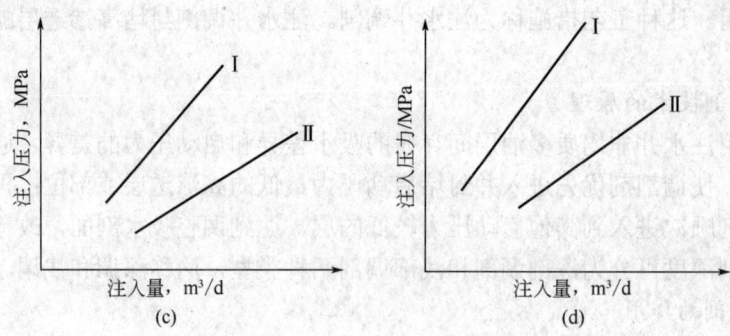

图 6-22 题 11 的指示曲线

# 第四节 注水井分注工艺

## 一、分注机理

### 1. 分层注水的概念

分层注水就是在同一口，利用封隔器将多油层分隔为若干层段，使之在加强中、低渗透率油层注水的同时，通过调整井下配水嘴的节流损失，降低注水压差，对高渗透率油层进行控制注水，以此调节不同渗透率油层吸水量的差异。

### 2. 注水井分注的原因及目的

一个油田地下的油层有多个，而且分层厚度不大，为节约资金，多采取油井和注水井同时、多层采注的方式开发。给多个油层注水的注水井，是否需要分层注水，是由这些油层的差异决定的。由于各油层都是独立封闭的储油体，它们在形成油层的地质时期形成的条件不同，有的油层看上去像馒头，孔隙很大；有的油层看上去像砖头，虽然能吸水但看不出有孔隙。而且各油层含油气组分、原始压力和温度、厚度、封闭条件等都有差异。其中孔隙大的油层出油容易，产油量大，压力下降快，在同样压力下注水，它比别的油层吸水量多，注入水容易穿过油层从油井出来，油井里有了出水层，就会使油井产量大幅度下降。另外对注水井而言，在同一压力系统注水，某些层段大量进水，别的层就进水少甚至不进水，那样不进水的油层里的油也就驱替不出来。为了使各油层能按着配注量合理、均匀注水，以提高各油层的水驱油效率，科学家研究出了分层注水的办法，被国内外油田作为油田注水开发最有效的办法而广泛应用。

### 3. 注水井分层注水工具及管柱

注水井分层注水工具主要有：封隔器、配水器、投捞器、堵塞器及水嘴、测试密封段等。

目前常用的封隔器有：K344 型封隔器、DQY141 型扶正式可洗井封隔器、JHY341 可洗井封隔器等。

常用配水器有：空心配水器、偏心配水器。

## 二、分注施工工序

1. 施工准备

1）队伍及设备要求

施工队伍必须具备油田公司小修作业资质；施工设备要具备40t以上的提升能力。

2）井场、道路

（1）占井前必须提前踏察井场、道路及附近居民住宅分布情况，杜绝盲目搬迁；

（2）占井前必须提前核实井口压力、液面等情况，如需挖溢流坑应及时与生产部联系，杜绝到位后不能施工现象。

2. 施工工序及技术要求

（1）施工准备：按修井工程设计要求编写修井施工设计，并报主管部门审批；交接井、搬家、人工平井场、立井架、挖井口溢流沟、打地滑车基础、场内供电、供水、送油管、穿大绳、装液压油管钳、排量油管、交底、验收；关注水流程、放溢流、接放喷管线等。

（2）起管柱：起出井内管柱，认真检查油管使用情况，如有损坏、腐蚀、结垢等及时上报进行更换。

（3）通洗井：下入$\phi 146mm$通井规通井管柱，管柱下部带单流阀，油管下井前用$\phi 59mm$通管规逐根通过，入井油管要认真检查、丈量准确，误差小于0.1m/km，做好油管丈量记录；通井至人工井底，遇阻加压不超过30kN；彻底反洗井至进出口液性一致；清水试压25MPa，30min压力下降小于0.5MPa，检验油管密封性；起出通井管柱，认真检查并描述通井规外观情况，以判断井筒状态。

（4）下分注管柱：下井油管必须螺纹完好，本体无损伤，依据管柱设计要求，地面组配入井工具，按顺序依次下入井内，封隔器之间卡距可依据现场油管的长度适当采用短油管进行调整，以保证封隔器坐封位置准确且避开套管接箍。

（5）校深、座封：施工双方校核管柱深度，调整管柱长度，确保封隔器卡点准确。校深调整管柱后，油管内投入$\phi 42mm$钢球，等待20min以上，待球入座，必要时可泵送；上提油管柱0.3～0.5m，油管正打压5～8MPa，稳压5min；油管正打压12～15MPa，稳压5min，不放压缓慢下放油管柱坐井口油管挂，而后正打压18MPa至20MPa，稳压5min，缓慢泄压至零，封隔器坐封完毕。

（6）验封：安装注水井口，连接好地面注水管线，配合做好测调验封工作。

（7）收尾：井口配件齐全不渗不漏，地面清洁无污染，作业队向采油队交井后方可搬家。

## 思考练习题

1. 分层注水井中的"两级三段"的含义是什么？
2. 水嘴选择的原理及方法是什么？

# 第七章 智慧油田

智慧油田是通过管理模式和技术手段革新形成的一种全新面貌油田，具体为：全面感知油田动态、预测变化趋势、自动操控油田活动、持续优化油田管理与决策，推动油田企业提高新增储量、产量和采收率，实现科学决策、卓越运营与安全生产，最终达到可持续的业务成长。智慧油田具有包括传感器、人工采集与数据集成在内的全方位感知能力。通过一体化的集成运营中心和协同环境，从而打破专业边界，实现全面的数据联系和共享。有完备的自动化处理系统，因而具有完备的自动处理能力。

智慧油田是一个全新的概念和理念，目前尚处于发展阶段，还没有权威和统一的定义和标准。智慧油田由数字油田发展而来，是一个由量变到质变的演进。数字化油田的核心是油田各种生产参数的数字化和各种设施、设备的物联化，强调的是各类数据的数字化；智慧油田就是在数字化油田的基础上融入人的智慧强调的是人工智能和人的智慧相结合，因为物只有智能，而人才有智慧，与数字油田侧重于数据收集不同，智慧油田更加侧重于数据的整理和深度应用的发掘，形成由"数据"到"知识"的转变，以这些知识为基础，对油田生产决策进行辅助和指导，从而优化传统工艺流程，提供科学管理方法，实现由静态到动态、智能到智慧、简单到深入、被动到主动的跨越。智慧油田的核心思想是充分运用信息技术手段，透彻地感知、全面地互联互通、深入地智能化以及有效地整合油田运行核心系统的各项关键信息，并对油田生产、管理、居民生活等各层次需求做出智能响应，为油田管理者提供科学高效的管理手段，为矿区居民提供更好的生活品质。

智慧油田，设置了19个操作项目和12个理论知识点，从智慧油田的前端感知、采集设备到通信部分和上位机软件平台共三个部分进行了具体介绍。

## 第一节 前端感知、采集设备

### 项目一 抽油机更换角位移传感器

**一、学习目标**

掌握抽油机井功图测量和采集的内容和要求，能够熟练掌握抽油机井更换角位移传感器方法。

## 二、风险提示

(1) 触电。

(2) 人身伤害。

## 三、应急处置

(1) 发生人员触电,立即切断电源,对伤者进行救护、医治。

(2) 发生高空坠落等人身伤害,应对伤者进行紧急救护。

## 四、操作规程

1. 准备工作

(1) 正确穿戴劳保用品,并进行危害辨识和风险分析,落实必要的风险消减措施。

(2) 准备工具、用具(表7-1)。

表7-1 更换角位移传感器工具、用具表

| 序号 | 名称 | 规格 | 数量 |
| --- | --- | --- | --- |
| 1 | 检验合格角位移传感器 | 适合量程 | 1台 |
| 2 | 管钳 | 600mm | 1把 |
| 3 | 活动扳手 | 250mm | 1把 |
| 4 | 活动扳手 | 200mm | 1把 |
| 5 | 螺丝刀 | 2#×150mm | 1把 |
| 6 | 钢丝钳 | 7in(175min) | 1把 |
| 7 | 试电笔 | 500V | 1支 |
| 8 | 绝缘手套 | 0.5kV | 1副 |
| 9 | 安全带 | TPG—通用攀登固定式 | 1副 |
| 10 | 绝缘胶带 | 绝缘电工胶带 500V | 1卷 |
| 11 | 安全警示牌 | 禁止启动 | 1块 |
| 12 | 细纱布 |  | 适量 |
| 13 | 记录笔、纸 |  | 适量 |

2. 操作步骤

(1) 停抽。

(2) 试电笔验电,确认电控柜外壳无电。

(3) 戴绝缘手套打开电控柜门,侧身按"停止"按钮,将抽油机停在近下死点,刹紧刹车。

(4) 检查刹车,各部件连接完好,刹车紧固,悬挂安全警示牌。

(5) 更换角位移传感器。

(6) 操作前佩戴好安全带,攀登抽油机至游梁角位移传感器处,悬挂好安全带。

(7) 拆除旧角位移传感器信号连接线。

(8) 用扳手拆除旧角位移传感器固定螺栓。

(9) 安装新角位移传感器,上紧固定螺栓,使其固定在游梁上。

(10) 连接信号线，并用绝缘胶带做好绝缘防护措施。

(11) 摘下安全带挂环，回到地面。

(12) 启动抽油机。

(13) 检查抽油机周围无障碍物。

(14) 摘下安全警示牌，缓松刹车。

(15) 戴绝缘手套打开电控柜门，侧身送电，按"启动"按钮启动抽油机，记录开井时间，关好电控柜门。

(16) 观察角位移传感器固定牢固。

(17) 观察角位移传感器接线长短合适，固定牢固无碰、挂、磨现象。

(18) 远程监控完好，角位移传感器信号正常。

(19) 油井生产正常后，录取相关资料。

(20) 收拾工具、用具，清理操作现场。

### 五、注意事项

(1) 登高作业必须系好安全带。

(2) 开配电柜门前及断电后必须用试电笔检查，确定无电后操作，防止漏电伤人。

(3) 启停抽油机时操作人员站侧面、防止电弧伤人；启抽油机时利用惯性启动，严禁逆向启机。

(4) 拉刹车、松刹车（制动）时不宜过快、过猛。

## 项目二　抽油机更换载荷传感器

### 一、学习目标

掌握抽油机井更换载荷传感器操作要领的安全注意事项，能够熟练进行抽油机井更换载荷传感器的操作。

### 二、风险提示

(1) 触电。

(2) 人身伤害。

### 三、应急处置

(1) 发生人员触电，立即切断电源，对伤者进行救护、医治。

(2) 发生物体打击等人身伤害，应对伤者进行紧急救护。

### 四、操作规程

1. 准备工作

(1) 正确穿戴劳保用品，并进行危害辨识和风险分析，落实必要的风险消减措施。

(2) 准备工具、用具（表7-2）。

表 7-2 更换载荷传感器工具、用具表

| 序号 | 名称 | 规格 | 数量 |
|---|---|---|---|
| 1 | 检验合格载荷传感器 | 适合量程 | 1 台 |
| 2 | 防偏磨悬绳器配套用垫板 | 配套 | 1 把 |
| 3 | 手持终端（手操器） | 配套 | 1 把 |
| 4 | 管钳 | 600mm | 1 把 |
| 5 | 螺丝刀 | 2#×150mm | 1 把 |
| 6 | 梅花扳手 | 34mm×36mm | 1 把 |
| 7 | 梅花扳手 | 24mm×27mm | 2 把 |
| 8 | 绝缘手套 | 0.5kV | 1 副 |
| 9 | 试电笔 | 500V | 1 支 |
| 10 | 光杆卡子 | 合适规格 | 1 个 |
| 11 | 卸载器 | 配套 | 1 个 |
| 12 | 锉刀 | 200～300mm | 1 块 |
| 13 | 砂纸 | W10 | 2 张 |
| 14 | 安全警示牌 | 禁止启动 | 1 块 |
| 15 | 细纱布 |  | 适量 |
| 16 | 记录笔、纸 |  | 适量 |

2. 操作步骤

（1）验电器验电，确认电控柜外壳无电。

（2）戴绝缘手套打开电控柜门，侧身按"停止"按钮，将抽油机停在近下死点，刹紧刹车。

（3）戴绝缘手套侧身拉闸断电，记录停抽时间，关好电控柜门，断开电源开关。

（4）检查刹车，各部件连接完好，刹车紧固，悬挂安全警示牌。

（5）安装卸载光杆卡子。

（6）检查抽油机周围无障碍物。

（7）摘下安全警示牌，缓松刹车。

（8）戴绝缘手套侧身合闸，按"启动"按钮启动抽油机，按"停止"按钮，将卸载卡子坐在光杆密封盒卸载器上，刹紧刹车。

（9）将旧载荷传感器接线拆除，卸掉传感器钢缆固定螺栓，卸掉传感器背面固定销杆取出旧传感器。

（10）将新载荷传感器放入负荷光杆卡子与悬绳器上平面之间，上紧传感器固定挡片。

（11）上紧新载荷传感器钢缆固定螺栓，将钢缆线头接在新载荷传感器上，缠上绝缘胶带密封。

（12）缓松刹车，使悬绳器上移夹紧传感器挂上负荷，传感器保持水平，悬绳器无偏移、外翻。继续缓松刹车，使负荷转移至驴头，卸下卸载方卡子，锉平光杆毛刺并擦拭干净。（更换无线传感器可参照此操作）。

(13) 按照《抽油机启停操作规程》操作。
(14) 更换无线传感器后，需重新标定位移。
(15) 通过手持终端（手操器）核实油井载荷传感器工作正常。
(16) 检查抽油机运转正常、井口密封填料松紧合适；
(17) 油井生产正常后，填写相关更换记录；
(18) 收拾工具、用具，清理操作现场。

### 五、注意事项

(1) 开配电柜门时用试电笔检查，确定无电后操作。
(2) 送电、断电时戴绝缘手套，侧身站立。
(3) 安装光杆方卡子时注意方卡子的方向，严禁打反。
(4) 操作中禁止手抓光杆。
(5) 启动抽油机时检查周围无障碍物。

## 项目三　更换压力变送器

### 一、学习目标

掌握更换更换压力变送器的操作方法。

### 二、风险提示

(1) 触电。
(2) 人身伤害。

### 三、应急处置

(1) 发生人员触电，立即切断电源，对伤者进行救护、医治。
(2) 发生高压液体刺漏等人身伤害，应对伤者进行紧急救护。

### 四、操作规程

1. 准备工作

(1) 正确穿戴劳保用品，并进行危害辨识和风险分析，落实必要的风险消减措施。
(2) 准备工具、用具（表7-3）。

表7-3　更换压力变送器工具、用具表

| 序号 | 名称 | 规格 | 数量 |
| --- | --- | --- | --- |
| 1 | 检验合格载压力变送器 | 适合量程 | 1台 |
| 2 | 螺丝刀 | 150mm | 1把 |
| 3 | 活动扳手 | 300mm | 1把 |
| 4 | 活动扳手 | 200mm | 1把 |
| 5 | 生料带（或垫片） | 配套 | 1支 |
| 6 | 细纱布 |  | 适量 |
| 7 | 记录笔、纸 |  | 适量 |

2. 操作步骤

（1）通知站控中心将要进行更换压力变送器作业。

（2）切断压力变送器电源，确认无电后方可进行下步操作。

（3）打开压力变送器后盖，拆下电源线、信号线，并用 PVC 胶布包裹好电源、信号线端子。

（4）打开放空旋塞阀，确认压力落零后方可进行下步操作。

（5）拆下压力变送器，换上需更换的压力变送器。

（6）关闭放空旋塞阀，连接好压力变送器电源、信号线。

（7）送电，观察压力变送器本地显示是否正常。

（8）与站控中心核对远程监控显示数值是否正常。

（9）通知站控中心操作完毕，记录相关更换记录，收拾工具、用具，清理现场。

**五、注意事项**

（1）更换压力变送器必须切断传感器电源，确保操作环境负荷作业要求，操作时需一人监护、一人操作。

（2）操作之前必须打开放空旋塞阀放空，确认没有压力后方可拆卸压力变送器。

## 项目四　更换温度变送器

**一、学习目标**

掌握更换温度变送器操作要领及安全注意事项，熟练更换温度变送器操作。

**二、风险提示**

（1）触电。

（2）人身伤害。

**三、应急处置**

（1）发生人员触电，立即切断电源，对伤者进行救护、医治。

（2）发生机械伤害事件，应对伤者进行紧急救护。

**四、操作规程**

1. 准备工作

（1）正确穿戴劳保用品，并进行危害辨识和风险分析，落实必要的风险消减措施。

（2）准备工具、用具（表 7-4）。

2. 操作步骤

（1）通知站控中心进行更换温度变送器作业。

（2）切断温度变送器电源。

（3）打开后盖，拆下电源、信号线，并用绝缘胶布包好电源、信号线端子，做好标记。

（4）取出传感器电源线，拆下温度变送器，换上需更换的温度变送器。

(5) 连接好温度变送器电源、信号线，盖上后盖。
(6) 送电，观察温度变送器现场测量数值是否正常。
(7) 与站控中心核对远程监控显示数值是否正常。
(8) 通知站控中心操作完毕，记录相关更换记录，收拾工具、用具，清理现场。

表 7-4  更换压力变送器工具、用具表

| 序号 | 名称 | 规格 | 数量 |
| --- | --- | --- | --- |
| 1 | 检验合格载温度变送器 | 适合量程 | 1 台 |
| 2 | 螺丝刀 | 150mm | 1 把 |
| 3 | 活动扳手 | 300mm | 1 把 |
| 4 | 活动扳手 | 200mm | 1 把 |
| 5 | 细纱布 | | 适量 |
| 6 | 记录笔、纸 | | 适量 |

**五、注意事项**

更换温度变送器确认断电后方可操作，操作时需一人监护、一人操作。

## 项目五  更换油井掺水流量自控仪

**一、学习目标**

掌握更换油井掺水流量自控仪操作要领及安全注意事项，熟练更换油井掺水流量自控仪操作。

**二、风险提示**

(1) 触电。
(2) 人身伤害。

**三、应急处置**

(1) 发生人员触电，立即切断电源，对伤者进行救护、医治。
(2) 发生高压液体刺漏、机械伤害等人身伤害，应对伤者进行紧急救护。

**四、操作规程**

1. 准备工作

(1) 正确穿戴劳保用品，并进行危害辨识和风险分析，落实必要的风险消减措施。
(2) 准备工具、用具（表 7-5）。

表 7-5　更换掺水流量自控仪工具、用具表

| 序号 | 名称 | 规格 | 数量 |
| --- | --- | --- | --- |
| 1 | 检验合格掺水流量自控仪 | 适合量程 | 1 台 |
| 2 | 螺丝刀 | 150mm | 1 把 |
| 3 | 活动扳手 | 300mm | 1 把 |
| 4 | 活动扳手 | 200mm | 1 把 |
| 5 | 石棉垫 | 配套 | 2 个 |
| 6 | 放空桶 |  | 1 个 |
| 7 | 细纱布 |  | 适量 |
| 8 | 记录笔、纸 |  | 适量 |

2. 操作步骤

（1）通知站控中心将要进行更换掺水流量自控仪作业。
（2）切断掺水流量自控仪电源和管线加热带电源。
（3）打开掺水流量自控仪旁通阀门，调节好掺水量。
（4）关闭掺水流量自控仪上下游阀门，放掉余压，确认压力表落零。
（5）拆除掺水流量自控仪电源线及信号控制线，做好绝缘密封，对角拆卸掺水流量自控仪法兰螺栓。
（6）卸下掺水流量自控仪进行更换，对角紧固法兰螺栓。
（7）打开掺水流量自控仪下游阀门进行试压。
（8）试压合格后，打开掺水流量自控仪上游阀门，关闭旁通阀门。
（9）连接好新掺水流量自控仪电源线及信号控制线。
（10）送电，观察掺水流量自控仪是否正常工作。
（11）与站控中心核对远程监控显示数值是否正常，远程调控掺水排量是否正常。
（12）通知站控中心操作完毕，填写相关更换记录，收拾工具、用具，清理现场。

五、注意事项

（1）操作前确认电源切断后方可操作，需一人监护、一人操作。
（2）拆卸掺水流量自控仪前必须确认泄压完成，不得带压作业。
（3）泄压放空液体严禁对空排放，污染环境。

# 项目六　更换注水井高压流量自控仪

一、学习目标

掌握更换注水井高压流量自控仪操作要领及安全注意事项，熟练更换注水井高压流量自控仪操作。

二、风险提示

（1）触电。

（2）人身伤害。

### 三、应急处置

（1）发生人员触电，立即切断电源，对伤者进行救护、医治。
（2）发生高压液体刺漏、机械伤害等人身伤害，应对伤者进行紧急救护。

### 四、操作规程

1. 准备工作

（1）正确穿戴劳保用品，并进行危害辨识和风险分析，落实必要的风险消减措施。
（2）准备工具、用具（表7-6）。

表7-6 更换高压流量自控仪工具、用具表

| 序号 | 名称 | 规格 | 数量 |
| --- | --- | --- | --- |
| 1 | 检验合格高压流量自控仪 | 适合量程 | 1台 |
| 2 | 螺丝刀 | 150mm | 1把 |
| 3 | 活动扳手 | 300mm | 1把 |
| 4 | 活动扳手 | 200mm | 1把 |
| 5 | 钢圈 | 配套 | 2个 |
| 6 | 放空桶 |  | 1个 |
| 7 | 细纱布 |  | 适量 |
| 8 | 记录笔、纸 |  | 适量 |

2. 操作步骤

（1）通知站控中心将要进行更换高压流量自控仪工作。
（2）切断高压流量自控仪控制电源。
（3）关闭高压流量自控仪上、下游阀门。
（4）打开放空阀卸压，确认压力表落零。
（5）拆除高压流量自控仪电源线及信号控制线，做好绝缘密封。
（6）对角拆卸高压流量自控仪法兰螺栓。
（7）卸下高压流量自控仪进行更换，安装新高压流量自控仪及钢圈。
（8）打开高压流量自控仪下游阀门进行试压。
（9）试压合格后，打开高压流量自控仪上游阀门。
（10）连接好新高压流量自控仪电源线及信号控制线。
（11）送电，观察高压流量自控仪本地是否正常工作。
（12）与站控中心核对远程监控显示数值是否正常，远程调控注水排量是否正常。
（13）通知站控中心操作完毕，填写相关更换记录，收拾工具、用具，清理现场。

### 五、注意事项

（1）操作前确认电源切断后方可操作，需一人监护、一人操作。
（2）拆卸掺水流量自控仪前必须确认泄压完成，不得带压作业。
（3）泄压放空液体严禁对空排放，污染环境。

# 项目七　油井掺水流量自控仪保养与维护

## 一、学习目标

了解油井掺水流量自控仪常见故障，掌握维护油井掺水流量自控仪方法。

## 二、风险提示

（1）触电。
（2）人身伤害。

## 三、应急处置

（1）发生人员触电，立即切断电源，对伤者进行救护、医治。
（2）发生高压液体刺漏、机械伤害等人身伤害，应对伤者进行紧急救护。

## 四、操作规程

1. 定期维护保养

应定期进行误差调整和检定工作，每次调校时，应认真检查密封胶圈，有损坏要及时更换，避免泄露。自控仪的安全检测周期为2年，每2年要对壳体进行一次全面检查。若出现破损，必须采取补救措施。掺水流量自控仪保养明细见表7-7。

表7-7　掺水流量自控仪保养明细

| 检查部位 | 检查部位 | 保养方法 |
|---|---|---|
| 转动 | 涡轮、蜗杆 | 注入润滑脂 |
| 阀杆 | 转动或升降是否灵活 | 及时清洗，避免挂垢 |
| 易损件 | 密封胶圈密封垫 | 6个月更换一次，发现渗漏及时更换 |

2. 故障排除

（1）控制类故障排除方法见表7-8。

表7-8　控制类故障排除方法

| 故障现象 | 原因 | 解决方法 |
|---|---|---|
| 电机不转 | AC220未接通<br>控制板损坏 | 检查电路<br>更换控制板 |
| 显示屏黑屏 | 主控板电池无电量<br>主控板损坏 | 更换电池<br>更换主控板 |
| 限位灯闪动 | 叶轮转动故障<br>用户注水系统流量不足 | 检查更换叶轮、轴或轴承<br>检查用户注水压力和用户管路、阀门 |

（2）可动部件故障排除方法见表7-9。

表 7-9　可动部件故障排除方法

| 故障现象 | 原因 | 解决方法 |
| --- | --- | --- |
| 被测介质流动时无流量显示 | 叶轮被异物卡住或损坏<br>传感器故障<br>电源接触不好 | 清除异物<br>更换传感器或叶轮<br>检查电源接触是否良好 |
| 流量误差大 | 叶轮、轴或轴承损坏<br>控制器出现故障<br>有杂物或结垢 | 更换叶轮、轴或轴承<br>更换控制板<br>清除杂质或污垢 |

（3）电旋式流量故障排除方法见表 7-10。

表 7-10　电旋式流量故障排除方法

| 故障现象 | 故障分析 | 解决方法 |
| --- | --- | --- |
| 被测介质流动时，无流量显示 | 缺磁钢组件<br>信号板故障<br>管道杂质<br>3V 电池电量不足 | 检查磁钢组件<br>更换信号板<br>卸下磁钢，大流量冲洗 5 分钟<br>更换 3V 电池 |
| 显示数字缺划或显示屏暗/无规律 | 显示屏损坏<br>电池电压不足，电池接触不良<br>线路板受潮 | 返厂检修<br>更换电池（注意极性）<br>干燥线路板 |
| 测量误差大 | 自控仪出现故障<br>磁性杂质<br>3V 电池电量不足 | 更换电池或信号板<br>卸掉磁钢冲刷杂质，重新标校<br>更换 3V 电池 |
| 瞬时不稳定 | 3V 电池电量不足<br>管道内吸附磁性杂质 | 更换 3V 电池<br>卸下磁钢，大流量冲洗 |

（4）通信故障排除方法见表 7-11。

表 7-11　通信故障排除方法

| 故障现象 | 故障分析 | 解决方法 |
| --- | --- | --- |
| 数据不上传 | RS485 损坏或软件故障 | 更换 RS485 接口板或通信板 |
| 数值不下载 | RS485 损坏或软件故障 | 更换 RS485 接口板或通信板 |
| 不上传也不下载 | 显示故障，通信标识不闪动 | 检查设置或重新启动或更换显示板 |

### 五、注意事项

（1）检修前通知中控人员，切断掺水流量自控仪电源，倒好流程。
（2）操作前放空，确保压力落零。

# 项目八　RTU 供电故障排除

### 一、学习目标

了解 RTU 供电常见故障，掌握故障排除方法。

## 二、风险提示

(1) 触电。
(2) 人身伤害。

## 三、应急处置

(1) 发生人员触电，立即切断电源，对伤者进行救护、医治。
(2) 发生物体打击等人身伤害，应对伤者进行紧急救护。

## 四、操作规程

1. 常见故障类型

(1) 供电线路故障。
(2) 开关电源故障。
(3) 设备故障。

2. 常见故障处理方法

(1) 用万用表检测供电输入电源是否正常，若无电检查供电线路。
(2) 检查保险是否正常，若保险烧坏进行更换。
(3) 检测开关电源输入输出电压是否正常，若无输入电压检查开关供电线路，若无输出电压更换开关电源。
(4) 检测 RTU 供电端子电压是否正常，并保证 RTU 电源开启状态。
(5) 若以上各项检测正常则是 RTU 设备故障，更换 RTU。

## 五、注意事项

(1) 检修前通知中控人员。
(2) 操作前确认电源切断后方可操作，需一人监护、一人操作。

# 项目九　监控系统报警处理

## 一、学习目标

掌握监控系统报警的原因及处理方法。

## 二、风险提示

触电。

## 三、应急处置

发生人员触电，立即切断电源，对伤者进行救护、医治。

## 四、操作规程

(1) 站控中心岗位操作人员值班时应集中精力、密切注意监控主机运行状况、及时发现报警信息。
(2) 站控中心岗位操作人员发现生产工艺、安全设备等参数报警时，应及时确认并通知巡检人员现场复核，并采取相应措施。

(3) 当多个报警同时发生，应优先处理涉及影响安全生产的报警故障。

(4) 当操作员工对报警的原因有疑问时，应立即上报，不得擅自采取措施。

(5) 如因工艺流程、设备泄漏或火灾造成有毒有害和火灾报警的，应按照相关《应急预案》要求，启动相应层级的应急预案进行响应、处理和恢复。

(6) 报警事件处理完成及时填写报警事件处置记录。

### 五、注意事项

(1) 严禁未经确认关闭报警信息。

(2) 严禁故障未处置完成关闭报警信息。

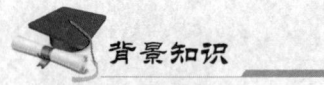
背景知识

### 一、载荷位移一体化传感器的原理

载荷位移一体化传感器是一种油田专用的，用于测试抽油机抽油杆载荷和抽油机冲程的载重和位移的传感器。它将称重传感器和位移传感器集成到一起，运用单片机技术和无线通信技术，将采集到的载荷信号和位移信号进行配对，从而得到抽油机功图，反应抽油机的工作状态，作为调整抽油机工作频率的参考，达到节能降耗的目的。

载荷位移一体化传感器集成了载荷传感器和加速度传感器，通过测量抽油杆的加速，进行二次积分，从而获得抽油杆运动的位移，从而实现了抽油机功图的测试。

### 二、角位移传感器的原理

角位移传感器用于测试游梁式抽油机游梁的摆动角度，将其转换为 4~20mA 的输出信号，井口采集单元通过角度的变化值折算出抽油杆的运动位移，与抽油机负荷值形成示功图，反映抽油机运行状态。

### 三、压力变送器分类和测量原理

压力传感器的中应用最为广泛的是压阻式压力变送器，具有较高的精度以及较好的线性特性。电阻应变片是一种将被测件上的应变变化转换成为一种电信号的敏感器件。这种应变片在受力时产生的阻值变化通常较小，一般这种应变片都组成应变电桥，并通过后续的仪表放大器进行放大，再传输给处理电路（通常是 A/D 转换和 CPU）显示或执行机构。

### 四、接触式温度变送器的原理

接触式温度变送器的检测部分与被测对象有良好的接触，又称温度计。温度计通过传导或对流达到热平衡，从而使温度计的示值能直接表示被测对象的温度，一般测量精度较高。在一定的测温范围内，温度计也可测量物体内部的温度分布。

### 五、掺水流量自控仪的原理

掺水流量自控仪通过流量传感器测得管道内的瞬时流量并将瞬时流量信号传送至数字调节器，数字调节器根据瞬时流量与设定流量值的差值控制电动执行机构执行相应的动作，调节阀门开度，以达到瞬时流量调节到与设定的流量值相接近的目的。

## 六、PLC 控制柜的组成

PLC 从组成形式上一般分为整体式和模块式两种，但在逻辑结构上基本上相同。整体式 PLC 一般由 CPU 板、I/O 板、显示面板、内存和电源等组成。模块式 PLC 一般由 CPU 模块、I/O 模块、内存模块、电源模块、底板或机架等组成。无论哪种结构类型的 PLC，都属于总线式的开放结构，其 I/O 能力可根据用户需要进行扩展与组合。常用的 I/O 接口包括开关量输入 DI、开关量输出 DO、模拟量输入 AI、模拟量输出 AO、脉冲信号 PI 和智能接口 RS485。

## 思考练习题

1. 载荷位移一体化传感器有哪些功能？
2. 载荷传感器应如何判断测量数值是否正常？
3. 螺杆泵更换三合一信号采集装置可以实现那些参数的监测？
4. 温度变送器测量误差大的原因有哪些？
5. 掺水流量自控仪构成分为哪几部分？
6. 压力变送器容易出现的故障主要有哪些？

## 第二节　通信部分

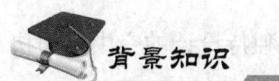
背景知识

### 一、McWiLL 技术

1. McWiLL 介绍

McWiLL（multi-carrier wireless information local loop，多载波无线信息本地环路）宽带无线多媒体集群系统是国内自主研发的移动宽带无线接入（BWA）系统，也是 SCDMA 综合无线接入技术的宽带演进版。它使用了码扩正交频分多址接入、频空联合检测技术、信道跟踪和预测技术、自适应调制、光纤拉远射频单元等一系列先进的关键技术和设计理念。其技术标志是采用 TDD（time division duplex，时分双工）双工方式，使用智能天线、软件无线电来实现码扩正交频分多址接入技术。

光纤拉远基站系统作为 McWiLL 系统无线接入网络部分的关键设备，通过 McWiLL 宽带无线多媒体集群技术将终端设备接入到 IP 网络或系统核心传输和交换网络中。

2. 网络构架

在 McWiLL 宽带无线多媒体集群系统中，每个蜂窝小区的中心位置都将放置一个无线基站系统，一个无线基站系统可以由一个或多个 WBBU（wideband baseband unit，宽带基带单元）与一个或多个 WRRU（wideband remote radio unit，宽带远端射频单元）组成。每个远端射频单元最多可占用 5M 射频带宽，提供 15Mbps 的上/下行净数据吞吐能力，支持用户在数据业务和语音业务下的移动、漫游、切换等功能。

3. 硬件结构

McWiLL 光纤拉远基站系统主要包括下述几个主要组成部分：

（1）天馈系统：天线阵、低损耗馈线。

（2）WRRU：由数字信号板、频综板、射频板及结构件组成。

（3）WBBU：由基带处理板、机箱等组成。

（4）全球定位系统（global positioning system，GPS）：由 GPS 天线和安装在基带处理板上的 GPS 模块构成。

McWiLL 光纤拉远基站系统结构图如图 7-1 所示：

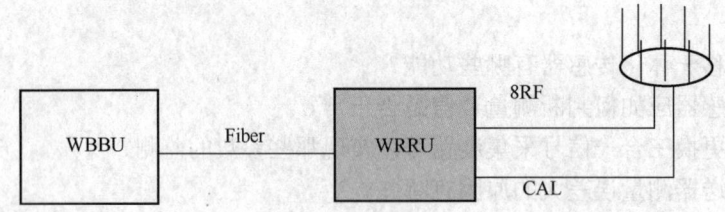

图 7-1　McWiLL 光纤拉远基站系统结构

系统在一个基站站址安装一个远端射频单元时，可以采用全向环形天线阵；当一个基站站址安装多个远端射频单元时，则应采用扇区天线，例如采用 120°扇区线阵，可以在一个站址安装三个远端射频单元，分别覆盖 120°的扇区范围。

4. 技术特点

McWiLL 光纤拉远基站系统的主要特点如下：

（1）采用了 CS-OFDMA、SDMA、智能天线、软件无线电和具有独特设计的空中接口协议等多项先进技术。

（2）覆盖范围广。McWiLL 宽带无线接入基站链路预算最大为 160DB，城区单基站典型覆盖半径为 0.5~2km，农村和郊区单基站典型覆盖半径可达 2~5km，草原单基站典型覆盖半径可达 5~10km。

（3）专网频段。目前用于石油、电力等行业的专网无线通信设备工作于 1800M 频段。

（4）安装、维护性好。光纤拉远基站系统以光纤替代工程馈线安装，每个基站需要一对光纤完成 WBBU 与 WRRU 的连接，使系统故障点减小。

（5）降低防雷设计要求，提高系统工作可靠性。与传统馈线基站相比，光纤拉远基站系统 WBBU 侧不再需要馈线防雷滤波器，降低施工难度、简化安装流程，提高系统工作可靠性。

（6）采用模块化设计，配置灵活，兼容性强，可扩展性好。基带和射频分离，可各自独立演变和升级。

（7）WRRU 拉远，降低站址要求。光纤拉远基站系统可实现 WBBU 的集中部署，只要传输资源到位，通过合理的基站基带部分的集中放置管理，使基站天线位置的规划与调整不再受机房等条件的制约，可以依据用户周围实际环境的特点，构建标准蜂窝结构，降低优化网络规划和基站配套设施（如机房、空调等）的建设成本和协调难度，提升网络整体的信号覆盖效果。

（8）低功率发射，绿色环保。由于采用智能天线技术，在保证覆盖范围的前提下可以大幅降低基站的发射功率，McWiLL 光纤拉远基站系统单通道发射功率仅为 2W。1800M 光纤拉远基站系统整机技术指标见表 7-12。

表 7-12　1800M 光纤拉远基站系统整机技术指标

| 项目 | 指标 |
| --- | --- |
| 工作频带 | 1785～1805MHz |
| 载波标称频率 | 1787+($N$+1)×0.25MHz，其中，$N$=1,2,…,61 |
| 双工方式 | TDD，TDD 周期为 10ms |
| 射频调制方式 | 自适应调制 QPSK、8PSK、QAM16、QAM64 |
| 收发数据速率 | 最大双向 15Mbit/s |
| 标称发射功率 | WRRU 单通道：31DBm |
| 发射功率控制范围 | +2/-6DB |
| 发射功率控制步长 | 0.5DB |
| 接收灵敏度 | -108DBm/子信道，与之对应的 BER≤10-3（QPSK） |
| 中频频率标称值 | 426MHz |
| 信号带宽 | 1MHz×$N$($N$=1,2,…,5)，即最大基带信号带宽为 5MHz，最小为 1MHz，可配置 |
| 射频输入输出阻抗 | 50Ω，VSWR |
| 馈线特性 | 50Ω 同轴电缆；插入损耗：0.5～1DB |
| 接收抗阻塞性能 | 带外（载频+/-5MHz 以外）单音连续波干扰，阻塞电平不小于-35DBm；带外（载频+/-5MHz 以外）双音连续波干扰，阻塞电平不小于-45DBm； |
| 供电 | 标称 48V(45～60V)DC |
| 频率容限 | ≤0.5ppm |
| 基站系统杂散及抗阻塞性能 | 在 5MHz McWiLL 宽带无线多媒体集群系统信号、30DBm 输出条件下，发射机输出要满足图 7-1 |

## 二、TD-LTE 技术

### 1. TD-LTE 介绍

TD-LTE（time division long term evolution，分时长期演进），是第四代（4G）移动通信技术与标准，是我国拥有核心自主知识产权的国际 3G 标准 TD-SCDMA 的后续演进技术。TD-LTE 可以提供更高的带宽，通过更加灵活的频谱配置方案（1.4～20MHz）来提升网络效率和单个基站效率，还可以通过弱化基站控制器设备实体、采用公共无线资源管理控制基站来简化系统结构，减少网络节点，从而更加有效地提供服务。

TD-LTE 采用 NodeB-RNC-CN 构成的单层结构。为了降低控制和用户平面的时延，满足低时延（控制面延迟小于 100ms，用户面时延小于 5ms）的要求，RNC（无线网络控制器）作为物理实体将不复存在，NodeB（基站）将具有 RNC（无线网络控制器）的部分功能，成为 eNodeB（演进型基站），eNodeB 间通过 X2 接口进行网状互联，接入到 CN 网络中。这种结构有利于简化网络和降低延迟，实现了低时延、低复杂度和低成本的要求。如图 7-2 所示。

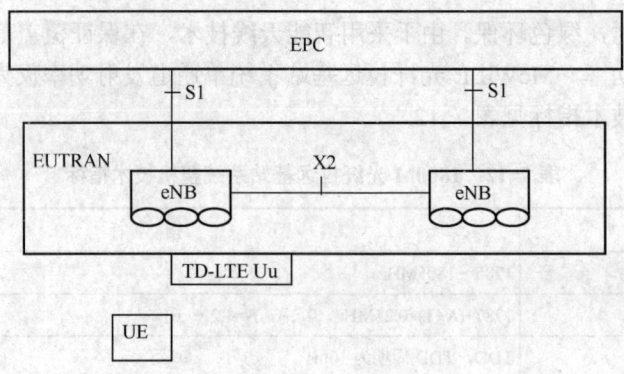

图 7-2 TD-LTE 系统总体架构

2. 网络构架

TD-LTE 通信系统的网络结构由三个主要部分组成：移动用户终端 UE、无线接入网 EUTRAN 以及核心网 EPC。整个通信系统从物理上分成两个域（domain）：用户设备域（UE）和基础设备域。基础设备域分成无线接入网域（EUTRAN）和演进核心网域（EPC）。

1）无线接入网（EUTRAN）

LTE 的接入网 EUTRAN 由 eNB（基站）构成，eNB 之间通过 X2 接口互连，每个 eNB 又和演进型分组核心网通过 S1 接口相连。相比于 3G 网络，LTE 网络架构中节点数量减少，网络架构更加趋于扁平化，这种结构有利于简化网络和减小延迟，能够满足低时延、低复杂度和低成本的要求，如图 7-3 所示。

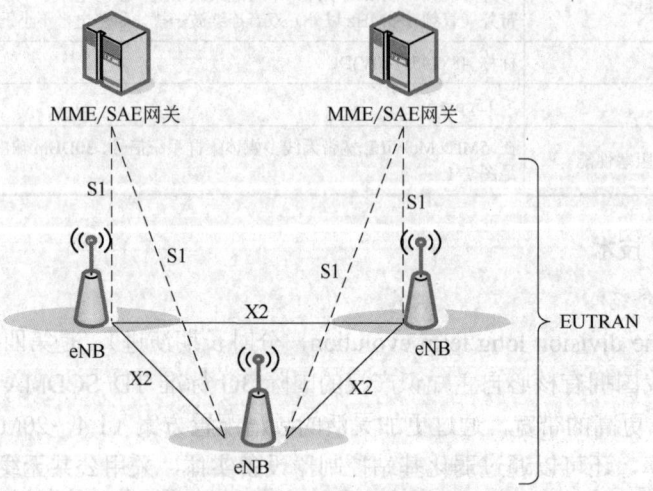

图 7-3 TD-LTE 无线接入网网络架构

eNB 具有下述功能：

（1）无线资源管理相关的功能，如无线承载控制、接纳控制、连接移动性管理、上/下行动态资源分配/调度；

（2）UE 附着时的 MME 选择。由于 eNB 可以与多个 MME/S-GW 之间存在 S1 连接，在 UE 初始接入到网络时，需要选择一个 MME 进行附着；

(3) 提供到 S-GW 的用户面数据的路由；

(4) 系统广播消息的调度与传输。系统广播消息的内容可以来自 MME 或者操作维护，eNB 负责按照一定的调度原则向空中接口发送系统广播信息；

(5) 寻呼消息的调度与传输。eNB 在接收到来自 MME 的寻呼消息后，根据一定的调度原则向空中接口发送寻呼消息；

(6) IP 头压缩与用户数据流的加密；

(7) 测量与测量报告的配置；

2) 核心网络（EPC）

EPC 核心网采用 3GPP R8 版本架构，网元包括移动管理设备（MME）、服务网关（S-GW）、分组数据网网关（P-GW）、策略和计费控制单元（PCRF）、归属签约用户服务器（HSS）、域名服务器（DNS）、NTP Server 等功能单元组成。其中，S-GW 和 P-GW 可合设，也可以分设。EPC 网络架构如图 7-4 所示。

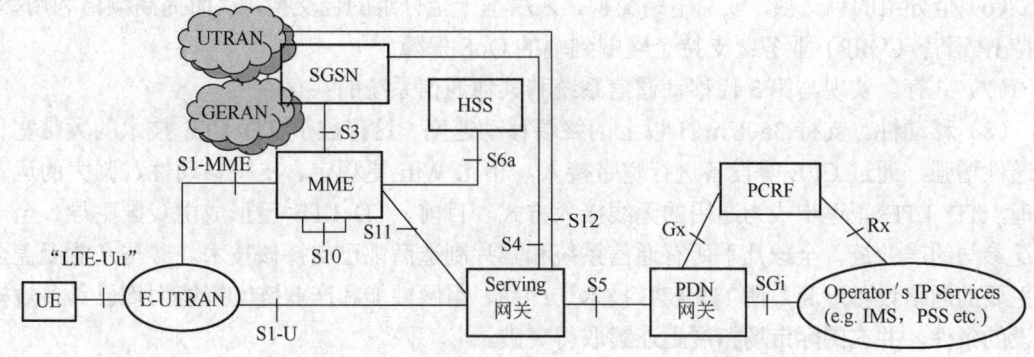

图 7-4 EPC 网络架构

EPC 网络具有以下特性与优势：

(1) 具有长期的竞争力。

(2) 全 IP 的网络：支持 IPv4 及 IPv6 的地址分配及业务；支持 IP 永远在线。

(3) 高效的空口及系统能力：对 IP 头进行压缩；Idle 状态向 Active 状态的迁移速度快。

(4) 更加安全、可靠的系统；

(5) 与 3G 的移动及切换更高效；

(6) 支持路由优化与本地输出；

(7) 语音业务要保持业务的连续性；

(8) 支持其他非 3G 接入技术。

3. 技术特点

TD-LTE 是一个高数据率、低时延和基于全分组的移动通信技术，主要包括以下特点：

(1) 频谱带宽配置。实现灵活的频谱带宽配置：支持 1.4MHz、3MHz、5MHz、10MHz、15MHz 和 20MHz 的带宽设置，从技术上保证 3GPP LTE 系统可以使用广泛的频谱资源。实现灵活地上下行时隙分配：TD-LTE 的收发无线信道是时分复用的，即可根据业务需要，将时间更多地分配给发送信道或接收信道，提高其信道容量。

(2) 小区边缘传输速率。提高小区边缘传输速率，改善用户在小区边缘的体验，增强覆盖性能，主要通过频分多址和小区间干扰抑制技术实现。

（3）数据率和频谱利用率。在数据传输率和频谱利用率方面，在 20MHz 带宽上，实现下行峰值速率大于 100MB/s，上行峰值速率大于 50MB/s；频谱利用率下行为 3G 的 3～4 倍，上行为 2～3 倍。用户平均吞吐量下行为 3G 的 3～4 倍，上行为 3G 的 2～3 倍。为保证 3GPP LTE 系统在频谱利用率方面的技术优势，主要通过多天线技术、自适应调制与编码和基于信道质量的频率选择性调度实现。

（4）时延。提供低时延，使用户平面内部单向传输时延低于 5ms，控制平面从睡眠状态到激活状态的迁移时间低于 50ms，从驻留状态到激活状态的迁移时间小于 100ms，以增强对实时业务的支持。

（5）多媒体广播和多播业务。进一步增强对多媒体广播和多播业务的支持，满足广播业务、多播业务和单播业务融合的需求，主要通过物理层帧结构、层 2 的信道结构和高层的无线资源管理实现。

（6）全分组的包交换。取消电路交换，采用基于全分组的包交换，从而提高频谱利用率；支持 IP 语音（VoIP）业务；支持全网端到端的 QoS 保障。

（7）共存。实现与第 3 代移动通信系统和其他通信系统的共存。

（8）移动性。支持 350Km/H 以上的终端移动速度。这得益于 TD-LTE 技术的大带宽和连通性增强，通过 CPE 等设备进行宽带接入，相比 Wifi 更稳定、支持移动性、强大的运营管理，TD-LTE 正逐步成为通用的无线接入方式。目前，TD-LTE 已形成由我国主导、全球广泛参与的产业链，全球几乎所有通信系统和芯片制造商都已支持该技术。参与企业涵盖全球主要的通信设备厂商，使 TD-LTE 技术、产品、组网性能和产业链支持能力均已具备规模建设的条件，并在国际市场拓展上连续取得突破。

专网 TD-LTE 与 McWiLL 无线接入技术比较见表 7-13。

表 7-13 专网 TD-LTE 与 McWiLL 无线接入技术比较

| 项目 | TD-LTE | McWiLL |
| --- | --- | --- |
| 适用业务 | 数据采集；远程控制；视频监控 | 数据采集；远程控制；视频监控 |
| 工作频段 | 1800MHz | 1800 MHz；400MHz |
| 安全性 | 高，采用加密认证等一系列安全措施 | 高，采用加密认证等一系列安全措施 |
| 频带占用 | 5/10/15/20MHz 连续频带 | 5MHz，连续频带 |
| 峰值速率 | 上行/下行：50/100Mbps（20MHz） | 上下行共 15Mbps（5MHz） |
| 优缺点 | 带宽高，可实现井场视频及数据、音频业务，业务扩展性好 | 可实现井场数据业务，受带宽限制可满足少量单井视频业务 |

### 三、网络安全要求

在华北油田，根据数据的流向，大部分工控网络理论上都可以分为三个层面：数据感知层、数据传输层和数据应用层。在传输层，有线传输方式的防范措施比较成熟，主要是加装防火墙进行病毒防护和访问控制。无线接入方式用的主要为 McWiLL、TD-LTE，这两种无线传输方式在设计之初就已经考虑了安全加密技术，只需考虑设备的访问控制和行为审计技术。

1. 加密认证技术

数据加密直接作用于数据本身，使数据在各种情况下都可以得到加密的防护。再者，由于加密防护特殊性，使数据即使泄露了，加密防护依然存在，只要算法不被破译，数据和信息仍然可以称作是安全的。两种传输方式的无线传输加密认证方式如下：

1）McWiLL 加密认证

McWiLL 采用 AES 与 ECC 混合型数字签名加密技术，利用 AES 算法对原数据加密，利用 ECC 算法加密密钥，大大提高了数据加密的安全性。

McWiLL 安全认证机制包括四个步骤：

（1）下行波束赋形。由于基站发送给每个终端的信号都采用了波束赋形，因此下行链路的信号很难被其他用户所截获，保证了空中接口的通信安全。

（2）接入限制。每个 McWiLL 网络都有一个网络标识号 NID（network identified code），每个用户终端也被分配一个网络标识，当用户终端进入网络和切换时，系统就会自动根据其网络标识判断该用户是否有网络接入权限，从而限制了用户终端的非法接入。

（3）设备鉴权。设备鉴权就是对用户终端设备进行身份验证。每个用户终端注册时，都要把终端的设备标识号发送给网络侧，网络侧将记录储存在用户数据库中，当该设备要求接入网络时，网络则会在用户数据库中查找相应的记录来判断其合法性。

（4）用户鉴权。设备鉴权成功后，开始用户鉴权过程。网络侧首先生成鉴权向量，然后与用户终端同时调用鉴权算法，并使用本次的鉴权向量生成鉴权结果，由网络侧对该结果进行验证，从而实现对用户合法性的验证。

2）TD-LTE 加密认证

TD-LTE 系统的加密机制遵循 LTE 规范，采用 3GPP 最严格的加密鉴权机制。从系统设计、网络结构、客户安全层等方面，充分借鉴当前最先进的技术成果，从安全认证、密钥分发、加密算法等方面体现信息传输的安全可靠与成熟。

TD-LTE 的安全体系完整实现了多级鉴权、空口加密、NAS 信令加密，满足无线通信系统安全传输的需要，同时支持客户端到端密码设备，保障客户数据的端到端加密传输。

TD-LTE 系统实现了双向认证，不但提供基站对 MS 的认证，也提供了 MS 对基站的认证，可有效防止伪基站攻击。

2. 其他安全防护方案

针对油气输送工业控制系统安全需求，无线通信系统除了采用基本的加密认证技术，还从信息传输方面制定一系列的安全防护方案。

1）McWiLL 传输安全方案

（1）客户端认证：客户端设备在接入网络时系统对其硬件设备序列号（EID）、从属基站设定、网络编号进行认证，未开通的客户端设备无法接收无线信息。

（2）虚拟网（VLAN）划分：基于 802.1q 的 VLAN 功能，将无线宽带网络隔离为不同的虚拟网，增强网络安全性。

（3）数据加密和鉴别：采用 IPSec 等技术提供数据加密和完整性认证，防止明文数据在网络中被截获或窜改。

（4）空口协议安全性：自行设计的无线接口协议 SWAP+，从物理层、链路层和网络层提供了无线链路和数据的安全性。

（5）独立的安全通道：基站能够拦截所有上行或下行的以太网广播包，提高无线通信的保密性，防止其他网络用户的监听。

（6）用户认证：客户端采用 PPPOE 或 WEB 方式进行用户认证，其中 PPPOE 中采用 CHAP 认证，用户密码不以明文在网上传输，WEB 认证中用户密码采用 HTTPS 加密传送，保证认证信息的安全。

2）TD-LTE 传输安全

（1）5 个安全特性组：网络接入安全、网络域安全、用户域安全、应用程序域安全、安全的可见度与可配置性；

（2）分层安全机制：接入层安全、非接入层安全；

（3）鉴权与密钥协商机制：增加了 MS 对服务网络的认证；改变 AV 向量的组成，提升了主要密钥的重要性；避免了 SQN 序列号重同步缺陷等。

（4）复杂密钥体系：UE 及网络共享由 CK 和 IK 生成的母密钥，进而各自生成一系列用于用户数据及 RRC、NAS 信令加密和完整性保护的密钥。

（5）4 种核心加密算法：NULL、SNOW3G（128 位流加密）、AES（128 位块加密）、ZUC（128 位流加密）。

## 思考练习题

1. McWiLL 光纤拉远基站有几个主要组成部分？
2. 简要叙述 TD-LTE 的技术特点。
3. 对比一下 McWiLL 与 TD-LTE 两种传输方式的技术特点。

## 第三节 上位机软件平台部分

## 项目一 油井远程启停操作

一、学习目标

熟练掌握上位机监控软件的操作。

二、风险提示

触电。

三、应急处置

发生人员触电，立即切断电源，对伤者进行救护、医治。

四、操作规程

1. 准备工作

（1）正确穿戴好劳保用品，并进行危害辨识和风险分析，落实必要的风险消减措施。

(2) 准备工具、用具：安装好 Intouch 计配站自动化 DDE 服务器软件的电脑 1 部。

2. 操作步骤

(1) 中控室操作员登录注册为操作员级别，中控室操作员检查计算机和 RTU 的通信状态，绿色显示连接正常，红色显示目前中断，需要重新连接。

(2) 打开所生产的监控画面。

(3) 单击左上角 Special＜Security＜Log On，进行登录，输入操作人员姓名、密码，点"OK"即可进行操作。

(4) 在页面右下角找到"抽油机井通讯及控制"，单击进入各单井启、停页面，查看单井通信状态是否正常。

(5) 通知采油岗查看所需启的单井视频，确认油井周围无人、井口正常。

(6) 找到所需要启井的井号，对应启井按钮，单击左键启井，弹出"该井确认启井"对话框，点确定即可完成启井。

(7) 停井操作和启井操作相同，单击"停井"按钮即可，直到启停工作完成。

(8) 通过视频检查单井是否正常启停。

### 五、注意事项

(1) 遇到故障，巡检人员要及时手动启停各个单井，正常生产。

(2) 连续长时间工作的电脑，上位机不能发出命令时，应重新启动电脑，进行操作。

## 项目二　远程启停注水泵操作

### 一、学习目的

掌握上位机注水泵远程启停操作。

### 二、风险提示

触电。

### 三、应急处置

发生人员触电，立即切断电源，对伤者进行救护、医治。

### 四、操作规程

1. 准备工作

(1) 正确穿戴好劳保用品，并进行危害辨识和风险分析，落实必要的风险消减措施。

(2) 工具、用具：安装好 Intouch 计配站自动化 DDE 服务器软件的电脑 1 部。

2. 操作步骤

(1) 中控室操作员登录注册为操作员级别，中控室操作员检查计算机和 PLC 的通信状态，绿色显示连接正常，红色显示目前中断，需要刷新重新连接。

(2) 打开所生产的监控画面。

(3) 中控室操作员利用监控画面检查电动阀门的状态及站内生产数据，做好启停泵前的准备。

(4) 用摄像头观察注水泵周围情况。
(5) 将设备选为远程操作。
(6) 巡检员工通知检查完毕可以启泵。
(7) 中控室操作员根据站内生产要求,选择所要启动的注水泵。
(8) 打开注水泵出口阀,注水泵出口阀变为绿色。
(9) 点击启动指令,启动注水泵;观察电流、电压变化及设备的运转情况。
(10) 点击注水泵停止指令,停注水泵,关注水泵出口阀。
(11) 停止后通知巡检岗并填写记录。

### 五、注意事项

(1) 启动注水泵时,现场巡检人员一定要落实现场无不安全的因素。
(2) 启动注水泵时,要先打开出口电动阀。
(3) 遇到故障,巡检人员要及时手动启停注水泵,正常生产。
(4) 连续长时间工作的电脑,上位机不能发出命令时,应重新启动电脑,进行操作。

## 项目三　视频监控系统的操作

### 一、学习目的

了解视频监控系统的组成,掌握视频监控系统操作。

### 二、风险提示

触电。

### 三、应急处置

发生人员触电,立即切断电源,对伤者进行救护、医治。

### 四、操作规程

1. 准备工作

(1) 正确穿戴好劳保用品,并进行危害辨识和风险分析,落实必要的风险消减措施。
(2) 准备工具、用具(表7-14)。

表7-14　视频监控系统操作工具、用具表

| 序号 | 名称 | 规格 | 数量 |
| --- | --- | --- | --- |
| 1 | 视频系统 |  | 1套 |
| 2 | 数字摄像机 |  | 1台 |
| 3 | 硬盘录像机 |  | 1台 |
| 4 | 鼠标 |  | 1个 |
| 5 | 显示器 |  | 1台 |

2. 操作步骤

(1) 启动硬盘录像机以及显示器。

（2）输入密码进入硬盘录像机界面。
（3）检查查看各个视频界面是否存在。
（4）发现有问题的视频，可双击该界面，放大查看。
（5）回看问题通道某时间段的监控录像。
（6）发现问题时，通知巡检人员现场处理。

### 五、注意事项

（1）受硬盘存储空间限制，过期录像视频会被自动覆盖。
（2）硬盘录像机死机时，先进行重新启机，再进行观察。

## 项目四　A2 生产报表的录入

### 一、学习目标

掌握现场上位机操作，熟练完成生产报表的录入。

### 二、风险提示

触电。

### 三、应急处置

发生人员触电，立即切断电源，对伤者进行救护、医治。

### 四、操作规程

1. 准备工作

（1）正确穿戴好劳保用品，并进行危害辨识和风险分析，落实必要的风险消减措施。
（2）准备工具、用具：已经安装好各种软件、可联入局域网的电脑1部。

2. 操作步骤

（1）中控室操作员登录注册为操作员级别，中控室操作员检查计算机和PLC的通信状态，绿色显示连接正常；红色显示目前中断，需要重新连接。
（2）通信灯正常连接后，输入当班员工上机口令登录。
（3）用浏览器打开电子报表系统，输入用户名、密码，登录。
（4）在左侧任务栏里有"工作空间""报表查询""安全活动记录"和"长停井检查记录本"等内容。
（5）单击"中控室记录"将本班出现的问题、处理结果、汇报人详细填写，然后单击"增加记录"即可。
（6）单击"交接班记录"，选择"中控岗交接班记录本"，单击即出现"八点班"或"零点班"页面，输入表格中的内容，单击"增加"即可。
（7）"采油岗交接班记录本"同"中控室交接班记录本"填写内容一样。单击所需填写的单井井号进入页面，点"编辑"即出现"八点班"或"零点班"填写数据，输入该井的工作时间后保存即可。

### 五、注意事项

（1）在资料录入过程中，如果产生故障报警，应立即通知巡检人员到现场落实现场情况，手动处理，使各阀门处于正常生产位置。

（2）自动计量结果和以往误差较大时，应到现场查找原因。

## 项目五　油井自动计量

### 一、学习目标

（1）掌握上位机操作，完成自动计量。

### 二、风险提示

触电。

### 三、应急处置

发生人员触电，立即切断电源，对伤者进行救护、医治。

### 四、操作规程

**1. 准备工作**

（1）正确穿戴好劳保用品，并进行危害辨识和风险分析，落实必要的风险消减措施。

（2）准备工具、用具：已经安装好 Intouch 及 Omronhl DDE 软件的电脑 1 部。

**2. 操作过程**

（1）中控室操作员登录注册为操作员级别，打开所要计量油井的生产监控画面。

（2）中控室操作员检查计算机和 PLC 的通讯状态，绿色显示连接正常；红色显示目前中断，需要重新连接。

（3）中控室操作员利用监控画面检查电动阀门的状态及站内生产数据，做好量油前的准备。

（4）中控室操作员根据站内生产要求，选择所要计量的单井井号。

（5）当系统为单井自动远程计量时，中控室操作员根据生产需求指定自动量油开始时间；选择单井自动计量时，中控室操作员设置当天自动计量开始时间，系统按监控画面从左到右沿单井管汇流程顺序倒阀，计量，排液直到恢复原生产状态操作；然后再进行下一口单井计量，依次循环，自动完成所有选定单井的计量工作。

（6）中控室操作员选择人工远程计量时，操作员进行单井指定计量，人工远程把被选定单井电动阀由生产位切换到计量位，该井计量完成后恢复原生产状态。

（7）当单井计量完成恢复原生产状态后，监控系统自动显示该井量油时间和当天单井日产量。

（8）量油结束后，中控室操作员应将本人姓名输入到计算机内，确保报表完整性。

### 五、注意事项

（1）在自动量油过程中，如果产生故障报警，应立即通知巡检人员到现场落实现场情况，手动处理，使各阀门处于正常生产位置。

(2) 自动计量结果和以往误差较大时,应到现场查找原因。
(3) 中控室操作员利用计量站内生产图像监视系统检查站内是否正常。

## 项目六　电动阀远程操作

**一、学习目标**

掌握上位机操作,完成电动阀远程操作。

**二、风险提示**

触电。

**三、应急处置**

发生人员触电,立即切断电源,对伤者进行救护、医治。

**四、操作规程**

1. 准备工作
(1) 正确穿戴好劳保用品,并进行危害辨识和风险分析,落实必要的风险消减措施。
(2) 准备工具、用具:已经安装好 Intouch 及 Omronhl DDE 软件的电脑 1 部。
2. 操作步骤
(1) 中控室操作员登录注册为操作员级别,打开所要计量油井的生产监控画面。
(2) 中控室操作员检查计算机和 PLC 的通讯状态,绿色显示连接正常;红色显示目前中断,需要重新连接。
(3) 中控室操作员利用监控画面检查电动阀门的状态,绿色表示电动阀门开关到位,红色表示故障。
(4) 选择要进行操作的电动阀门,点击上位机界面电动阀门,开始动作,直到开关到位,界面颜色显示正常。
(5) 现场检查是否正常到位。

**五、注意事项**

(1) 遇到故障,巡检人员要及时手动打开或关闭此电动阀门,达到正常生产位置。
(2) 连续长时间工作的电脑,上位机不能发出命令时,应重新启动电脑,进行操作。

## 项目七　视频监控系统的常见故障判断

**一、学习目标**

了解视频监控系统的组成,掌握视频监控系统常见故障的判断和处理。

**二、风险提示**

触电。

### 三、应急处置

发生人员触电，立即切断电源，对伤者进行救护、医治。

### 四、操作规程

1. 准备工作

（1）正确穿戴好劳保用品，并进行危害辨识和风险分析，落实必要的风险消减措施。

（2）准备工具、用具（表7-15）。

表7-15 视频监控系统的常见故障判断操作工具、用具表

| 序号 | 名称 | 规格 | 数量 |
| --- | --- | --- | --- |
| 1 | 视频系统 |  | 1套 |
| 2 | 数字摄像机 |  | 1台 |
| 3 | 硬盘录像机 |  | 1台 |
| 4 | 光收发器 |  | 1对 |
| 5 | 计算机 |  | 1台 |
| 6 | 鼠标 |  | 1个 |
| 7 | 显示器 |  | 1台 |
| 8 | 万用表 |  | 1个 |

2. 操作步骤

（1）启动硬盘录像机以及显示器。

（2）检查各个视频界面是否存在。

（3）发现没有的视频，先用 ping 命令检查摄像头网络是否通。

（4）检查各摄像头、光收发器电源是否烧坏。

（5）检查摄像头、光收发器是否烧坏。

### 五、注意事项

（1）现场检查时要注意安全，先验电再进行操作。

（2）硬盘录像机死机时，先进行重新启机，再进行观察。

## 项目八 抽油机井生产运行参数的采集分析

### 一、学习目标

理解抽油机井采集的参数，会对采集的参数进行分析。

### 二、风险提示

触电。

### 三、应急处置

发生人员触电，立即切断电源，对伤者进行救护、医治。

## 四、操作规程

1. 准备工作

（1）正确穿戴好劳保用品，并进行危害辨识和风险分析，落实必要的风险消减措施。
（2）准备工具、用具：已经安装好 Intouch 及 Omronhl DDE 软件的电脑 1 部。

2. 操作步骤

（1）启动相关应用程序软件，用账号、密码登录。
（2）点击调试，监控调试，选择井号，发送"读油井工况"命令。
（3）检查各项参数是否采集上传存储。
（4）分析采集的数据，同时打开"一井一法"界面，查看各参数曲线变化。

## 五、注意事项

无上传采集数据时，检查有无未完成的监控任务。

# 项目九　示功图的采集分析

## 一、学习目标

了解抽油机井示功图的查看方法，会示功图分析。

## 二、风险提示

触电。

## 三、应急处置

发生人员触电，立即切断电源，对伤者进行救护、医治。

## 四、操作规程

1. 准备工作

（1）正确穿戴好劳保用品，并进行危害辨识和风险分析，落实必要的风险消减措施。
（2）准备工具、用具（表 7-16）。

表 7-16　抽油机井生产运行参数的采集分析操作工具、用具表

| 序号 | 名称 | 规格 | 数量 |
| --- | --- | --- | --- |
| 1 | 抽油机井自动化控制柜 |  | 1 套 |
| 2 | 装有计配站自动化 DDE 服务器软件电脑 |  | 1 台 |

2. 操作步骤

（1）启动自动化 DDE 服务器程序软件。
（2）点击曲线，选择要查看的单井名称和日期，确定查看。
（3）分析采集的示功图。
（4）现场在自动化控制柜液晶显示屏上，点击"测试"键。等测试完毕，查看示功图。

### 五、注意事项

（1）电脑上没有采集示功图时，联系巡检人员，去现场查看。

（2）现场无示功图时，联系自动化维护人员。

## 项目十　无线压力变送器的更换

### 一、学习目标

更换压力变送器。

### 二、风险提示

触电。

### 三、应急处置

发生人员触电，立即切断电源，对伤者进行救护、医治。

### 四、操作规程

1. 准备工作

（1）正确穿戴好劳保用品，并进行危害辨识和风险分析，落实必要的风险消减措施。

（2）准备工具、用具（表7-17）。

表 7-17　视频监控系统的常见故障判断操作工具、用具表

| 序号 | 名称 | 规格 | 数量 |
| --- | --- | --- | --- |
| 1 | 活动扳手 | 300mm | 1把 |
| 2 | 活动扳手 | 200mm | 1把 |
| 3 | 压力变送器 |  | 1台 |
| 4 | 万用表 |  | 1块 |
| 5 | 生料带 |  | 若干 |

2. 操作步骤

（1）关闭压力变送器取压阀门，放掉余压。

（2）卸下旧压力变送器。

（3）换上新压力变送器。

（4）压力变送器安装紧固后，打开压力变送器阀门。

（5）核对压力数值一致后，更换完毕。

### 五、注意事项

电脑上显示压力和现场不符合时，先检查压力变送器的电源是否送电。

# 第七章 智慧油田

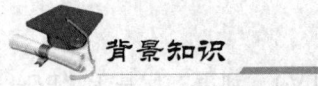

## 一、油气生产自动化基础知识

目前各大油气田都已实现了以井、站库为核心的面向生产前端操作过程的油气生产自动化建设工作，实现了井口温度、压力、载荷、流量等生产数据的实时自动采集和站库生产流程运行状态的实时监控。具体包括：

（1）数据采集与监控子系统。通过传感器、射频识别、全球定位等物联网技术对油气水井、阀组、计量间、联合站等重要节点实现运行参数自动采集、生产环境自动监测、物联网设备状态自动监测、生产过程监测及远程控制功能。

（2）数据传输子系统。通过建设有线和无线网络，将数据采集与监控子系统实时采集的各项生产数据、视频图像以及相关控制信息，传输到生产管理子系统中，使管理人员可以在区域监控中心进行集中管控。无线数据传输主要用于传输井场和边远站库的生产和视频数据。无线传输网络包括采用油田专网（McWiLL、TD-LTE）、公网（GPRS、3G、4G、卫星）等无线传输技术组成的无线异构网络。

（3）生产管理子系统。搭建规范、统一的数据管理平台，实现生产过程监测、生产分析与工况诊断、物联网设备管理、视频监测、报表管理、数据管理、辅助分析与决策支持、系统管理、运维管理功能；并提供数据接口供油田公司级进行勘探开发的大数据分析、辅助决策。

（4）单井数据采集。在井口部署抽油机智能测控柜和压力、温度等多种传感器，实现单井生产参数的采集，并可以实现抽油机的远程启停及变频控制。井场所有数据上传至中心控制室的数据采集服务器显示、存储及应用，从而实现对单井生产全过程、全天候的远程管理，实现无人值守，井场只需要定期巡检。井口设备如图 7-5 所示。

图 7-5 井口设备示意图

## 二、视频监控系统基础知识

视频监控系统发展可以划分为第一代模拟视频监控系统（CCTV），到第二代基于"PC+多媒体卡"数字视频监控系统（DVR）和第三代完全基于IP网络视频监控系统（IPVS）。

### 1. 模拟视频监控系统

模拟视频监控系统的图像传输用视频电缆，以模拟信号传输，传输距离不能太远，适合小范围内的监控，获得的监控图像在控制中心查看。其主要设备包括前段摄像机后端视频矩阵、监视器、录像机等，利用视频传输线将来自摄像机的视频连接到监视器上，利用视频矩阵主机对画面进行分割，采用控制键盘对图像进行控制等。传统的模拟监控系统有以下劣势：

（1）模拟视频信号传输的距离较短；

（2）模拟视频监控范围比较局限，并且布线工程量大；

（3）模拟视频信号数据的存储会耗费大量的存储介质，并且不易保存。

### 2. 数字视频监控系统

基于PC的数字视频监控随着数字视频压缩编码技术的发展而产生，系统在远端有若干个摄像机、各种监测和报警探头与数据设备，获取图像信息，通过各自的传输线路汇接到多媒体监控终端上，然后再通过通信网络，将这些图像信息传到一个或多个监控中心。数字化视频监控的优势在于：

（1）数字化视频可以在计算机网络上传输图像数据，不受距离限制，信号不易受干扰，可大幅度提高图像品质和稳定性；

（2）数字化视频可利用计算机网络联网，网络带宽可复用，无须重复布线；

（3）数字化存储成为可能，经过压缩的视频数据可存储在磁盘阵列中或保存在光盘、U盘中，查询简便快捷。

### 3. 第三代视频监控

第三代视频监控是完全使用IP技术的视频监控系统。该系统优势是摄像机内安装Web服务器，并提供以太网接口；摄像机内集成了各种协议，通过浏览器可支持直接访问摄像机；摄像机生成JPEG或MPEG-4数据文件，可供任何经授权客户机从网络中任何位置访问、监视；可以通过3G/4G网络实现无线传输，用户可以通过笔记本、手机、PDA等无线终端随处查看视频。

## 三、视频监控系统的组成

视频监控系统由摄像机、云台、支架、防护罩、监视器、编解码器等组成。

### 1. 摄像机

在视频监控系统中，摄像头是最前端、最基础、最关键的设备，它负责对监视区域进行摄像并转换成电信号，再将信号进行传输，其质量直接影响视频监控系统的整体应用。

1）摄像机分类

摄像机可以根据不同的划分方式，分成不同的类型，如图7-6所示。

2）摄像机主要参数

（1）镜头。镜头是摄像机的眼睛，为了适应不同的监控环境和要求，需要配置不同规格的镜头。比如在室内的重点监视，要进行清晰且大视场角度的图像捕捉，需配置广角镜头；在室外的停车场，既要看到停车场全貌，又要能看到汽车的细部，需要广角和变焦镜头。

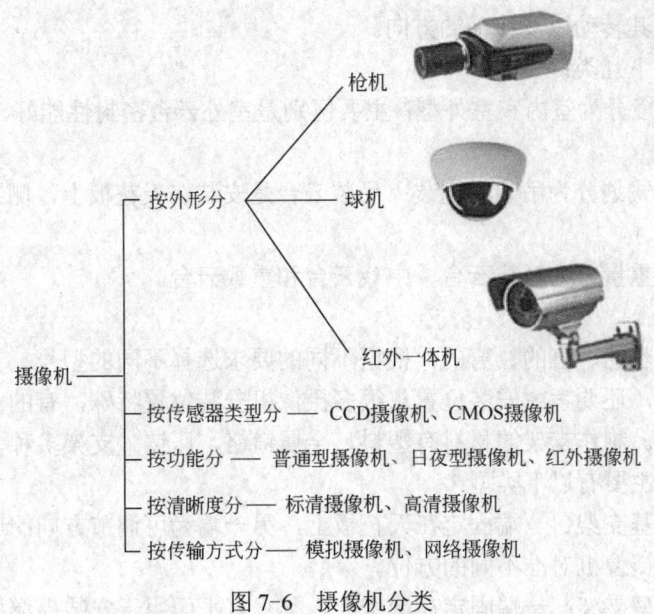

图 7-6　摄像机分类

（2）清晰度。清晰度是由摄像器件像素大小决定的，摄像器件的像素越高，得到的图像越清晰。

（3）最低照度。最低照度是当被摄景物的光亮度低到一定程度而使摄像机输出的视频信号电平低到某一规定值时的景物光亮度值。

（4）自动增益控制（AGC）。AGC 是自动增益控制（automatic gain control）的缩写。所有摄像机都有一个将来自电耦合器件 CCD（charge coupled device）的信号放大到可以使用水准的视频放大器，其放大量即增益，等效于有较高的灵敏度，可使其在微光下灵敏，然而在亮光照的环境中放大器将过载，使视频信号畸变。为此，需利用摄像机的 AGC 电路去探测视频信号的电平，适时地开关 AGC，从而使摄像机能够在较大的光照范围内工作，即在低照度时自动增加摄像机的灵敏度，从而提高图像信号的强度来获得清晰的图像。

（5）背光补偿（BLC）。背光补偿也称作逆光补偿或逆光补正，它可以有效补偿摄像机在逆光环境下拍摄时画面主体黑暗的缺陷。当引入背光补偿功能时，摄像机仅对整个视场的一个子区域进行检测，通过求此区域的平均信号电平来确定 AGC 电路的工作点。由于子区域的平均电平很低，AGC 放大器会有较高的增益，使输出视频信号的幅值提高，从而使监视器上的主体画面明朗。此时的背景画面会更加明亮，但其与主体画面的主观亮度差会大大降低，整个视场的可视性得到改善。

（6）电子快门（ES）。电子快门是对比照相机的机械快门功能提出一个术语，它相当于控制 CCD 图像传感器的感光时间。根据人眼视觉暂留特性，为了确保看到的图像是连续的，实际应用中，因为环境中光线可能会很强，这个时候可能会需要控制进光量，就需要控制快门速度。速度越快时，光线能够进入的时间就越少，进光量就越少；相对来说，图像就会显得比较暗，反之快门速度越慢，图像就会越亮。

2. 云台

摄像机的云台是两个交流电机组成的安装平台，可以水平或者垂直地运动，可以通过控制系统在远程控制其转动以及移动的方向。

云台可分为以下几类：

（1）按安装环境分为室内和室外型：主要区别是室外云台密封性能好，能够防水、防尘，且负载大。

（2）按安装方式划分为吊装和侧装：吊装云台是安装在天花板上，侧装云台是安装在墙壁上。

（3）按照承载重量分为轻载云台、中载云台和重载云台。

### 3. 支架

支架有短的、长的、直的、弯的，根据不同的要求选择不同的型号。支架主要考虑负载能力是否合乎要求，还要考虑安装位置。很多摄像机安装位置特殊，有的安装在电线杆上，有的安装在铁架上。制作支架的材料有塑料、金属镀铬、压铸。支架多种多样，依使用环境不同和结构不同，主要有以下类型：

（1）天花板顶基支架：一端固定在天花板上，另一端为可调节方向的球形旋转头或可调倾斜度平台，以便摄像机对准不同的方位。

（2）墙壁安装型支架：一端固定在墙壁上，其垂直平面用于安装摄像机或云台，对于无云台的摄像机系统，其摄像机可以直接固定在支架上，也可以固定在支架上的球形旋转接头或可调倾斜平台上。

（3）墙用支架加上安装连板可构成墙角支架，墙角支架加上圆柱安装连板，可将其安装在圆柱杆上。

### 4. 防护罩

为了更好地保护摄像机，在室内或者室外安装时，都尽可能安装防护罩。防护罩主要分为室内和室外两种，功能主要是防尘、防破坏。防护罩能保证雨水不进入防护罩内部侵蚀摄像机。有的室外防护罩还带有排风扇、加热板、雨刮器，可以更好地保护设备。防护罩的材料主要有铝质、合金、挤压成型、不锈钢等，根据不同的安装位置会选择不同的支架。带防护罩、云台和支架的摄像机如图 7-7 所示。

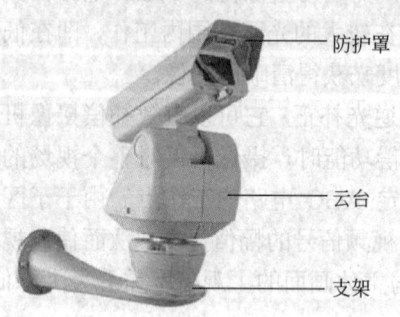

图 7-7 带防护罩、云台和支架的摄像机

### 5. 监视器

监视器作为视频监控系统中的终端显示部分，把图像最大限度真实地显示出来，以供监控人员作为工作依据，它的好坏直接影响到整个监视系统的效果。监视器分为 CRT 监视器、液晶显示器、大屏幕拼接系统。

### 6. 编解码器

#### 1）数字硬盘录像机

数字硬盘录像机，也称为 DVR，采用的是数字记录技术，在图像处理、图像储存、检索、备份以及网络传递、远程控制等方面远远优于模拟监控设备。从摄像机输入路数上分为 1 路、2 路、4 路、6 路、9 路、12 路、16 路、32 路等。数字硬盘录像机的主要功能包括：监视功能、录像功能、回放功能、报警功能、控制功能、网络功能、密码授权功能和工作时间表功能等。如图 7-8 所示。

2）网络视频服务器

网络视频服务器（DVS，digital video server），又叫数字视频编码器，是一种压缩、处理音视频数据的专业网络传输设备，主要提供视频压缩或解压功能，完成图像数据的采集等。网络视频服务器主要实现模拟视/音频信号的 IP 化，其主要原理是内置一个嵌入式 Web Server，

图 7-8　数字硬盘录像机

采用嵌入式即时多任务操作系统；前端模拟摄影机传送过来的视频信号经视频服务器数字化之后，由高效压缩芯片压缩，同时通过内部总线，传送到内置的 Web Server，每个网络视频服务器均有一个 IP 地址。

3）解码器

解码器是视频监控系统的硬件解码单元，它是将数字视频监控信号解码成模拟信号，从而输出到显示设备。目前解码器配合控制键盘或者视频管理中心平台可以轻松实现视频画面的定点切换、编组切换、循环切换、预案执行、报警联动显示等多种显示方式，能够灵活构建高清显示平台。解码器在实现对数字视频信号解码输出的同时，还能够将任意信号拼接成高分辨率的 VGA 信号进行单路输出。解码器的结构组成如图 7-9 所示。

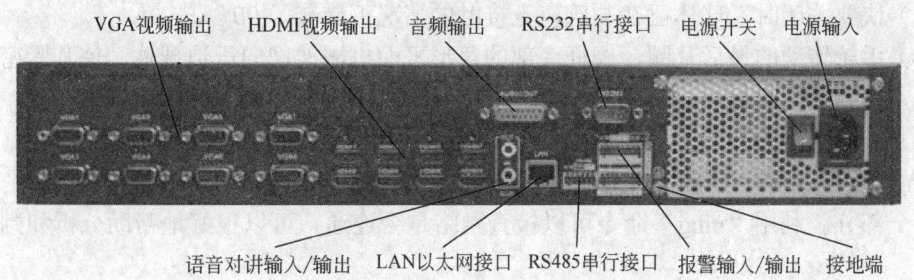

图 7-9　解码器

4）上位机

上位机是指可以直接发出操控命令的计算机，一般是 PC 级，屏幕上显示各种信号变化（液压、水位、温度、阀状态等）。

5）Intouch 软件

Intouch 是一种工业自动化组态软件，由 Wonderware 公司产品。InTouch 软件是一个开放的、可扩展的人机界面。

6）DDE

DDE 通信协议是一种动态数据交换协议，在 Microsoft Windows 运行环境下客户机应用程序向当前所激活的服务器应用程序发送一条请求信息，服务器应用程序根据该信息做出应答，从而实现两个程序之间的数据交换。

7）电动机的两地控制

电动机的两地控制就是在不同的地方都能控制电动机的启动停止。

8）数字视频监控系统

数字视频监控系统是以数字视频处理技术为核心，以计算机或嵌入式系统为中心，视频处理技术为基础，利用图像数据压缩的国际标准和综合利用光电传感器、计算机网络、自动

控制和人工智能等技术的一种新型监控系统。

9）电动阀的工作原理

电动阀是工业自动领域一流体控制系统中的一种执行单元，它是由电执行器与阀门组合而成的，然后通过电动机运转来驱动执行器，从而控制阀门运作。

10）电动三通阀的工作原理

由电执行器与三通阀门组合而成的。

其开启过程为：

（1）在关闭位置，球体受阀杆的机械施压作用，紧压在阀座上。

（2）当逆时针转动手轮时，阀杆则反向运动，其底部角形平面使球体脱开阀座。

（3）阀杆继续提升，并与阀杆螺旋槽内的导销相互作用，使球体开始无摩擦地旋转。

（4）直至到全开位置，阀杆提升到极限位置，球体旋转到全开位置。

其关闭过程为：

（1）关闭时，顺时针旋转手轮，阀杆开始下降并使球体离开阀座开始旋转。

（2）继续旋转手轮，阀杆受到嵌于其上螺旋槽内的导销的作用，使阀杆和球体同时旋转90°。

（3）快要关闭时，球体已在与阀座无接触的情况下旋转了90°。

（4）手轮转动的最后几圈，阀杆底部的角形平面机械地楔向压迫球体，使其紧密地压在阀座上，达到完全密封。

11）ping 命令的应用

ping 是 Windows、Unix 和 Linux 系统下的一个命令。ping 也属于一个通信协议，是 TCP/IP 协议的一部分。利用"ping"命令可以检查网络是否连通，可以很好地帮助分析和判定网络故障。

## 思考练习题

1．远程操作电动阀时，命令发不出怎么处理？
2．电动阀不到位，如何处理？
3．视频不显示时，使用"ping"命令可以检查哪些部分？
4．"ping"命令的主要功能有哪些？
5．视频监控系统的主要组成部分有哪些？
6．摄像机的主要分类有哪些？

# 第八章 油水井动态分析

　　油水井动态分析贯穿油田开发全过程，是指通过大量的油水井的第一手资料，来认识油层中油、气、水运动规律的综合性油水井分析工作。它的作用十分重要，关系到油田开发效果。在获取油水井第一手资料的基础上，运用科学技术，采用统计法、绘图法动态描述油田生产状况，分析油水井开发过程的动态变化，评价油田开发形式，总结油田开发经验，揭露油田开发存在的问题，提出油田开发调整措施，最终达到科学合理地开发油田的目的。油水井动态分析分为油水井单井动态分析和油水井井组动态分析两大部分。

## 第一节 油水井单井动态分析

### 项目一 整理资料

#### 一、学习目标
掌握对动态分析涉及的地质资料的收集、整理等相关知识。

#### 二、常用资料
常用资料包括静态资料、动态资料、井下作业资料及完井数据资料。

1. 静态资料

静态资料是注采井的基本数据，主要包括投产时间、开采层位、砂岩厚度、有效厚度、地层系数、原始地层压力、饱和压力、见水日期、见水层位、来水方向等。

2. 动态资料

采油部门录取整理的各项基础及综合资料，都属动态资料的范畴。动态分析中常用以下资料：油水井综合记录、油水井数据表、油水井分层测试成果表、措施井效果对比表、油田开发指标数据表、产量构成数据表、油井水淹状况统计表、压力统计分析表等。

3. 井下作业资料

井下作业资料主要包括施工设计、施工总结等资料。

4. 完井数据资料

完井数据资料主要包括井史、固井质量、井身结构等资料。

## 项目二 单井地面分析

### 一、学习目标

能够根据油井产量、压力、机械设备运转情况变化及水井注入量及压力的变化,判断油水井存在问题,并提出相应的解决办法。

### 二、操作步骤

1. 油井地面管理状况分析

油井地面管理状况分析包括热洗周期、清蜡制度、套压、油压的控制等内容。

2. 合理套压的控制

套压高低直接影响着动液面的高低,也影响着泵效的大小。总的来讲,合理的套压应是能使动液面满足于泵的抽汲能力达到较高水平时的套压值(或范围)。

套压太高,迫使油套环形空间中的动液面下降,当动液面下降到深井泵吸入口时,气体窜入深井泵内,发生气侵现象,使泵效降低,油井减产,严重时发生气锁现象。发生这种情况时,应当适当地放掉部分套管气,使套压降低,动液面上升,阻止气体窜入泵内。

## 项目三 生产动态分析

### 一、学习目标

系统了解油井地下动态变化分析、油井井筒动态变化分析和注水井动态分析并学会通过参数的变化分析油水井的生产情况,为下一步进行分析生产动态打下基础。

### 二、操作步骤

1. 自喷井生产动态分析

(1)根据自喷井的压力、产量等生产数据的变化分析油井的工作制度是否合理,包括油嘴的大小、清蜡制度等。

(2)产量、回压、站压的情况,分析集油干线的运行情况。

2. 抽油井生产动态分析

(1)根据抽油井的压力、产量、动液面、示功图等生产数据的变化,分析抽油机井的工作制度是否合理。

(2)井下设备:泵的种类、规格,下泵深度,井下工具等参数是否能符合油井的生产。

(3)地面设备:抽油设备的种类、型号,运行参数等指标,是否能满足油井的生产需求。

(4)根据巡回检查情况,分析抽油设备的运行状况。

(5)根据压力、产量、井深、用电量分析油井的系统效率是否能够满足油井的生产需求。

3. 电动潜油泵井生产动态分析

（1）对阶段产液量、产油量、含水率、动液面、流压、油压、工作电流及油嘴统计并整理核对分析，判断电泵井目前存在的问题。

（2）分析造成问题的原因。

（3）根据原因提出相应解决方案。

4. 注水井生产动态分析

（1）根据统计出的日注水量、注水压力、配水量、各层吸水量、合格率等数据，判断注水井井下工具的工作状况及地层的吸水情况。

（2）通过对应层段的油井产量、含水、压力等数据的变化情况，实施好注水井的不同层段的配注工作。

## 项目四　单井措施效果分析

### 一、学习目标

掌握单井措施后产量、压力等参数的变化原因的分析，了解措施效果，为下一步提出措施打下基础。

### 二、操作步骤

1. 影响单井措施的因素

措施后影响单井生产指标变化的因素主要表现在地面、井筒、地层三方面。地层中的原油采至地面通过一定压差下油流入井，从井底举升到井口，再输送到集油站，单井采取措施的目的是多采原油。

2. 影响单井指标及措施效果分析

（1）地层压力变化分析。

（2）井底流压变化分析。

（3）油井含水情况分析。

（4）气油比变化分析。

（5）压裂效果分析：

① 产油量上升，含水下降，采油指数上升，压力升高，说明压裂效果好，压裂层位地层压力高，应放大生产压差生产；

② 地层压力下降，其他参数变化情况同①同上，说明压裂有效，只是压裂层地层压力低，可先调整水量，暂不放大生产压差；

③ 产油量与含水率都稍有增加或稳定，采油指数上升，压力升高或不变，说明高含水井压裂效果发挥不出来，应放大生产压差或进行分层配产；

④ 产油量下降，含水率上升，压力下降，压裂污染了油层；

⑤ 产油量下降，含水率上升，压力升高，压开了高压含水层；

（6）酸化效果分析，根据所选井层及所要达到目的进行。酸化是为了解除井壁附近地层产生堵塞及扩大和疏通地层孔隙，恢复和提高井壁附近的油层渗透性能，从而达到增产、增注的目的。

（7）堵水分析。堵水分析主要是为了减缓层间矛盾，降水增油。保证此目的的关键是分析未堵层的生产能力能否达到或超过被堵层的产能，堵水井应遵循一定的原则。堵水后一般全井地层压力下降，流压大幅下降，放大生产压差，日产量增加或稳定，含水下降。堵水作为一项增产措施，评价时不仅看含水下降的多少，还要看产油量增加情况。

（8）产油量变化分析：有效渗透率的变化；油井的出油厚度；地层原油黏度；压差的变化；含水率；完井方式与完井半径；供油半径；井壁阻力系数等。

（9）分层动用状况的变化。非均质多油层砂岩油田注水开发中，分层动用状况及其变化直接影响到油井产量、压力、含水的变化。具体到一口井上，主要是层间差异的分析。

4. 措施后机械采油井井筒动态变化分析

（1）油井泵效分析。

（2）动液面（沉没度）分析。

（3）地面管理状况分析，主要包括热洗、清蜡制度及合理套压的选择。

### 三、案例分析

【案例1】根据措施井的生产数据（表8-1），分析效果、存在问题及下步措施。

表8-1 单井措施数据表

| 井号 | 时间 | 工作制度 | 日产液,t | 日产油,t | 含水率,% | 流压,MPa | 油压,MPa | 回压,MPa |
|---|---|---|---|---|---|---|---|---|
| A井 | 压裂前 | 7mm | 38 | 11 | 71.1 | 8.55 | 0.6 | 0.45 |
| | 压裂后 | 7mm | 71 | 9 | 87.3 | 9.56 | 1.3 | 0.5 |
| | 目前 | 7mm | 75 | 7 | 90.2 | 9.78 | 1.3 | 0.5 |
| B井 | 压裂前 | $\phi56mm\times2.58mm$ | 37 | 26 | 29.7 | 3.7 | 0.4 | 0.39 |
| | 压裂后 | $\phi56mm\times2.58mm$ | 39 | 28 | 28.2 | 8.8 | 0.4 | 0.4 |
| | 目前 | $\phi56mm\times2.58mm$ | 36 | 25 | 30.2 | 7.6 | 0.4 | 0.47 |

【参考答案】（1）A井压裂效果不好，含水率大幅上升，产量下降，压开了高压水层。高压水层限制低压油层的生产，含水率高。需堵水，将高压高含水层堵掉，使低压低含水层发挥作用。

（2）B井压裂有效但不明显，产液量、产油量略有上升，含水有所下降。回压升高出油管线堵，需进行解堵处理。

【案例2】根据表8-2所给数据对油井进行分析。

表8-2 油井生产数据表

| 时间 | 油嘴 | 产液量 t/d | 产油量 t/d | 含水率 % | 流压 MPa | 氯离子含量 |
|---|---|---|---|---|---|---|
| 1984.3 | 6 | 31 | 26 | 16.1 | 8.4 | 1134.7 |
| 1984.4 | 8 | 33 | 28 | 15.2 | 8.5 | 1028.3 |
| 1984.5 | 6 | 34 | 28 | 17.5 | 8.0 | 1046.1 |
| 1984.6 | 6 | 36 | 28 | 22.2 | 9.5 | 2163.1 |
| 1984.7 | 6 | 37 | 28 | 24.3 | 9.0 | 2074.4 |

【参考答案】(1) 该油井只受一口注水井影响,水井笼统注水,注水始终保持正常。

(2) 从油井生产数据表中可看出:产量稳定,含水上升,压力升高。含水率上升的原因是有新层见水（$Cl^-$含量由 1134.7、1046.1 变为 2163.1）。

(3) 目前主要问题是含水率上升快、地层压力高。

(4) 需采取的措施:注水井分层注水;油井放大生产压差生产。

【案例 3】根据表 8-3 所给资料数据分析:

(1) 油井产量增加的原因及目前存在的问题;

(2) 水井在该段生产中存在的问题;

(3) 油井的主要见水层位;

(4) 油井 1989 年 7 月采油强度;

(5) 应采取的措施。

注水井分层注水,89.5 调整压力为 12.5MPa,日配注 540$m^3$,第一层由 80$m^3$ 调到 200$m^3$,二层由 160$m^3$ 调到 200$m^3$,三层由 300$m^3$ 调到 140$m^3$。油井泵深 846.7m,有效厚度 18.6m。

表 8-3 井组生产数据表

| 时间 | 注水井 | | | | | 采油井 | | | | | | 备注 |
|---|---|---|---|---|---|---|---|---|---|---|---|---|
| | 注水油压 MPa | 全井水量 $m^3$ | 1层水量 $m^3$ | 2层水量 $m^3$ | 3层水量 $m^3$ | 排量 $m^3$ | 产液量 t/d | 产油量 t/d | 含水率 % | 流压 MPa | 液面 | |
| 1989.1 | 12.2 | 595 | 68 | 164 | 363 | 425 | 461 | 31 | 93.3 | 7.65 | 161 | 电泵井 |
| 1989.2 | 12.4 | 611 | 59 | 174 | 378 | | 465 | 35 | 92.5 | 7.85 | 171 | |
| 1989.3 | 12.6 | 465 | 77 | 131 | 257 | | 390 | 42 | 89.2 | 6.91 | 297 | |
| 1989.4 | 12.6 | 441 | 75 | 128 | 238 | | 356 | 43 | 87.9 | 6.64 | 289 | |
| 1989.5 | 12.6 | 572 | 187 | 220 | 165 | | 404 | 71 | 82.6 | 7.36 | 192 | |
| 1989.6 | 13.0 | 566 | 191 | 214 | 161 | | 414 | 83 | 80.0 | 7.65 | 171 | |
| 1989.7 | 12.7 | 580 | 193 | 221 | 166 | | 462 | 93 | 79.8 | 7.52 | 158 | |

【参考答案】

(1) 主产液层吸水能力下降及调整配水,使油井含水下降造成;沉没度高,排量小,生产能力未全部发挥。

(2) 3—4 月份有堵塞,吸水能力下降;5—7 月超压注水,且分水差。

(3) 主要为第 3 层。

(4) 采油强度=93/18.6=5（t/m·d）。

(5) 油井换大泵,进一步提高产能,水井按配注注水,保持注采平衡。

【案例 4】某油井在 20 世纪 70 年代初投产,全井射开小层 12 个,砂岩厚度 22m,有效厚度 9.5m。经过 20 多年的采油,全井含水率已达到 92.4%,进入了特高含水期采油。但是,通过油井的找水测试发现,该井有三个主力层是主产层,压力高、产液高、含水率高。其余是差油层,由于油层薄、压力低、产液少、含水率低,层间矛盾十分突出。根据这些资料分析,认为封堵这三个主要出液层有利减缓层间矛盾,发挥低渗层的作用,从而降低油井的含水率,提高产油量。方案实施后取得了较好的效果,具体效果见表 8-4 所列。

表 8-4 抽油井堵水效果对比表

| | | | | | | | | | |
|---|---|---|---|---|---|---|---|---|---|
| 堵水前 | 157 | 12 | 92.4 | 井口 | 连抽带喷 | 106.2 | 3 | 9 | 70 |
| 堵水后 | 79 | 24 | 69.6 | 746.9 | 正常 | 55.4 | 3 | 9 | 70 |
| 堵水后一个月 | 76 | 22 | 71.3 | 797.1 | 正常 | 53.2 | 3 | 9 | 70 |
| 堵水后三个月 | 81 | 21 | 73.8 | 841.5 | 正常 | 56.4 | 3 | 9 | 70 |

注：泵下入深度 1152.8m。

**【参考答案】**

1. 效果评价及分析

从这口井的堵水效果对比表中可以看出，效果是非常好的。措施后，抽油井参数不变。措施初期，产液量由 157t/d 下降到 76t/d，下降了 81t/d；产油量由 12t/d 增加到 24t/d，增加了 12t/d；含水率由 92.4% 下降到 69.6%，下降了 22.8%；液面深度由井口下降到 746.9m；泵况由连抽带喷转为正常。堵水后连续生产三个月效果依然较好，产液量 81t/d，比初期上升了 2t/d；产油量 21t/d，比初期下降了 3t/d；含水率 73.8%，比初期上升了 4.2%；液面 841.5m，比初期下降了 94.6m；泵况正常。

堵水效果好的原因主要有以下几个方面：

（1）减缓层间矛盾，发挥低渗透层的作用。堵掉高压、高液、高含水油层，减缓了层间矛盾，层间干扰减少。堵水后充分发挥低渗透、低含水层的作用，达到稳油控水的目的。在油田进入高含水期采油，通过分层注水、分层堵水为主要内容的注、堵、采调整可以改善开发效果。

（2）接替层有一定的生产能力，保证产油量增加。中低渗透层由于长期受高压、高液、高含水层的干扰，动用状况差。当堵了高含水层，接替层就能发挥作用，取得好增油效果。

（3）作业施工质量好，为取得好效果提供了保证。有好的方案，还得有好的施工质量，这是取得好效果的保证。如果封隔器不封，层位卡错等都会导致措施没有效果，使堵水工作失败。

2. 存在问题

堵水后沉没度在逐渐下降，供液能力减弱，目前仅为 311.3m。

3. 下步措施

（1）提高相连通注水井的中低渗透层注水量，保证油井的供液能力。

（2）搞好分层调测工作，减缓油井含水率的上升速度。

**【案例5】** 有一口出砂比较严重的电泵井，在一次输电线路检修电泵停产后，再启泵时却发现电流过载启动不起来。从该井的综合记录表中可以看出，该井生产一直比较正常。产液量 326t/d，产油量 43t/d，含水率 86.7%，油压 0.75MPa，套压 0.6MPa，回压 0.5MPa，产量、压力都比较稳定。在 7 月 17 日 8：00—16：00 因高压输电线路检修停电，电泵井停机关井。当线路检修完成恢复供电后岗位员工立即上井启泵，这时却发现启泵电流大，出现过载。值班人员向上级管电泵的人员进行汇报，停机待处理。第二天专业人员到达现场后对机组进行了全面的检查，认为电泵没有问题，于是又重新启机，仍然没有启动起来。因此，在第三天又对该井进行洗井，但仍没有效果，只好出方案检泵。在 7 月 22 日施工，检查电泵时发现有一些小石粒卡在泵的叶轮与导壳之间，使泵不能运转。电泵井生产数据见表 8-5。

表 8-5　电泵井生产数据表

| 时间 | 油嘴 mm | 产液量 t/d | 产油量 t/d | 含水率 % | 油压 MPa | 套压 MPa | 回压 MPa | 电流 A | 备注 |
|---|---|---|---|---|---|---|---|---|---|
| 7 月 15 日 | 28 | 326 | 43 | 86.7 | 0.75 | 0.55 | 0.53 | 58 | 量油 |
| 7 月 16 日 | 28 | 326 | 43 | 86.7 | 0.73 | 0.6 | 0.50 | 59 | 量油 |
| 7 月 17 日 | 28 | 217 | 29 | 86.7 | 0.35 | 0.8 | 0.31 | 0 | 8：00 高压检修停机<br>16：00 启机过载停机 |
| 7 月 18 日 | 28 | 0 | 0 | 0 | 0.31 | 0.75 | 0.25 | 0 | 过载关井 |
| 7 月 19 日 | 28 | 0 | 0 | 0 | 0.3 | 0.8 | 0.24 | 0 | 热洗、过载关井 |
| 7 月 22 日 | | | | | | | | | 施工检泵 |

注：泵下入深度为 987.6m。

【参考答案】

1. 原因分析

潜油电泵也是一种离心泵，由于管径的限制，它是由多级小直径叶轮与导壳组成的。抽吸的液体中含有砂粒、石子等物体，在电泵正常运转时随液体一起运动，不会沉落在某些部位造成卡泵，只会增加机械之间的磨损。但当电泵由于某种原因停泵时，这些物体就会沉淀或卡在机械运转部位的缝隙间，造成卡泵。当再次启泵时就会启动不起来，电流显示过载，这时，检查机组正常，电流值很高。

2. 采取措施

（1）当砂卡使电泵启动不起来时，首先要进行洗井，就是利用水力助推叶轮运转，将砂粒从缝隙中洗出，使电泵解卡。洗井过程中如果电泵能够启机，说明已经解卡，可以利用水力和叶轮转动两个推力将砂粒排出泵外，防止再次卡泵。

（2）可以将电机反转运行，使卡泵物体脱离。

（3）如果以上两种措施还不能够解卡，就只好作业检泵来处理。

【案例 6】某井为 2002 年 3 月份卡水后投产新井，卡下部 3 号出水层、上部 1 号、2 号层生产（具体生产情况见表 8-6），投产初期日产液 12t，含水率 10%左右，正常生产至 4 月 6 日，因停电井卡于 4 月 7 日洗井，洗井后油井产液量上升，含水率也立即上升至 100%，现场落实含水准确。4 月 27 日至 5 月 6 日，地质人员对该井实施了注灰封层措施，措施后该井日产液量由 24t 上升至 36t，但含水率仍为 100%，目前该井为负效益生产。请回答：

（1）该井含水率第一次上升至 100%的原因可能是什么？

（2）该井实施注灰封层措施后，含水率仍为 100%，原因可能是什么？

（3）该井目前为负效益生产，在全员创新、精细管理的今天，作为一名岗位工人，你认为该怎么办？

表 8-6 某井生产情况表

| 生产日期 | 日产液量 t | 日产油量 t | 含水率 % | 备注 | 生产日期 | 日产液量 t | 日产油量 t | 含水率 % | 备注 | 生产日期 | 日产液量 t | 日产油量 | 含水率 % | 备注 |
|---|---|---|---|---|---|---|---|---|---|---|---|---|---|---|
| 2002-3-8 | 12 | 0.6 | 95 | 18:00投产 | 2002-4-1 | 9.9 | 8.1 | 18 | | 2002-4-25 | 0 | 0 | | 高含水停抽 |
| 2002-3-9 | 20 | 6.6 | 66.8 | | 2002-4-2 | 9.9 | 8.1 | 18 | | 2002-4-26 | 0 | 0 | | 高含水停抽 |
| 2002-3-10 | 16 | 9.1 | 42.9 | | 2002-4-3 | 9.9 | 9.3 | 6 | | 2002-4-27 | 0 | 0 | | 作业 |
| 2002-3-11 | 12 | 6.8 | 42.9 | | 2002-4-4 | 9.9 | 9.3 | 6 | | 2002-4-28 | 0 | 0 | | 作业 |
| 2002-3-12 | 12 | 8.6 | 28.2 | | 2002-4-5 | 9.9 | 9.2 | 6.5 | 核实含水 | 2002-4-29 | 0 | 0 | | 作业 |
| 2002-3-13 | 12 | 11 | 8.5 | | 2002-4-6 | 0.6 | 0.5 | 6.5 | 9:30停电井卡 | 2002-4-30 | 0 | 0 | | 作业 |
| 2002-3-14 | 12 | 11 | 9 | | 2002-4-7 | 5.6 | 5.2 | 6.5 | 洗井 | 2002-5-1 | 0 | 0 | | 作业 |
| 2002-3-15 | 12 | 11 | 9 | | 2002-4-8 | 9.9 | 9.2 | 6.5 | 借含水 | 2002-5-2 | 0 | 0 | | 作业 |
| 2002-3-16 | 12 | 11 | 9 | | 2002-4-9 | 24 | 1.2 | 94.8 | 核实含水 | 2002-5-3 | 0 | 0 | | 作业 |
| 2002-3-17 | 12 | 11 | 4.5 | | 2002-4-10 | 24 | 0 | 100 | | 2002-5-4 | 0 | 0 | | 作业 |
| 2002-3-18 | 12 | 11 | 4.5 | | 2002-4-11 | 24 | 0 | 100 | | 2002-5-5 | 0 | 0 | | 作业 |
| 2002-3-19 | 12 | 11 | 4.5 | | 2002-4-12 | 24 | 0 | 100 | | 2002-5-6 | 35 | 0 | 100 | 8:30起抽 |
| 2002-3-20 | 12 | 11 | 4.5 | | 2002-4-13 | 24 | 0 | 100 | | 2002-5-7 | 36 | 0 | 100 | |
| 2002-3-21 | 11 | 10 | 5 | | 2002-4-14 | 24 | 0 | 100 | | 2002-5-8 | 35 | 0 | 100 | |
| 2002-3-22 | 11 | 10 | 5 | | 2002-4-15 | 24 | 0 | 100 | | 2002-5-9 | 36 | 0 | 100 | |
| 2002-3-23 | 11 | 10 | 5 | | 2002-4-16 | 24 | 0 | 100 | | 2002-5-10 | 36 | 0 | 100 | |
| 2002-3-24 | 11 | 10 | 8 | | 2002-4-17 | 24 | 0 | 100 | | 2002-5-11 | 36 | 0 | 100 | |
| 2002-3-25 | 11 | 10 | 8 | | 2002-4-18 | 24 | 0 | 100 | | 2002-5-12 | 36 | 0 | 100 | |
| 2002-3-26 | 11 | 10 | 8 | | 2002-4-19 | 24 | 0 | 100 | | 2002-5-13 | 35 | 0 | 100 | |
| 2002-3-27 | 11 | 10 | 8 | | 2002-4-20 | 24 | 0 | 100 | | 2002-5-14 | 32 | 0 | 100 | |
| 2002-3-28 | 11 | 10 | 8 | | 2002-4-21 | 24 | 0 | 100 | | 2002-5-15 | 28 | 0 | 100 | |
| 2002-3-29 | 11 | 10 | 8 | | 2002-4-22 | 24 | 0 | 100 | | 2002-5-16 | 30 | 0 | 100 | |
| 2002-3-30 | 7.8 | 7.1 | 8 | 洗井 | 2002-4-23 | 24 | 0 | 100 | | 2002-5-17 | 36 | 0 | 100 | |
| 2002-3-31 | 11 | 9 | 18 | | 2002-4-24 | 24 | 0 | 100 | | 2002-5-18 | 36 | 0 | 100 | |

【参考答案】

（1）第一次油井含水率上升到 100%，初步判断可能是：①由于洗井压力过大，造成封隔器失效，从而使该井下部被卡掉的出水油层又恢复生产，造成该井含水迅速上升；②生产层出水；③封隔器以上非生产层因套管漏出水。

（2）井进行注灰封层措施后，含水率仍为 100%，可能有两个原因：一是第一次油井含水率上升到100%时，初步判断可能是封隔器失效，现在看来当时封隔器很可能并未失效，而是上部两个生产层中有一个层高含水，在个别井及试油过程中因为污染把水层堵住了，因此该井投产初期含水较低，而后来大排量的洗井不仅洗通了油井，也洗通了地层中堵塞的水层，从而造成了油井后含水迅速上升；第二个可能是注灰土妄动措施中灰面未封住或未封严，造成下部出水油层继续出水，油井产液量上升。

（3）由于该井是3月份新投产的油井，如果现在就因其高含水而关井，则收不回钻井投资，本着节约成本、挖潜增效的目的，建议首先测一下该井的产液剖面，以确定上前生产的两个层的产液情况，再对主要产水层进行堵水或卡水。

## 项目五　单井问题原因分析和整改

### 一、学习目标

能够根据单井产量、压力、注入量等参数的变化原因提出相应的整改措施，达到提高油井产量，改善开发效果。

### 二、操作步骤

1. 地层压力变化分析

压力的变化大小取决于驱油方式和采油速度，对注水开发油田，注采比的大小是影响压力升降的主要因素。

2. 井底流压变化分析

流压是油层压力克服渗流阻力到达井底后剩余压力，又是垂直管流的始端压力，因此流压的变化受供液、排液两个因素影响。供液状况主要受注水见效影响；排液受含水、工作制度的改变、泵况、井壁完善程度及污染程度等因素影响。

3. 油井含水情况分析

含水除受不同开发阶段的一般规律影响外，主要受注采平衡状况和层间差异状况影响。应及时分析调整，使含水保持在稳定水平之上，分析内容包括：

（1）掌握油层性质及分布状况，搞清油水井连通关系。

（2）搞清见水层位及出水情况。

（3）摸清见水层，特别是主要见水层的主要来水方向和非主要来水方向。

（4）分析连通注水井、层注水强度变化，主要来水方向、次要来水方向的注水量变化与油井含水率变化的相互关系。

（5）分析相邻油井生产状况变化。如邻井高含水层堵、关停等也可造成本井含水上升。

（6）泵况变差、原堵水层失效、窜槽等均可使含水上升。

见水层位判断：直接找水法；间接找水法（依据油层连通情况、渗透率高低、产液及产油剖面、所处油砂体部位、水井上停注一个层位，油井上观察）。见水层位判断用于揭露层间矛盾。

来水方向判断：对比邻井，连通好且注水强度大的方向为来水方向；注指示剂验证；水井停注与限注，油井的含水变化等。来水方向判断用于揭示平面矛盾。

新层见水的判断：原见水层对应注水强度不变，油井含水明显上升；水质分析资料（氯离子或矿化度含量下降一定程度后突然上升）。

4. 气油比变化分析

气油比变化分析主要分析气油比对生产的影响，确定合理界限，分析上升原因，并提出措施意见。

5. 增产、增注效果分析

增产、增注效果分析针对的是需措施改造的油水井。

（1）压裂：适用于油井中低渗层或孔隙堵塞造成渗透率降低的油层，主要选择高压低产能的层，还应考虑压裂层段要能注的进水。

（2）酸化：为了解除井壁附近地层产生堵塞及扩大和疏通地层孔隙，恢复和提高井壁附近的油层渗透性能，从而达到增产、增注的目的。效果分析是根据所选井层及所要达到目的进行的。

（3）堵水：主要是减缓层间矛盾，降水增油。保证此目的的关键是分析未堵层的生产能力能否达到或超过被堵层的产能，堵水井应遵循一定的原则。堵水后一般全井地层压力下降，流压大幅下降，放大生产压差，日产量增加或稳定，含水下降。堵水作为一项增产措施，评价时不仅看含水下降的多少，还要看产油量增加情况。

6. 产油量变化分析

产油量变化分析包括：有效渗透率的变化；油井的出油厚度；地层原油黏度；压差的变化；含水率；完井方式与完井半径；供油半径；井壁阻力系数等。

7. 分层动用状况的变化

非均质多油层砂岩油田注水开发中，分层动用状况及其变化直接影响到油井产量、压力、含水的变化。具体到一口井上，主要是层间差异的分析。

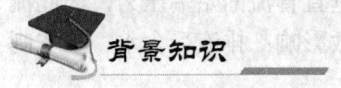
背景知识

一、石油地质基础知识

1. 石油的组成

（1）主要元素：碳（C）、氢（H）、氧（O）、硫（S）、氮（N）。其中 C 占 84%～87%，H 占 11%～14%。

（2）干酪根：油母质，沉积岩中不溶于非氧化型酸、碱和非极性有机溶剂的分散沉积有机质。

2. 生油层、储集层与盖层

（1）生油层：凡能生成并提供具有工业价值的石油和天然气的岩石叫生油岩，由生油岩组成地层叫生油层。

（2）储集层：能够储存和渗滤流体的岩层叫储集层，具有孔隙性、渗透性。

（3）有效渗透率：当岩石孔隙为多相流体通过时，岩石对每一种流体的渗透率，又称相渗透率。

（4）盖层：位于储集层之上的一个渗透性很差，封隔油气向上散失的保护层。

3. 油气运移

（1）一次运移：油气从生油层向储集层中的运移。

（2）二次运移：油气进入运载层（储层、断层与不整合面）后发生的一切运移。

4. 断层

断层是由于地壳的运动而使岩层发生断裂，并沿断裂面发生相对位移的构造。分为正断层、逆断层、平移断层。

5. 圈闭

圈闭是指储集层中能够阻止油气运移，并使油气聚集的一种场所。它由储集层盖层和遮挡物三部分组成。

6. 油气藏

（1）油气藏：油气在单一圈闭中，具有独立压力系统和统一的油水界面的基本聚集。

（2）含油气面积：内（外）含油气边界所圈定的面积。

（3）油气藏高度：油水界面到油气藏最高点的高程差。

（4）油气藏类型：构造油气藏、断层油气藏、生物礁油气藏、岩性油气藏、不整合油气藏。

7. 沉积相

（1）沉积相：沉积环境及在该环境中形成的沉积岩（沉积物）特征的综合。

（2）沉积环境：自然地理条件、气候条件、构造条件、沉积介质的物理条件、介质的地球化学条件等。

8. 地质储量计算

（1）容积法：适用于不同勘探开发阶段，不同圈闭类型、储集类型和驱动方式的油藏；对大中构造油藏的精度较高。

（2）物质平衡法：利用生产资料计算动态地质储量的一种方法。在油田开采一段时间，地层压力明显降低（大于 1MPa）和可采储量采出 10%以后，能取得有效的结果。对于封闭型未饱和油藏、高渗透性小油藏和连通较好的裂缝性油藏，精度较高。

（3）容积法计算地质储量的公式：$N = 100 A h \varphi (1 - S_{\omega i}) \rho_o / B_{oi}$。

## 二、油田开发基础知识

1. 相关名词术语

（1）生产层的砂层厚度：指油层的总厚度，包括油层不含油部分和含油部分的厚度。

（2）有效厚度：通常把能够采出的具有工业价值数量的石油的油层厚度，叫油层有效厚度。

（3）渗透率：表示液体流过岩石的难易程度。

（4）油田开发方案的内容：油藏地质研究，油藏工程设计、钻井工程设计、采油工程设计、地面建设工程设计、方案经济优化决策。

（5）面积注水方式：将生产井和注水井按一定几何形状均匀地分布在整个开发区上，同时进行注水和采油。其特点是：

① 开发区可以一次投入开发，储量动用较充分；

② 采油速度比行列注水高；

③ 一口井生产能同时受周围几口注水井的影响，易受到注水效果；

④ 水淹区分散，动态分析和调整较复杂；

2. 动态分析常用的图幅、表格、曲线

1）图幅

动态分析常用的图幅包括：油层剖面图、油砂体图、油层栅状图、油层压力分布状况图、分层注采状况图、开采状况图；

2）表格

（1）地质基础数据表。地质基础数据表是所有动态分析中必须用的基础数据表，它的数据项目内容从单井到井组、区块、层系至全油田逐渐增多。

（2）生产数据表。油井某一阶段生产情况的统计，其中的动态数据可以是累计平均值，也可以是具有代表性的选值，以能够代表该井这一阶段的实际生产状况为原则。注水井某一阶段的注水状况，按照动态分析需要而设计表格，其中的数据可以是累计平均值，也可以是具有代表性的选值，可在《注水井综合记录》和《注水井井史》中选取。

（3）阶段对比表。阶段对比表是把动态分析中心内容（如压裂、酸化、调参等）发生的前因与后果的相关数据进行对比。

### 三、油田开发指标

油田开发指标是指根据油田开发过程中的实际生产资料，统计出一系列能够评价油田开发效果的数据。常规注水开发油田的主要有地质数据指标、产量指标、压力指标等。

1. 地质数据指标

1）综合递减率

综合递减率是指全油田油井产量单位时间的变化率，或单位时间内产量递减的百分数，时间通常以年为单位，即年综合递减率。它的大小反映了油田稳产形势的好坏，是制定原油生产计划（以及配产）的重要依据之一；符号为 $D_t$，单位为%。计算公式为：

$$D_t = \frac{AT-(B-C)}{AT} \times 100\%$$

或

$$D_t = \left[1 - \frac{B-C}{AT}\right] \times 100\%$$

式中  $A$——上年末（12月）标定日产油水平，t；

$T$——当年 1~$n$ 月的日历天数，d；

$B$——当年 1~$n$ 月的累积核实产油量，t；

$C$——当年新井 1~$n$ 月的累积产量，t；

$D_t$——综合递减率，%。

2）自然递减率

自然递减率是指全油田除去措施油井以外的油井产量单位时间的变化率，它反映了油田（老油井）在未采取增产措施情况下的产量递减速度，其值越大，说明产量下降越快，稳产难度越大，符号为 $D_{t自}$，单位为%。计算公式为：

$$D_{t自} = \frac{AT-(B-C-D)}{AT} \times 100\%$$

或

$$D_{t自} = \left(1 - \frac{B - C - D}{AT}\right) \times 100\%$$

式中　$A$——上年末（12月）标定日产油水平，t；
　　　$T$——当年 $1\sim n$ 月的日历天数，d；
　　　$B$——当年 $1\sim n$ 月的累积核实产油量，t；
　　　$C$——当年新井 $1\sim n$ 月的累积产量，t；
　　　$D$——老井当年 $1\sim n$ 月的累积措施产量，t；
　　　$D_{t自}$——自然递减率，%。

综合递减率与自然递减率的关系是：计算自然递减时累积产油量减去了老井措施累积增产油量之差，表示挖掘生产潜力去弥补了的那部分自然递减，二者之差越大，说明老井措施增产越多，挖潜效果越好。自然递减率越小，表示生产越主动；自然递减率越大，表示稳产难度越大。

3）采油速度

采油速度是指年产油量与其相应动用的地质储量比值的百分数，它是衡量油田开采速度快慢的指标。通常是指年采油速度，有折算采油速度与年实际采油速度，单位为%。计算公式为：

$$折算年采油速度 = \frac{当月日产油水平 \times 365}{动用地质储量} \times 100\%$$

$$年采油速度 = \frac{实际年产油量}{动用地质储量} \times 100\%$$

4）采出程度（目前采收率）

采用程度指油田到目前的累积产油量占地质储量的百分数。表示从投入开发以来，已经从地下采出的地质储量，是衡量油田开发效果的一个重要指标，单位为%。计算公式为：

$$采出程度 = \frac{累积产油量}{地质储量} \times 100\%$$

5）注采比

注采比是指单位时间内注入剂所占地下体积与采出物（油、气、水）所占地下体积之比。它表示注采关系是否达到平衡，是一个常数，计算公式为：

$$注采比 = \frac{注入体积}{采油量 \times \dfrac{原油体积系数}{原油相对密度} + 产出水体积}$$

注采比分月注采比和累积注采比，累积注采比可用累积注水量、累积采油量、累积产水量代入上式即可求得。

6）注采平衡

注入油藏水量与采出液的地下体积相等（注采比为1）叫注采平衡。在这种情况下生产，就能保证油层始终维持一定的压力，油井自喷能力旺盛，这是油田开发所希望的理想值。

7）累积亏空体积

累积亏空体积是指累积注入量所占地下体积与采出物（油、气、水）所占地下体积之差，单位为（$10^4 m^3$）。如出现负值时，表明注采不平衡，地下已出现亏空了。计算法见式：

$$累积亏空体积 = 累积注入水体积 - \left[ 累积产油量 \times \frac{原油体积系数}{原油相对密度} + 累积产出水体积 \right]$$

8）综合生产气油比

综合生产气油比是指每采出 1t 原油伴随产出的天然气量，在数值上等于油田月产气量与月产油量的比值，符号为 $GOR$，单位为立方米/吨（$m^3/t$），计算公式为：

$$综合生产气油比 = \frac{月产气量}{月产油量}$$

9）综合含水率

综合含水率是指油田月产水量与月产液量的比值的百分数，是反映油田原油含水高低（出水或水淹程度）的重要标志，符号为 $f_w$，单位为%。计算公式为：

$$综合含水率 = \frac{月产水量}{月产液量} \times 100\%$$

10）含水上升率

含水上升率指每采出 1%地质储量含水上升的百分数，计算公式为：

$$含水上升率 = \frac{f_{w1} - f_{w2}}{R_1 - R_2}$$

式中　　$f_{w1}$——报告末期综合含水，%；

　　　　$f_{w2}$——报告初期综合含水，%；

　　　　$R_1$——报告末期采出程度，%；

　　　　$R_2$——报告初期采出程度，%。

11）日注水量

油田实际日注入油层的水量，是衡量油田实际注水能力的重要指标，单位为 $m^3/d$。

12）年注水量

油田实际年注入油层的水量，单位为 $m^3/a$。

13）注入速度

年注入量与油层总孔隙体积之比。

14）注入程度

累积注入量与油层总孔隙体积之比。

15）注水强度

指注水井单位有效厚度油层的日注水量，单位为 $m^3/(m \cdot d)$。它是衡量油层吸水状况的一个指标。合理的注水强度对充分发挥各类油层的作用，提高油田开发效果有重要作用。

16）吸水厚度

注水井能注入部分的油层厚度。

17）相对吸水量

在同一注水压力下，某油层的吸水量占全井吸水量的百分数。它是衡量分层相对吸水能力的指标。

18）水线推进速度

单位时间水线的推进距离，一般以年来计算，单位为 m/a。

19）水淹厚度系数

见水层水淹厚度与该层全层有效厚度之比。它是衡量油层垂向水淹状况的指标，水淹厚度系数越大，采收率越高。

20）注入水波及体积系数

注入水波及体积系数又称扫油体积系数，是指存水量（累积注水量与累积产水量之差）地下体积与油层有效孔隙体积之比，即油层水淹部分的平均驱油效率，是反映驱油效率大小的一个指标。

21）吸水指数

单位注水压差的日注水量，单位为 $m^3/(d·MPa)$，计算公式为：

$$吸水指数 = \frac{日注水量}{注水井流压 - 注水井静压}$$

或

$$吸水指数 = \frac{两种压力下注水量差}{两种注水压力差}$$

2. 产量指标

(1) 日产液量：油田（层系、区块）的实际日产液量，单位为 t/d，通常是指井口产量。

(2) 日产油量（生产水平）：油田（层系、区块）的实际日产油量，或月产油量与当月日历天数的比值，单位为 t/d，通常是指井口产量。

(3) 年产量：油田（层系、区块）的实际年产油量，单位为 t/a，通常是指核实产量。

(4) 折算年产量：一个统计折算的指标，用来预计下一年产量，单位为 t/a。计算公式为：

$$折算年产量 = \frac{年产量（井口）}{12个月份的日历天数} \times 365$$

(5) 综合生产气油比：每采出 1t 原油伴随产出的天然气量，在数值上等于油田月产气量与月产油量之比值，单位为 $m^3/t$。计算公式为：

$$综合生产气油比 = \frac{月产气量}{月产油量}$$

(6) 原油计量误差（输差）。

原油计量误差是指井口产油量与核实产油量的差与井口产油量的比值，单位为%。计算公式为：

$$原油系统计量误差 = \frac{井口产油量 - 核实产油量}{井口产油量} \times 100\%$$

其中：井口产油量指在各采油井井口计量的日产油量，它是采油井动态分析和油田开发动态分析的基础资料之一；核实产油量是指由中转站、联合站、油库对所管辖范围内所有采油井重新计量的实际总日产油量。

(7) 产水量：表示油（气）田实际每日采出的水量，叫日产水量，单位为 t/d 或 $m^3/d$；表示全年实际采出的水量叫年产水量，单位为 $10^4t/a$ 或 $10^4m^3/a$。

(8) 水油比：日产水量与日产油量之比，单位为 $m^3/t$ 或 $m^3/m^3$。它是表示油田产水程度的指标。

(9) 含水上升速度：油田见水后，含水量将随采出程度的增加而上升，其上升的快慢是衡量油田注水效果好坏的重要标志。可以按月、季或年计算含水上升速度，也可以计算某一时期的含水上升速度。

3. 压力指标

(1) 原始地层压力：油田在未开采时测得的油层中部压力，是油田开发过程中保持一个什么样的系统压力水平的重要标志，单位为兆帕（MPa）。

(2) 目前地层压力（静压）：油田投入开发后，在指定的井点所测关井后油层中部恢复的压力值，是衡量目前地下油层能量的标志，单位为兆帕（MPa）。

(3) 地层静压力：也叫上覆岩层压力，指由上覆岩层骨架和孔隙中流体重量引起的压力。计算公式为：

$$p_o = H_r \left[ \bar{\phi} \rho_f + (1-\bar{\phi}) \rho_{ma} \right] g$$

式中　$p_o$——地层静压力，MPa；

　　　$H_r$——上覆岩层的垂直高度，m；

　　　$\bar{\phi}$——上覆岩层平均孔隙度；

　　　$\rho_{ma}$——上覆岩层骨架的平均平均密度，$kg/m^3$；

　　　$\rho_r$——岩层孔隙中流体的平均密度，$kg/m^3$；

　　　$g$——重力加速度，取 $9.8m/s^2$。

(4) 总压差：原始地层压力与目前地层压力的差值，它表示保持地层压力的水平，单位为兆帕（MPa）。

(5) 流动压力（流压）：油井正常生产时测得的油层中部压力，它的高低直接反映油井井底能量的大小，单位为兆帕（MPa）。

(6) 生产压差：静压（即目前地层压力）与油井正常生产时测得流压的差值，又称采油压差，单位为兆帕（MPa）；在一般情况下，生产压差越大，油井产量越高。

(7) 压力系统：同一压力源控制的、能相互影响和传递的压力统一体，即同一压力场。

(8) 饱和压力：在地层条件下，当压力下降到使天然气开始从原油中分离出来时的压力。

(9) 流饱压差：油井流动压力与饱和压力之差。流动压力高于饱和压力时，井底的原油不会脱气，气油比低，产量高；流动压力低于饱和压力时，原油中的溶解气分离出来，气油比增高，原油黏度增大，产量下降。所以油井必须在合理的流饱压差界限内进行生产。

(10) 地饱压差：目前地层压力与饱和压力之差。地饱压差是衡量油层弹性能量大小和油田开发状况的重要指标。地饱压差越大，弹性能量越大，反之则弹性能量越小。如果油田在地层压力低于饱和压力较多的条件下进行开发，油层中的原油就要大量脱气，原油黏度增大，油层产油能力降低，油田开发效果变差。

(11) 油管压力：流动压力把油气从井底经过油管举升到井口后的剩余压力，简称油压。

（12）套管压力：流动压力把油气从井底，经过油、套管之间的环形空间举升到井口后的剩余压力，简称套压。

（13）注水井泵压：注水泵注水时的泵出口压力。

（14）注水井井口压力：注水井油管压力表记录的压力。其数值等于注水泵压力减去地面管线损失的压力。如果地面管线损失的压力很小，注水井井口压力等于注水泵压力。

（15）静水压力：油、气层中地层水液柱重量所产生的压力。计算公式为：

$$p_H = H\rho_w g$$

式中 $p_H$——静水压力，MPa；

$\rho_w$——地层水密度，kg/m³；

$H$——液柱高度，m；

$g$——重力加速度，取 9.8m/s²。

（16）注水压力：注水时注水井井底压力。其数值等于注水井井口压力加上注水井内液柱压力。注水压力与注水量成正比关系。注水压力应根据油井对注水量的要求来决定，最高不能超过油层岩石破裂压力。

（17）启动压力：油层刚刚开始吸水时的注水压力。启动压力越大，说明油层吸水能力越差。

（18）注水压差：注水井注水时井底压力与地层压力之差。注水压差是控制注水井注水量的主要因素，要根据生产需要不断进行调整。

（19）注采压差：注水井井底压力与采油井井底压力之差，也叫大压差。注采压差的大小反映驱油能量的大小，注采压差越大，水驱油动力越大。

### 四、油水井管柱结构

1. 抽油机井（分采）管柱图

（1）抽油机井（分采）管柱图是形象而准确地描述抽油机井采油状况的图表资料，如图 8-1 所示。

（2）概念：

① 光杆方余是指抽油泵活塞座入泵筒底部时井口盘根盒端面以上的光杆余留长度。

② 抽油杆级数是指下泵后活塞至井口抽油杆组合的级数，即不同规格（直径）的抽油杆。

③ 柱塞深度与长度：柱塞深度是指下泵后游动阀至井口的深度；长度是指深度再加上方余。

2. 注水井分注管柱图

注水井分注管柱图形象而准确地描述注水井井下注水状况，是注水井施工设计、注水分析中极为重要的图表资料，如图 8-2 所示。

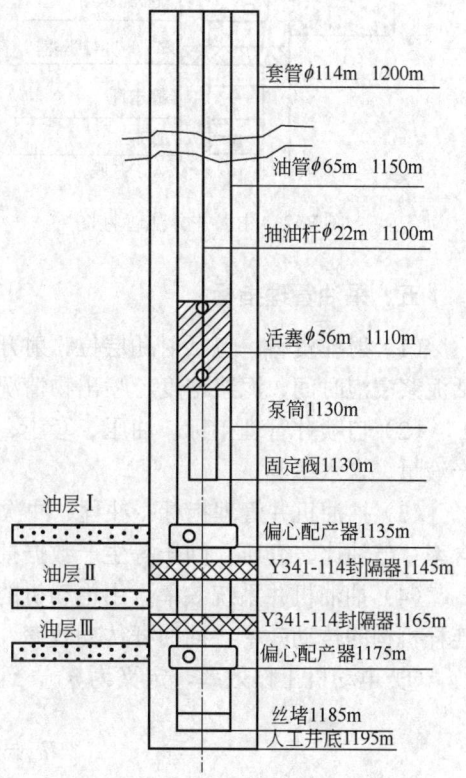

图 8-1 抽油机井（分采）管柱图

3. 电动潜油泵井管柱图

电动潜油泵井管柱图是形象而准确地描述电动潜油泵井采油状况的图表资料，如图8-3所示。

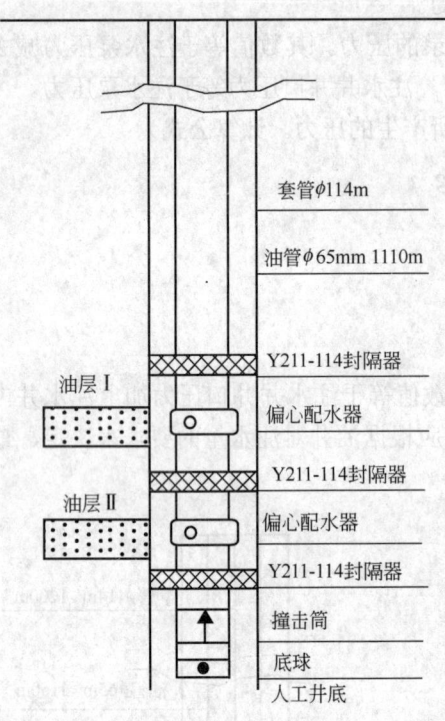

图8-2 注水井分注管柱图

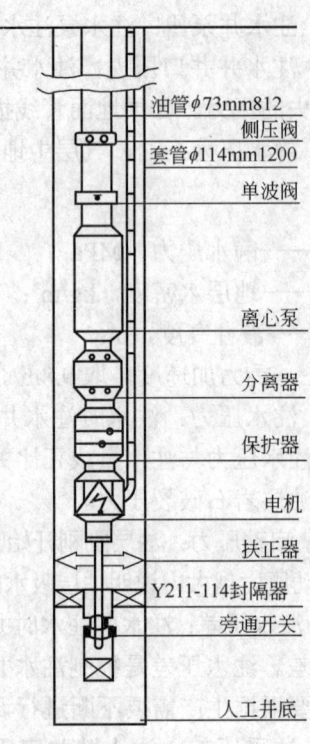

图8-3 电动潜油泵井管柱图

### 五、采油管理指标

（1）射孔资料：包括射孔层位、射开厚度、孔眼密度、射孔枪弹型及发射率等；替喷包括泥浆浸泡时间、泥浆密度、喷出物情况及替喷时间等。

（2）自喷井管理指标：油压、套压、回压、油嘴直径、检嘴周期、清蜡周期、产油量、产液量、含水率等。

（3）抽油机井管理指标：冲程、冲次、泵径、泵挂深度、动液面、示功图、电流、产量、含率、气油比、套压、回压等生产数据抽油机井的系统效率。

（4）抽油机井系统效率：由电动机的工作效率、皮带传动效率、减速箱的传动效率、四连杆机构的传动效率、抽油杆传动效率、抽油泵的工作效率六部分组成。

① 电动机工作效率，定义为 $\eta_{电}$，计算公式为：

$$\eta_{电} = \frac{W_{电机输出}}{W_{电机输入}} \times 100\%$$

② 皮带的传动效率，定义为 $\eta_{皮带}$，计算公式为：

$$\eta_{带} = \frac{W_{皮带输出}}{W_{电机输出}} \times 100\%$$

③ 减速箱的传动效率，定义为 $\eta_{减速箱}$，计算公式为：

$$\eta_{减速箱} = \frac{W_{减速箱输出}}{W_{皮带输出}} \times 100\%$$

④ 四连杆机构的传动效率，定义为 $\eta_{四连杆}$，计算公式为

$$\eta_{四连杆} = \frac{W_{悬点}}{W_{减速箱输出}} \times 100\%$$

⑤ 抽油杆传动效率，定义为 $\eta_{抽油杆}$，计算公式为

$$\eta_{抽油杆} = \frac{W_{抽油杆输出}}{W_{悬点}} \times 100\%$$

⑥ 抽油泵的工作效率，定义为 $\eta_{抽油泵}$，计算公式为

$$\eta_{抽油泵} = \frac{W_{抽油泵}}{W_{抽油杆输出}} \times 100\%$$

由于抽油机井的系统效率为各部分工作效率（传动效率）之积，因而抽油机井系统效率的表达式为

$$\eta = \eta_{电机}\eta_{皮带}\eta_{减速箱}\eta_{四连杆}\eta_{抽油杆}\eta_{抽油泵} \times 100\%$$

$$= \frac{W_{电机输出}}{W_{电机输入}} \frac{W_{皮带输出}}{W_{电机输出}} \frac{W_{减速箱输出}}{W_{皮带输出}} \frac{W_{悬点}}{W_{减速箱输出}} \frac{W_{杆输出}}{W_{悬点}} \frac{W_{抽油泵}}{W_{杆输出}} \times 100\%$$

$$= \frac{W_{抽油泵}}{W_{电机输入}} \times 100\%$$

$W_{抽油泵}$ 是指抽油泵在举升液体时所做的功，表达式为

$$W_{抽油泵} = QH$$

式中　$Q$——油井日产液量；
　　　$H$——液体的被举升高度，m。

由于现场上实际测得的是抽油机井的动液面深度，并且动液面的深度受套压的直接影响，同时井口还有一定的压力（称为油压或回压）。因而需对举升高度进行计算。计算公式为

$$h = h_{动} - 102 \times (p_{套} - p_{油})/\gamma_{液}$$

其中

$$\gamma_{液} = f_w + (1 - f_w) \times 0.86$$

式中　$H_{动}$——机采井的动液面深度，m；
　　　$\gamma_{液}$——混合液密度，kg/m³。

但由于工程单位制与国际单位制之间的差别，需要将系统效率计算公式进行统一单位，以适合目前使用的计量单位。

能量的最基本单位为焦耳（J），即 N·m/s，目前生产中最为常用的单位是 t、m、kW，因此需要换算。1t=9800N，功率常用单位为 kW，换算为标准的国际单位为 1kW=3600000J/h。将功率换算为日耗电量，则需将功率值乘以 24。将上述换算关系代入，可得出如下公式：

$$\eta = \frac{QH}{8812.8} \times 100\%$$

**六、动态分析的内容和方法**

动态分析的内容包括：分析工作制度是否合理，生产能力有无变化，油井地层压力、含水有无变化；分析认识射开各层产量、压力、含水、气油比、注水压力、注水量变化的特征；分析增产、增注措施的效果，分析抽油泵的工作状况，分析油井井筒举升条件的变化、井筒内脱气点的变化，阻力的变化，压力消耗情况的变化，提出调整管理措施。具体内容为：

1. 地层压力变化分析

压力的变化大小取决于驱油方式和采油速度，对注水开发油田，注采比的大小是影响压力升降的主要因素。

2. 井底流压变化分析

流压是油层压力克服渗流阻力到达井底后剩余压力，又是垂直管流的始端压力，因此流压的变化受供液、排液两个因素影响。供液状况主要受注水见效影响；排液受含水、工作制度的改变、泵况、井壁完善程度及污染程度等因素影响。

3. 油井含水情况分析

含水除受不同开发阶段的一般规律影响外，主要受注采平衡状况和层间差异状况影响。及时分析调整，使含水保持在稳定水平之上。可从以下几个方面分析油井含水变化：

（1）掌握油层性质及分布状况，搞清油水井连通关系；

（2）搞清见水层位及出水情况；

（3）摸清见水层，特别是主要见水层的主要来水方向和非主要来水方向；

（4）分析连通注水井、层注水强度变化，主要来水方向、次要来水方向的注水量变化与油井含水率变化的相互关系；

（5）分析相邻油井生产状况变化，如邻井高含水层堵、关停等也可造成本井含水上升；

（6）泵况变差、原堵水层失效、窜槽等均可使含水上升。

见水层位判断：直接找水法；间接找水法（依据油层连通情况、渗透率高低、产液及产油剖面、所处油砂体部位、水井上停注一个层位，油井上观察）。见水层位判断用于揭露层间矛盾。

来水方向判断：对比邻井，连通好且注水强度大的方向为来水方向；注指示剂验证；水井停注与限注，油井的含水变化等。来水方向判断用于揭示平面矛盾。

新层见水的判断：原见水层对应注水强度不变，油井含水明显上升；水质分析资料（氯离子或矿化度含量下降一定程度后突然上升）。

4. 气油比变化分析

气油比变化分析包括：分析汽油比对生产的影响，确定合理界限，分析上升原因，提出措施意见。

5. 增产效果分析

（1）压裂效果分析：

① 产油量上升，含水下降，采油指数上升，压力升高，说明压裂效果好，压裂层位地层压力高，应放大生产压差生产。

② 地层压力下降，其他参数同①，说明压裂有效，只是压裂层地层压力低，可先调整

水量,暂不放大生产压差。

③ 产油量与含水都稍有增加或稳定,采油指数上升,压力升高或不变,说明高含水井压裂效果发挥不出来,应放大生产压差或进行分层配产。

④ 产油量下降,含水上升,压力下降,压裂污染了油层。

⑤ 产油量下降,含水上升,压力升高,压开了高压含水层。

(2) 酸化效果分析:分析油井酸化后压力、产液量的变化。

(3) 堵水效果分析:堵水后一般全井地层压力下降,流压大幅下降,放大生产压差,日产量增加或稳定,含水下降。堵水作为一项增产措施,评价时不仅看含水下降的多少,还要看产油量增加情况。

6. 产油量变化分析

产油量变化分析包括:有效渗透率的变化;油井的出油厚度;地层原油黏度;压差的变化;含水率;完井方式与完井半径;供油半径;井壁阻力系数等。

7. 分层动用状况变化分析

非均质多油层砂岩油田注水开发中,分层动用状况及其变化直接影响油井产量、压力、含水的变化。具体到一口井上,主要是层间差异的分析。

8. 抽油泵井的动态分析

(1) 分析砂、气、蜡,原油黏度,腐蚀性物质,采油设备,工作制度对生产的影响。

(2) 分析动液面及沉没度对生产的影响。动液面深度应形成压头、防脱气、保证产量,过小时充不满,过大时负荷大。一般为200~300m。

(3) 分析热洗、清蜡制度及套压是否合理。

### 七、动态分析常用曲线、图表及应用

1. 采油曲线

采油曲线是油井的生产记录曲线,它反映油井开采时各指标的变化过程,是开采指标和时间的关系曲线。以年、月、日时间为横坐标,以油井各指标为纵坐标。把选取的数点连成曲线,并在曲线图头注明井号、开采层位、井段、厚度、层数等。抽油井开采曲线主要包括生产时间、静液面、动液面、冲程、冲次、日产液量、日产油量和含水率等项生产指标。某井采油曲线如图8-4所示。

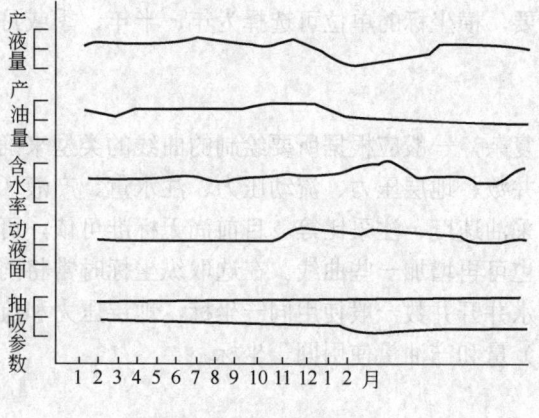

图8-4 某井采油曲线

**2. 注水曲线**

注水曲线是反映注水井工作状况的记录曲线，可用来分析注水井动态，搞好分层配水，实现合理注水。横坐标为时间；纵坐标为各项注水指标，包括注水时间、泵压、油压、套压、全井及分层段日注水量。

**3. 综合开采曲线**

综合开采曲线是将油田或区块开采过程中的注水、产量、含水、压力等数据，按照一定的时间序列绘制出的一种曲线图，它既是油田生产历史的记录，也能够直接反映出油田生产的基本特点，使动态分析和生产管理人员能够从中寻找动态变化的原因和油田开发中存在的问题，及时制定调整方案，采取恰当的对策进行生产组织协调，使油田均衡生产。此外，还可以用来预测近期的动态变化，是油井动态分析最常用的图件之一。

1）数据准备

综合开采曲线一般由采油开井数、注水井开井数、地层压力、流动压力、日（年）注水量、日（年）产液（水）量、日（年）产油量、综合含水率、日（年）注采比、采油速度、采出程度等曲线组成。其中：

（1）油、水井开井数：一般月生产满24h即为当月开井，单位为口。

（2）地层压力和流动压力：一般为油井所测压力的算术平均值，单位为MPa，保留两位小数。正常生产井地层压力每半年一个点，流动压力每月可置一个点。

（3）注水量、产液（水）量和产油量：在绘制月度综合开采曲线时为月平均值，绘制年度综合开采曲线时为年累积量。注水量的单位为$m^3$或$10^4 m^3$，产液量和产油量单位为t或$10^4 t$。需注意的是，这里所用的产液、产油、产水量均应为核实数据，注水量则为井口数据，产液量和产水量一般只绘制其中一条曲线。

（4）综合含水率：月产水量与月产液量的比值单位为%。

（5）注采比：注入水的体积与采出液的地下体积之比，无量纲量，一般保留2位小数。

（6）采油速度、采出程度：分别为核实年产油量、累积产油量占动用地质储量的百分数。绘制月度开采曲线时，采油速度一般用当月平均日产油量乘以全年日历天数折算的采油速度。对于分期投入开发的油田，动用的地质储量是不断增加的。

2）横坐标的选取

综合开采曲线是反映油田开发过程中各种参数随时间的变化情况，因此，其横坐标为时间。根据动态分析的需要，横坐标的单位可选择为年、半年、季或月度，有时也可以选为两个月（单月或双月）。

3）纵坐标的选取

纵坐标的选取比较复杂，一般应根据所要绘制的曲线的类型来确定。曲线的排列顺序自上而下为油（水）井开井数、地层压力、流动压力、注水量、产液（或产水）量、产油量、综合含水、采出程度、采油速度、注采比等。目前尚无标准可依，可根据需要对曲线进行取舍，可去掉某些曲线，也可再增加一些曲线。在选取纵坐标时常将同种类型的曲线选作同一坐标系，油井开井数和水井开井数一般使用同一坐标，地层压力和流动压力使用同一坐标，注水量、产液（或产水）量和产油量使用同一坐标。

4）曲线的绘制

综合开采曲线是一组折线，在绘制时常绘成彩色曲线。在颜色的使用上，一般是将横坐标轴和坐标名称、坐标值绘成黑色；与产油有关的曲线绘成红色；与产水、含水有关的曲线绘成绿色；与注水有关的用蓝色；产液量用棕色；压力用粉红色；纵坐标轴随曲线用同样颜色。如果绘制的曲线不是彩色线，还应在曲线末端的上、下或右方标明曲线名称。

一个油田（或区块）的年度综合开采曲线有时也增加累积注水量、累积产油量、累积产水量曲线等。

4. 动态分析中常见的图、表

（1）动态控制图是对抽油机井的宏观管理。它是利用流压和泵效的相关性，流压反映地层供液状况，泵效反映抽油泵产液状态，如图 8-5 所示。

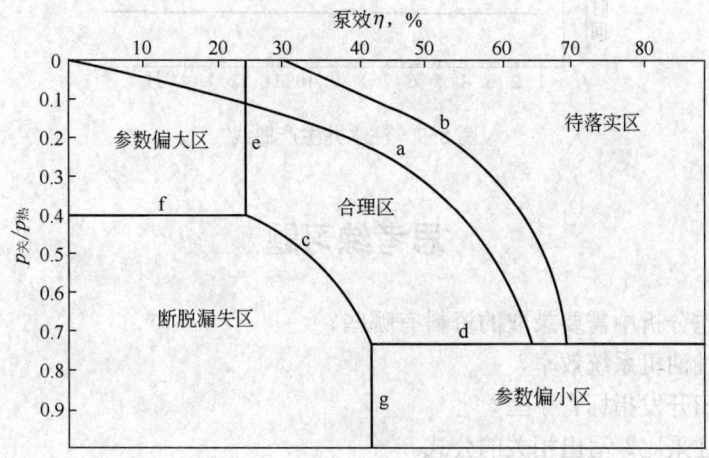

图 8-5　抽油井动态控制图

（2）电泵井生产曲线如图 8-6 所示。

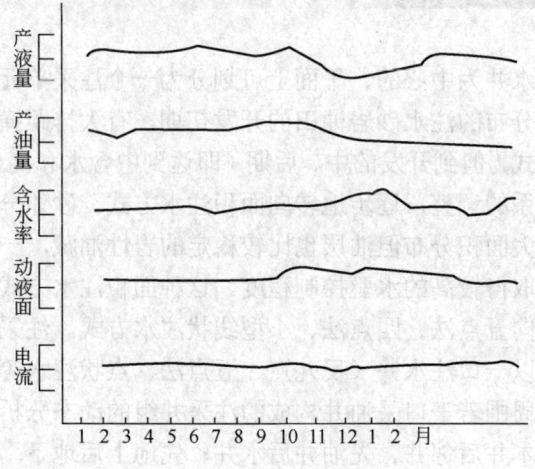

图 8-6　电泵井生产曲线

（3）注水井生产曲线如图 8-7 所示。

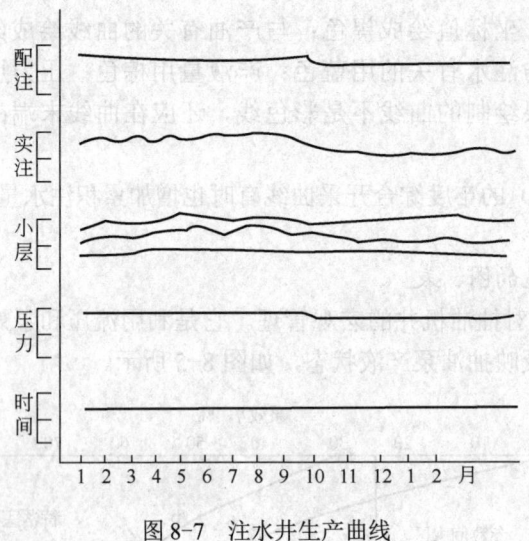

图 8-7　注水井生产曲线

## 思考练习题

1. 单井动态分析中需要录取的资料有哪些？
2. 什么是抽油机系统效率？
3. 常用油田开发指标有哪些？
4. 什么是注采比？写出相关的公式。
5. 写出注采平衡的公式。

# 第二节　油水井井组动态分析

　　注采井组是指以注水井为中心的、平面上可划分为一个注采单元的一组油水井。在砂体规模较大、油层大面积分布的注水砂岩油田的开发初期，有大排距横切割注水、面积注水、边外注水等多种注水方式，但到开发的中、后期（即达到中含水和高含水期以后），都要通过注采系统调整和井网层系的调整，逐步地转向面积注水方式。砂体分布零散、低渗透率的复杂断块油田和虽然砂体大面积分布但油层也比较稳定的岩性油藏，一投入开发就采取适当井距的面积注水方式，以取得较高的水驱控制程度。这种面积注水方式一般多采取反九点法、四点法布井，再逐步转向五点法、四点法、小型线状注水方式。注采井组的动态分析，主要介绍中、高含水以后的以一口注水井（反九点、五点法、点状注水等）或以几口注水井（线状注水）为中心，包括周围若干口采油井构成的注采井组的动态分析。与上节单井分析相同的地方是都要本着"先本井后邻井、先油井后水井、先地上后地下"的原则，把井组内单井的有关情况搞清楚；不同之处是井组动态分析的涉及面更大，内容更多。

　　一个油田或一个开发区块是由许多个相互联系的井组构成的，特别是具有成千上万口油水井的大油田，注采井组的数量相当的多。因此，即使是经验十分丰富的油藏工程师，也不可能把整个油田的开采动态都搞得十分清楚，只能从变化较大、矛盾突出的典型井组入手，由点及面地开展分析，从而掌握油田开采的状况。本节将介绍油水井井组动态分析的主要内容和一般方法。

## 项目一  整理井组资料

一、学习目标

掌握油水井动态分析所需资料。

二、操作步骤

1. 整理油田地质资料

（1）油田构造图、小层平面图、分层岩相图、油藏剖面图、连通图等。

（2）油层物理性质：孔隙度、渗透率、含油饱和度、原始地层压力、油层温度、地层倾角、泥质含量等。

（3）油、气、水流体性质：密度、黏度、含蜡、含硫、凝固点；天然气组分；地层水矿化度、氯离子含量；高压物性资料。

（4）油水界面和油气界面。

（5）油层有效厚度。

（6）有关油层连通性和非均质性的资料。

2. 油水井生产动态资料

1）油井动态资料

（1）产能资料，包括油井的日产液量、日产油量和日产水量，这些资料可以直接反映油井的生产能力。

（2）压力资料，现在一般用动液面和静液面表示，它们可以反映油层内的驱油能量。

（3）水淹状况资料，指油井所产原油的含水率和分层的含水率，它可以直接反映剩余油的分布及储量动用状况。

（4）原油和水的物性资料，是指原油的相对密度和黏度、油田水的氯离子含量、总矿化度和水型。它可以反映开发过程中，油、气、水性质的变化。

（5）井下作业资料，包括施工名称、内容、主要措施、完井管柱结构。

2）水井动态资料

（1）吸水能力资料，包括注水井的日注水量和分层日注水量。它直接反映注水井全井和分层的吸水能力和实际注水量。

（2）压力资料，包括注水井的地层压力、井底注入压力、井口油管压力、套管压力、供水管线压力。它直接反映了注水井从供水压力到井底压力的消耗过程，井底的实际注水压力，以及地下注水线上的驱油能量。

（3）水质资料，包括注入和洗井时的供水水质，井底水质。水质是指含铁、含氧、含油、含悬浮物等项目，反映注入水质的好坏和洗井筒达到的清洁程度。

3）工程资料

工程资料主要有钻井、固井、井身结构，井筒状况、地面流程等资料。

# 项目二　井组生产现状分析

## 一、学习目标

能够对井组生产现状进行分析。

## 二、操作步骤

油水井的动态分析，主要研究分层注采平衡、压力平衡和水线推进状况。注水井采用一定的注水方式进行注水，由于各方向油层条件（有效厚度、渗透率）的差异，周围油井会有不同的反映。有的油井注水效果好，水线推进均匀，油井产量、动液面和含水率都比较稳定。有的见不到注水效果（一般是低渗透井或其他情况），油井动液面、产液量明显下降。有的注入水出现单层突进或局部舌进，使油井含水上升快，出现不正常水淹。根据井组内油水井的变化和不同开发阶段合理开采界限的要求，应把调整控制措施落实到井和油层，如对注水井低渗透层采取增注措施，对油井高渗透层进行控制等。合理解决各阶段井与井之间、层与层之间的矛盾，这就是进行油水井动态分析的目的。现场中的油水井动态分析都是围绕这个中心进行的。

1. 了解注采井组的基本概况

进行油水井动态分析的第一步，就是了解注采井组的基本概况，它是进行动态分析的重要环节，包括的内容有：

（1）注采井组在区块（断块）所处的位置和所属的开发单元。

（2）注采井组内有几口油井和注水井，它们的排列方式和井距。

（3）油井的生产层位和注水井的注水层段，以及它们的连通情况。

（4）注采井组目前的生产状况，包括井组目前的日产液量、日产油量、含水率及平均动液面深度和日注水量、井组注采比。

2. 井组注采平衡和压力平衡状况的分析

井组注采平衡，一是指井组内注入水量和采出液量的地下体积相等或略有剩余，并满足产液量增长的需要；二是指井组内各油井之间采出液量的均衡状况。

油田注水的主要目的，一是通过改善注入水的水驱效果不断提高各类油层的水驱效率和波及系数，从而提高油田的水驱采收率；二是保持油层能量，使采油井具有足够的生产能力。

要达到上述目的，必须经常搞好井组注采平衡状况的动态分析，按要求指标对注入水量和采出液量进行检查分析：

（1）分析注水井全井注入水量是否达到配注水量的要求，再分析各采油井采出液量是否达到配产液量的要求，并计算出井组注采比。

（2）分析各层段是否按分层配注量进行注水。在有条件的情况下，层状砂岩油田的注水井应尽可能地分层注水，有利于层间矛盾的及时调整。一口分层注水井往往分若干个层段注水，每个层段又都是按油层物性情况和采液量要求进行配水的。所以，分层段注水量应尽量按配注量的要求范围进行注水。超注和欠注都会影响开发效果。根据采油井产液剖面资料，计算出注水井对应层段的产液量，然后计算出分层段注采比，进行分层段注采平衡状况的分析。

（3）对井组内各油井采出液量进行对比分析，尽量做到各油井采液强度与其油层条件相匹配。

（4）对井组内的油层压力平衡状况进行分析。这里所说的压力平衡，一方面指的是通过注水保持油层压力基本稳定；另一方面是指各生产井之间，油层压力比较均衡，在很大程度上，压力平衡也反映了注采平衡问题。油井在自喷生产阶段，是用定期测试油层静压和流压来进行对比分析的；当转入机械采油生产阶段后，则用定期测试的偏心测压或静液面恢复和动液面，折算出油层静压和流压进行对比分析。

通过油、水井取得的压力资料和液面资料，定期进行油层压力平衡状况的监测和分析，从中找出矛盾，提出配产、配注的调整措施意见。

3. 井组综合含水状况分析

每个油藏的水驱状况和综合含水情况，在油层物性和原油物性的控制下，在不同含水阶段有着不同的含水上升规律。通过实验室试验和现场实际资料的统计分析，都可以得到分油藏的含水上升率随含水变化的关系曲线，其变化趋势一般是：油藏开发初期到低含水阶段，含水上升速度呈逐渐加快趋势；含水率达到50%左右时，上升速度一般最快；进入高含水阶段，含水上升速度将逐渐减缓下来。

一般情况下，油层非均质程度越严重、有明显的高渗透层或大孔道存在时，含水上升是比较快的。原油黏度越高，含水上升也越快。

井组含水状况分析的目的，就是通过定期综合含水变化的分析，与油藏所处开发阶段含水上升规律对比，检查综合含水上升是否正常。如果超出规律，上升过快，则应根据注水井的吸水剖面和采油井产液剖面资料，结合各层的油层物性情况，进行综合分析，找出原因。分析是水井层段配注不合理，还是注水井井下封割器不密封造成窜漏；是某口油井产水量过高，还是某个油层注入水严重水窜，或其他原因。

根据以上各方面的分析，再进行全面的井组动态综合分析。一般情况下，注采井组动态变化反映在油井上，大致有以下几种情况：

（1）注水效果较好，油井产量、油层压力稳定或者上升、含水上升比较缓慢；
（2）有一定注水效果，油井产量、油层压力稳定或缓慢下降，含水呈上升趋势；
（3）无注水效果，油井产量、油层压力下降明显、气油比也明显上升；
（4）油井很快见水而且含水上升快，产油量下降快，则必然存在注水井注水不合理。

4. 分析油藏中油水分布的方法

研究地下油水分布状况的目的是为了了解地下剩余油的数量和分布状况，以便采取相应的措施，把这些油开采出来。常用分析方法有以下几种：

（1）岩心分析法；
（2）测井解释法；
（3）不稳定试井法；
（4）化学示踪剂研究法；
（5）油藏数值模拟法。

## 项目三　井组油层连通状况分析

### 一、学习目的

掌握分析井组油层连通状况方法。

## 二、操作步骤

研究井组小层静态，主要是分析每个油层岩性、厚度和渗透率在纵向或平面上的变化。注采井组要应用井组内每口油、水井的地球物理测井资料，做出井组内的油层栅状连通图。有了连通图，就可以比较直观地看出注采井组内各个油层的厚度、油层物性在空间的分布和变化状况，这就为分析注入水在各个油层的空间流动提供了概念性的基础。

由于沉积程序的不同，造成各油层内岩性和油层物性分布状况的不同，不同类型的油层一般具有不同的水淹特点：

（1）正旋回油层。岩石颗粒自下而上由粗变细、渗透率由高渐低，注入水沿底部快速突进，油层底部含水饱和度迅速增长，水淹较早。

（2）反旋回油层。岩石颗粒自下而上由细变粗，顶部渗透率高，底部渗透率低，所以注入水一般在油层内推进状况比较均匀。

（3）复合旋回油层。它是由正旋回和反旋回组成的一个完整的沉积旋回。岩石颗粒上部和下部较粗，中间较细，渗透率也是两头高、中间低，注入水在油层中的推进状况具备了正、反旋回油层的共同特点，但一般也是下部水淹比较严重。

（4）多层段、多韵律油层。油层厚度大，层内不稳定的岩性、物性夹层较多，层段之间的渗透率级差较小。这类油层具有多层段水淹的特点。

（5）薄油层。这种油层的有效厚度一般小于 1m，多形成于分流平原—湖相沉积的水下分流砂、内外前缘席状砂、滨外坝等砂体类型。一般情况下，渗透率较低，水淹程度较低，在较低的水驱控制程度下动用不好。

# 项目四　三大矛盾分析

## 一、学习目的

会分析三大矛盾。

## 二、操作步骤

### 1. 层间矛盾的调整

该矛盾的本质是各层受效程度不同，主产液层干扰差油层的生产。解决时要从增大差油层的生产压差入手，有效办法是分层注水。具体方法是：

（1）分层注水，分层采油；

（2）对低渗层，注水井加强注水，油井加强采油；

（3）有必要时可对生产能力较低的油层进行酸化、压裂改造，以提高产能；

（4）若条件允许，可采用双管采油；

（5）若调整生产压差和工艺措施改造不能完全解决问题，就要考虑对开发层系、井网、注水方式做调整。

### 2. 平面矛盾的调整

该矛盾就是各地区受效程度不一。解决时应使受效差地区充分受效，提高驱油能量，降低阻力，达到提高波及面积的目的。具体方法是：

（1）加强非主要来水方向的注水，控制主要来水方向的注水；
（2）通过分采分注，配合堵水、压裂等措施；
（3）改变注水方式或采取补钻新井、缩短井距等办法，加强受效差地区注水。

3．层内矛盾的调整

该矛盾就是单层内注入水非柱塞式推进。解决时要调整吸水剖面，扩大注入水波及厚度；同时调整出油剖面，多出油少出水。具体方法是：

（1）在油水井上进行选择性堵水；
（2）有稳定夹层的厚层，用封隔器进行细分；
（3）选择性措施改造，对高含水厚层可先堵后压；
（4）三次采油新技术（活性剂、聚合物等）。

综上所述，注水开发过程中的分层调整，用于解决不同开发阶段的主要矛盾。

油井在中低含水期，以开发和调整好主力油层为主。该阶段主要是单层、单向见水，调整难度不大，通过水井分层注水及各层水量调整即可满足开发的要求。

油井高含水以后，多层、多向见水，该阶段需在分层注水的基础之上，对油井中的高含水层进行封堵，才能取得较好的分层调整效果。

随着多层、多向高含水的日益严重，堵掉高含水层能减少层间干扰，使低含水层发挥作用。但堵层过多，产能损失大，此时应考虑分层注水、分层堵水基础之上的分层措施改造。

## 项目五　井组地下动态变化分析

### 一、学习目标

掌握分析井组地下动态变化。

### 二、操作步骤

1．了解基本情况

进行注采井组分析的第一步，就是要了解该井组的基本概况，主要包括：

（1）注采井组在区块所处的位置和所属的单元。
（2）注采井组内有几口油井和注水井，它们的排列方式和井距。
（3）油井的生产层位和注水井的注水层位，以及它们的连通情况。
（4）注采井组目前的生产情况，包括目前的日产液量、日产油量、含水率、日注水平、平均动液面深度和井组注采比。

2．对比生产指标

第二步就是将注采井组的各项指标进行对比（指所分析某阶段的阶段初和阶段末的各项指标），对比的内容一般包括：日产液量、日产油量、含水率、动液面、原油物性及油田水性等。

1）对比出现的结果

（1）各项指标均比较稳定。
（2）含水和日产液量同步上升，日产油量相对稳定。
（3）含水稳定，日产液量上升或下降，引起日产油量的下降或上升。

（4）日产液量稳定，含水上升或下降，引起日产油量的下降或上升。
（5）含水上升，日产液量下降，使日产油量大幅度地下降。
2）划分对比阶段

纵观每一个注采井组的生产情况，总是波动起伏的（从井组注采曲线上）。为了使分析更加明确、更加清晰，必要时还可以把分析过程再细分几个阶段。划分依据一般分为以下几种情况：

（1）根据日产油量波动趋势划分：日产油量上升阶段、日产油量下降阶段或稳定阶段。
（2）根据注水井上措施的时间划分阶段：注水井调配前阶段、调配后阶段或注水井堵水前阶段、堵水后阶段等。
（3）根据油井采取的措施划分阶段：下电潜泵提液前阶段、下电潜泵提液后阶段。

# 项目六　井组措施效果分析

## 一、学习目标

掌握分析井组措施效果方法。

## 二、操作步骤

每个注采井组，通过对注采平衡、压力平衡、含水上升变化情况，结合油层物性和连通状况的综合分析，从中找出存在于油、水井的各种矛盾及其原因，再结合油藏开发不同阶段合理开采界限的要求，制定出进行注采系统调整或者进行注、堵、压、换等相应的调整和控制措施，并落实到井和层，即：对注水井低渗透欠注层采取增注措施；对高渗透水窜层控制水量；油井严重水窜层采取封堵；对注水明显见效层进行压裂及换大泵措施等。合理解决井与井、层与层之间的矛盾，协调好井组内各层、各井之间的注采关系，使井组的开发状况尽量达到最佳效果，从而提高开发单元的开发水平。

统计对比也是现场油水井动态分析中的一个重要内容。在现场分析中的对比指标主要包括日产液量、日产油量、含水率和动液面，有时还要进行原油物性和水性的对比。这种对比有单井的、井区的和注采井组的，根据分析的需要来确定（如在井组分析中，除了注采井组的对比外，还有典型井的对比）。

1. 对比出现的结果

（1）各项指标均为稳定。
（2）含水和日产液量同步上升，产量变化不大。
（3）含水稳定，日产液量下降或上升，引起日产油量的上升或下降。
（4）日产液量稳定，含水上升或下降，引起日产油量的下降或上升。
（5）含水上升，日产液量下降，使日产油量大幅度地下降。

通过对比，可以对井组某一阶段的生产有一个总体的认识，为进一步的分析奠定了基础。

2. 对比阶段的划分

纵观每一个注采井组的生产情况，总是波动起伏的，为了使分析的原因更加明确、更加清晰，有时还要把整个分析过程再细分为几个阶段，阶段划分的依据一般分为以下几种情况：

（1）根据日产油量波动趋势划分：产量上升阶段、产量下降阶段和产量稳定阶段。

（2）根据注水井采取措施后，油井相应的变化情况划分：调配前阶段、调配后阶段。

（3）根据油井采取的措施划分：油井的主要措施（补孔、酸化、压裂、卡堵水、提液）；水井的主要措施（转注、分注、调剖、补孔、增注）。

## 项目七　井组问题原因分析和整改

一、学习目标

掌握分析井组问题产生的原因，并提出整改措施。

二、操作步骤

1. 分析影响因素及原因

将阶段生产指标对比后，要将对比结果进行细致的分析。为了将原因分析的清晰明确，一般要分几个层次进行。

1）分析影响注采井组生产情况的主要因素

首先，通过油井单井生产数据表，分析整个井组中，哪些井属于产量稳定井，哪些井属于产液量下降、含水率上升从而影响了注采井组产油量。这类井是注采井组中的典型井，也是井组分析的关键。

其次，分析影响典型井产油量的主要因素。因为油井产油量的变化往往决定于产液量和含水率两种因素。有时某一口油井虽然两种因素都起作用，但其中有一种是主要的，另一种是次要的。

最后，如果典型井是多层生产的油井，还要分析它的主要出油层。分析的依据是静态资料和动态资料，包括每个油层的砂层厚度、有效厚度、渗透率、与注水井的连通情况、注水强度以及累积注水强度。最重要的还有产液剖面，通过这些资料，就可以分析出主要产液层。

2）分析注采井组问题产生的原因

（1）在水井上找原因。

要在水井上找原因，就要注意与典型油井相连通的注水井的注水情况：周围注水井是否都在正常注水；各层段是否能完成配注，是超注还是欠注；哪口注水井进行测试、调配和作业，影响了多少注水量等。油井上的变化总是与注水井的变化相联系。水井注水量的变化，一方面可能使不同井点注入水推进速度不均衡而造成平面矛盾；另一方面也能使同一口水井不同层段注入水不均衡而造成层间矛盾。

（2）在相邻的油井（同层）找原因。

对于典型井相邻的油井，如果井距比较近，生产同一层，也会使典型井产油量下降。例如相邻井放大生产压差，会造成井区能量下降，使典型井产液量；相邻井改层生产，会使平面上注采失调，使典型井含水率上升；相邻油井如果开、关井，也会使典型井的生产情况发生变化。

2. 总结注采井组存在的问题

通过对典型井的分析，就可以总结注采井组在管理中存在的问题。这些问题主要包括以下几个方面：

（1）层间矛盾突出，注采井网不够完善，油井存在单向收效的问题。

（2）层间矛盾突出，注水井注水不够合理，潜力层需要水量但注不进去，高含水层往往注得太多，造成单层水淹严重。

（3）注采井组的注采比低，能量补充不够，造成地下亏空，影响了油井产液量的提高。

（4）工作制度不合理。地下能量充足的油井有时生产压差过小，影响了潜力的发挥；地下亏空较大的油井有时却用大泵抽油，使地层能量严重不足。

3. 提出调整措施

通过对注采井组的分析，总结出注采井组在开发中存在的问题，提出下一步的调整措施，这些措施分为两大类：

1）油水井的调整

（1）提高中、低渗透层的注水强度，适当降低高渗透层的注水量以调整层间矛盾。

（2）加强非主要来水方向的注水，控制主要来水方向的注水，调整平面矛盾。

（3）进行选择性堵水，解决层内矛盾。

2）油井的增产措施

（1）改层生产。分析出高含水层，将其卡封，以发挥中、低渗透层的作用。

（2）放大生产压差，在能量充足、产液量高的油区，可以采取放大生产压差的办法，通过提液来增加产量。目前常用的大排量抽油泵有水力活塞泵等。

（3）改造油层。在油田开采过程中，经常遇到一些低渗透层，它们即使在较大的生产压差下，也很难获得高产。这些层有的是在钻井过程中受到污染，还有在生产过程中造成井底附近油层堵塞。现场上主要采取酸化和压裂两种措施。

【案例】

油井 1 和油井 2 同受注水 a 的作用，注水井正常注水，原日注 80m³ 左右，2009 年 4 月以后配注 100 m³。根据表 8-7 中井组生产数据分析，目前井区 2 口井主要存在什么问题，并提出下步措施建议。

表 8-7　井组生产数据表

| 时间 | 油井 1 | | | | | 油井 2 | | | | |
| --- | --- | --- | --- | --- | --- | --- | --- | --- | --- | --- |
| | 日产液量 t | 日产油量 t | 含水率 % | 动液面 | 泵深 m | 日产液 t | 日产油 t | 含水率 % | 动液面 | 泵深 m |
| 200901 | 10 | 7.7 | 23.1 | 1800 | 1900 | 80 | 9.6 | 88 | 640 | 1100 |
| 200902 | 10.2 | 7.9 | 23 | 1790 | 1900 | 82 | 9.8 | 88 | 650 | 1100 |
| 200903 | 10.1 | 7.8 | 22.8 | 1789 | 1900 | 81 | 8.2 | 89.9 | 640 | 1100 |
| 200904 | 9.1 | 7.0 | 23.5 | 1600 | 1900 | 80 | 10.2 | 87.3 | 600 | 1100 |
| 200905 | 8.5 | 6.5 | 24 | 1450 | 1900 | 83 | 9.9 | 88.1 | 550 | 1100 |
| 200906 | 7 | 5.3 | 24.8 | 1300 | 1900 | 84 | 9.6 | 88.6 | 520 | 1100 |
| 200907 | 6 | 4.5 | 24.9 | 1200 | 1900 | 85 | 9.1 | 89.3 | 520 | 1100 |
| 200908 | 5.1 | 3.8 | 25.1 | 1100 | 1900 | 85 | 8.8 | 89.6 | 500 | 1100 |
| 200909 | 5 | 3.8 | 25 | 1092 | 1900 | 85.5 | 8.9 | 89.6 | 500 | 1100 |

【参考答案】

（1）从题意可知，水井在 2009 年 4 月配注提高了，2 口油井的动液面都上升了，油井 1

的液量是下降的,是泵漏或油管漏的表现,需检泵。

(2)油井 2 动液面上升,而液量不降,表明是注水见效的效果。该井目前的问题是沉没度太大,举升能力不够,建议提液。

(3)该井区井除油井存在问题以外,还存在平面矛盾突出的问题。从 2 口井对比液量、动液面等资料分析,注入水主要推进油井 2 方向,而油井 1 产量较低。

(4)要采取措施提高 1 井的供液能力(如压裂)。

## 背景知识

### 一、油层连通图

油层连通图是将油层垂向上的发育情况和平面上的分布情况结合起来,反映油层在空间上连通关系和变化情况的一种图件,习惯上也叫"栅状图"。它可以清楚地反映出井与井之间油层的连通状况,帮助人们分析注水井的吸水层位、吸水状况,并确定分层注水层段、注水量等方案,分析油井出油、产水层位和来水方向等动态变化。还可以帮助动态分析人员制定油层改造、堵水等地质方案,是油田动态分析中一种常用的重要图件。生产用的油层连通图,如图 8-8 所示。从图中可以看出油层连通图的主要内容有井号、井柱、有效渗透率、油层(砂层)厚度及编号、有效厚度、射孔井段等。绘制油层连通图的步骤如下。

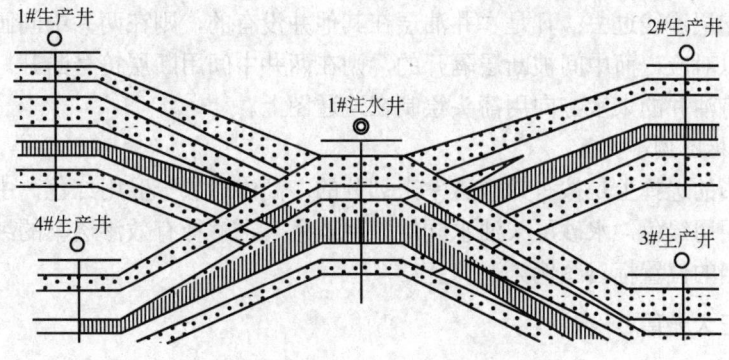

图 8-8 井组油层连通图

1. 资料准备

绘制油层连通图所需的资料主要是有关井点的静态资料,主要包括油田开发井位图、各小层的砂岩厚度、有效厚度、渗透率、地层系数、连通状况、射孔情况以及油底和水顶的深度等资料。

2. 编制各井小层连通数据表

油层连通图主要反映各井每个小层的连通情况。小层数据要搜集齐全、准确。表中小序号都是各井自然分段的小层号,不要再劈分成单层。对不连通的井,要注明是"尖灭"还是"断缺"等。

3. 确定井柱位置

根据作图比例,将所要绘制的井点按照平面上的井位关系标绘在图上。由于单井的井柱常常重叠,不能清楚地反映出油层的变化情况,因此需将井柱的位置适当地加以调整。这种调整是比较灵活的,既可以将井排转一定的角度,也可以只将个别井的位置进行调整,但无论怎样调整,各井之间的相对位置不得有太大的改变。

4. 绘制井柱剖面

选定井柱的相对位置后,将各井的井柱剖面图绘出,在井柱剖面的正上方用"◎"表示注水井、"○"表示采油井。在绘井柱剖面时,从井位垂直向下画一条线,作为该井柱状剖面的中心线,线段的长度根据油层厚度确定,一般用 1/500 或 1/200 的比例尺。在井柱中各小层从左至右依次标出层号、砂层厚度、有效厚度、有效渗透率、地层系数。射开层位一般用"Ⅰ"符号标在中心线边,油底用"↑"符号表示,水顶用"↓"符号标出。为了能够更加明确地分析对象,在绘制井柱剖面时,不必将单井所钻遇的每一个小层都画出,可以按油层组绘制,也可以将剖面上一些被确认为不吸水(或不出油)、或对油水井生产影响不大的小层略去不画,以便突出所要分析的目的层。此外,还可以将各注水井封隔器的位置绘在注水井井柱剖面上,以便能够清楚地反映出各井分层配产或配注层段的划分情况。

5. 绘制连通状况

根据油层连通数据表,首先绘出断层,然后按各井、层之间的连通关系,用直线段将各井的连通层连接起来即可。但要注意,既为栅状图,在连通层线交叉时要根据栅栏的立体视觉效果反映出遮挡关系。一般是油井与注水井相连,左右成排连接,前后成斜排连接。凡是两口井小层号相同的,可直接连线;凡是本井为一个小层,而邻井为两个以上小层的,可在两井中间分成支层连线过去;凡是本井油层在其他井没有的,则在两井中间画成尖灭;凡是两井小层号可以对应,而中间被断层隔开的,则在两井中间用断层符号断开。有时为了便于动态分析,可将油井的来水方向用箭头绘制在连通图上。

6. 着色、标图例

一般在色彩的选择上是按有效渗透率来划分的。高渗透层一般用红色,中渗透层一般用黄色,低渗透层用绿色,水砂层(油水同层)用蓝色,未解释有效渗透率的纯砂层不着色。最后在适当的位置标出图例。

## 二、地层三大矛盾

油田开发中的常遇到平面、层内、层间三大矛盾,这三大矛盾出现后,要在水井上找原因(如注水是否正常、各层段配注完成情况),油井的变化总是与注水井的变化相关联。若水井正常,则在相邻油井找原因(井距近,生产同层,易造成井间干扰)。对注水开发油田而言,研究、分析、解决好三大矛盾至关重要。

1. 层间矛盾

非均质多油层油田,由于各层间性质差异而出现水线推进速度、吸水能力、油层压力、采油速度、水淹状况等方面产生的差异。用单层突进系数来衡量该矛盾的大小(单层突进系数=油井单层最高渗透率/油井厚度权衡平均渗透率)。单层突进系数越大,矛盾越突出。

高渗层连通好、吸水多、压力高、见水快,易造成单层突进,干扰中低渗层产油能力的发挥。该矛盾使含水上升快,造成油井产量递减较快,是注水开发初期要解决好的主要矛盾。该矛盾能否得到好的调整,是油田能否长期稳产、获得较高采收率的关键所在。

在生产实际中分析、判断层间矛盾存在的方法是:
(1) 根据各层段出油剖面的状况判断;
(2) 从注水井的吸水剖面上判断;
(3) 笼统注水、笼统采油中,各层渗透率差异较大;
(4) 一般见水比其他井早,见水后含水上升速度快。

2. 平面矛盾

一个油层在平面上由于渗透率、连通性不一,使井网对油层控制情况不同,注入水在不同方向上推进快慢不一样,构成同一层各井间压力、含水、产量的差异。用扫油面积系数表示平面矛盾的大小(扫油面积系数=单层井组水淹面积/单层井组控制面积)。扫油面积系数越大,平面矛盾越小,平面矛盾使高渗透区形成舌进,油井过早水淹,无水采收率和最终采收率降低。而中低渗透区,长期见不到注水效果,造成压力下降,产量递减。

判断平面矛盾的方法是:
(1) 同一层各井间渗透性差异较大;
(2) 同一层油井间采油强度有差异;
(3) 同一层各井累积产量差异大;
(4) 油井和井组存在单向受益。

3. 层内矛盾

在一个油层的内部,上、下部位有差异,渗透率大小不均匀,高渗透层中有低渗透条带,低渗透层中有高渗透条带,注入水沿阻力小的高渗条带突进这些都是层内矛盾。用层内水驱油效率表示层内矛盾的大小,(层内水驱油效率=单层水淹区总注入体-采出水体积)/单层水淹区原始含油体积;或用水淹厚度系数来衡量(水淹厚度系数=见水层水淹厚度/见水层有效厚度)。效率(系数)越大,矛盾越小。

层内矛盾在油田开发中自始至终存在着,层间矛盾和平面矛盾在一定意义上均是层内矛盾的宏观表现。层间、平面矛盾的解决在一定程度上有助于减缓层内矛盾,只是到了油田开发后期全部水洗油阶段或三次采油阶段作为主要矛盾加以解决。从开发整个过程中,三大矛盾贯穿始终,互相联系,互相制约。除一般规律外,不同开发阶段,哪个是主要矛盾必须视油田具体实际情况而定。

4. 造成三大矛盾的原因

(1) 层间矛盾突出。注水井注水不合理,潜力层需要水但注得不够,高含水层却注得太多,构成单层水淹严重。
(2) 平面矛盾突出。注采井网不够完善,油井存在着单向受益的问题。
(3) 注采比过低。能量补充不够,地下亏空大,影响了油井的产液量。
(4) 工作制度不合理。能量充足的地区油井生产压差小,影响潜力发挥;地下亏空大的地区仍大排量抽汲。
(5) 油井生产工具设备工作不正常,如漏失、砂卡、密封失效等。

总之,存在的问题应视具体情况而定,在注、采、输及管理等方面分析查找。

5. 措施及建议

针对存在的问题,在相应的油水井上采取一系列措施调整,提高油井产能,或使油井在一段时间内保持稳产。油田调整大体分两类:工艺措施调整和开发部署调整。

1) 层间矛盾的调整

该矛盾的本质是各层受效程度不同，主产液层干扰差油层的生产。解决时要从增大差油层的生产压差入手，有效办法是分层注水。具体方法是：

（1）分层注水，分层采油；

（2）对低渗层，注水井加强注水，油井加强采油；

（3）有必要时可对生产能力较低的油层进行酸化、压裂改造，以提高产能；

（4）若条件允许，可采用双管采油；

（5）若调整生产压差和工艺措施改造不能完全解决问题，就要考虑对开发层系、井网、注水方式做调整。

2) 平面矛盾的调整

该矛盾就是各地区受效程度不一。解决时应使受效差地区充分受效，提高驱油能量，降低阻力，达到提高波及面积的目的。具体方法是：

（1）加强非主要来水方向的注水，控制主要来水方向的注水；

（2）通过分采分注，配合堵水、压裂等措施；

（3）改变注水方式或采取补钻新井、缩短井距等办法，加强受效差地区注水。

3) 层内矛盾的调整

该矛盾就是单层内注入水非柱塞式推进。解决时要调整吸水剖面，扩大注入水波及厚度；同时调整出油剖面，多出油少出水。具体方法是：

（1）在油水井上进行选择性堵水；

（2）有稳定夹层的厚层，用封隔器进行细分；

（3）选择性措施改造，对高含水厚层可先堵后压；

（4）三次采油新技术（活性剂、聚合物等）。

油井在中低含水期，以开发和调整好主力油层为主。该阶段主要是单层、单向见水，调整难度不大，通过水井分层注水及各层水量调整即可满足开发的要求。油井高含水以后，多层多向见水，该阶段需在分层注水的基础之上，对油井中的高含水层进行封堵，才能取得较好的分层调整效果。随着多层多向高含水的日益严重，堵掉高含水层能减少层间干扰，使低含水层发挥作用。但堵层过多，产能损失大，此时应考虑分层注水、分层堵水基础之上的分层措施改造。

### 三、井组动态分析的内容和方法

1. 井组动态分析的内容

（1）分析井组注采反应，了解注采平衡情况、搞清分层油水井分布状况，掌握注入水在油层中的驱油效果。

（2）分析井组内各油层的动用状况，各油层存在的生产潜力。

（3）根据分析结果，结合各开发阶段的要求，提出井组内各井和各油层的调整、挖潜措施。

2. 井组动态分析的方法

进行井组分析，首先要掌握该井组基本情况，对产液量、产油量、含水率、动液面等指标进行对比，对比后为了使分析的原因更加明确、更加清晰，还要把整个分析过程再细分为几个阶段。分析井组生产情况变化的主要因素，首先找出注采井组的主要变化井，即找出引起井组产量发生较大波动的典型井。

（1）在水井上找原因。要在水井上找原因，就要注意与典型油井相连通的注水井的注水情况：周围注水井是否都在正常注水；各层段是否能完成配注；是超注还是欠注；哪口注水井进行测试、调配和作业，影响了多少注水量等等。油井上的变化总是与注水井的变化相联系的。水井注水量的变化，一方面可能使不同井点注入水推进速度不均衡而造成平面矛盾；另一方面也能使同一口水井不同层段注入水不均衡而造成层间矛盾。

（2）在相邻的油井（同层）找原因。对于典型井相邻的油井，如果井距比较近，生产同一层，也会致使使典型井产油量下降。例如相邻井放大生产压差，会造成井区能量下降，使典型井产液量。相邻井改层生产。会使平面上注采失调，使典型井含水率上升。相邻油井如果开、关井，也会使典型井的生产情况发生变化。

（3）通过对典型井的分析，就可以总结注采井组在管理中存在的问题。

（4）通过对注采井组的分析，总结出注采井组在开发中存在的问题，提出下一步的调整措施。

### 四、井组动态分析常用曲线、图表及应用

1. 常用资料

（1）静态资料：油田构造图、小层平面图、油层等厚图、沉积微相图、油藏剖面图、对比图、连通图、单井电测曲线；

（2）动态资料：

单井月度综合数据（油气水产量、油压、套压、动液面、含水率、气油比、注水量）；区块和油藏开发数据；产、吸水剖面；饱和度测井、FMT、试油资料；历年措施效果评价、施工总结；试井资料、测压资料、油气水分析资料等。这些资料要整理加工，编绘成图、表、曲线。

（3）工程资料：包括钻井、固井、井身结构、井筒状况、套管检测资料、地面流程等。

2. 油砂体平面图

油砂体是地下控制油、水运动的基本单元，有单层体和连通体两种存在形式。在砂岩沉积过程中，由于岩性的变化，局部地带沉积了泥岩，使砂岩形成一些彼此分开的透镜体，当其含油时就形成了单层体式的油砂体。这种油砂体成层性好，平面上连片分布并连通，但上下连通点少或不连通，这样就可以小层为单位划分油砂体。平面上全区分布的小层，也就是一个大油砂体；平面上互相不连通的小层，就形成了若干个油砂体。绘制油砂体平面图可了解单层体油砂体的形态、分布状况及油砂体的渗透率、厚度等的变化情况，可见油砂体平面图是反映油井单层在平面上分布特征的图件。利用油砂体图可进行开发对象的研究，并提供合理配产、配注依据，调整平面矛盾。

1）资料准备

（1）构造井位图，包括井号、井别、砂岩尖灭线、断层线、油水边界线等内容。

（2）小层数据，包括小层号、井段、厚度、有效厚度、有效渗透率、地层系数（该层有效厚度与渗透率的乘积，地层系数越大，表示产油能力越高）等。

2）油砂体平面图的绘制

（1）编制油砂体数据表。

油砂体数据表是绘制油层剖面图、油砂体平面图、油层连通图、计算油砂体储量、油水

井动态分析和开发方案调整的依据。

(2) 确定井位。

根据构造井位图按照所定绘图比例尺，将各井点的位置确定下来，即按实际距离确定井距和排距。

(3) 编绘各井小剖面。

在井别符号下面画一横线和纵线，在纵线（即井轴线）左侧标层号、有效渗透率，在其右侧标砂岩厚度、有效厚度。

(4) 画各小层横向连通线。

各井的各小层横向连通线就是对比线，将各井的小层连起来，连接方法有以下几种情况：

① 单层与单层连通：本井与邻井间小层层位相同者，以直线连线。

② 厚层与多层连通：本井与邻井间的油层（砂体）层位相同，但厚薄不同，或厚层与多个薄层连通时。

③ 交错连通：本井两个油层与邻井两个油层相连通时。

④ 厚层与薄层连通：本井一厚层与邻井一薄层连通时，不能以直线连线成喇叭形，连接的方法要有一个分叉来过渡，一般在井距之半过渡。

(5) 绘制油砂体边界线。

① 以断层线、注水井排切割线定为油砂体的边界线。

② 以砂岩尖灭线为油砂体的自然边界线，其绘制方法有两种情况：在有效厚度井点（或有砂岩井点）与砂岩尖灭井点之间 1/2 处勾砂岩尖灭线；在有效厚度井点与尖灭线（或砂岩井点）之间 1/2 处勾有效厚度零线。该线以外油层有效厚度小于 0.5m。

(6) 绘制渗透率等值线。

在有效厚度零线范围内，按渗透率等级画出等值线，按高、中、低渗透率分别上色：大于 $0.5\mu m^2$ 为高渗透区，上红色；$0.5\sim0.3\mu m^2$ 为中渗透区，上淡黄色；小于 $0.3\mu m^2$ 为低渗透区，上绿色；其他部位的砂层区，不上色或上灰色。

(7) 对各油砂体进行编号。

3) 油砂体平面图的具体要求

(1) 在井点下方 5~10mm 处按相对比例尺画层面线，并按连通关系连出剖面线，层面线和连线粗细为 0.5mm。

(2) 砂岩尖灭线粗 0.8~1mm，线上短粗线粗 0.5mm，长 1mm，短线间隔 10mm，并垂直于尖灭线。

(3) 有效厚度零线粗 0.8~1mm，"〇" 字写在曲线的空间隙处，并平行于曲线。

(4) 渗透率等值线粗 0.5mm，渗透率数值写在曲线的空白间隙处，也平行于曲线，按高、中、低三级分别用红、黄、绿三色表示，上色必须均匀，但不能有过渡色，红、黄、绿三色必须是连续式的。

(5) 砂岩尖灭线、有效厚度零线、渗透率等值线，应画成粗细均匀的圆滑曲线，以仿宋体书写。

3. 水淹平面图

水淹平面图，即油层含水率等值线图，是反映油层水淹状况的图幅。它可以帮助人们分析油田开发到某一时刻时剩余油的多少及其分布规律，评价油田开发效果，分析油田开发中存在的主要问题，确定挖潜的对象、方式和方法。除了用于动态分析以外，还常用在开发调整方案的编制之前。

水淹平面图的绘制是在大量的静、动态研究工作基础上进行的。静态工作主要是搞清断层的发育状况（包括走向、倾向、断层面的密封性等）、油层的发育状况（包括油层的发育厚度、连通状况等），同时还要通过检查井、调整井的地球物理测井等资料进行分析，确定各油层的水淹状况。动态工作主要是搞清各注水井的吸水剖面、油井的出油剖面以及油、水井间的动态反应关系。在此基础上，通过综合分析动静态研究成果，判断各油层的水淹情况，然后才能绘制水淹平面图。

1）数据准备

绘制水淹平面图需收集的资料比较多，这些资料主要是有关的静态资料和综合判断的各小层水淹状况，包括开发井位图、断层分布图、单井油层发育厚度数据、油层连通数据和含水状况等。

2）绘制平面图

平面图的绘制方法为：

（1）在所选的适当比例尺的井位图上绘出断层。

（2）在各井位旁填上本井含水率的数值。

（3）确定含水率等值线间距，可根据各井含水率变化范围，一般取10%或20%。

（4）用三角形内插法取含水率等值线通过点，它们是含水率等值线间距的倍数，选取间距为20%时，等值线通过的点就是20%、40%、60%、80%、100%。

（5）用圆滑的曲线连接含水率数值相同的点，并用不同的颜色将各级含水率区域着色，得到含水率等值图，即水淹图。

4. 压力分布图和等值图

压力分布图又称等压图，是反映某一时期油田的压力在平面上分布状况的一种图幅，用等值图表示。进行动态分析时需要编制多种等值图，如含水分级图，油层有效厚度等值线图，孔隙度、渗透率等值线图等，其编绘方法是相同的。

绘制等值图时，先要把每口井的相应参数值标在井位图上，把相邻最近的井位用铅笔连成三角形，构成三角网格（注意连线不可交叉）。根据图幅的整体分布确定合适的等值间隔值，用内插法在两井连线上点出内插值点，然后把相同数值的内插值点用光滑的曲线连接起来，一张反映油田某一参数平面分布状况的等值图就此编绘完成。

油田上为了动态分析的需要，要求定期编绘的压力分布图一般是指采油井的地层压力分布图和流动压力分布图，也可根据需要编绘分油田（区块）、分开发层系、分油层组的压力分布图。

1）资料准备

编制地层压力分布图一般每半年进行一次。编绘前需要收集目的区块（层系、油层组）半年内所有定点监测井经过确认的测压资料的解释结果。那些因各种原因未能测取压力的监测井须按有关规定借用相应资料（一般借用上次资料），非定点井的测压资料也要收集进来，其余未测压的井根据动态判断借用相邻井资料。

2）选取内插值步长

根据动态分析人员对压力分布了解细致程度的要求、相应井位图上井网的疏密程度，以及压力资料中最大值和最小值的范围确定合适的步长。可以直接按地层压力值大小确定，也可以按总压差确定。

3）编绘图幅

（1）准备一张相应的、井位和井别正确的构造井位图。

（2）将收集来的压力数据值逐井标在井位旁边。

（3）用铅笔连接三角网格线，在线上用三角网内插法取值、标点。

（4）用光滑曲线连接相同数值的内插点，在等值线端点（一端或两端，也可在中间适当位置）标注等值线数值。

（5）擦去三角网格线。

（6）为了直观、醒目，特别是制作大的挂图时，用不同颜色喷涂不同的等值区域，习惯上压力值由高到低分别采用红—淡红—黄—淡黄—淡绿—绿色系列。

**五、井组注采平衡和压力平衡状况**

井组注采比是反映其注采平衡的定量参数，是指井组累积注水量与累积采出量折合到地下体积的比值，越接近 1 越表明注采平衡，大于 1 表明注大于采，小于 1 表明地层亏空。压力保持水平是从压力角度表明地层能量保持水平的参数：大于 1 表明地层能量在恢复并提高，注入大于采出；小于 1 则对应注入小于采出，表明地层压力在下降，能量水平在递减。

1. 静止压力变化分析

油田投入开发后，油井关井测得的静止压力代表的是目前的油层压力，对单井来说是油层压力，对于非均质多油层油田的油井静压实际上是各小层压力按地层系数加权平均的平均压力。小层地层系数越大，小层压力对全井平均压力的影响越大。因此油井地层压力往往反映的是油层性质相对较好油层的压力，它低于高压小层的静止压力，又高于低压小层的静止压力。

在多油层的情况下，油井在某一制度下生产，各小层以自身压力在井底混合流动压力下参与生产，并不按全井静止压力进行工作。因此，更有意义的是分析小层压力，但受测试条件的限制，目前还不能完全做到这一点。

影响注水开发油田油层压力变化的主要因素是井组注采比的变化。油层静压下降说明注采比下降，采得多，注得少，油层内部出现亏空，能量消耗大于能量补充，此时应加强注水；反之说明注大于采，应适当减少注水量。

在分析油井压力变化时，应首先分析资料的可靠性，在排出资料因素的影响后，要结合周围水井注水状况、油井本身工作制度的变化和周围油井生产情况等资料综合分析。

2. 井底流动压力变化分析

井底流动压力是油层压力在克服油层中流动阻力后剩余的压力，又是垂直管流的始端压力。它的变化主要受两方面因素的影响：

（1）注水见效后，地层压力上升，在油井工作制度不变的情况下，井底流动压力上升。

（2）油井见水后，随着含水上升，油水两相在油层中流动的阻力小于纯油时流动的阻力，井底流动压力上升；同时由于含水率上升，井筒中液柱密度增大，井底流动压力也要上升。

**六、井组综合含水状况**

井组综合含水是指井组所有油井月产水量与月产液量的百分比值，符号为 $f_w$，单位为%。它是反映井组原油含水高低的指标和进行动态分析的重要指标。井组注综合含水高低反映了井组注水效率高低，也与地下存水率相关，含水越高，地下存水率越高，注水效率越高。

1. 含水情况分析

注水开发油田，或油层有底水时，油井生产一段时间后就会出水，油井见水后，要做好以下几方面的分析工作。

1）分析水源

油井中的水一般包括两类，即地层水和注入水，判断方法如下：

（1）油层有底水时，可能是油水界面上升或底水锥进造成的。

（2）离边水近时，可能是边水推进或者是边水舌进造成的。这种情况通常在边水比较活跃或油田靠弹性驱动开采的情况下出现。

（3）水层窜通，夹层水或上下高压水层时，可能是由于套管外或地层因素引起了水层和油层窜通。

（4）注水开发油田，可能是注入水推至该井。

（5）油井距边水、注入水都较近时，总矿化度长期稳定不变是边水，总矿化度逐渐降低是注入水。

（6）油井投产即见水，可能是误射水层，也可能是油层本身含水（如同层水或主要水淹层）。

2）分析主要见水层

判断主要见水层通常有以下几种方法：

（1）根据生产测井资料判断：在注水开发油田，利用注入水温度低的特点，通过测井温判断油井见水层位，也可通过测环空找水或噪声测井等资料判断。

（2）根据分层测试资料判断：利用封隔器分层测试找出出水层位，自喷井还可以用找水器找出出水层位。

（3）根据油层连通情况判断：注水开发油田，注入水在油层中的运动主要受油层渗透率和油层沉积条件的影响，通常情况下，渗透率高的油层先见水；有效厚度由注水井向油井逐渐变薄的油层先见水；油水井渗透率相近，分布面积小的条带状砂体先见水；处于砂体主体部位的油层先见水。

（4）注指示剂判断见水层位及来水方向：在注水井中注入特殊的化学试剂，然后在见水井上取样分析，若样品中含有该种指示剂，则可知道此井见水层位和来水方向。

（5）根据油水井动态资料判断：注水井（或层）停注或控注，油井含水率下降可以判断为来水方向；油水井连通性好，注水井注水强度高的油层是主要见水层；初含水量大的是主力油层见水，初含水量小是非主力油层先见水。

3）分析含水率变化

注水开发的油田，油井含水率变化有一定的规律性，不同含水阶段，含水率上升速度不同。低含水期，由于水淹面积小，含油饱和度高，水的相对渗透率低，含水上升速度缓慢；中含水期情况相反，含水上升速度快（尤其是高黏度油田）；高含水期，原油靠注入水携带出来，含水上升速度减慢。

油井含水上升速度除了受规律性的影响外，在某一阶段主要取决于注采平衡情况和层间差异的调整程度。一个方向，特别是主要来水方向，超平衡注水必然造成油井含水突升；一个或多个层高压、高含水，必然干扰其他层的出油情况，使全井产量下降。因此分析油井含水率变化时，可以从以下七个方面入手：

（1）结合油层性质及分布状况，搞清油、水井连通关系。

（2）搞清见水层，特别是主要见水层，主要来水方向和非主要来水方向。

（3）搞清油井见水层位及出水状况。

（4）分析注水井分层注水状况，各层注水强度的变化，分析主要来水方向、次要来水方向注水变化与油田含水变化的关系。

（5）分析相邻油井生产状况的变化。

（6）分析油井措施情况。

（7）确定含水变化的原因，提出相应的调整措施。

## 思考练习题

1. 分析油藏中油水分布的方法有哪些？
2. 井组压力平衡是什么？
3. 油田开发中三大矛盾是什么？如何解决？
4. 什么说油井出现的问题？怎样水井上找原因？

# 第九章 采气井管理

煤层气作为一种新型洁净能源，其开发利用不仅可直接获取经济效益，而且对煤矿减灾、减少大气环境污染都具有重要意义。我国煤层气资源丰富，煤层气的开发利用备受重视。随着煤层气勘探开发和研究力度的加大，其基本理论与采气技术日臻完善。

煤层气采气由五个与现场工作过程有关的典型工作任务进行描述，分别为：煤层气采气设备使用、维护与保养；煤层气采气设备故障的诊断与处理；煤层气井站运行与管理；煤层气 HSE 管理；煤层气采气自动化控制管理。

煤层气采气使用的主要设备与采油使用的主要设备基本相同，在第一章中已经做了详细说明，采气自动化控制管理参考第七章智慧油田内容，本章只针对采气工日常工作中进行的操作项目展开叙述。

## 第一节 煤层气井现场操作

### 项目一 煤层气井示功图测试

**一、学习目标**

掌握煤层气井示功图的测试方法及示功图的初步判断。

**二、风险提示**

（1）人身伤害。
（2）中毒。
（3）窒息。

**三、应急处置**

（1）发现人身伤害，立即使伤害者脱离伤害源，进行紧急包扎送往医院。
（2）发现有毒气气体泄漏，戴空气呼吸器把中毒人员救出，送医院救治。

**四、准备工作**

准备工具、用具（表9-1）。

表 9-1  煤层气井示功图测试操作工具、用具表

| 序号 | 名称 | 规格 | 数量 |
|---|---|---|---|
| 1 | 测试仪 |  | 1 |
| 2 | 位移传感器 |  |  |
| 3 | 负荷传感器 |  |  |
| 4 | 方卡子 |  |  |
| 5 | 梅花扳手 | 30mm | 1 |
| 6 | 平挫 | 300mm |  |
| 7 | 绝缘手套 |  | 1 |

### 五、操作规程

（1）按照抽油机启停操作规程启停抽油机。

（2）观察悬绳器处在下死点时距密封盒的距离。

（3）在距离下死点合适位置上紧卸载卡子。

（4）按照抽油机启停操作规程启机后，视抽油机运转情况放卸载卡子于密封盒上，等驴头接近下死点位置时，按下抽油机停止按钮，同时用惯性刹车卸载。

（5）将载荷位移传感器夹在悬绳器之间，连接好传感器与测试仪传感器导线，并拉出位移线，固定在采气树上。松刹车，启抽油机，使其正常运转。

（6）测功图。打开仪器电源，进入"现场测试"分菜单，选择数字"9"键"输入井号"。井号输入方法是：①"."为英文字母与数字的切换符号，输入字母前先按"."切换成英文字母输入状态；②数字直接输入，井号输入后，按"ENTER"键确定，选择数字"1"键的"测冲次"，再键入"2"键开始测冲程、冲次，测完后，按"0"键退出；③选择"2"键的测功图，仪器将自动绘制示功图，当功图圈闭闭合，按"+"键存盘，存盘后一起自动退回原状态。

（7）如前所述卸载方式，卸载后放回位移线并拆下传感器导线，微松刹车，取下卸载卡和光杆卡子，将光杆卡子上的毛刺打磨干净。

（8）测完后使抽油机正常运行生产。

### 六、注意事项

（1）整个卸载过程中，两人要密切配合好，动作平稳、缓和，注意安全。

（2）悬绳器不得打纽。严禁手抓光杆。

（3）位移线悬挂好后，上下冲程中位移线不得被光杆卡子缠绕。

（4）测试工具不得丢失。人员远离仪器掉落伤击范围。

（5）启停抽油机操作人员要侧身、戴绝缘手套、开关电源。

## 项目二　煤层气井动液面测试

**一、学习目标**

掌握煤层气井动液面测试方法。

**二、风险提示**

(1) 人身伤害。
(2) 中毒。

**三、应急处置**

(1) 发现人身伤害，立即使伤害者脱离伤害源，进行紧急包扎送往医院。
(2) 发现有毒气气体泄漏，戴空气呼吸器把中毒人员救出，送医院救治。

**四、准备工作**

准备工具、用具（表9-2）。

表9-2　煤层气井动液面测试工具、用具表

| 序号 | 名称 | 规格 | 数量 |
|---|---|---|---|
| 1 | 回声测试仪 |  | 1 |
| 2 | 测试枪 |  | 1 |
| 3 | 氮气瓶 |  | 1 |
| 4 | 管钳 | 600mm | 1 |
| 5 | 月牙扳手 |  | 1 |
| 6 | 平口螺丝刀 | 300mm | 1 |

**五、操作步骤**

(1) 检查设备、工具是否齐全完好。
(2) 清理测试阀门（套管阀门）螺纹，将测试枪拧在测试阀门上（用月牙扳手拧紧）。
(3) 检查测试枪放空阀是否关闭。将氮气瓶气管接在测试枪上拧紧。
(4) 将测试枪与测试仪连接信号线接好。
(5) 打开回声测试仪电源，在菜单中选择"液面测试"选项，输入井号。
(6) 根据测试井的套压调整回声测试仪灵敏度。
(7) 打开测试阀门。将回声测试仪液面测试菜单选择至信号接收状态。
(8) 开氮气瓶阀门，氮气瓶上压力表起压后，关死氮气瓶阀门，击发测试枪扳机进行测试。
(9) 测试完毕，检查液面测试曲线合格后，将数据进行保存。
(10) 进行第二次测试，测试完毕，检查液面测试曲线合格后，将数据进行保存。
(11) 取下连接信号线，关闭回声测试仪电源。
(12) 关闭测试阀门。

(13) 开测试枪放空阀放掉腔内余气，卸下测试枪。
(14) 收拾仪器，清理现场。

## 六、注意事项

(1) 高套压的井，一定要用高压测试枪，套压绝对不能超出测试枪的工作压力。
(2) 雨雪天一般不要求测试，如必须测试时，须有防护措施，以保护仪器。
(3) 开关阀门要缓慢侧身。
(4) 开关测试阀门须拧紧测试枪后方可进行。
(5) 测试时身体不能正对测试枪。击发测试枪扳机时，手要远离测试枪复位杆打击范围。
(6) 低压测试时，氮气瓶压力表压力高于套压 0.1~0.4MPa 即可。套压超过 0.4MPa 的井，可用井自身气源进行测试（超过 0.4MPa 的井，套压足够击发测试枪扳机）。

# 项目三 单井扫线、凝液缸放水

煤层气生产地处山区，早晚温差较大，冬季冻土层 50cm 左右。煤层气生产过程中出现的温差、压差（位差、节流），改变了煤层气单位气体饱和含水量，运移过程状态的变化产生气液分离，凝结的水滞留在煤层气管道内直接影响采气、输气效率。

判断依据：套压、管压上升或波动明显（除去站场回压、仪表冻堵漂移、地质因素影响），需关联判断；瞬时（工况）波动大于等于 $4m^3/h$（瞬时波动、流量计进口旋涡发生器内有杂物、单流阀阀芯等因素）；需扫线的井满足一个条件或多个条件，存在多重因素影响。

扫线找点原则：根据生产压力偏低的特点，遵循三低，即找低点井位、找管线低点、找凝液缸位置相结合作为憋压扫线、放空的依据与方法；根据生产井、管线铺设位差的特点，单井、支线扫线找低点、凝液缸，依次分段进行，将单井扫线扩展至支线的吹扫。

## 一、学习目标

掌握正确的扫线方法。

## 二、风险提示

(1) 着火。
(2) 中毒、窒息。

## 三、应急处置

(1) 发生火灾，立即切断气源，报火警，进行初期补救。
(2) 发生有毒气气体泄漏，戴空气呼吸器把中毒人员救出，送医院救治。

## 四、准备工作

准备工具、用具（表 9-3）。

表 9-3　单井扫线、凝液缸放水工具、用具表

| 序号 | 名称 | 规格 | 数量 |
| --- | --- | --- | --- |
| 1 | 阀门扳手 | | 1 |
| 2 | 量具 | | 1 |
| 3 | 活动扳手 | 300mm | 1 |
| 4 | 石棉垫子 | $\phi 50mm$、$\phi 32mm$ | 1 |
| 5 | 记录本 | | 1 |

**五、操作步骤**

1. 单井、阀组扫线

（1）扫线前记录套、管压、瞬时、流压，检查电伴热情况。

（2）关闭扫线口（单流阀）前、后气源阀门，打开扫线口（单流阀大盖）放空。

（3）打开扫线口（单流阀）前、后阀门进行正、反扫线，观察前、后气源返气量，初步判断冻堵情况，可考虑支线分段吹扫，为进行下步扫线提供依据。

（4）记录扫线水量，恢复流程。

（5）检查流程是否有漏气，查看套、管压、瞬时，对比扫线效果。

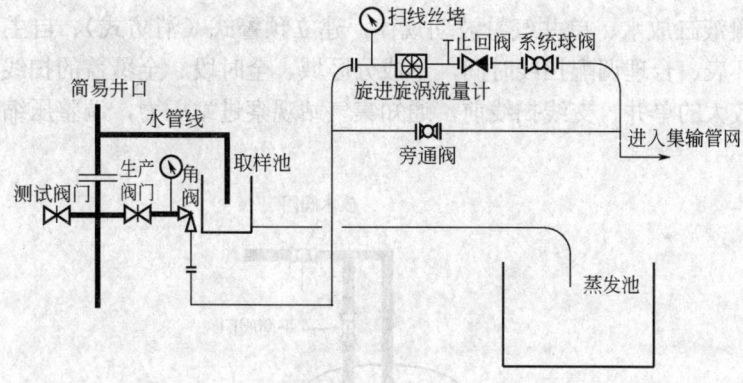

图 9-1　单井井场工艺

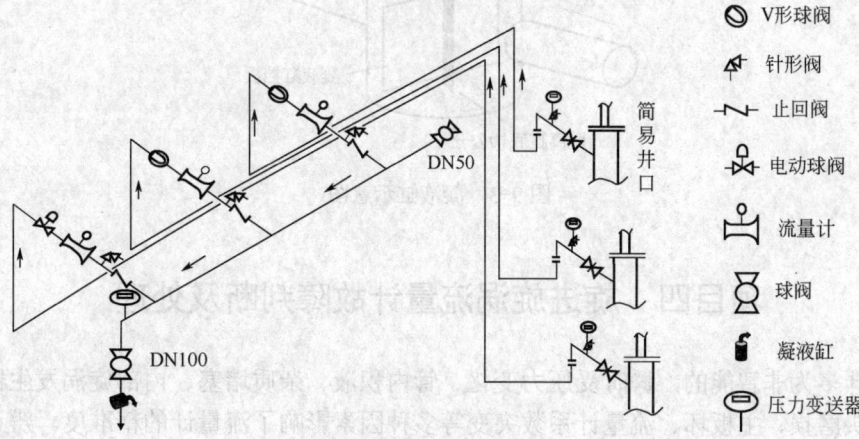

图 9-2　丛字井井场工艺

### 2. 凝液缸放水

(1) 检查凝液缸状态：平衡阀打开，放水阀门开闭；听、摸凝液缸有无漏气。

(2) 凝液缸放水：关闭平衡阀门，打开放水阀门，记录放水量。

(3) 凝液缸放水操作时，气量偏小，检查阀门阀杆是否脱落，可拆卸活接头，用铁丝疏通。

(4) 凝液缸放水阀门避免采用铸铁阀门，易冻裂，如阀门内漏可采取加接阀门的办法。

(5) 恢复凝液缸状态。

### 六、注意事项

(1) 影响位置判断：现场核实数据，关闭计量阀组前后控制阀门，打开单流阀处（或扫线头丝堵），开关前后气源，根据气量强弱经验判断，初步认定影响位置，进行针对性的正反扫线。

(2) 影响距离判断：部分单井在打开单流阀处或扫线头，听"喘气、咕嘟"声，短暂的扫线效果不明显，因压力低、水堵距离较远不易扫出，可采取多次憋压、迅速放喷、延长扫线时间的办法。

(3) 扫线时避免关闭调气阀门，扫线时如关闭调气阀门，要逐步开大调气阀门，待压力平稳后进行气量调整。

(4) 摸索凝液缸放水、单井气量波动规律，建立预警式（消防式）、自主式（预防式）的区域周期循环表，合理调配扫线时间，形成分区域、全时段、全覆盖的扫线模式。

(5) 气量较大的单井、支线扫线前，通知集气站观察进站压力，调整压缩机余隙或下调频率。

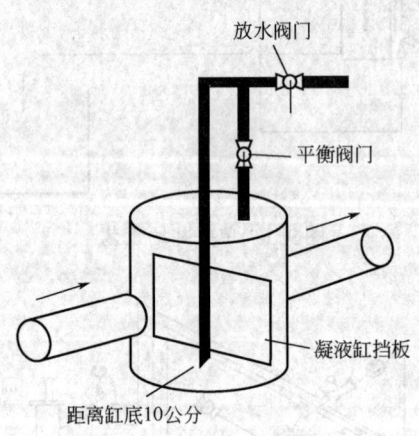

图 9-3 凝液缸示意图

## 项目四 旋进旋涡流量计故障判断及处理

流量计多为非智能的，瞬时受压力变化、管内积液、杂质堵塞、内部旋涡发生器积垢、传感器探头磨损、主板坏、流量计系数突变等多种因素影响了流量计的精准度。辨识流量计的故障原因，为及早发现问题、处理问题提供依据。

## 一、学习目标

掌握旋进旋涡流量计故障判断及处理方法。

## 二、风险提示

（1）煤层气泄漏、着火、爆炸。
（2）窒息、中毒。

## 三、应急处置

（1）发生火灾，立即切断气源，报火警，进行初期补救。
（2）发生有毒气气体泄漏，戴空气呼吸器把中毒人员救出，送医院救治。

## 四、准备工作

准备工具、用具（表9-4）。

表9-4 旋进旋涡流量计故障处理工具、用具表

| 序号 | 名称 | 规格 | 数量 |
| --- | --- | --- | --- |
| 1 | 阀门扳手 |  | 1 |
| 2 | 量具 |  | 1 |
| 3 | 活动扳手 | 300mm | 1 |
| 4 | 石棉垫子 | $\phi$50mm、$\phi$32mm | 1 |
| 5 | 梅花扳手 | 22、24 |  |
| 6 | 记录本 |  | 1 |

## 五、流量计故障判断

（1）传回瞬时不变：通信模块死机、适配器拔出、流量计电量不足。
（2）瞬时波动大：流量计有杂物、后段回压高（阀芯偏重）、流量计阀组管内有积液。
（3）传回瞬时变量：流量计系数改变（管径），流量计旋涡发生器内有杂物卡、积垢，旋转频次加快，传感器探头磨损、流量计主板坏、上位机传输窜数。

## 六、操作步骤

（1）核实现场数据，对比套管压力、流压变化，检查流程是否正确。
（2）检查流量计系数、电池电量。
（3）关闭计量阀组单流阀前、后气源控制阀门，放压，打开单流阀大盖，取出、检查阀芯，打开前、后气源控制阀门，进行吹扫。
（4）打开前气源控制阀门，查看是否有杂物喷出，经验判断气量，初步判断流量计是否有堵塞物。
（5）拆流量计检查，拆流量计时保留一边螺丝，旋转检查内部情况，进行擦拭、清洗。
（6）恢复流程，核实现场数据。

## 项目五　清管器的发球操作

### 一、学习目标

掌握清管器的发球操作。

### 二、风险提示

（1）煤层气泄漏、着火、爆炸。
（2）窒息、中毒。

### 三、应急处置

（1）发生火灾，立即切断气源，报火警，进行初期补救。
（2）发生有毒气气体泄漏，戴空气呼吸器把中毒人员救出，送医院救治。

### 四、准备工作

准备工具、用具（表9-5）。

表9-5　清管器的发球操作工具、用具表

| 序号 | 名称 | 规格 | 数量 |
| --- | --- | --- | --- |
| 1 | 毛毡 |  | 2 |
| 2 | 润滑油脂 |  | 若干 |
| 3 | 专用套筒扳手 |  | 1 |
| 4 | 撬杠 | 1500mm | 1 |
| 5 | 接收信号装置 | 套 | 2 |
| 6 | 平口螺丝刀 | 750mm、300mm | 1 |
| 7 | 活动扳手 | 375mm、450mm | 1 |
| 8 | 清管器 |  | 2 |
| 9 | 油盆 |  | 1 |
| 10 | 清管记录 |  | 1 |

### 五、操作步骤

清管器发球操作流程如图9-4所示，具体操作步骤为：

（1）准备清管发球方案；测试清管器收发球信号。

（2）检查发送筒各部位的仪表是否正常、完好，各阀门开、关状况是否正确，指示信号发生器电源是否接通。将已装配完好的清管器进行测量，对有关尺寸和外观描述记录，接好发射机电源。

（3）检查球阀、引流阀是否关闭严密。

（4）开放空阀，压力示值为零后，确认发送筒无压力。

（5）卸防松楔块，开快速盲板。

（6）开发送筒大小头部位的平衡阀。

（7）把清管器送入球筒底部大小头处，将清管器在大小头处塞紧。
（8）关闭快速盲板，装好防松楔块。
（9）将管道输气压力调整到方案要求的压力，通知收球方准备发球。
（10）关闭发送筒的放空阀，关闭发送筒平衡阀。
（11）缓慢开发送筒进气阀，平衡筒压。
（12）缓慢全开球阀。
（13）关闭输气管线进气阀，发送清管器。
（14）确认清管器发出后（清管器通过输气管线三通），开输气管线进气阀。
（15）关闭球阀，关闭发送筒进气阀。
（16）开发送筒上的放空阀泄压降至零。
（17）卸防松楔块，开快速盲板。
（18）检查发送筒内确认清管器发出，观察清管器运行情况，进行运行时间、运行速度等各项工艺计算，通知接收方发出时间、压力等情况。
（19）清洁保养清管装置。
（20）关盲板，装好防松楔块。
（21）做好清管器发送记录。

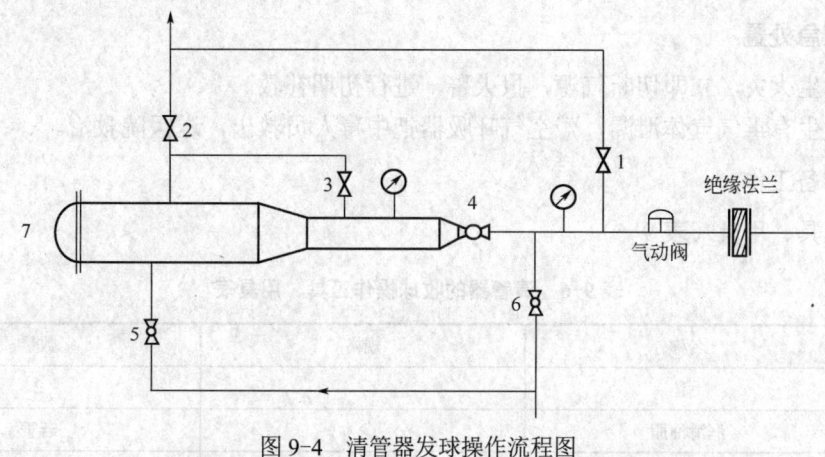

图 9-4　清管器发球操作流程图
1—干线放空阀；2—球筒放空阀；3—平衡阀；4—球筒下游阀；
5—球筒引流阀；6—生产阀；7—快开盲板

### 六、注意事项及要点

（1）清管器在其皮碗不超过允许变形情况下，应能够管道上曲率是最小的弯头和最大的管道变形。

（2）选定清管器后，确定清管器的过盈量是否合格，清管球过盈量控制在3%～10%，皮碗、直板清管器过盈量控制在1%～4%。

（3）清管器的主体部分直径小于输气管内径，清管器唇部直径要大于管道内径的2%～5%的过盈量。

（4）前后两节皮碗的间距应小于管道直径$D$，清管器长度可按皮碗节数多少且直径保持在1.1～1.5$D$范围内，直径较小的清管器长度较大。

（5）开发球筒盲板前，球筒压力必须放空至零并确认无漏气时，才能卸下防松楔块，为防止万一，操作人员严禁正对盲板或在盲板支撑臂后站立。

（6）球速宜控制在 12～18km/h 范围内。

（7）应对球筒各部位全面检查，发现问题及时整改，确认无疑后才能进行操作。

（8）过盈量计算公式：某段管线的规格为$\phi$219mm×8mm，清管器外径为211mm，则该清管器的过盈量为

$$清管器过盈量=(D_1-D_2)/D_2\times100\%=[211-(219-2\times8)]/(219-2\times8)\times100\%=3.9\%$$

## 项目六 清管器的收球操作

### 一、学习目标

掌握清管器的收球操作。

### 二、风险提示

（1）煤层气泄漏、着火、爆炸。

（2）窒息、中毒。

### 三、应急处置

（1）发生火灾，立即切断气源，报火警，进行初期补救。

（2）发生有毒气气体泄漏，戴空气呼吸器把中毒人员救出，送医院救治。

### 四、准备工作

准备工具、用具（表 9-6）

表 9-6 清管器的收球操作工具、用具表

| 序号 | 名称 | 规格 | 数量 |
| --- | --- | --- | --- |
| 1 | 毛毡 |  | 2 |
| 2 | 润滑油脂 |  | 若干 |
| 3 | 专用套筒扳手 |  | 1 |
| 4 | 撬杠 | 1500mm | 1 |
| 5 | 接收信号装置 |  | 2 |
| 6 | 平口螺丝刀 | 750mm、300mm | 1 |
| 7 | 活动扳手 | 375mm、450mm | 1 |
| 8 | 油盆 |  | 1 |
| 9 | 清管记录 |  | 1 |

### 五、操作步骤

清管器收球操作流程如图 9-5 所示，具体操作步骤为：

（1）准备清管收球方案。

（2）检查接收筒各部位仪表和各阀门是否正常完好。

(3) 将接收筒前安装的指示信号发生器接好电源，通知发球方准备就绪。

(4) 关闭放空阀，关闭排污阀。

(5) 开接收筒引流阀，平衡筒压，全开球阀，关闭接收筒平衡阀。

(6) 最后一个监听点发出清管器过的信号，关闭管线进站阀，打开接收筒放空阀和排污阀进行放空排污（注意开度适当，控制合适的背压；放空口应点火），引清管器进入筒内（在引清管器入接收筒时，要根据污物情况决定是否关闭引流阀）。

(7) 指示信号发生器发出清管器通过信号后，确认清管器进入接收筒。

(8) 打开管线进站阀门，恢复正常输气。

(9) 打开管线进站阀门，关球阀，关引流阀。

(10) 打开接收筒平衡阀，开放空阀使之压力泄为零，确认无泄漏后，卸防松楔块，开快开盲板（如管线系干气输送，应开注水阀向接收筒注满清水后再开快开盲板）。

(11) 收到清管器后，通知调度室和发送方。

(12) 取出清管器，清除接收筒内污物，保养设备，关快速盲板，装防松楔块。

(13) 测量检查清管器直径，对外观损伤等情况进行描述。

(14) 做好清管接收记录。

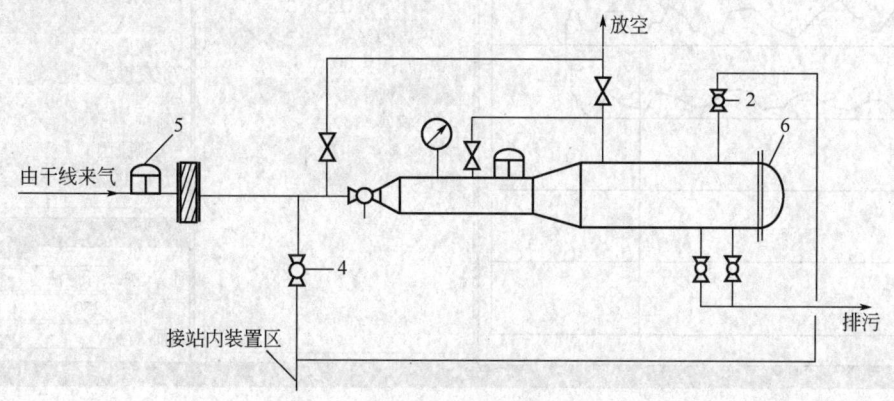

图 9-5 清管器收球操作流程图

1—球筒；2—引流阀；3—球阀；4—生产阀；5—球过指示仪；6—快开盲板

### 六、注事项及要点

(1) 接收前，应对接收筒各部位全面检查，存在问题应及时整改，保证各部位工作正常。

(2) 指示信号发生器的安装应垂直于输气管上，将触点弹簧的松紧程度调整好，顶杆应自由降落伸入输气管内 15mm，上推时能触发信号。

(3) 接收筒压力为零后，才允许打开快速盲板，操作人员严禁正对盲板或盲板支撑臂后站立。

(4) 自清管器或清管器发出之时开始，自始至终必须在统一指挥与沿途各监测点协调配合下进行。未收到清管器之前，决不能松懈观察、联系、判断和紧急情况下的处理。

(5) 收到清管器后，正常生产时接收筒应处于不受压状态。

(6) 管气输送管道在开盲板前应向接收筒注满清水，润湿接收筒内粉尘，避免打开接收筒时，粉尘自燃，造成人员伤害。

### 一、煤层气井典型示功图

反映抽油机悬点载荷随其位移变化规律的图形称为光杆（地面）示功图。它是示功仪在抽油机一个抽吸周期内测取的封闭曲线。示功图测试数据是煤层气抽油机井排采生产的基础数据，它是制定排采参数、判断抽油机井下故障的重要依据。

1. 油管磨穿示功图

油管磨穿示功图如图9-6所示。该井于2014年6月4日投产，最近于2015年7月24日油管螺纹磨穿作业。井正常生产时日产气950m³左右，日产水1.2m³，间歇性出液，套压0.173MPa，流压0.196MPa，煤没度-9.9m，氮气液面905m。近日自动化故障无数据传输，3月24日巡井发现该井无液，套压降，气量降，采取碰泵措施无效，示功图显示泵况良好，判断油管螺纹磨穿，气量由1000m³降至531m³，套压0.04MPa，动液面870m。

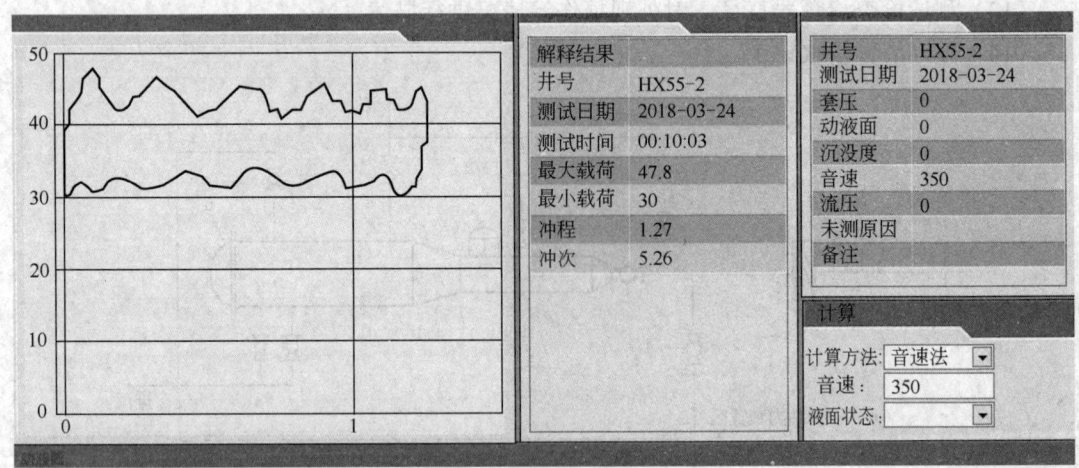

图9-6 油管磨穿示功图

2. 泵阀活动不自如示功图

泵阀活动不自如示功图如图9-7所示。该井自2016年12月1日措施解堵。正常时日产水2.3m³，日产气80m³，煤没度0m；2018年3月19日无液，碰泵无效。目前日产气0m³，无液，煤没度回升至75m。分析功图，判断为固定阀堵死，作业查出原因为泵阀活动不自如。

3. 杆脱示功图

如图9-8所示，示功图载荷显示无增载，判断为杆脱。

4. 活塞与拉杆连接处断开示功图

活塞与拉杆连接处断开示功图如图9-9所示。该井于2010年12月25日投产，上次作业时间为2016年11月20日，作业原因为加深泵挂。该井正常生产时，日产气580m³，套压0.08MPa，流压0.191MPa。该井为间抽井，自2018年1月气量出现持续下降。后取消间抽未有恢复，碰泵未出液，液面回升。目前日产气100m³，套压0.079MPa，流压0.283MPa。示功图初步判断为游动阀失灵或抽油杆底部断脱，作业查出原因为活塞与拉杆连接处断开。

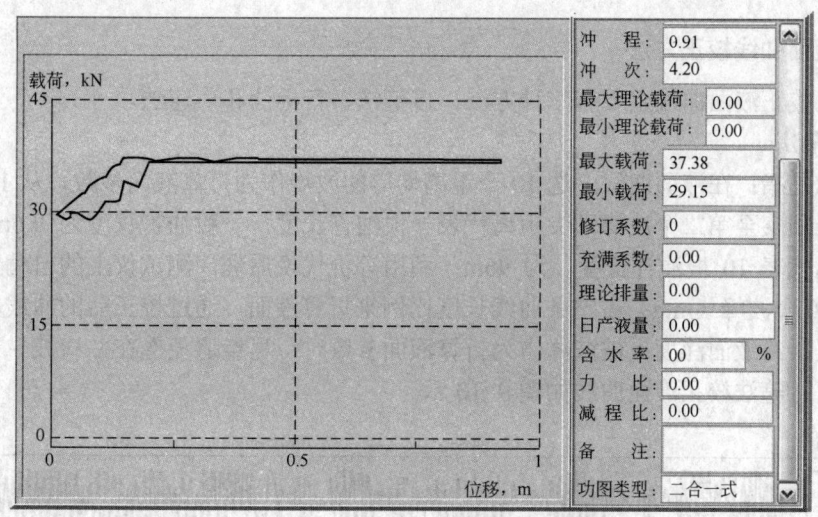

图 9-7 泵阀活动不自如示功图

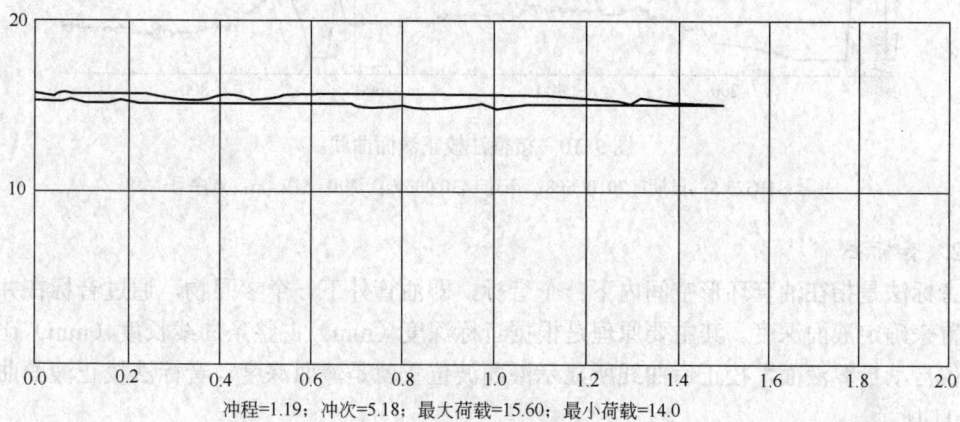

冲程=1.19；冲次=5.18；最大荷载=15.60；最小荷载=14.0

图 9-8 杆脱示功图

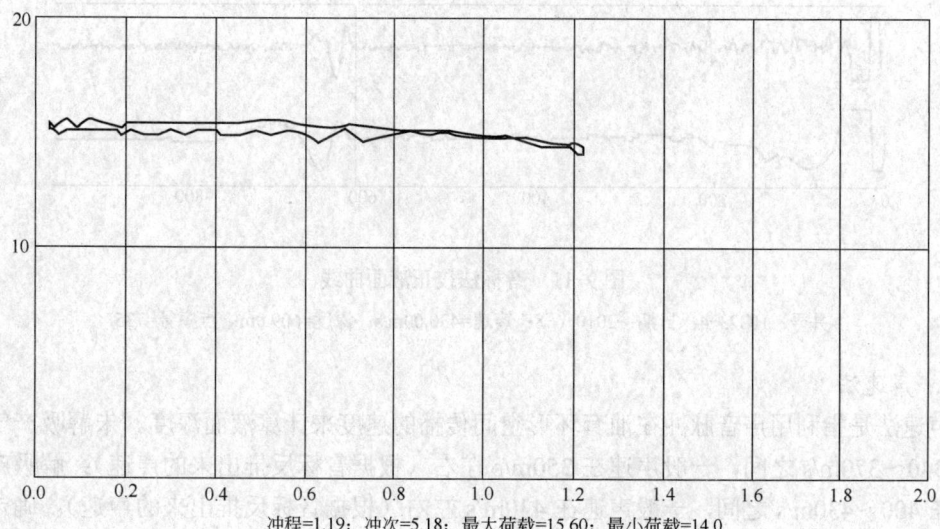

冲程=1.19；冲次=5.18；最大荷载=15.60；最小荷载=14.0

图 9-9 活塞与拉杆连接处断开示功图

## 二、液面曲线校正方法

目前，校正液面曲线主要有三种方法：接箍法、音标法和声速法。

### 1. 接箍法

接箍法是指：在液面曲线上选 10 个距离均等的波峰作为折算液面参数，从 10 个波形的第一个波峰顶尖至第二个波峰顶尖距离代表一根油管长度，一般油管长度为 9.6m，10 个波峰顶尖距离代表 10 根油管长度，为 96m；利用等价代换原理，测试仪上的自动计算操作系统将根据 10 个波峰（mm）占整条曲线长度比例来折算液面，通过校正后的曲线所显示液面波位置就是最终液面深度；被波峰作为折算液面参数时，尽量避免选在井口波、音标波或液面波附近。接箍法校正液面曲线如图 9-10 示。

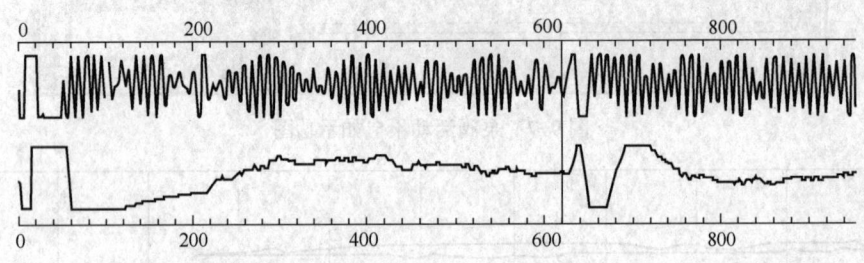

图 9-10　接箍法校正液面曲线

井号：HG23.5；日期：2010-6-8；声速=430.00m/s；深度=619.4m；点序号=748

### 2. 音标法

音标法是指在油套环形空间内下一个音标，即油管外下一个参照物，通过音标在井筒内的位置来确定液面深度。其主要原理是根据音标深度（mm）占整条曲线长度（mm）比例让测试仪自动折算液面，校正后曲线所显示液面波位置就是液面深度。音标法校正液面曲线如图 9-11 所示。

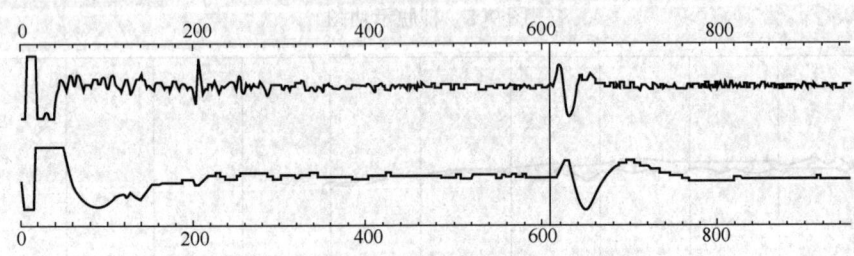

图 9-11　音标法校正液面曲线

井号：HG23-4；日期：2010-6-8；声速=430.00m/s；深度=609.0m；点序号=735

### 3. 声速法

声速法是指利用声音脉冲在油套环形空间传播的速度来计算液面深度。未解吸产气井声速在 340～370m/s 之间，一般声速在 350m/s 左右（根据音标反推出来的声速）；解吸产气井声速在 400～430m/s 之间，一般声速在 430m/s 左右（根据音标反推出来的声速）。确定排采井声速后，在计算机液面校对系统内输入相应声速，液面曲线移动后的液面位置就是液面深度。声速法校正液面曲线如图 9-18 所示。

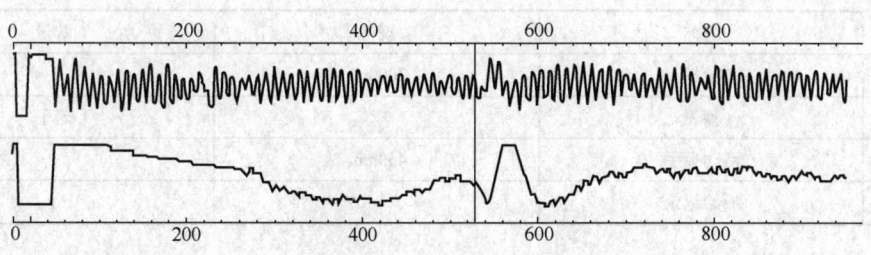

图 9-12　声速法校正液面曲线

井号：Hx8-5；日期：2010-6-7；声速=430.00m/s；深度=528.6m；点序号=638

在实际液面校正过程中，应根据波峰清晰度及曲线重复性来确定校正方法。若接箍波波峰比较清晰且曲线重复性较好，应用接箍法校正液面；若音标波波峰比较清晰且曲线重复性较好，应用音标法校正液面；在接箍波波峰、音标波波峰都不清楚且曲线重复性较差的情况下，应用声速法校正液面。

### 思考练习题

1. 简述清管器的收、发球操作。
2. 怎样判断排采井油管磨穿？

## 第二节　煤层气井排采管理

### 项目一　煤层气井资料录取

#### 一、学习目标

掌握示功图的测试方法及示功图的初步判断。

#### 二、风险提示

（1）人身伤害。
（2）中毒。
（3）窒息。

#### 三、应急处置

（1）发现人身伤害，立即使伤害者脱离伤害源，进行紧急包扎送往医院。
（2）发现有毒气气体泄漏，戴空气呼吸器把中毒人员救出，送医院救治。

#### 四、准备工作

准备工具、用具（表 9-7）。

表 9-7 煤层气井资料录取工具、用具表

| 序号 | 名称 | 规格 | 数量 |
|---|---|---|---|
| 1 | 量杯 | 2000ml | 1 |
| 2 | 秒表 | | 若干 |
| 3 | 活动扳手 | 450mm | 1 |
| 4 | 原始记录 | | 1 |

### 五、操作内容

1. 定义

新井指投产时间 1 年内的排采井；老井指投产时间 1 年以上的排采井；措施井指实施储层改造技术的排采井，自实施之日满一年期后转为老井。

2. 巡井周期

资料录取时间为 8：00～次日 8：00。

（1）新井、措施井：巡井周期为投产后一个月内 3 天一次，之后至预测解吸压力之前 5 天一次；解吸后 1 个月内每 3 天一次，之后 4 天一次。

（2）老井：巡井周期为 10 天一次；

（3）如遇特殊情况根据地质研究所通知执行。

（4）若发现气量、套压、流压等数据异常，需立即上井落实。

3. 各项参数录取规定如下

（1）基础参数，包括生产井井号、投产日期、煤顶深度、筛管深度、泵深、泵径等各项基础参数。若抽排设备、开发层位发生调整时应及时更改数据。泵径保留整数，深度保留 2 位小数。

（2）工作制度，包括冲程（扭矩）、冲次（转速、注入压力），录取时保留 1 位小数。

（3）压力，包括套压、管压、井底流压，录取时保留 3 位小数。若发现自动化数据异常或与现场数据不符，落实原因，备注清楚。

（4）电流、电压，录取时保留一位小数。

（5）产水量：按照巡井周期实测产水量数据，保留一位小数。借产要备注清楚。若实施措施作业，应在出液后及时记录产水量。误差允许范围为：产水量小于 $10m^3$，允许误差±20%；产水量大于 $10m^3$，允许误差±30%$m^3$。

（6）水质。巡井时将水样与比色纸比较，按清、浅灰、深灰三个等级进行描述，若颜色出现等级变化，加密观察。

（7）产气量。报表以自动化生成数据填写，保留整数。若发现自动化数据异常或与现场数据不符，落实原因，备注清楚。

（8）动液面。安装井底压力计井，以压力计值为准，每 30 天核实一次动液面。若发现压力计值异常或与现场数据不符，应在 24 小时内确定数据真实性后填写报表并备注清楚。未安装井底压力计井每一巡井周期测试 1 次液面值；新井、措施作业井启抽前测静液面 1～2 次；液面数据保留整数，允许误差±5m。

（9）示功图。生产井每月测 1 次示功图，遇无液及液量下降情况，应 24 小时内测取示功图。

(10) 资料保存。原始巡井记录、示功图、动液面等原始资料，要按井号、类别妥善保存。

## 项目二  单井监测辨识与处理

历史数据监测是单井排采管理的重要手段，通过历史数据比对、关联分析发现问题，由于缺乏辨识的判断依据，导致排采问题查找、解决的迟滞。建立历史数据监测辨识图，益于问题的判定，提高监测效果，避免人为监测不到位。

表 9-8 通过数据的异常、冲次、压力瞬时等参数的动态监测，将关联影响进行汇总。

**表 9-8  单井历史数据问题查询汇总表**

| 常见异常 | 表现形式 | | 原因分析 | 解决方法 |
|---|---|---|---|---|
| 数据异常，虚假数据 | 数据缺失 | | 上位机死机 | 重启上位机服务器 |
| | | | 适配器掉落 | 连接适配器 |
| | | | PLC 死机、烧毁 | 重启或更换 PLC |
| | | | 通信模块死机、丢包 | 重启通信模块 |
| | 数据窜零 | 瞬时窜零 | 流量计探头、放大器故障，流量计主板故障 | 更换探头、放大器、主板 |
| | | 压变窜零 | 压变限制设置问题、压变不准、漂移 | 调整设置，更换压变 |
| | 数据突变 | | 计量器械堵塞，计量器械设置变化 | 清理计量器械，调整设置 |
| | | | 主板坏 | 更换主板 |
| | | | PLC、RTU 程序错误 | 重新更换程序 |
| | 数据不变 | | 计量器械电池亏电 | 更换电池 |
| | | | 主板传输故障，接收模块死机、故障 | 更换主板，重启模块、更换模块 |
| | | | 上位机死机 | 刷新数据 |
| 冲次异常 | 低冲次窜零、有电流 | | 皮带打滑 | 调整皮带 |
| | 冲次电流同时为零 | | 停井 | 启井 |
| | 无冲次，有电流 | | 接近开关错位、故障、限制、皮带松 | 调整限制、位置、更换接近开关、调整皮带 |
| | 先无冲次、后无电流 | | 皮带断裂 | 更换皮带 |
| | 冲次波动大 | | 不平衡、开关老化、皮带打滑 | 调整平衡、更换开关、调整皮带 |
| | 冲次突变 | | 调速器故障、上位机窜数 | 维修调速器、刷新数据 |
| 瞬时、套压、管压、流压异常 | 瞬时降，套压降，流压回升 | | 液面回升 | 核实水量、冲次、液面、功图 |
| | | | | 上调制度、碰泵 |
| | | | | 作业检泵 |
| | 瞬时降，套压升，流压升 | | 阀门回弹 | 上调气量 |
| | | | | 更换 V 形球阀 |
| | 瞬时降，套管压升，流压升 | | 管线堵塞、积液 | 检查流程、扫线 |
| | 瞬时降，套压降，流压降 | | 地层供气能力不足 | 暂缓调气，平稳流压 |
| | 瞬时升，套压升，流压升 | | 地层供气能力增加 | 核实冲次变化，调整制度 |
| | 瞬时升，套管压降，流压降 | | 管线泄漏 | 检查流程、补漏 |

  **背景知识**

## 一、排采技术发展历程

煤层气排采是采用一定的工作制度和技术指标进行排水采气，包括从排水到吸附气解析产气的整个过程。从2016年至今，主要经历了四个阶段（图9-13）。

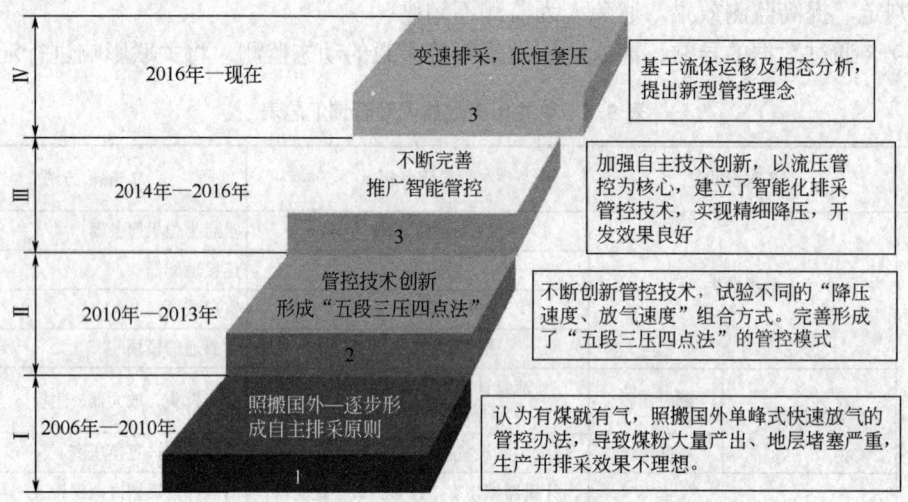

图9-13 排采技术发展历程

**1. 第一阶段（2006年—2010年）——照搬国外—逐步形成自主排采管控**

（1）照搬国外排采经验，单井开发效果差。

采取"强排水快放气"的国外高渗煤层气井管控经验，2006年投产60口井排采强度过大，日降液面几十米，产量快速上升后迅速下滑。2006年9月投产，经过3个月排采，产量快速上升到4000m³后快速下降，长期一直维持在几百立方米（图9-14）。

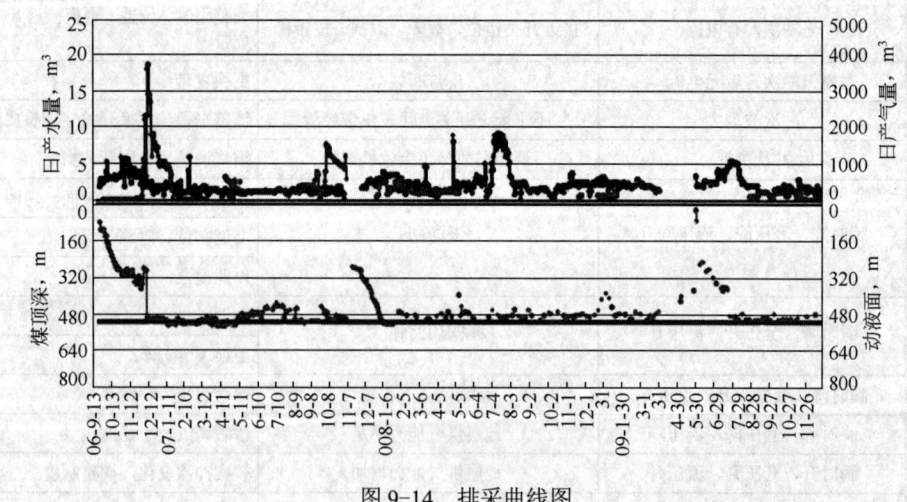

图9-14 排采曲线图

（2）深化煤层气开发机理认识，反思排采成败。

① 高阶煤是割理、孔隙型储层，具有低孔、低渗特征，物性好坏取决于构造裂隙的发育程度。

② 煤储层具有应力敏感特性，因此排采强度不能过大，否则会造成储层伤害，影响单井产量。

③ 煤储层具有"弹性自调节综合效应"，表现为渗透率动态变化，坚持排水降液产量会缓慢上升。

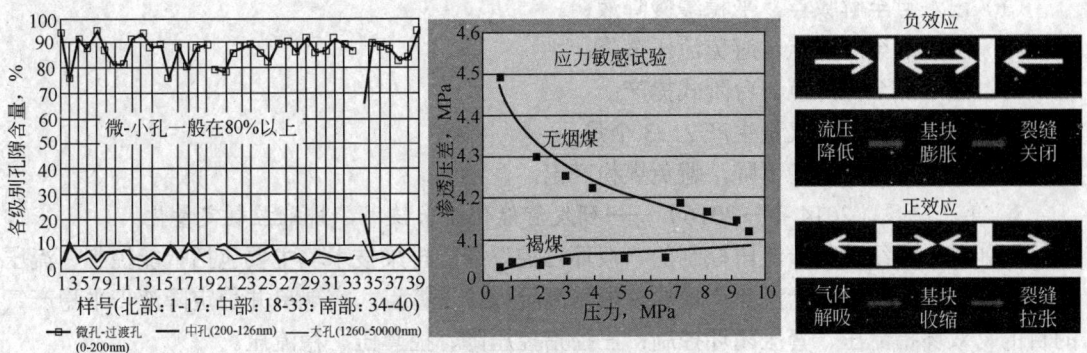

图 9-15　对比图

（3）总结提出高阶煤煤层气井"双峰曲线"产气规律。

① 通过对高阶煤煤储层特性和产气机理研究，结合对排采井生产数据、储层改造效果分析，揭示了煤层气"双峰曲线型"产气规律；认为第一峰是近井裂缝解吸产气，第二峰是面积降压解吸产气；如图 9-16 所示。

② 根据排采规律新认识，提出了"缓慢、连续、长期"的排采控制原则，对排采控制技术研究具有重要指导意义。

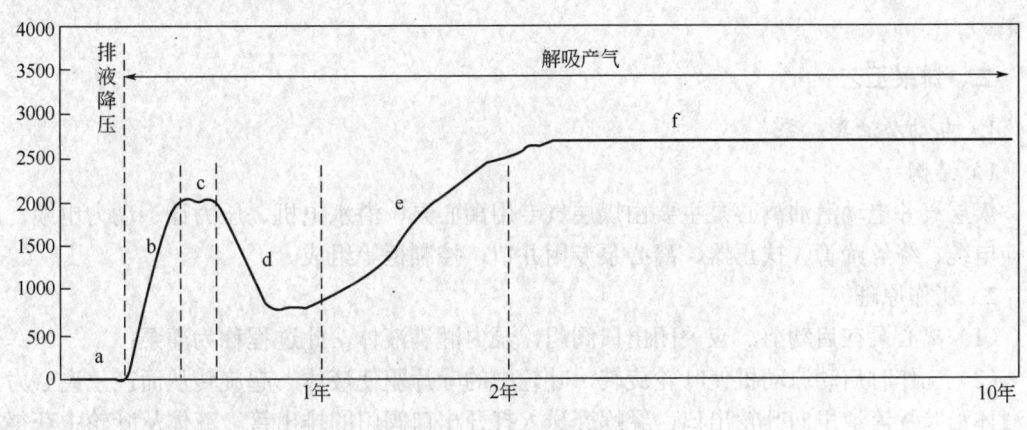

图 9-16　双峰曲线图

（4）制定高阶煤煤层气井合理排采控制方法。

① 作用是有效控制井底流压的变化幅度，避免煤粉堵塞、气锁等现象的发生。

② 单井生产历史划分为五阶段：排水段、憋压段、控压段、稳产段和衰竭段。

③ 核心是三个压力的合理匹配：井底流压、解吸压力、地层压力。

**2. 第二阶段（2011年—2013年）——创新完善形成"五段三压四点法"**

在对煤层气井排采规律取得一定认识后，为探索高效排采管控模式，在樊庄—郑庄区块探索了多种不同排采管控方式。

单井生产历史可分为五个阶段：排水阶段、憋压阶段、控压阶段、稳产阶段、衰减阶段。核心是三个压力，即井底压力、解吸压力、地层压力的合理匹配。

其控制要点是：

（1）出水点至解吸点，平稳缓慢降液；

（2）解吸点至放气点，避免流压突降；

（3）放气点至稳产点，台阶式提产；

（4）放气初期，低气量生产2~3个月；

（5）核心是流压平稳下降，避免煤粉产出。

**3. 第三阶段（2014年—2016）——研发智能化排采技术，排采控制定量化**

智能排采系统是基于流压控制的"双环三控"智能排采技术，主要包括智能控制、流压控制、套压控制、水量计量4个模块。根据高阶煤排采特点，实现单井稳定降液，平稳产气的目的。双环指流压、套压闭环控制；三控指控压降、控套压、稳流压。

**4. 第四阶段（2016年至今）——变速排采、低恒套压管控模式**

随着对高阶煤储层渗流规律研究的不断深化，基于流体相态，将煤层气井生产划分为三个主要阶段，通过匹配四线关系控制底层合理渗流状态，实现科学管控：

（1）解吸前"变速排采"：解决解吸前累产水低、排水效率不高的问题；

（2）解吸后"低恒套压"：解决憋压抑制产水、解吸速率不高的问题；

（3）全过程"指标管控"：解决调参没有依据、仅凭经验调整的问题。

依托指标管控，由定性管控向定量管理转变，彻底摒弃"憋压排采"管控方式，实施关键指标"定量管控"，确保上产过程对储层无伤害。转变管控方式后，收到较好效果。

## 二、排采工艺

**1. 电动潜油离心泵**

1）结构

煤层气井电动潜油离心泵主要由煤层气专用离心泵、潜水电机、压力计、动力电缆、压力计电缆、绕丝筛管、扶正器、离心泵专用井口、控制柜等组成。

2）工作原理

（1）离心泵在启动前，应关闭出口阀门，泵内灌满液体，此过程称为灌泵；

（2）工作时启动原动机使叶轮旋转，叶轮中的叶片驱使液体一起旋转从而产生离心力，使液体沿叶片流道甩向叶轮出口，经蜗壳送入打开出口阀门的排出管。液体从叶轮中获得机械能使压力能和动能增加，依靠此能量使液体达到工作地点。

（3）在液体不断被甩出的同时，叶轮入口处就形成了低压。在吸液池和叶轮入口中心线的液体之间就产生了压差，吸液池中液体在这个压差作用下，便不断地经吸入管路及泵的吸入室进入叶轮之中，从而使离心泵连续地工作。

3）技术特点

优点

（1）理论排量调节范围大，最大可至百方。

（2）不存在杆管偏磨。

（3）地面没有运动部件，只有井口和控制柜，占地面积小，日常的维护和保养工作少。

缺点：

（1）井下电动机散热效果差，频繁烧泵故障，生产不平稳。

（2）井下电缆多，易出现故障。电缆断裂、油管脱落，打捞、修井困难。

（3）筛管孔径小，易被煤灰堵塞。大孔径的筛管、大颗粒损坏离心泵。

（4）压力计电缆信号受电动机电缆的影响，导致压力计数据漂移。

（5）井筒中结构复杂、元器件多，易出现故障，修井作业多。

2. 数控电潜管式泵

1）结构和原理

数控电潜管式泵配套主要由直线潜油电动机、柱塞式抽油泵、潜油电缆、电缆保护配件、地面配套控制系统组成。其基本原理是利用磁悬浮直线往复运动与柱塞的上下运动方向一致的特点，通过直接驱动柱塞达到抽水的目的，取消了地面电动机驱动装置，地面设备及地下机械传动部分，从而大大降低了载荷传动过程中功率的损耗。其结构如图9-18所示。

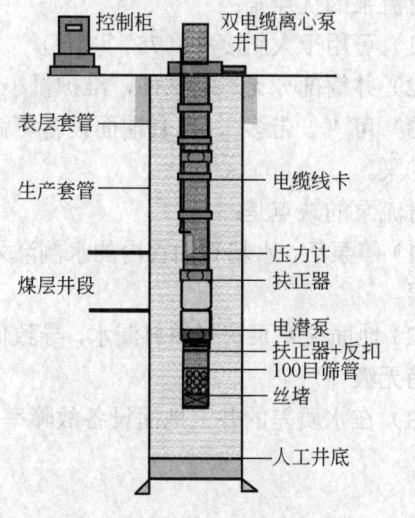

图9-17 煤层气井电动潜油离心泵结构图

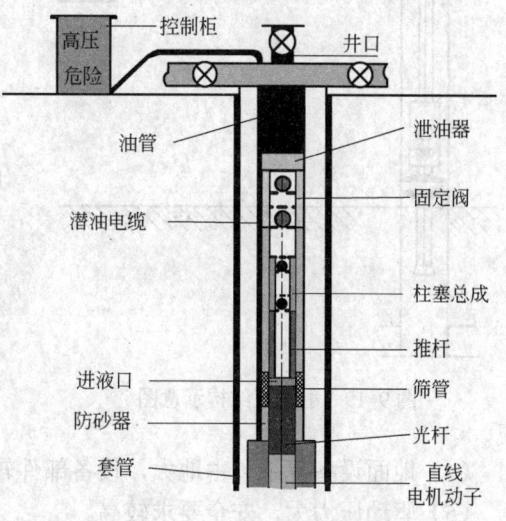

图9-18 数控电潜管式泵结构图

2）技术特点

数控电潜管式泵的优点是：地面只有井口和控制柜，没有运动部件，占地面积小。

数控电潜管式泵的缺点是：

（1）出现故障后较难查找原因。

（2）大斜度井（40°以上）无法使用（电缆磨损和保护难度大）。

（3）高负荷自动停井故障多（电机功率小）。

（4）井筒工艺较普通管式泵复杂，当油管脱落时，动力电缆影响打捞，加大修井作业难度。

(5) 无自动化监控（控制柜程序未调好），无法及时发现问题。

3. 射流泵

1) 结构

射流泵由水箱、过滤器、柱塞泵、采油树、同心油管、井下射流泵等组成其结构如图 9-19 所示。

工作原理为从地面的高速动力液经过水力泵后，在喷嘴与喉管之间形成负压，由于喉管外与外管之间的夹缝与地层是连通的，地层流动就会被抽吸上来，泵压越高流速越快，产生负压越大，对流体抽吸力就越大，相应液量就越高。

2) 工作原理

该工艺技术是以高压水为动力液驱动井下装置工作，以动力液和采出液之间的能量转换达到排水的目的。

动力液由井口通过 $\phi48mm$ 油管到达井下射流泵，地层产出液携地层砂通过尾管被吸入到井下射流泵装置的喷嘴、喉管之间并随动力液一起进入喉管，在喉管内动力液和产出液混合形成混合液，增压后的混合液沿 $\phi48mm$ 油管和 $\phi73mm$ 油管之间的环空到达地面。

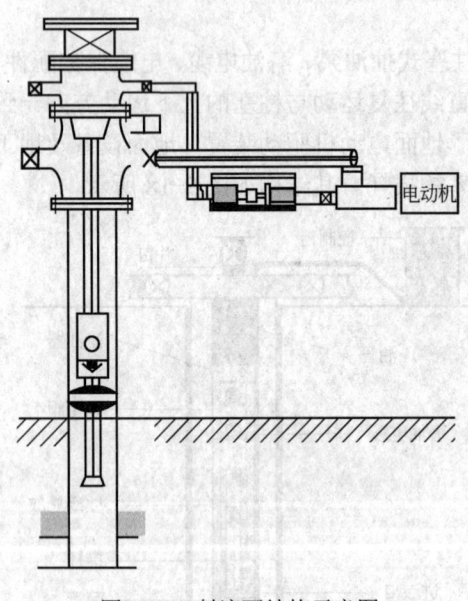

图 9-19 射流泵结构示意图

3) 技术特点

射流泵的优点是：

(1) 可用于大斜度井（75°以上）。

(2) 井筒部分无运动部件，维护量小。

(3) 可"一带多"，单套地面设备可满足多口井排采。

射流泵的缺点是：

(1) 停泵后，水箱和油管内的水倒灌入井筒及地层。

(2) 地面柱塞泵密封填料漏水，导致低液量井水箱无液。

(3) 在水质差的井上地面设备故障率高。

(4) 地面设备复杂，占地大，设备部件较多。

(5) 驱动压力大，安全要求较高。

射流泵在水质较好井的降液阶段运行相对平稳，可实现"一带多"的排采模式。对井筒固体颗粒的承受能力较差，地面工艺复杂且占地面积大。

4. 无杆排采

水力无杆排采系统从 2003 年开始研制，经过 9 年的试验优化，目前各项技术指标已达到设计技术要求。该系统主要用于大斜度井、丛式井、水平井。

1) 结构原理

水力无杆排采系统的组成如图 9-20 所示。

地面驱动液缸左行时，液控阀打开，液缸左腔液体加压，通过插管进入井下机组，井下机组活塞上行，泵吸液。当井下机组到达上止点时，压缩换向弹簧，活塞泵筒上的孔打开，高压驱动液由此孔进入泵腔。

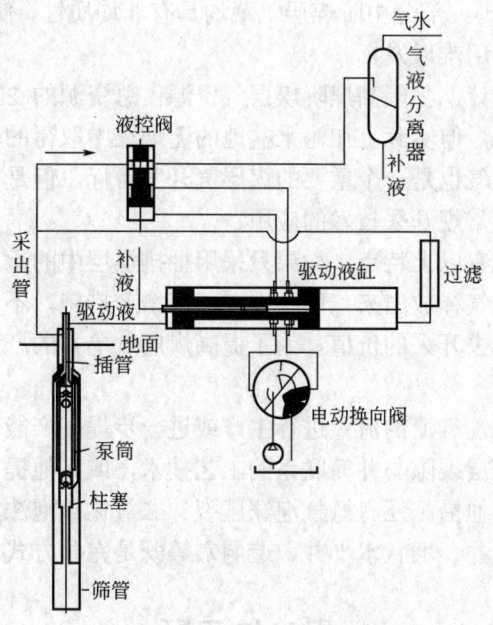

图 9-20　水力无杆排系统示意图

地面驱动液缸右行时，液控阀关闭，液缸右腔液体加压，通过插管与油管的环空进入井下机组，井下机组活塞下行，泵排液。

2）技术特点

（1）井下机组寿命长。井下机组采用与抽油泵相同的材料与工艺，作用在井下机组上的动力液是由地面注入的，经过分离后为比较清洁的高压液体；此液体比抽油泵产出液清洁，故井下机组的使用寿命比井下抽油泵长。

（2）井下机组的密封性好。井下机组的密封采用与抽油泵相同密封方式，允许井下机组各配合面有一定范围内的渗漏，此部分渗漏的液体能充分地润滑各配合面，减少磨损。

（3）井下机组的下行力小。在每个上止点换向时，辅助换向弹簧蓄能，在杆柱从静止到下行所需的加速度小。

（4）小直径插管寿命长。小直径插管只传输高压液体，与抽油杆不同，小直径插管在工作中不运动，也不承受拉力，只承受井液的腐蚀，其寿命与油管相同。

（5）小直径插管与井下机组的对接方便。井下机组的上接头是分液接头，其上有 3 个通道：高压液体的进液通道；井下产出液的流动通道；泄油通道（起管柱时，拔出小插管，此通道打开）。

### 三、煤层气单井增产措施

我国煤层的特点使得在开采煤层气时普遍存在单井产量低、经济效益差的情况。我国煤层气藏的特点概括为以下几个主要方面：

（1）我国煤层气藏普遍存在低压（压力系数小于 0.8）、低饱和度（小于 70%）、低渗透的特征。煤层的渗透率一般为 $(0.001\sim0.1)\times10^{-3}\mu m^2$，国内渗透率最大的煤层也仅为（0.54～

3.8)×$10^{-3}\mu m^2$,其渗透率比美国煤层的渗透率低2~3个数量级。

(2)非均质性强。我国大部分中阶煤层气藏均具有非均质性,使得井筒影响范围特别小,从而使井网整体降压的作用难以发挥。

(3)高煤阶气。据估计,我国高煤阶煤层气资源占总资源的27.6%以上。在理论上,这些煤层不具有产气的能力,但实际上在沁水盆地的无烟煤中取得的单井和小型开发试验区的产气突破,已证明高煤阶气也是一个重要的煤层气开发目标。但是,高煤阶气具有低渗和难脱附的特点,限制了目前常规开采技术的应用。

由于我国煤层气藏具有以上特点,如果只采用抽排煤层中的承压水来降低煤层压力的方法,使煤层中吸附的甲烷气释放出来,而不采取任何增产措施,不仅会使煤层气单井产量较低,而且目前许多井将失去开采的价值。为了提高煤层气单井的产量,获得经济产量,必须采取一些新的增产措施。

为使煤层气能以工业性气流的流量进行生产或进一步提高产能,开发人员采取了改善煤层天然裂隙系统和疏通煤层裂隙与井筒联系的工艺技术,或其他提高产能的措施。最常用的增产措施是水力压裂,其他措施还有氮气泡沫压裂、二氧化碳泡沫压裂、酸处理、注入氮气或二氧化碳驱替等。水平井、羽状水平井、造洞穴等既是完井方式,也是增产措施。

## 思考练习题

1. 数控电潜管式泵的工作原理是什么?
2. 简述煤层气资料录取规范。
3. 煤层气历史数据故障判断有哪几类?

# 第十章 常用工具、量具

采油工、采气工在设备日常维护保养工作中,经常使用工具,了解这些工具的性能、规格,才能正确使用,及时完成维护保养工作。这部分简要介绍常用的工具和量具。

## 第一节 工 具

### 项目一 管钳使用

管钳是用于转动金属管及其他圆柱形工件,是管路安装及维修的常用工具。管钳的规格是指管钳头开口最大时的整体长度,其结构如图 10-1 所示,技术规范见表 10-1。

图 10-1 管钳结构示意图
1—活动钳口;2—固定钳口;3—固定钳口架;4—开口调节环;5—管钳把

表 10-1 管钳技术规范

| 长度 | in | 6 | 8 | 10 | 12 | 14 | 18 | 24 | 36 | 48 |
|---|---|---|---|---|---|---|---|---|---|---|
| | mm | 150 | 200 | 250 | 300 | 350 | 450 | 600 | 900 | 1200 |
| 夹持最大管子外径,mm | | ≤20 | ≤25 | ≤30 | ≤40 | ≤50 | ≤60 | ≤70 | ≤80 | ≤100 |

**一、操作要点**

(1) 根据所用管子的直径或管件的大小,选择合适的管钳。
(2) 使用前,检查固定销钉是否牢固,钳柄、钳头有无裂痕。
(3) 搭管钳时开口要合适。
(4) 装卸管件时,一手扶活动管钳头,一手抓住管柄,将管钳的钳牙咬在管子上,待咬紧后，扶管钳的手四指伸开，用手掌下压。

（5）当钳柄压到一定角度后，抬起管柄，扶钳头的手及时松开，重复旋转。

（6）操作时左手扶活动管钳头，防止打滑。

### 二、注意事项

（1）较小的管钳不能用力过大，不能当加力杠使用。

（2）不能将管钳当手锤或撬杠使用。

（3）用后及时清洁干净，涂抹黄油，防止旋转螺母生锈。

## 项目二　活动扳手使用

活动扳手又叫活动扳手，其开口宽度可以调节，是用来紧固和拧松一定尺寸范围内的螺栓或螺母的一种专用工具，其结构如图10-2所示，技术规范见表10-2。

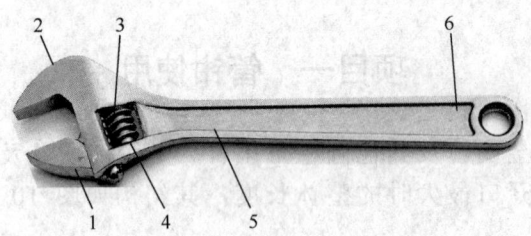

图10-2　活动扳手结构示意图

1—活动钳口；2—固定钳口；3—开口调节螺母；4—固定销；5—尺寸和标识；6—手柄

表10-2　活动扳手技术规范表

| 长度 | | 4 | 6 | 8 | 10 | 12 | 15 | 16 | 18 | 24 |
|---|---|---|---|---|---|---|---|---|---|---|
| | in | 4 | 6 | 8 | 10 | 12 | 15 | 16 | 18 | 24 |
| | mm | 100 | 150 | 200 | 250 | 300 | 375 | 400 | 450 | 600 |
| 开口最大开度，mm | | 14 | 19 | 24 | 30 | 36 | 46 | 50 | 55 | 65 |
| 适应螺母范围，in | | <1/8 以 | 1/8~1/4 | 1/4~3/8 | 3/8~1/2 | 1/2~5/8 | 5/8~3/4 | 3/4~7/8 | 7/8~1 | 1~3/2 |

### 一、操作要点

（1）使用前，应根据被扭件规格及所在位置的大小，选择符合规格的扳手。

（2）根据螺栓或螺帽的外径，将开口调至合适的尺度并夹紧。

（3）扭动手柄时用力要平稳，用力方向与被扭件的中心轴线垂直。

（4）若反向用力，扳手应翻转180°。

（5）使用扳手时，最好是拉动而不是推动，拉力的方向要与扳手的手柄成直角。

（6）非推不可时，要用手掌推，手指伸开，防止撞伤关节。

### 二、注意事项

（1）不能当锤子使用，也不能用锤子敲击扳手，禁止反打扳手。

（2）不能在手柄上接加力杠。

(3) 使用后擦拭干净。

## 项目三　手钢锯使用

手钢锯是由锯弓和锯条两部分组成的手工锯割金属管件等的工具。锯弓是用来安装、上紧锯条的工具，分为固定式和可调式。锯条是有齿刃的钢片条，常用锯条规格是 300mm。锯条按锯齿粗细分为粗齿（18 齿）、中齿（24 齿）、细齿（32 齿）。粗齿锯条齿距大，适用于锯割软质材料或大的工件，细齿锯条齿距小，适合锯割硬质材料或较薄材料，其结构如图 10-3 所示，技术规范见表 10-3。

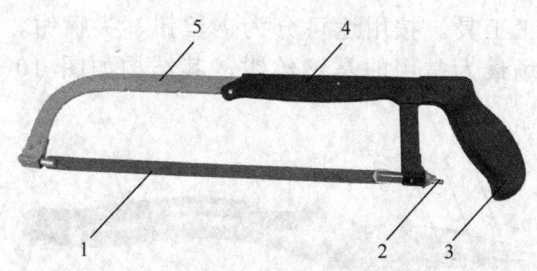

图 10-3　手钢锯结构示意图
1—锯条；2—调节螺母；3—手柄；4—主锯弓架；5—活动锯弓架

表 10-3　手钢锯技术规范

| 型式 | 手工钢锯条长度，mm | |
|---|---|---|
|  | 钢板制 | 钢管制 |
| 调节式 | 200，250，300 | 250，300 |
| 固定式 | 300 | 300 |

### 一、操作要点

（1）安装锯条，锯齿向前，松紧要适度，调整锯条松紧度时，蝶形螺母不宜旋得太紧或太松。

（2）起锯采用远边起锯（锯条的前端搭在工件上）或近边起锯（锯条的后端搭在工件上），角度要小约 15°。

（3）锯割时右手握住锯柄，左手压在锯弓前上部，掌握锯弓要稳，身体稍向前倾，左脚在前，腿略微弯曲，右腿伸直，两脚间距离适当，两臂稍弯曲，用压力推进。

（4）运锯时上身移动，两脚保持不动，并不断给锯口加入机油；开始时，推拉距离短，压力要小，速度稍慢。

（5）锯条往返走直线，并用锯条全长进行锯割，使锯齿磨损均匀。锯缝接近锯弓高度时，应将锯弓与锯条调成 90°。

（6）锯较薄的工件，可将两面垫上木板或金属片一起锯；锯较厚的工件，因锯弓的宽度不够，可调几个方向锯，如工件长度允许，可将锯条横装，加大锯口的深度。

(7) 若有锯齿崩断，应立即停止操作。应在重新起锯时，更换锯条。

## 二、注意事项

(1) 夹紧工件，工件伸出钳口不宜过长。
(2) 工件要锯完时压力要轻，速度要慢，行程要小，并用手扶住工件。
(3) 钢锯用完后将锯条取下，擦洗干净，保养锯弓并存放。

## 项目四　手钳使用

手钳是用来夹持零件、切断金属丝，剪切金属薄片或将金属薄片、金属丝弯曲成所需形状的常用手工工具。按用途可分为钢丝钳、尖嘴钳、扁嘴钳、圆嘴钳、弯嘴钳等。目前生产现场最为常用的是钢丝钳，其结构如图 10-4 所示，技术规范见表 10-4。

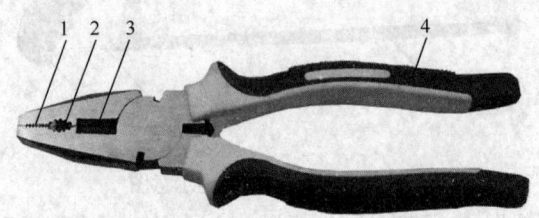

图 10-4　钢丝钳结构示意图
1—钳嘴；2—夹管口；3—刀口；4—手柄

表 10-4　钢丝钳技术规范

| 类型 | | 工作电压 V | 钳身长度 mm | | |
|---|---|---|---|---|---|
| 柄部 | 旁剪口 | | | | |
| 铁柄 | 有 | — | 160 | 180 | 200 |
| 铁柄 | 无 | — | 160 | 180 | 200 |
| 绝缘柄 | 有 | 50 | 160 | 180 | 200 |
| 绝缘柄 | 无 | 50 | 160 | 180 | 200 |
| 能切断硬度 HRC≤30 中碳钢丝的最大直径，mm | | | 2 | 2.5 | 3 |

## 一、操作要点

(1) 手钳在使用时应根据工作需要选择合适的规格和类型。
(2) 钳把带塑料套的不能在工作温度 100℃ 以上情况下使用，以防塑料套熔化。
(3) 带电操作时，手与金属部分应保持 2m 以上的距离。

## 二、注意事项

钢丝钳夹持工件用力得当，防止变形损坏，不能剪切硬质合金钢，不能当作锤子或其他工具使用。

## 项目五　螺钉旋具使用

螺钉旋具是一种紧固和拆卸螺钉的工具。螺钉旋具的样式和规格很多，常用的有一字形、十字形两种，其结构如图10-5所示。一字形螺钉旋具和十字形螺钉旋具的规格分别见表10-5、表10-6。

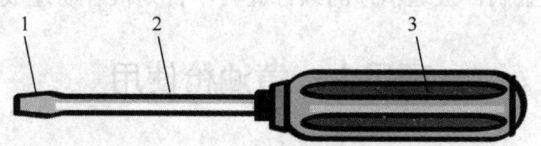

图 10-5　螺钉旋具结构示意图
1—螺丝刀头；2—螺丝刀杆；3—手柄

表 10-5　一字形螺钉旋具的规格

| 公称尺寸 mm | 公称尺寸 mm | 公称尺寸 mm | 公称尺寸 mm | 公称尺寸 mm | 公称尺寸 mm | 公称尺寸 mm |
| --- | --- | --- | --- | --- | --- | --- |
| 50×3 | 75×4 | 50×5 | 100×6 | 100×7 | 125×8 | 125×9 |
| 65×3 | 100×4 | 65×5 | 125×6 | 125×7 | 150×8 | 250×9 |
| 75×3 | 150×4 | 75×5 |  | 150×7 | 200×8 | 300×9 |
| 100×3 | 200×4 | 200×5 |  |  | 250×8 | 350×9 |
| 150×3 |  | 250×5 |  |  |  |  |
| 200×3 |  | 300×5 |  |  |  |  |

表 10-6　十字形螺钉旋具的规格

| 公称尺寸 mm | 公称尺寸 mm | 公称尺寸 mm | 公称尺寸 mm | 公称尺寸 mm |
| --- | --- | --- | --- | --- |
| 50×4 | 50×5 | 50×6 | 50×8 | 50×9 |
| 75×4 | 75×5 | 75×6 | 75×8 | 75×9 |
| 90×4 | 90×5 | 90×6 | 90×8 | 90×9 |
| 100×4 | 100×5 | 125×6 | 100×8 | 250×9 |
| 150×4 | 200×5 | 150×6 | 150×8 | 300×9 |
| 200×4 |  | 200×6 | 200×8 | 350×9 |
|  |  |  | 250×8 | 400×9 |

### 一、操作要点

（1）螺钉旋具在使用时应根据螺钉槽选择合适的类型和规格，旋具的工作部分必须与槽形、槽口相配，防止破坏槽口。

（2）使用旋具紧固或拆卸带电的螺钉时，手不得触及螺丝刀的金属杆，以免发生触电事故。

（3）为了防止螺钉旋具的金属杆触及皮肤或触及邻近带电体，应在金属杆上套上绝缘管。

（4）螺钉旋具的刀口使用日久变圆后，可以在磨石上修磨，切勿在砂轮机上打磨，以免退火失去刚性。

### 二、注意事项

（1）普通型旋具端部不能用手锤敲击，不能把旋具当凿子、撬杠或其他工具使用。

（2）电工不可使用金属杆直通柄顶的螺钉旋具，否则很容易造成触电事故。

## 项目六  黄油枪使用

黄油枪是一种给机械设备加注润滑脂的手动工具，由枪管、枪头、手柄、拉手四部分构成。对加油位置方便处于空间宽敞的地方可用铁枪杆（铁枪头），对加油位置隐蔽、拐弯抹角的地方就必须用软管（平枪头）来加油。黄油枪是油田设备保养、维修的必备工具，其结构如图10-6所示。

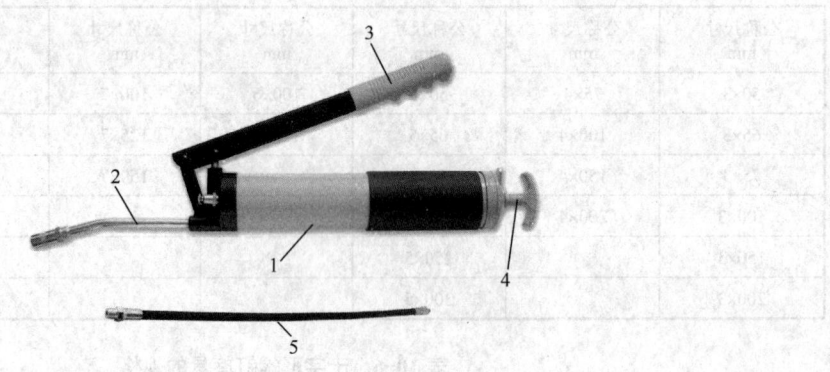

图10-6  黄油枪结构示意图
1—枪管；2—铁枪头；3—手柄；4—拉手；5—平枪头

### 一、操作要点

（1）旋开油枪头使油枪头与枪筒分开。

（2）将从动把手拉到底，然后将油弹或筒装黄油的盖子旋下，油弹开口朝向枪筒方向，装入黄油。

（3）旋上枪头，不要旋得太紧，按住枪头尾部的锁定片，将从动把手推入枪筒内，无负荷状态下，将从动把手拉到底部再推回原处，排除枪筒内空气。如果枪上有排气阀则可先旋紧枪头，操作从动把手的同时按几下排气阀排气。

（4）旋紧枪头将从动把手推进枪筒里。

### 二、注意事项

（1）使用黄油枪时，应注意将润滑油脂小团地装入储油筒，排出空气。

（2）对油嘴加注润滑脂时，应对正油嘴。若不进油，应停止注油，检查油嘴是否堵塞。

## 项目七　锉刀使用

锉刀是用于手工锉削金属的一种钳工工具,其结构如图 10-7 所示。锉刀分类见表 10-7。

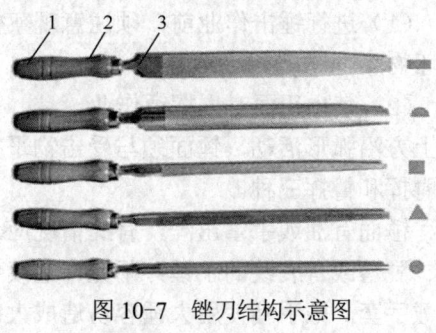

图 10-7　锉刀结构示意图
1—锉柄；2—锉梢；3—锉纹

表 10-7　锉刀分类表

| 按用途分类 | 普通锉、特种锉、整形锉 |
|---|---|
| 按断面形状分类 | 方锉、圆锉、半圆锉、三角锉、平锉 |
| 按锉齿粗细分类 | 粗齿锉、中齿锉、细齿锉、油光锉 |
| 按齿纹分类 | 单齿纹、双齿纹 |
| 按锉纹密度分类 | 1号、2号、3号、4号、5号 |

### 一、操作要点

（1）新锉刀要先使用一面,用钝后再使用另一面。
（2）锉削时锉刀不能撞击到工件,以免锉刀柄脱落造成事故。
（3）没有装柄的锉刀、锉刀柄开裂或没有锉刀柄箍的锉刀不可使用。
（4）锉刀不可作为撬杠或手锤使用。
（5）锉刀上不可沾油或沾水,锉刀使用完毕必须清刷干净,以免生锈。
（6）在使用过程中或放入工具箱时,不可与其他工具或工件堆放在一起,也不可与其他锉刀互相重叠堆放,以免损坏锉齿。

### 二、注意事项

（1）不准用新锉刀挫硬金属。
（2）使用锉刀时不宜速度过快,否则容易过早磨损。
（3）使用什锦锉刀用力不宜过大,以免折断。

## 项目八　大锤、手锤和撬杠使用

### 一、大锤、手锤

如图 10-8 所示,由于使用功能不同,所以手锤形状各有不同。手柄长度一般为 300mm

左右。锤子是主要的击打工具，由锤头和锤柄组成，锤头材质多为45号钢。根据被击打工件的不同，锤头也有用铅、铜、橡皮、塑料或木材等制成的软锤子。

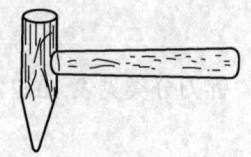

图10-8　钳工锤

1）操作要点及注意事项

（1）进行锤击作业前，须注意观察作业现场情况，以防碰伤或击坏物品。

（2）禁止正面对人挥锤作业。

（3）锤击时，锤子在右上方沿弧形活动，锤面须与受击物平行，两眼要注视锤击物。

（4）挥锤方法有手挥、肘挥和臂挥三种。

（5）操作中应避免锤把、锤面有油或手掌出汗，有此情况应及时擦净。

（6）发现锤把楔子松动、脱落或有裂纹的手锤，不允许继续使用，以防锤头飞出伤人。

（7）锤击操作中不允许戴手套。戴手套使用大锤容易造成大锤从手中滑脱，造成事故。

## 二、撬杠

撬杠长度有0.5m、1m等规格，一般为1.5m左右。在使用中应注意以下几点：

（1）撬拨重物时，支点要选用坚固构件，不要用易滑动、易破碎或不规则物体，以免因打滑而伤人。

（2）撬杠工作时要承受较大的弯矩，选用时其形状、大小应便于操作；杆件应避免难以操作或折断、压扁、变形等。

（3）高处使用撬杠作业时，其临边危险处禁止操作，防止撬杠滑脱，人体重心失控，造成人员坠落。

（4）使用撬杠时，不可随意加长和松手，防止滑倒、掉落伤人，多人同时作业必须有统一指挥。

（5）操作时，撬杠应放在身体的一侧，两腿叉开，两手用力，不准站在或骑在撬杠上面工作，也不准将撬杠放在肚子下，以防发生事故。

# 项目九　台虎钳使用

台虎钳，又称虎钳，是装置在工作台上用以夹稳加工工件的通用夹具。台虎钳的规格是指开口的最大开度，常用台虎钳的技术规格有100mm（4in）、125mm（5in）、150mm（6in），其结构如图10-9所示。

## 一、操作要点

（1）安装台虎钳时，必须使固定钳身的工作面处于钳台边缘以外，以保证夹持长条形工件时，下端不受钳台边缘的阻碍，钳口高度与操作者肘齐平为宜。

（2）夹紧工件时要松紧适当，只能用手扳紧手柄，不得借助其他工具加力。

（3）强力作业时，应尽量使力朝向固定钳身。

（4）不许在活动钳身和光滑平面上敲击作业。

（5）对丝杠、螺母等活动表面应经常清洗、润滑，以防生锈。

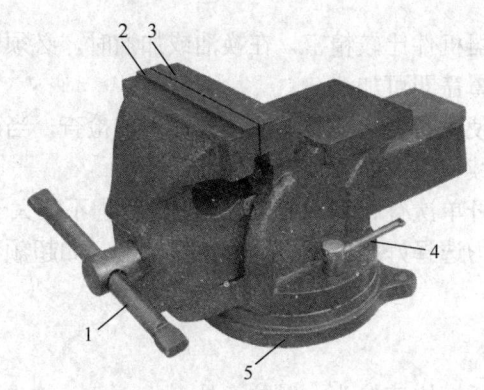

图 10-9 台虎钳结构示意图
1—丝杠；2—活动钳口；3—固定钳口；4—夹紧手柄；5—底座

## 二、注意事项

（1）夹紧工件时，不准用锤子敲击或套上管子转动手柄，以免丝杆、螺母或钳身受力过重而损坏。

（2）强力作业时，应尽量使力朝向固定钳身，否则丝杆和螺母会因受力过重而损坏。

（3）不要在活动钳身的光滑面上进行敲击作业。

（4）台虎钳的丝杆螺母及其他活动表面都要经常加润滑油并保持清洁。

# 项目十  拔轮器使用

拔轮器主要用来拆卸电动机的皮带轮，减轻员工劳动强度，提高工作效率。通过更换不同直径的电动机皮带轮改变拖动设备的转速。现场使用拔轮器主要有分体液压式和三爪式两种，如图10-10所示。

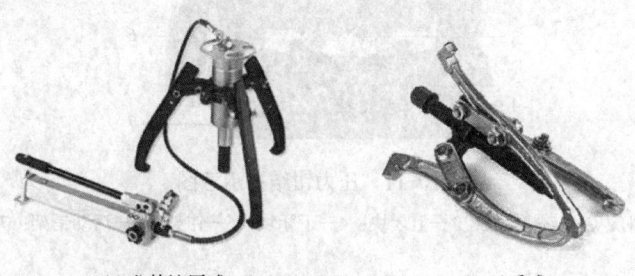

(a) 分体液压式   (b) 三爪式

图 10-10  拔轮器

## 一、分体液压式拔轮器使用方法

（1）先将液压拔轮器主体及拉卸部分安装上被卸工件，用调节螺母调节好距离，旋紧手动泵的回油阀杆反复掀动手柄，将被拉物拉下，旋松回油阀杆，主体活塞缓慢复位。

（2）使用过程中如发现有空打现象时，可竖起旋松回油阀杆，掀动手柄空压几下，然后再旋紧阀杆即可继续使用。

(3) 分体式液压拔轮器机件比较精密，在换油或加油时，必须使用经过滤后的 32 号液压油或机械油，打开后端罩盖即可加油。

(4) 高压胶管径长期使用易老化变质，应注意使用前检查，当压力低于 600kg/cm$^2$ 时，发现有突起现象就不能继续使用，必须重新更换。

(5) 液压拔轮器活塞杆单次行程为 60mm，使用时行程不得大于 60mm。

(6) 根据拉距及负载力选择好相应吨位的液压拔轮器，如超额负载时液压泵里的溢流阀将会自动溢流。

### 二、注意事项

(1) 在载荷中，切勿拆卸快速接头，以防意外。

(2) 当工件没有拉出时应及时停止，松开回油阀杆，让活塞杆缩回，调整调节螺母旋紧回油阀杆继续进行。

## 项目十一　压力钳使用

压力钳是用于夹稳金属管的，以便进行铰制螺纹或割断等工作的专用工具，其结构如图 10-11 所示，技术规范见表 10-8。

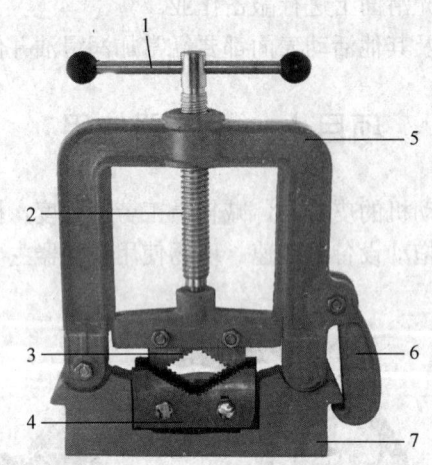

图 10-11　压力钳结构示意图

1—加力杠；2—夹紧丝杠；3—上牙块；4—下牙块；5—钳架；6—活动销架；7—底座

表 10-8　压力钳技术规范

| 型号 | 夹持外径，mm | 型号 | 夹持外径，mm |
| --- | --- | --- | --- |
| 1 | 70 | 4 | 150 |
| 2 | 90 | 5 | 200 |
| 3 | 110 | 6 | 250 |

操作要点及注意事项：

(1) 选择合适的压力钳，夹持大管子时，压力钳后边要加一把管钳，防止滑脱，损坏管子和钳口。

(2) 夹紧管子时不要用力过猛,应逐步旋紧,防止夹扁管子或钳牙吃管子太深,夹持长管应在管子尾部用三脚架支撑。

(3) 注意使用前要认真检查压力钳三脚架及钳体,要将三脚架固定牢固。

(4) 使用后要在丝杆部分涂上润滑油。

(5) 使用完毕后应清除油污,合拢钳口,长期停用应涂油存放。

## 项目十二　绳具、索具使用

吊装带图 10-12 普遍使用于油田、口岸、机电、运输等行业的吊装,一般使用在易燃、易爆环境下,因其具有重量轻、强度高、不易损伤吊装物体表面等特点,逐步替代了钢丝绳索具。

吊装带种类很多,生产现场常用扁平环眼吊装带和环状吊装带两种。扁平环眼吊装带的两侧各有一个吊环,吊环上缝有抗磨护套,中间部分由几层织带缝合在一起;扁平环状吊装带是一个圆环。

图 10-12　吊装带

### 一、操作要点

(1) 吊装带使用前,必须进行外观检查,不得有破裂、腐蚀等缺陷。

(2) 吊装带使用前,应该确定其额定载荷,不得随意超载使用。吊装带不同的颜色代表着不同的吨位,没有颜色区分的白色吊装带质量及承重比彩色的较差。

(3) 吊装带使用中不得扭结。严禁与锐利的物体直接接触,无法避免时应垫保护物。非防腐吊装带,不得与酸、碱等腐蚀物接触。

(4) 由于各种吊装绳索的延伸率不同,因此吊装带不得与钢丝绳一起成对使用。

### 二、使用注意事项

(1) 起吊物严禁超过额定载荷。

(2) 不要在地上或摩擦力大的物体表面拖拽。

(3) 不要将吊索扭绞、打结。

(4) 不要在起吊物压在吊索上时拖拽。

(5) 吊索具不能修补后使用。

(6) 储存环境应远离化学品,在温度为-40℃~100℃下使用。

(7) 不要直接接触尖利的物品。

(8) 每次使用都要仔细检查是否使用了合适的吊带。

(9) 每次使用前都要仔细检查吊带是否符合上述要求。

（10）使用时必须保持平稳起吊。

## 项目十三　千斤顶使用

千斤顶是一种简单的起重设备，由大小油缸、大小活塞、手柄、单向阀、调节螺母、回油阀杆等组成。主要用于厂矿、交通运输等部门起重、支撑等工作，其结构如图10-13所示。

图10-13　千斤顶结构示意图

千斤顶操作要点为：

（1）使用前必须检查各部分是否正常。

（2）使用时应严格遵守主要参数中的规定，切忌超高、超载，否则当起重高度或起重吨位超过规定时，油缸顶部会发生严重漏油。

（3）合理选择千斤顶的着力点，底面要垫平，以免负重下陷或倾斜。

（4）起重时往复扳动手柄不断向油缸内压油，由于油缸内油压的不断增高，迫使活塞及活塞上面的重物一起向上运动。

（5）千斤顶将重物顶升后，应及时用支撑物将重物支撑牢固，禁止将千斤顶作为支撑物使用。

（6）卸载时打开回油阀，油缸内的高压油流回储油腔，重物与活塞也就一起下落。

### 思考练习题

1. 管钳的作用是什么？
2. 液压千斤顶操作要点是什么？
3. 使用大锤时为什么不能戴手套？

## 第二节　量　具

### 项目一　内、外卡钳使用

内、外卡钳是最简单的比较量具，内卡钳用于测量工件的内径、凹槽等，外卡钳用于测量工件的外径和平行面等。它们本身不能直接读出测量结果，而是把测量的长度尺寸（直径也属于长度尺寸）在钢直尺上进行读数，或在钢直尺上先取下所需尺寸，再去检验零件的尺寸是否符合。卡钳的技术规格是指卡钳合口时的长度，常用卡钳有150 mm、200 mm、250 mm、300 mm等，其结构如图10-14所示。

## 一、操作要点

(1) 调节卡钳的开度。用两手把卡钳调整到和工件尺寸相近的开口，然后轻敲外卡钳的外侧来减小卡钳的开口，或敲击内卡钳内侧来增大卡钳的开口。

(2) 在钢直尺上量取尺寸。一个钳脚的测量面靠在钢直尺的端面上，另一个钳脚的测量面对准所需尺寸刻线的中间，且两个测量面的连线应与钢直尺平行，人的视线要垂直于钢直尺。

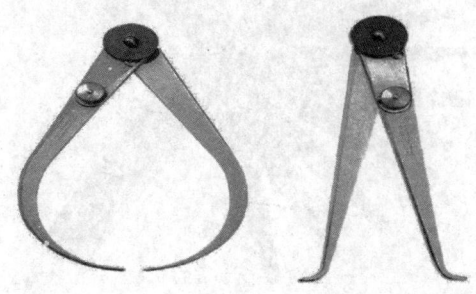

图 10-14　内、外卡尺结构示意图

(3) 外卡钳的使用方法。外卡钳测量外径时就是比较外卡钳与零件外圆接触的松紧程度。测量时使两个测量面的连线垂直零件的轴线，靠外卡钳的自重滑过零件外圆。如果手中没有接触感觉，就说明外卡钳比零件外径尺寸大；如果靠外卡钳的自重不能滑过零件外圆，就说明外卡钳比零件外径尺寸小。

(4) 内卡钳的使用方法。用已在钢直尺上或在外卡钳上取好尺寸的内卡钳去测量内径，就是比较内卡钳在零件孔内的松紧程度。测量时使内卡钳脚的两个测量面处于内孔直径的两端点，如果内卡钳在孔内有较大的自由摆动时，表示卡钳尺寸比孔径内小；如果内卡钳放不进，或放进孔内后紧得不能自由摆动，表示卡钳尺寸比孔径大；当内卡钳放入孔内有 1～2mm 的自由摆动距离，此时孔径与内卡钳尺寸正好相等。

(5) 重复测量 3 遍，取平均值作为工件的内径或外径。

## 二、注意事项

(1) 调节卡钳的开度时，应轻轻敲击卡钳脚的两侧面，先用两手把卡钳调整到和工件尺寸相近的开口，敲击卡钳内侧来增大卡钳的开口。

(2) 不能直接敲击钳口，会因卡钳的钳口损伤量面而引起测量误差，更不能在机床的导轨上敲击卡钳。

# 项目二　塞尺使用

塞尺又叫厚薄规或间隙片，由一组具有不同厚度级差的薄钢片组成，是用于测量两物体组件间的间隙、断差等，或通过辅助相应的检测工具测量产品的平面高低的一种测量工具，其结构如图 10-15 所示。

## 一、操作要点

(1) 测量前用干净的布将塞尺测量表面擦拭干净，否则将影响测量结果的准确性；进行间隙的测量和调整时，先选择符合间隙规定的塞尺插入被测间隙中，然后一边调整，一边拉动塞尺，直到感觉稍有阻力时，塞尺所标出的数值即为被测间隙值。

(2) 不允许在测量过程中剧烈弯折塞尺，或用较大的力硬将塞尺插入被检测间隙，否则将损坏塞尺的测量表面或零件表面的精度。

（3）使用完后，应将塞尺擦拭干净，并涂上一薄层工业凡士林，然后将塞尺折回夹框内，以防锈蚀、弯曲、变形而损坏。存放时，不能将塞尺放在重物下，以免损坏塞尺。

二、注意事项

（1）使用塞尺时不能戴手套，并保持手的干净、干燥。

（2）观察塞尺有无弯折、生锈，以免影响测量的准确度。

（3）擦拭塞尺上的灰尘和油污，以免影响测量的准确度。

（4）测量时不能强行把塞尺塞入测量间隙，以免塞尺弯曲或折断。

图 10-15 塞尺结构示意图

（5）不能用于测量温度较高的工件，以免碳化。

（6）塞尺较薄、较锋利，防止划伤手或其他身体部位。

## 项目三 游标卡尺使用

游标卡尺用于测量工件的内、外径尺寸及长度尺寸（如宽度、厚度）等，是一种中等精度的量具，利用游框沿主尺滑动，改变游框量爪的相对位置来进行测量。常用的游标卡尺长度为150mm、200mm、300mm和500mm四种规格，其结构如图10-16所示。

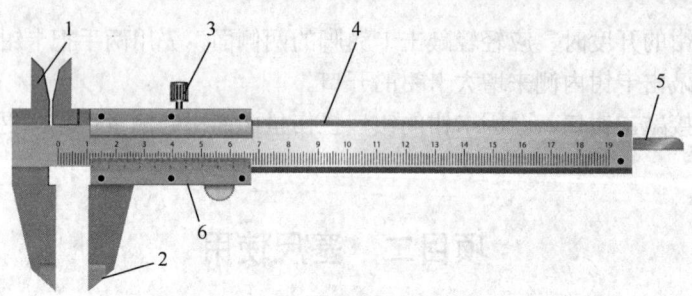

图 10-16 游标卡尺结构示意图

1—内测量爪；2—外测量爪；3—锁紧螺母；4—主尺；5—深度尺；6—副尺

一、操作规程

1. 准备工作

准备被测工件若干，游标卡尺一把，棉纱少许，笔、纸。

2. 操作步骤

（1）擦净被测件和游标卡尺，检查游标卡尺是否归零，即主副尺上的零刻度线是否同时对准，检查测量爪有无伤痕，对着光线看测量爪有无缝隙，是否对齐。

(2) 松动游标卡尺的固定螺栓。

(3) 一手握住被测件，另一手四指握住尺尾端，使固定卡脚的测量面贴靠工件，拇指操作副尺轻轻用力，使副尺上活动卡脚的测量面贴紧工件，并使两卡脚测量面的连线与所测工件表面垂直，拧紧固定螺钉。

(4) 读数时，在主尺上读出副尺零位以前的读数，此数据为整数值（mm），在副尺上找到与主尺相重合的数值，将此数值除以 100 即为 mm，将上述两值相加，就是游标卡尺测得的数据（图 10-17）。

(5) 使用完后清理现场，将测量面擦干净，加润滑油保养存放。如图 10-17 所示。

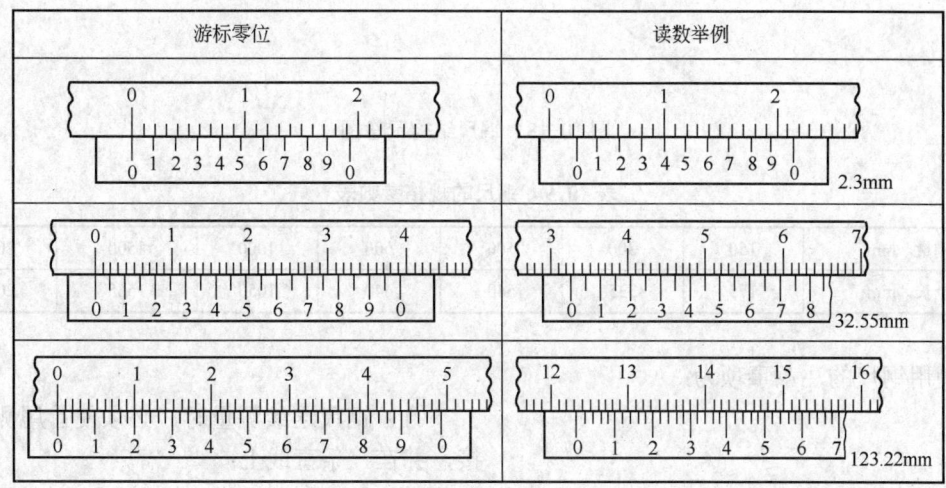

图 10-17　游标卡尺读数方法示意图

2. 注意事项

(1) 无校验合格证的游标卡尺不得使用。
(2) 操作时握尺不能用力过猛，以免破坏测量爪。
(3) 测量物体时，卡尺必须与工件垂直，两测面不得歪斜。
(4) 测量工件内径时应将两卡脚张开度比被测工件尺寸小些。
(5) 测量内径时用游标卡尺的上量爪，测量外径时用游标卡尺的下量爪，测量槽深时用深度尺测量，其读数方法相同。
(6) 读数准确，误差小于 0.02mm，所测得的最后一位小数应为 0.02 的倍数，每次测量不少于 3 次，取其平均值。

## 项目四　钢尺和钢卷尺使用

一、钢尺

钢尺也叫钢板尺，是一种常用简单的测量工具，用于一般工件尺寸的测量，可测量长、宽、高等尺寸，其结构如图 10-18 所示，规格参数见表 10-9。

图 10-18 钢尺结构示意图

表 10-9 钢尺的规格参数表

| 测量，mm | 150 | 300 | 500 | 600 | 1000 | 1500 | 2000 |
|---|---|---|---|---|---|---|---|
| 全长，mm | 175 | 335 | 540 | 640 | 1050 | 1565 | 2065 |

使用钢尺的注意事项为：

（1）钢尺连续测量时，必须使首尾测线相接，并在一条直线上；

（2）用钢尺画线时，注意保护钢尺的刻度和边缘不得移位。

## 二、钢卷尺

钢卷尺用于较大工件尺寸的测量。钢卷尺有大钢卷尺和小钢卷尺两种规格（表 10-10）。大钢卷尺可测量较大距离，有摇卷盒式、摇卷架式两种。小钢卷尺又称钢盒尺，测量较小的距离，分为自卷式和制动式两种，其结构如图 10-19 所示。

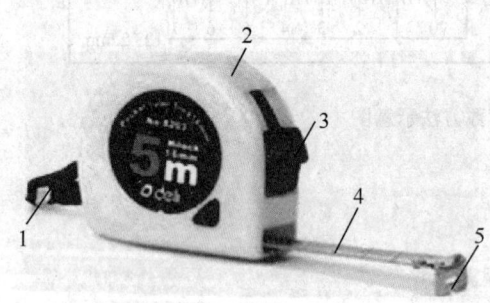

图 10-19 钢卷尺结构示意图
1—携挂带；2—尺盒；3—制动锁；
4—钢卷尺（芯）；5—尺钩

表 10-10 钢卷尺的规格表

| 型式 | 小钢卷尺 | 大钢卷尺 |
|---|---|---|
| | 自卷式、制动式 | 摇卷盒式、摇卷架式 |
| 公称长度，m | 1、2、3、3.5、5、10 | 5、10、15、20、30、50、100 |

使用钢卷尺的注意事项为：

（1）测量时将钢尺由盒中拉出，将钢尺的刻度与被测件直接比量读出得数，用后将钢尺擦拭干净以免腐蚀；

（2）钢卷尺测量时必须保证量尺的平直度；

(3) 拉伸钢卷尺要平稳，不能速度过快，拉出时尺面与出口断面相吻合，防止扭卷。

## 项目五　水平尺使用

水平尺（图 10-20）主要用来检测或测量水平和垂直度，可分为铝合金方管型、工字型、异形等多种规格；长度从 10cm 到 250cm 多个规格。水平尺材料的平直度和水准泡质量，决定了水平尺的精确性和稳定性。

使用时将水平尺放在水平面上，然后看水平尺中间的气泡。如果气泡在中间，则表示该平面水平；如果气泡偏向左边，表示该平面的左边高；如果气泡偏向右边，表示该平面右边高。

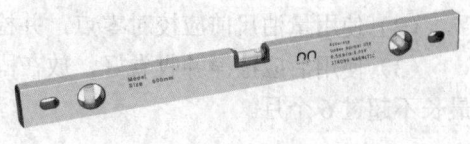

图 10-20　水平尺

一般水平尺都有三个玻璃管，每个玻璃管中有一个气泡。横向玻璃管用来测量水平面，竖向玻璃管用来测量垂直面，另外一个是用来测量 45 度角的。

若要精确测量水平度，水平尺需要和塞尺配合使用。

## 项目六　量油尺使用

量油尺适用于测量油船、储油罐等容器中油品或底部水位的深度。常用规格有 5m、10m、15m、20m、30m、50m，尺带有发黑镀镍尺带和不锈钢尺带，具有操作方便的优点，其结构如图 10-21 所示。

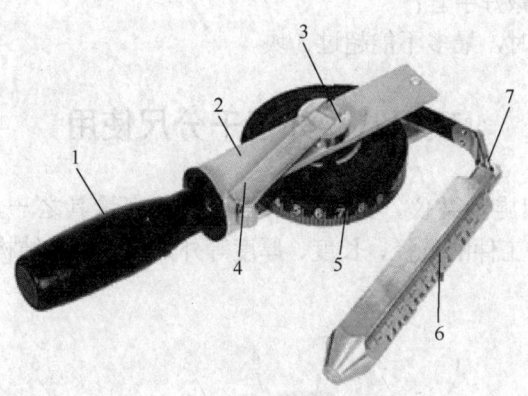

图 10-21　量油尺结构示意图

1—手柄；2—尺架；3—锁定器；4—摇柄；5—尺带；6—尺砣；7—连接器

### 一、使用方法

油站卧式储罐内油高的测量应检实尺。检尺应在油面稳定后进行，进油后稳油时间为 15min。检尺时，应站在上风头，一手握尺小心地沿计量口的下尺槽下尺，尺砣不要摆动；另一拇指和食指轻轻地固定下尺位置，使尺带下伸，尺砣将要接触油面时应缓慢放尺，以免破坏油面平稳。估计即将触底时，用左手拇指卡住尺带，手腕缓缓下移，手感尺砣确实触底后,可立即提尺读数,先读油痕的毫米数,再读大数。连续测量两次,当两次读数误差不大于 1mm 时,取两次中的第一次读数作为量油结果,超过时应重新检尺。

## 二、操作要点

(1)尺带不许有扭折、弯曲及镶接等残存的变形,刻度线、数字应清晰,尺砣尖部无损坏。

(2)使用量油尺前应校对零点,并检查尺砣与尺带是否连接牢固。

(3)使用后应擦净并收卷好,放在固定的尺架上,油品交接计量使用的量油尺检定周期最长不超过 6 个月。

# 项目七　量块使用

量块又称块规,是检验工具或工件长度的用具,是厚度极为精确的长方形金属块(图 10-22)。制造块规的材质有碳化铬、碳化钨、合金钢、不锈钢、石英石等。

图 10-22　量块

量块的操作步骤及注意事项是:

(1)用无尘纸将量块表面擦净;

(2)量块表面无锈蚀、损伤等,数字刻度清晰;

(3)测量产品时用手拿着量块端部,轻轻放入待测位置,量块自由落入;

(4)记录产品的通止值,把量块放回原处;

(5)测量过程务必戴好手套;

(6)组合量块测量时,最多不能超过 5 块。

# 项目八　外径千分尺使用

外径千分尺又称螺旋测微仪,是生产中常用的精密量具之一,它的测量精度一般为 0.01mm,主要用于测量工件的外径、长度、厚度等外部尺寸,其结构如图 10-23 所示,技术规格见表 10-11。

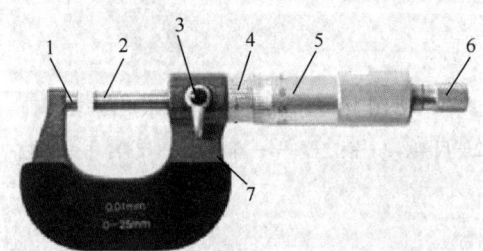

图 10-23　外径千分尺结构示意图

1—固定测量面;2—测微螺杆;3—锁紧装置;4—固定套筒;
5—微分筒;6—棘轮;7—尺架

表 10-11　外径千分尺技术规格表

| 名称 | 测量范围，mm | 分度值，mm |
|---|---|---|
| 外径千分尺 | 0～25，20～50，50～75，75～100，100～125，125～150，150～175，175～200，200～225，225～250，250～275，275～300，300～400，400～500，500～600，600～700，700～800，800～900，900～1000 | 0.01 |

外径千分尺的操作要点是：

（1）用外径千分尺测量工件前必须校正零位。

（2）旋转棘轮带动测微螺杆和微分筒一起旋转，并沿轴向移动，当两测量面接触工件发出"嗒嗒"响声时，扳动锁紧装置，读取工件尺寸。

（3）先读固定刻度，再读半刻度，若半刻度线已露出，记作 0.5mm；若半刻度线未露出，记作 0.0mm。

（4）最后读可动刻度（估读至小数点后三位），格数×0.01mm。

（5）测量值=固定刻度+半刻度+可动刻度，如图 10-24 所示。

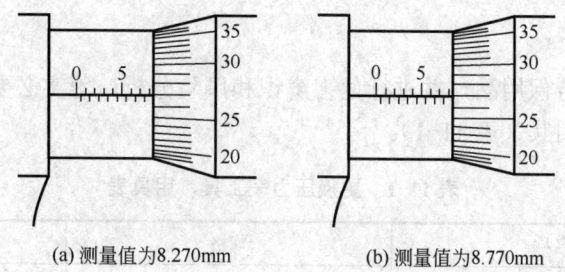

(a) 测量值为8.270mm　　　(b) 测量值为8.770mm

图 10-24　外径千分尺测量值示例

## 思考练习题

1. 千分尺活动套筒每一小格是多少毫米？
2. 游标卡尺操作要点是什么？

# 第十一章　仪器仪表

## 项目一　更换压力表

一、学习目标

更换压力表的操作方法，达到规避风险、安全操作的目的。

二、操作规程

1. 准备工作

（1）正确穿戴好劳保用品，并进行危害辨识和风险分析，落实必要的风险消减措施。

（2）准备工具、用具（表11-1）。

表11-1　更换压力表工具、用具表

| 序号 | 名称 | 规格 | 数量 |
| --- | --- | --- | --- |
| 1 | 检验合格压力表 | 不同量程 | 各1块 |
| 2 | 生料带 |  | 1卷 |
| 3 | 活动扳手 | 250mm | 1把 |
| 4 | 活动扳手 | 200mm | 1把 |
| 5 | 通针 | 300mm | 1根 |
| 6 | 钢锯条 |  | 1根 |
| 7 | 棉纱或擦布 |  | 若干 |

2. 操作步骤

（1）根据工艺参数选择合适量程的压力表。

（2）检查压力表的铅封、检定日期、量程、表盘、指针、螺纹、通气孔等是否合格。

（3）拆卸旧压力表时，先关闭引压阀截断压力源后，打开放空阀放掉余压，用活动扳手和固定扳手按正确方向拆卸旧压力表，当卸至压力表与接头特别松动时，用手边拧压力表边晃动，卸掉表内的余压，除净接头内的生料带和杂物，用通针清理压力源的孔洞，以防堵塞压力表进气孔。

（4）安装压力表时，将检验合格的压力表，按螺纹的旋转方向缠上生料带，用手扶正压力表找正，把压力表正确安在接头上，旋上几扣后再用扳手，用17mm固定扳手和活动扳手上好压力表。

（5）关闭压力表放空阀门，缓慢打开引压阀门试压，压力表工作正常，确认接头不渗不漏。

(6) 做好记录，清理现场。

### 三、注意事项

(1) 所选的测压点应能反映被测压力的真实情况，引压管铺设应便于测压仪表的保养和信号传送。

(2) 压力表应安装在易观察和维修的地方。

(3) 安装地点应力求避免振动和高温影响。

(4) 测量蒸汽压力时应加装凝液管，以防止高温蒸汽直接和测压元件接触，有腐蚀介质时，应加装充有中性介质的隔离罐。

(5) 为了保证密封，压力表的连接处应加装垫片，测氧气的压力表不能用带油或有机化合物的垫片，以免引起爆炸。测量乙炔压力时，则禁止用铜垫。

## 项目二　钳型电流表的使用

### 一、学习目标

掌握钳型电流表的主要结构、性能等内容，能够熟练掌握钳型电流表测电流的方法。

### 二、风险提示

(1) 触电。

(2) 人身伤害。

### 三、应急处置

(1) 发生人员触电，立即关闭相关电源使伤者脱离电源，对伤者进行救护，严重时送医院。

(2) 发生人身伤害，立即使伤者脱离伤害源，进行应急包扎后送往医院救治。

### 四、操作规程

1. 准备工作

(1) 穿戴好劳保用品。

(2) 准备工具、用具：钳型电流表一块，100mm 螺丝刀一把，绝缘手套一副，电笔、笔、纸。

2. 操作步骤

(1) 选择钳型电流表，检查钳口完好。零位调整：电流表使用前应检查指针是否在零位；如不在零位，应调节表盖上调节按钮使指针归零。

(2) 选择挡位：将电流表的挡位拨到最大挡位，将被测三相中的任一相导线垂直卡入表钳中央，由大到小选取到合适挡位。

(3) 取值：分别读取驴头上、下冲程中的峰值电流并做好记录。

(4) 计算平衡率：平衡率=$(I_下/I_上)×100\%$。平衡率标准为 85%～115% 为合格。

### 五、注意事项

（1）测量前要检查电流表各挡位功能，以免拨错挡位，损坏电流表。
（2）表头部分不得随意拆动，不得猛烈振动或击打。
（3）使用时应垂直或水平旋转，不得倾斜使用，以免数据不准。
（4）调整转换挡位时，表钳要脱离开导线。
（5）读值时，眼睛、指针、刻度成一条垂直于表盘的直线。
（6）测量值要在量程的 1/3～2/3 之间。

## 项目三　干式水表的使用

### 一、学习目标

掌握干式水表的主要结构、性能等内容，能够熟练掌握更换干式水表的方法。

### 二、风险提示

人身伤害。

### 三、应急处置

发生人身伤害，立即使伤者脱离伤害源，进行应急包扎后送往医院救治。

### 四、操作规程

1. 准备工作

穿戴好劳保用品，携带准备好的工具、用具到现场。检查流程是否正常，检查所准备的水表芯子与该井水表芯子是否一致。

2. 操作步骤

（1）侧身关闭水表上流、下流控制阀门。
（2）记录水表底数及关井时间，开放空阀门，放净管线内余压。
（3）卸下水表压盖螺栓（对电子式表头，用螺丝刀卸掉水表头固定螺栓，取下表头），取下水表压盖。
（4）用螺丝刀从三个对称角度轻撬一下，水表芯子就被撬起，用手提起取下，并仔细观察叶轮情况，有无损伤、机械杂物卡住等，记录不表钢号。
（5）取出水表芯子及旧密封圈、密封垫，清理水表壳内的脏物，将水表芯子密封槽、密封面上均匀涂抹黄油，安装密封圈、密封垫，将水表芯子对正放入水表壳内。
（6）对正放好水表压盖，对角均匀上紧水表压盖螺栓，确保法兰四周缝隙宽度均匀。
（7）记录新水表底数，关闭放空阀门。
（8）侧身缓慢打开水表下流控制阀门，试压，确认无渗漏后，侧身开大水表上流控制阀门，记录开井时间，用秒表测量瞬时水量，按注水方案用下流控制阀门调整注水量。
（9）收拾工具、用具，清理操作现场，将有关数据填入报表。

### 五、注意事项

（1）开关阀门时操作人员要侧身、平稳操作。

(2) 禁止带压操作。
(3) 水表壳内的脏物一定要清理干净。
(4) 水表前、后底数一定要记录好。
(5) 按注水方案调整好注水量。
(6) 使用 F 扳手要开口向外、卡牢,防止伤手。
(7) 安装水表表盘要与分水器平行,便于读数。

## 项目四　可燃气体检测仪的使用

**一、学习目标**

掌握可燃气体检测仪的主要结构、性能等内容,能够熟练掌握可燃气体检测仪的使用方法。

**二、风险提示**

(1) 着火、爆炸。
(2) 人身伤害。

**三、应急处置**

(1) 发生着火、爆炸,要立即救护伤者,并就近送往医院救治。
(2) 发生人身伤害,立即使伤者脱离伤害源,进行应急包扎后送往医院救治。

**四、操作规程**

(1) 准备工作:检查检测仪是否有检验合格证,是否在有效期内;检查检测仪吸气导管有无堵塞、损坏等;检查滤芯是否干净。

(2) 长按开机键(POWER),接通电源——预热运转——显示(气体浓度画面):

① 按"POWER",蜂鸣器发出"哔"音,电源接通。

② LCD 显示屏上显示"ADJ",模拟画面显示归零动作(预热运转中),LCD 显示屏上显示时钟。

③ 传感器稳定后,蜂鸣器发出"哔——"音,显示(气体浓度画面)。等显示屏数据稳定后(通常 3min,最长 5min),检查检测仪电池电量,显示数据是否正常。注意:在正常空气中开机,调整零位,保证其检测值的准确性。

(3) 开机显示(气体浓度画面),将进气管靠近测试点,观察显示器的显示,如果数值迅速上升,并开始报警,迅速移开进气管,并且应当立即采取措施,保证被检测设备的安全性。注意:检测气体时,如果存在敏感气体,气体检测会自动显示"L"挡,随着数值的增高,满量程后会升到"H"挡,再满量程后会显示"OL"挡,显示超出了本台设备的量程。

(4) 检测完毕后,要等检测仪显示归零后再进行关机操作,并收好设备,离开现场。

(5) 零位调整。长按"AIR ADJ"约 3s,蜂鸣器"哔、哔哔"鸣叫,即完成零位调整。

① 如蜂鸣器发出"哔、哔哔哔哔"鸣叫,则表示无法进行零位调整,环境里可能存在敏感气体,需要在清洁空气中再次进行零位调整。

② 本机长期不用或其他环境因素，可能导致传感器不稳定，此时，气体值会上升或闪烁，必须进行零位调整才能使用，否则可能无法准确测量。

### 五、注意事项

（1）首先要注意轻拿轻放，严禁摔打、碰撞仪器，保持环境的干燥通风，防止仪器受潮。

（2）避免仪器存放在温度过高或过低，或有腐蚀性气体的环境中，防止仪器外壳受到腐蚀。

（3）禁止高浓度气体的冲击，以免损坏传感器，可燃气体检测仪还要远离硫化氢、卤化氢、硅类等有毒气体环境或可能释放有毒气体的物质，防止传感器中毒。

（4）禁止欠压使用仪器，特别是用到仪器自动关机，这样会损坏电池，对检测元件也会造成影响。

（5）经常检查仪器的外观损坏情况，定期给仪器进行检定，保证仪器处在最佳状态工作。

（6）测试仪必须经常保持良好状态，每次测试完毕后应检查仪器是否归零，如果不回零，必须在洁净空气中重新调整零点，以确保检测仪准确。

（7）使用泵吸取样时，防止将水或其他液体吸入测试仪。

（8）严禁在危险场所进行电池更换。

（9）分析监测人员应站在上风方向。

（10）严禁在非新鲜空气中强制归零。

（11）严禁不回零时关机。

## 项目五　硫化氢气体检测仪的使用

### 一、学习目标

掌握硫化氢气体检测仪的主要结构、性能等内容，能够熟练掌握硫化氢气体检测仪的使用方法。

### 二、风险提示

（1）中毒。

（2）人身伤害。

### 三、应急处置

（1）发生有毒气体泄漏，戴空气呼吸器把中毒人员救出，送医院救治。

（2）发生人身伤害，立即使伤者脱离伤害源，进行应急包扎后送往医院救治。

### 四、操作方法

（激活：显示器上出现"3、2、1"时，请按住【+】约3s。仪器的使用权从此开始。）是新设备启用时操作。

每次开启检测仪必须进行功能测试或者校准,更换电池或传感器也不例外。如不遵循,装置可能测量错误。

(1) 开启设备:按住"OK",显示器倒计时直到启动。这时,使用显示部分亮起,声光和震动报警顺序激活。每次使用前检查。

(2) 进入工作区域前:

警告:进口配有过滤灰尘及水的过滤膜。此过滤膜能够防止灰尘及水进入传感器。不得损坏过滤膜,同样污染也会改变过滤膜的特性:阻塞或遮盖进气口,都会造成仪器无法正常工作。检测仪应靠近你的呼吸区域。

——在进入(或者靠近)有潜在气体危险环境中工作前,用鳄鱼夹将仪器固定在衣服上。

——开启设备后,显示器将正常显示实际检测值。

(3) 进入气体功能测试:当注意图标出现时,应进行功能测试。

(4) 操作期间,如果出现允许检测范围或出现负漂移,显示器上将显示:"ΓΓΓ"(浓度过高)或"ㄴㄴㄴ"(负漂移)。

(5) 关闭仪器:同时按住两个键约2秒,直到显示器上出现"3";持续按住2个键直至"2、1"倒计时结束;通过喇叭信号确认关闭。

(6) 事件存储器:可以记录60个事件,超过60个会将从最早的开始覆盖。

(7) 标定和配置:需要专业人员连接PC操作。

(8) 标定间隔:默认为两年。

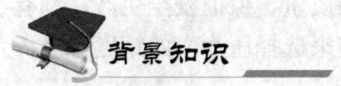

背景知识

## 一、压力表

### 1. 压力表的分类

压力表用来显示压力容器、管道系统或局部压力。压力表的种类很多,常用压力测量仪表有弹簧管式压力表、电接点压力表、远传压力表和传感式压力表。

1) 弹簧管式压力表

弹簧管式压力表结构简单、价格便宜、应用广泛,适用于-40~60℃环境中、相对湿度不大于80%的条件下,对钢或铜合金不腐蚀的气体、液体压力或真空测量。其压力测量范围广(-0.1~100MPa),精度等级有1、1.5、2.5级,对震动较大的场所可选用耐震型弹簧管式压力表。

2) 电接点压力表

电接点压力表适用于对钢或铜合金不腐蚀的非凝固和结晶的液体、气体的压力或真空测量,但不适于有震动的场所。为避免触点烧坏,它可与继电器等配合使用,实现自动控制和报警。

3) 远传压力表

远传压力表适用于对钢或铜合金不腐蚀的液体、气体的压力或真空的测量,但不适于有震动的场所。该仪表除就地指示外,还可远传与显示调节仪表配合使用,实现自动控制。

4）传感式压力表

传感式压力表适用于距离远、测量点分散或环境恶劣、危险场合的液体与气体压力的测量。

2. 压力表的规格及选择

1）压力表的规格

压力表的规格包括压力表外壳直径、压力测量范围、测量精度等内容。

2）压力表的选择

（1）根据工艺设备要求，选择压力表外壳直径。

① 为了便于操作和定期检查校验，工艺管网和机泵一般安装外壳直径为100mm压力表。

② 受压容器（加热炉、锅炉、缓冲罐、注水泵进出口管线等）及震动较大的部位，一般安装直径为100～150mm的压力表。

③ 控制仪表系统一般多采用直径为60mm的压力表。

（2）根据所测量的工艺介质压力要求，选择压力表量程。

正确选择压力表的量程，对压力表安全运行、免遭损坏和延长其使用寿命至关重要。因此压力表的最高测量范围值不得超过全量程的3/4。按负荷状态的通性来说，压力表的测量范围在全量程的1/3～2/3时，其稳定性和准确性最高。

（3）根据工艺要求，选择压力表的测量精度。

合理选择压力表的测量精度，对提高测量准确性、提高产品质量、保证安全生产，都有着很重要的意义。一般按被测压力最小值所要求的相对允许误差来选择压力表的精度等级，具体选择方法是：

① 根据被测压力最小值所要求的相对允许误差来选择压力表的精度等级：

精度等级≤被测压力最小值/测量上限×被测压力最小值相对允许误差值。

② 根据绝对允许基本误差来选择压力表的精度等级：精度等级≤绝对允许基本误差/测量上限×100%。

精度等级与允许误差对应表见表11-2。

表11-2 精度等级与允许误差对应表

| 精度等级 | 允许基本误差，% | 精度等级 | 允许基本误差，% |
| --- | --- | --- | --- |
| 1 | ±1 | 2.5 | ±2.5 |
| 1.5 | ±1.5 | 4 | ±4 |

3. 弹簧管式压力表

1）结构

弹簧管压力表是由表接头、表壳、刻度盘、扁曲弹簧管、扇形齿轮、中心轴、指针组成。图11-1为普通弹簧管管式压力表，其使用技术规范主要指最大量程、精度等级、适用范围等。常用压力表有0.6MPa、1MPa、1.6MPa、2MPa、4MPa、6MPa、25MPa等规格。在压力表刻度盘下部写有数字0.5、1.5、2.5，这些数字表示压力表精度等级。如25MPa的压力表，精度等级为0.5，那么它的最大误差是25×0.5%，即0.125MPa。

2）工作原理

扁曲弹簧管固定的一端与表接头连通，另一端通过连杆扇形齿轮机构、中心轴和指针连接。由于扁曲弹簧管充压后单位面积受力相等，而离心的受力面积大于向心的受力面积，使扁曲弹簧管向直线方向伸动（压力越大，伸动越大），从而拉动连杆，带动扇形齿轮机构、中心轴和指针转动，在表盘刻度上显示出压力值。

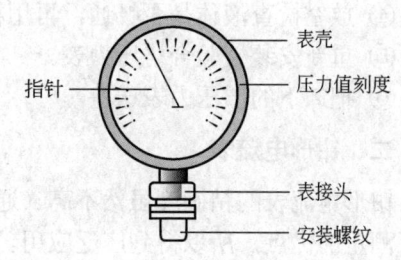

图 11-1　普通弹簧管式压力表结构示意图

3）压力表的使用

（1）压力表的合理选用。

压力表的合理选用是正确使用压力表并延长其使用寿命的基础。因为扁曲弹簧管对应的角度是 270°，正常工作的压力可使扁曲弹簧旋转 5°～7°，压力表的指针恰好在最大量程的 1/3～2/3 范围内，此时所测量的压力值最准确。旋转超过这个角度，指针就超过了这个范围，则为超压工作，读数就有较大误差。因此要求实际工作中，压力要在压力表最大量程的 1/3～2/3 之间，这是压力表的特性所决定的。

（2）压力表的停用

压力表出现下列情况必须停用：

① 压力表指针在无压力时不归"0"，且离"0"位的数值超过压力表允许误差。

② 表面玻璃破碎或表盘刻度不清楚。

③ 铅封损坏或超过检定有效期限；无有效合格证和检定证书。

④ 表内漏气（液）或指针跳动。

⑤ 其他有影响压力表准确度的缺陷。

⑥ 经检定不合格。

（3）压力表的读值。

正确读取压力值的方法是：

① 眼睛对准表盘刻度，眼睛、表针和刻度之间成垂直于表盘的直线。

② 如果指针摆动，应多读取几次，取平均值，确保结果准确。

（4）压力表常见故障及处理。

压力表常见故障原因有：

① 压力表控制阀门未打开。

② 传压流程有堵塞。

③ 指针不动，指针和中心轴松动，扇形齿轮和啮合齿轮脱节。

④ 指针不归"0"，弹簧弯管失去弹力，指针松动。

⑤ 指针跳动，游丝弹簧失效。

⑥ 传动件生锈或夹有杂物。

压力表故障处理方法是：

① 检查或更换控制阀门。

② 清理压力表接头内残余物。

③ 用通针清理传压孔。

④ 放空检查液体是否畅通,再用棉纱擦净。
⑤ 重新安装校验合格压力表。
⑥ 把卸下的旧压力表送检。

## 二、钳形电流表

钳形电流表的精确度虽然不高(通常为2.5级或5.0级),但由于它具有不需要切断电源即可测量的优点,所以得到广泛应用。例如,用钳形电流表测试三相异步电动机的三相电流是否正常,测量照明线路的电流平衡程度等。

1. 分类

(1) 按结构原理可分为交流钳形电流表和交、直流两用钳形电流表。图11-2为旧型钳形电流表,如东海500型;图11-3为新型钳形电流表,如MG-28型;二者测电流的原理是一致的,不同的是新型电流表的附加测试内容多(直流电阻等)。

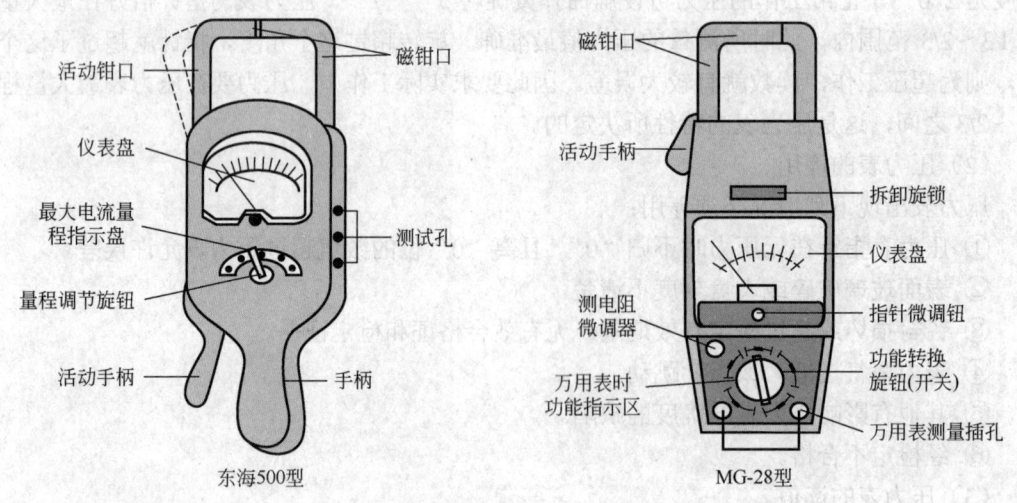

图 11-2  旧型钳形电流表　　　　图 11-3  新型钳形电流表

(2) 按数值显示可分为指针式钳形电流表和数字式钳形电流表两种。

2. 测量原理及使用方法

钳形电流表主要由一只电流互感器和一只电磁式电流表组成,电流互感器的一次线圈为被测导线,二次线圈与电流表相连接,电流互感器的变比可以通过旋钮来调节,量程从1A至几千安培。测量时,打开钳口,将被测载流导线置于钳口中央。当被测导线中有交变电流通过时,在电流互感器的铁芯中便有交变磁通过,互感器的二次线圈中感应出电流。该电流通过电流表的线圈,使指针发生偏转,在表盘标度尺上指示被测电流值。

3. 使用注意事项

(1) 测量前,应检查仪表指针是否在零位,若不在零位,则应调到零位。同时应对被测电流进行粗略估计,选择适当的量程。如果被测电流无法估计,则应先把钳形电流表置于最高挡,逐渐下调切换,至指针在刻度的中间段为止。

(2) 应注意钳形电流表的电压等级,不得将低压表用于测量高压电路的电流。

(3) 每次只能测量一根导线的电流,不可将多根载流导线都夹入钳口测量。被测导线应置于钳口中央，否则误差将很大（大于5%）。当导线夹入钳口时，若发现有振动或碰撞声，应将仪表扳手转动几下，或重新开合一次，直到没有噪声才能读取电流值。测量大电流后，如果还要测量小电流，应打开钳口几次，以消除铁芯中的余磁，提高测量准确度。

（4）在测量过程中不得切换量程，否则就会造成二次回路瞬间开路，感应出高电压而击穿表内元件。若是选择的量程与实际数值不符，需要变换量程时，应先将钳口打开。

（5）若被测导线为裸导线，则必须事先将邻近各相用绝缘板隔离，以免钳口张开时出现相间短路。

（6）测量时，如果附近有其他载流导体，所测的值会受到载流导体的影响而产生误差。此时，应将钳口置于远离其他导线的一侧。

（7）每次测量后，应把调节电流量程的切换开关置于最高挡位，并开几次钳口，以免下次使用时因为未选择量程就进行测量而损坏仪表。

（8）有电压测量挡的钳形电流表，电流和电压要分开测量，不可同时测量。

（9）测量 5A 以下电流时，为获得较为准确的读数，若条例许可，可将导线多绕几圈放进（前移两格）钳口测量，此时实际电流值为钳形电流表的示值除以所绕导线圈数。

（10）读数时要注意安全，切勿触及其他带电部分。

（11）钳形电流表应保存在干燥的室内，钳口处应保持清洁，使用前后都应擦拭干净。

### 三、干式水表

1. 结构

干式水表主要由水表芯子（图11-4）、水表旋翼、测量机构、减速机构（图11-5）组成。表头分为机械式表头和电子数字式显示表头。

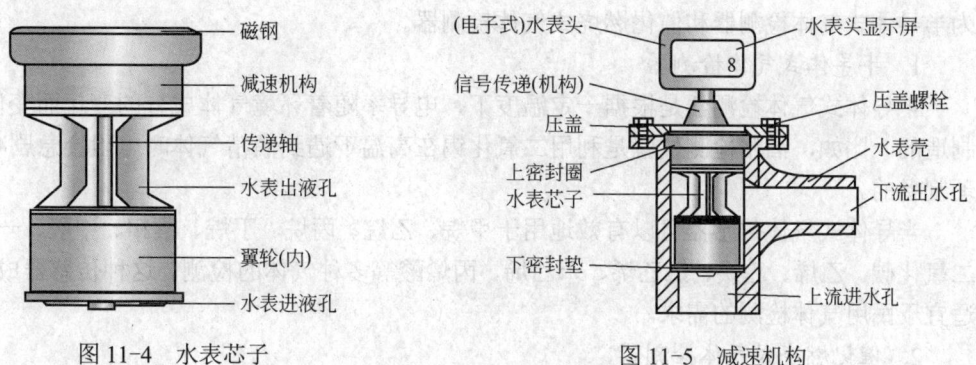

图11-4　水表芯子　　　　　　图11-5　减速机构

干式水表使用技术规范主要有最大流量（$m^3/d$）、瞬时流量（$m^3/d$）、精度（误差）等级、最高压力（MPa）、安装方式、适用管径（mm）、适用介质（油、水、混合液）等内容。

2. 工作原理

水由角形外壳下端进入，经翼轮测量机构，再从侧面流出。翼轮的转动通过中心齿轮传至减速指示机构，指示机构用指针指示水量。此类水表采用磁钢连接，因上部指示部分不浸入水中，所以称为干式水表（图11-6）。

3. 干式水表的维护

干式水表的维护主要有两点：

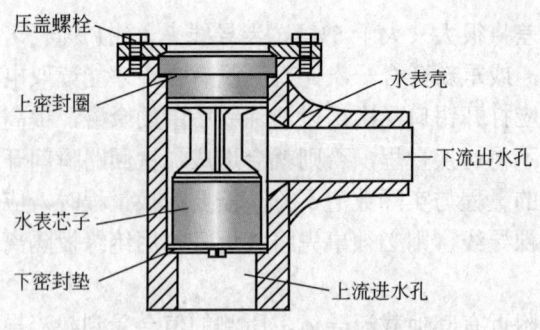

图 11-6　干式水表结构示意图

（1）定期检查。在拆卸安装时各润滑点和密封点都要加好油脂；定期校验，对干式计量水表每半年校对一次，校对水表按照正常注水量的 80%、100%、120% 三个排量进行校对。

（2）水质要合格（机械杂质会造成堵塞而损坏表翼），开关调控水量操作要平稳。

**4. 干式水表的校对**

干式水表的校对方法有三种：

（1）把被校表与标准表串联校对。

（2）把被校表与已校好的井下流量计对比，即看水表记录的水量和井下流量计测得的注水量是否相符。

（3）被校表与标准池子对比，看水表底数和标准池子的数是否相等。

**四、可燃气体检测仪**

可燃气体检测仪，是可燃气体检测仪对单一或多种可燃气体浓度响应的探测器。一般分为半导体式气体检测器和催化燃烧式气体检测器。

**1. 半导体式气体检测器**

半导体式气体检测器是根据一定温度下，电导率随着环境气体成分的变化而变化的原理制造的。比如，酒精检测仪就是利用二氧化锡在高温下遇到酒精气体时电阻会急剧减小的原理制备的。

半导体式气体传感器可以有效地用于甲烷、乙烷、丙烷、丁烷、酒精、甲醛、一氧化碳、二氧化碳、乙烯、乙炔、氯乙烯、苯乙烯、丙烯酸等多种气体的检测。这种传感器成本低廉，适宜于民用气体检测的需求。

**2. 催化燃烧式气体检测器**

催化燃烧式气体检测器由两只固定电阻构成惠斯登检测桥路，当含有可燃性混合气体扩散到检测元件上时，迅速进行无焰燃烧，并产生反应热，使热丝电阻值增大，电桥输出一个变化的电压信号，这个电压信号的大小与可燃气体的浓度成正比。它的优点是：选择性好、反应准确、稳定性好、能够定量检测、不易产生误报、控制可靠、寿命三年左右。它主要适用于可燃性气体的检测。

**3. 可燃气体检测仪的应用**

（1）便携式可燃气体检测仪采用自然扩散方式检测气体浓度，使用催化燃烧式传感器，具有极好的灵敏度和出色的重复性；采用嵌入式微控制技术，菜单操作简单，功能齐全，可靠性高，整机性能居国内领先水平。它适用于可燃气体泄漏抢险、地下管道或矿井等场所，能有效保证工作人员的生命安全不受侵害，生产设备不受损失。可燃气手持表的外壳采用高强度工程材料、复合弹性橡胶材料精制而成，强度高、手感好。

（2）泵吸式可燃气体检测仪采用内置吸气泵，可快速检测工作环境中可燃气体浓度。它采用优质催化燃烧传感器，具有非常清晰的大液晶显示屏，声光报警提示，保证在非常不利的工作环境下也可以检测危险气体并及时提示操作人员预防。

（3）在线式可燃气检测报警器由气体检测报警控制器和固定式可燃气体检测器组成，气体检测报警控制器可放置于值班室内，主要对各监测点进行控制。可燃气体检测器安装于气体最易泄露的地点，其核心部件为内置的气体传感器。可燃气体检测器将传感器检测到的可燃气体浓度转换成电信号，通过线缆传输到报警控制器，气体浓度越高，电信号越强，当气体浓度达到或超过报警控制器设置的报警点时，报警器发出报警信号，并可启动电磁阀、排气扇等外联设备，自动排除隐患。

### 五、硫化氢检测仪

1. 硫化氢气体

（1）理化性质。硫化氢为无色气体，具有臭鸡蛋气味；分子式为 $H_2-S$，分子量为 34.08，相对密度为 1.19；熔点为-82.9℃。沸点为-61.8℃；易溶于水，也溶于醇类、石油溶剂和原油；可燃上限为 45.5%，下限为 4.3%；燃点为 292℃。

（2）接触机会。在采矿和从矿石中提炼铜、镍、钴等，煤的低温焦化，含硫石油的开采和提炼，橡胶、人造丝、鞣革、硫化染料、造纸、颜料、菜腌渍、甜菜制糖、动物胶等工业中都有硫化氢产生。开挖和整治沼泽地、沟渠、水井、下水道、潜涵、隧道和清除垃圾、污物、粪便等作业，以及分析化学实验室工作者都有接触硫化氢的机会。天然气、矿泉水、火山喷气和矿下积水，也常伴有硫化氢存在。由于硫化氢可溶于水及油中，有时可随水或油流至远离发生源处，而引起意外中毒事故。

2. 硫化氢检测仪工作原理

长春弈扬系列气体检测仪采用进口原装安培型电化学传感器，通常由浸没在电解液中的三个电极构成。工作电极是用具有催化活性的金属，将其涂复在透气但憎水的膜上做成的。被测量气体经扩散透过多孔的膜，在其上进行电化学氧化或还原反应，其反应的性质依工作电极的热力学电位和分析气体的电化学（氧化或还原）性质而定。电化学反应中参加反应的电子流入（还原）或流出（氧化）工作电极。工作电极的工作信号经运放 U2 放大成为仪器的输出信号。电路同时保持工作电极的电压使之处于其偏压 VBIAS 之值。基准电极则为电解液中的工作电极提供一个稳定的电位。基准电极电位与 VBIAS 比较后，在运放 U1 输出电压信号，其大小正好是产生一个与工作电极相等相反的电流信号。同时电路使工作电极与参比电极间保持恒定的电位差。测量电极只是一个完整的电化学传感器所需要的第二电极，其主要作用是允许电子进入或流出电解液。

3. 硫化氢检测仪安装规范

气体释放源处于露天或半露天布置的设备区内，检（探）测点与释放源的距离宜符合下列规定：

（1）当检测点位于释放源的最小频率风向的上风侧时，硫化氢检测探头与释放源的距离不宜大于 2m。

(2)当检(探)测点位于释放源的最小频率风向的下风侧时,硫化氢检测探头与释放源的距离宜小于 1m。

(3)有毒气体释放源处于封闭或半封闭厂房内,硫化氢检测探头距释放源不宜大于 1m。

4. 硫化氢检测仪用途和特点

硫化氢检测仪主要用于煤矿、冶金、化工、液化气站等行业检测有害气体浓度及其他工作环境中的有害气体,具有以下特点:

(1)响应时间快;

(2)操作简单,性能稳定;

(3)液晶显示,直接读数;

(4)性能可靠,无须经常维护;

(5)声光报警,校准简便;

(6)体积小,便于携带;

(7)仪表和探头分离,可在线检测,即刻读数(固定式)。

## 思考练习题

1. 简述表芯停走不转故障原因及处理方法。
2. 简述注水井水表水量比测试流量计水量多故障原因及处理方法。
3. 简述过滤器堵塞故障原因及处理方法。

# 第十二章 技术培训与论文编写

## 第一节 技术培训

企业员工技术培训是关系企业发展的一项重要工作,通过对技术培训相关知识的学习,使学习能根据教学方针目标和具体培训对象情况,对学员进行理论知识和技能操作培训。

### 项目一 调研培训需求

一、学习目标

掌握培训需求分析的方法和工具,能够运用各种方法进行培训需求的分析。

二、操作规程

培训需求分析是企业培训的出发点,如需求分析不准确,就收不到应有的效果。

1. 常用分析方法
(1) 调研问卷法;
(2) 访谈法;
(3) 现场取样法;
(4) 观察法;
(5) 小组讨论法;
(6) 档案资料法;
(7) 关键事件法;
(8) 自我分析法。

2. 实施程序
(1) 做好培训前期的准备工作;
(2) 制定培训需求调查计划;
(3) 实施培训需求调查工作;
(4) 汇总培训需求意见,确认培训需求。

## 项目二　组织教学

### 一、学习目标

根据培训班的具体情况，利用现有的设施教学，理论与实际结合，做出具有针对性的、较为具体的、可行的授课方法。

### 二、操作规程

（1）培训师常用的培训方法有讲授法、类比法、讨论法、读书指导法、演示法、参观法、练习法、实验法、作业法、实践活动法等。

（2）学员的学习方法有预习、听课、练习、考核、阅读教材和课外书，制定学习计划、小结等。

## 项目三　设计培训评估表

### 一、学习目标

掌握培训评估表的设计和使用方法。

### 二、操作规程

教学者对培训对象（学员）某阶段所学的各方面内容进行一次综合评定。通常有两部分内容：一是考试，包括书面的理论答卷和现场实际操作考试；二是教学者根据培训对象（学员）在这一阶段平时所掌握的成绩（表现）进行综合评定。

背景知识

### 一、调研培训需求

培训需求分析是指在规划与设计每项培训活动之前，由培训部门、主管负责人、培训工作人员等采用各种方法与技术，对参与培训的所有组织及其员工的培训目标、知识结构、技能状况等方面进行系统的鉴别与分析，以确定这些组织和员工是否需要培训，以及需要如何培训的一种活动或过程。

1. 培训需求分析原因

培训需求产生的原因大致可分为以下三类：

（1）由于工作变化而产生的培训需求；

（2）由于人员变化而产生的培训需求；

（3）由于绩效变化而产生的培训需求。

2. 培训需求分析内容

（1）培训需求的层次分析：前瞻性层次分析、组织层次分析、员工个人层次分析。

（2）培训需求的对象分析：新员工培训需求分析、在职员工培训需求分析。

(3) 培训需求的阶段分析：目前培训需求分析、未来培训需求分析。
3. 培训需求分析作用
(1) 了解员工现有信息；
(2) 了解员工的培训态度；
(3) 确定培训内容；
(4) 提供培训素材；
(5) 使培训做到量体裁衣；
(6) 获取管理者的支持；
(7) 培训成本预算与控制；
(8) 为培训评估提供依据。

## 二、培训手段

针对培训班的具体情况，利用现有的教学设施和条件，做出具有针对性、具体可行的授课方法。

1. 培训师常用的培训方法
(1) 以语言传递作为培训方法，有讲授法、类比法、讨论法、读书指导法。
(2) 以直观感知作为培训方法，有演示法、参观法。
(3) 以实际训练作为培训方法，有练习法、实验法、作业法、实践活动法。

2. 学员的学习方法
学员的学习方法有预习、听课、练习、考核，阅读教材和课外书，制定学习计划、小结等。

## 三、培训评估总结

培训评估总结是对培训的最终效果进行评价，是培训评估中最为重要的部分。目的在于使企业管理者能够明确培训项目选择的优劣，了解培训预期目标的实现程度，为后期培训计划、培训项目的制定与实施等提供有益的帮助。

培训结束后自我客观评价，包括经验和不足两方面。学员对培训满意度的评价，便于及时发现培训中的问题，改正教学方法，提高培训质量。

培训评估主要内容包括：
(1) 反应评估，即在课程刚结束的时候，了解学员对培训项目的主观感觉和满意程度。
(2) 学习评估，主要是评价参加者通过培训对所学知识深度与广度的掌握程度，方式有书面测评、口头测试及实际操作测试等。
(3) 行为评估，评估学员在工作中的行为方式有多大程度的改变。主要有观察、主管的评价、客户的评价、同事的评价等方式。
(4) 结果评估，其目标着眼于由培训项目引起的业务结果的变化情况。最为重要的评估内容是对投资净收益的确定。

# 思考练习题

1. 技术培训有哪些操作步骤？

2. 制定培训计划的原则是什么？
3. 培训师常用的教学方法有哪些？

## 第二节　材料编写

### 项目一　编写技术教学方案

一、学习目标

掌握技术教学方案的编写方法，能够针对培训目标、课程设置、基本原则、实例等内容做出具体的陈述，根据培训对象的需求编写出符合实际要求的教学方案。

二、操作规程

根据培训对象设定不同的培训方式。培训的形式是集中培训、网络培训和送培训到现场；培训主要方法有讲座、岗位练兵、示范操作、一事一训等。

编写技术教学方案的过程主要包括：

（1）培训目标分析——确定教学内容及知识点顺序。
（2）被培训者特征分析——确定起点，以便因材施教。
（3）培训策略的选择与活动设计。
（4）培训情境设计。
（5）培训媒体选择与培训资源的设计。
（6）在培训过程中作形成性评价并根据评价反馈对内容与策略进行调整。

### 项目二　编写教学大纲

一、学习目标

能编写出教学大纲，在课程设置及要求的基础上，依照课时分配，对各课程内容做更进一步具体要求和布置。

二、操作规程

课程的内容及范围应根据计划、培训内容来确定，并根据课程内容范围准备教材及课件。教程编写要根据培训教材，结合实际工作按课程设计顺序逐个编写，内容主要包括以下两个方面：

（1）教学计划：明确培训目标、要求、课程设置及课时分配。
（2）授课教案：内容应包括授课名称、教学任务、教学重点和难点、使用的教具、教程。

## 项目三  编写培训教材

### 一、学习目标

掌握编写培训教材的方法。

### 二、操作规程

培训教材的编写要易行、易看、易懂，用通俗的文字表达；立足实际，以解决生产中的实际问题为出发点，以实际技能为主，兼顾理论基础知识。

主要编写内容如下：

前言——阐明本教材主要内容和体系结构，指出学习本教材的重要性。

章——在教程内容结构中，一个具有相对独立意义的内容可列为一章，用科学简练的语言概括每一章的标题。

节——节是章以下层次，每一章可有若干节。

目——节以下层次是目，即基础层次。每一节根据其内容再分解为若干目，一个目应是一个比较完整的基础性内容。

## 项目四  编写技术论文

### 一、学习目标

依据技术报告的要求和标准，对自己工作中的技术成果进行归纳、总结，准确地向单位技术主管部门汇报。

### 二、操作规程

1. 准备工作

（1）工作中相关技术研究（革新）的记录数据和成果资料。

（2）有关该项技术方面的其他参考资料。

2. 操作步骤

（1）对技术工作中积累的资料（成果）进行整理、归纳，围绕成果所做的工作逐条列出，并根据内容及侧重点撰写关键词。

（2）按所列关键词拟定标题、构思正文。

（3）写论文的摘要。

（4）撰写前言。

（5）认真写好正文。

（6）精心写好结尾。

（7）写全、写准参考文献。

### 三、注意事项

（1）格式要正确，文字公式、图表要清晰，语言准确、引用文献要标注，不能出现"大概、可能、差不多"之类的词句。

（2）文章前后相同的内容尽量避免重复。

（3）不能出现跑题现象，更不能喧宾夺主。

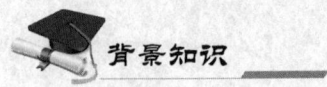
**背景知识**

## 一、编写技术教学方案

1. 制定培训计划原则

制定培训计划的原则是以教为主，全面安排，互相衔接，相对完善，突出重点，注重联系，统一性、稳定性和灵活性相结合。

2. 制定培训目标

培训的目标是指通过理论学习和岗位实际操作培训所要达到的最终目的，使学员的职业道德水平、业务理论知识水平和实际操作技能有新的提高并达到某种程度，适应生产需要。

3. 根据培训对象设定不同的培训方式

培训的形式是集中培训、网络培训和送培训到现场；培训主要方法有讲座、岗位练兵、示范操作、一事一训等。

## 二、编写培训大纲的方法

1. 编写培训大纲的原则

（1）思想性和科学性相统一。

（2）理论联系实际。

（3）稳定性和时代性相结合。

（4）系统性和可接受性符合实际需求。

2. 编写培训大纲的要求

（1）传授基本知识，要求通过理论联系实际，使书本上的知识变成学员自己能灵活运用的知识，达到既懂又会，学以致用。

（2）技能操作演示，引导学员获得感性知识。

（3）利用学员各种感官和已有经验，通过各种形式和手段感知、丰富学员经验，使学员直观地获得鲜明的表象。

（4）启发性地调动和发挥学员学习的主动性、积极性，教师讲课力求吸引注意，简单明了，启发学员独立思考，提高思维能力，唤起学习兴趣和求知欲望。

3. 编写培训大纲内容

培训大纲是根据培训内容和计划的要求编写的指导文件，它以纲要的形式规定了课程的培训目的、任务；知识、技能的范围、深度与体系结构；培训进度和培训法的基本要求。它是编写教材和进行培训工作的主要依据，也是检查学员学习成绩和评估培训质量的重要准则。

1）课程性质及目的要求

课程性质及目的主要是指应具备的基础理论、基础知识、基本技能和总要求，即明确培训后应掌握的基础知识和基本技能,应达到的操作水平能力及能从事哪方面的专业工作。课程重点是指学员应重点掌握的培训内容,一般指生产中的关键操作;课程的难点是指学员不易理解和掌握的培训内容。

2)课程内容及范围

课程的内容及范围应根据计划、培训内容来确定,并根据课程内容范围准备教材及课件。教程编写要根据培训教材,结合实际工作按课程设计顺序逐个编写,内容主要包括以下两个方面:

(1)教学计划:明确培训目标、要求、课程设置及课时分配。

(2)授课教案:内容应包括授课名称、教学任务、教学重点和难点、使用的教具、教程。

### 三、制定培训教材编写的内容及要求

培训教材是培训教学的依据,从整个培训流程看,培训教材处于承上启下的环节。

培训教材要以技能为主导,以问题为中心,以缺陷为抓手,以技能为主导,对培训教材内容编写有特殊要求:

(1)培训教材专题化;
(2)培训教材模块化;
(3)教学内容具有实用性;
(4)培训教材具有新颖性。

培训教材还应达到以下要求:

(1)满足学员方面的需求,包括认知的需求和学习、发展的需求;
(2)合适的培训教材,应考虑到不同的学员需求,不同人数的团体的课程主题、课程内容、课程长度、培训环境及其要求和目的等问题;
(3)合适的培训教材不能忽略"机会平等",注意使用"非歧视性语言""保证健康和安全"等问题;
(4)合适的教材应当与不同的学习活动相匹配。

培训教程编写的注意事项:

(1)语言要言简意赅、清楚明了;
(2)内容应调理清晰,突出思路和逻辑关系;
(3)应突出理论性和实践性;
(4)要密切体现出理论和实践的紧密结合。

### 四、论文的分类

科技论文是以自然科学专业技术为内容的论文,科技论文按其性质可分为三类:

(1)科技专论:指完成一项课题后就其科研过程、实验数据等而写的理论文章。
(2)科技综述:指对某一问题在纵向不限于某一时期,在横向不限于某一专题、专业,进行纵横交错地综合论述。
(3)科普论文:这类文章的特点是深入浅出,用生动活泼的语言论说科学道理,从而使深奥的科学知识得以普及。

### 五、技术论文写作过程中常用的方法

1. 判断

判断是对思维对象有所断定的一种思维形式，可分为简单判断和复合判断。

2. 推理

推理是根据一个或几个已知判断，推出一个新的判断思维形式。根据思维进程方式不同，可分为演绎推理、归纳推理和类比推理三大类。技术论文中常用的有科学归纳推理、统计归纳推理。科学归纳推理是通过考察某类事物中的部分现象，发现客观事物间的必然联系，概括出关于这类事物的一般性结论；统计归纳推理是采用样本或典型事物的资料对总体的某些性质进行估计或推断。

### 六、技术论文常用术语

1. 概念

概念是反映事物特有属性或本质属性的思维形式。技术论文中常用的概念有单独概念和普通概念、集合概念和非集合概念、具体概念和抽象概念、正概念和负概念等。

（1）单独概念：反映单个对象的概念，它的外延是特指一个独一无二的对象。

（2）普通概念：反映一类对象的概念，它的外延是指一类对象中的每一分子。

（3）集合概念：反映一定数量的同类对象集体的概念，它是把一些同类对象的集合体当作一个独立对象来思考的，而不反映组成群体的个体。

（4）非集合概念：相对于集合概念而言，除集合概念以外的概念均为非集合概念。

（5）具体概念：反映对象本身的概念，又称实体概念。

（6）抽象概念：反映对象属性的概念，又称属性概念。

（7）正概念：反映事物具有某种属性的概念，又称肯定概念。

（8）负概念：反映事物不具有某种属性的概念，又称否定概念。

上述关于概念的不同分类，是从不同角度按不同标准划分的，因此，对一个概念从不同角度来看，可以分属不同的种类。

2. 定义

定义是明确概念内涵的一种逻辑方法。给概念下定义就是用简洁的语言精确地揭示概念的内涵。

定义的规则如下：

（1）定义概念与被定义概念的外延是相等的，否则要犯"定义过宽"或"定义过窄"的逻辑错误。

（2）定义概念直接或间接地包含被定义的概念，就等于用被定义概念去解释定义概念，这样，被定义概念内涵不能被明确。违反这条规则，常常会出现"同语反复"或"循环定义"。

（3）下定义的目的是说明概念所反映的事物本质属性是什么，如果是否定的，则只能说明被定义不是什么，而不能说明其是什么。违背这条规则常常犯"定义否定"的逻辑错误。

（4）下定义必须用清楚确切的概念，不能用隐喻或含混的概念。

### 七、技术论文编写基本要求

（1）论文要立论科学，观点新颖，论据详实，论证严密，理论联系实际。

(2) 注意论文的科学性，要做到理论正确、技术先进，概念、定义准确严谨，数据、图表、公式、参数符号和计量单位等均需核对无误。

(3) 注意合理引用他人资料，根据《中华人民共和国著作权法》有关规定，著译者在著译活动中一定要尊重他人智力劳动成果，特别是引用他人著作或资料要得当，并在文中注明。

(4) 论文在交稿时应最终定稿，稿件要齐全，基本要素包括：题名、作者名、作者单位、地址、邮编、摘要、关键词、正文、结论、参考文献、作者简介等。

**八、技术论文的写作格式**

(1) 论文题目。要求准确、简练、醒目、新颖，一般不超过 20 字。

(2) 目录。目录是论文中主要段落的简表。

(3) 内容提要/摘要。内容提要是文章主要内容的摘录，要求短、精、完整。字数少可几十字，多则不超过三百字为宜。

(4) 关键词或主题词。关键词是从论文的题名、提要和正文中选取出来的，是对表述论文的中心内容有实质意义的词汇。关键词是用作计算机系统标引论文内容特征的词语，便于信息系统汇集，以供读者检索。每篇论文一般选取 3~8 个词汇作为关键词，另起一行，排在"提要"的左下方。主题词是经过规范化的词，在确定主题词时，要对论文进行主题分析，依照标引和组配规则转换成主题词表中的规范词语。

(5) 论文正文。

① 引言。引言又称前言、序言和导言，用在论文的开头。引言一般要概括地写出作者意图，说明选题的目的和意义，并指出论文写作的范围。引言要短小精悍、紧扣主题。

② 论文正文。正文是论文的主体，正文应包括论点、论据、论证过程和结论。主体部分包括：论点——提出问题；论据和论证或实验/试验——分析问题；论证方法与步骤——解决问题；结论。

(6) 参考文献。一篇论文的参考文献是将论文在研究和写作中可参考或引证的主要文献资料，列于论文的末尾。参考文献应另起一页，著录规则按 GB/T 7714—2015《文后参考文献著录规则》进行。

(7) 谢辞。对除作者外对本文的研究有重要帮助的人和组织表达谢意，称为谢辞。

**九、论文的三要素**

论文的三要素是论点、论据、论证：

(1) 论点是作者所要阐述的观点，要表达的主题，必须正确、鲜明、集中。

(2) 论据是证明论点的理由，一般可采用理论论据、事实论据（包括典型实例、数据），要求准确、充分、典型、新鲜。

(3) 论证是论述证明论点的过程，要求逻辑严密、方法灵活。

常用的论证方法有以下几种：

(1) 例证法：用典型的具体事实作论据来证明论点的方法，也就是通常所说的"摆事实"。它运用的是归纳推理的逻辑形式，因此又称归纳法。

(2) 证法：一种用已知的事理作论据来证明论点的方法，人们习惯上把它称为"从理论上论述"。它运用的是演绎推理的逻辑形式，又称演绎法。

(3) 对比法：实际上也是一种例证法，区别在于对比法除举例外，还要用事例加以比较。

(4) 证法：一种间接的证明方法。特点是要证明此论点正确，先要证明与此相反的论点的错误，非此即彼，进而确立此论点。

## 思考练习题

1. 编写培训大纲的要求有哪些？
2. 教案的内容主要包括哪几个方面？
3. 简要叙述编写论文的操作步骤。
4. 编写论文的注意事项有哪些？
5. 技术论文中常用的概念有哪些？
6. 定义的规则有什么？

# 第十三章 综合管理

综合管理是采油采气员工管好生产、提高油气井产量的基础工作，是岗位员工在油气生产过程中应该具备的基本技能。本章主要从识读工艺流程图、安全用电、消防安全、HSE 管理体系、质量管理体系五个方面展开论述。

## 第一节 识读工艺流程图

采油井站工艺流程是油气在集输管网中的流向和生产过程，是根据油田的地质特点、采油工艺、原油和天然气物性、自然条件等制定的。工艺流程图就是以生产流程为依据，把设备的管路按顺序画在同一平面上，用以说明各个设备和主要管路与辅助管路的联系情况。在生产中只有熟知了流程，才能熟练地进行井站的各种操作，正确处理生产问题。因此，熟悉绘制井站工艺流程图是采油工必须掌握的一项基本技能。

### 项目一 读懂井站流程图

#### 一、学习目标

熟练识读工艺流程图，了解工艺流程设计的原理，掌握集输泵站的工艺流程组成。熟知主要管线、次要管线的表示方法，生产流程中管线介质的走向、来源、去向。熟知管线图色标准，工艺流程图中常用图例的表示方法。

#### 二、操作规程

1. 准备工作

（1）正确穿戴好劳动保护用品。

（2）准备工具、用具（表 13-1）。

（3）井站工艺流程图一份。

表 13-1 绘制井站流程图工具、用具表

| 序号 | 名称 | 规格 | 数量 |
| --- | --- | --- | --- |
| 1 | 签字笔 |  | 1 支 |
| 2 | 记录本 |  | 1 本 |
| 3 | 直尺 | 300mm | 1 把 |

2. 操作步骤

(1) 阅读设计说明书，清点图样。看图时要根据设计图样目录，清点图样是否齐全，认真阅读设计说明书，逐条领会设计意图、技术规范和施工技术要求、生产过程中的工艺参数和操作要求。

(2) 看懂绘制工艺流程常见图例表，在图例表中认真阅读工艺流程的名称、绘制时间、绘制比例、绘图人、图样数量、图幅大小等。

(3) 看工艺流程中布置设备的数量，主要管线标注走向，从设备说明书中了解设备的型号及主要技术参数，从管线标注中看明白管线的规格作用和标高。

(4) 结合设计说明书看工艺流程图和管网系统图，了解设计依据，清楚生产过程中各项工艺参数、紧急指标的调节和控制要求，掌握工艺管路走向、设备管路性能和技术规范以及安装标准和技术要求。

(5) 看管线要从头到尾顺序看完，弄清来龙去脉后再看另一条管线。要分清主管线与支管路的关系。最后看次要辅助管线，了解其作用和性能。

### 三、注意事项

(1) 发现疑点要记录清楚，便于提出问题和整改。

(2) 图样看后要重新装订好，妥善分类保管。

(3) 看图时要细心，先看总流程图，在看局部说明的工艺流程图。各种图样要相应参照，配合使用。

## 项目二  绘制井站流程图

### 一、学习目标

掌握井站流程图绘制方法，选择使用绘图工具，根据现场情况确定坐标方向，掌握具体工艺流程，确定设备的位置，绘制管线、阀门、仪表并给管线上色。

### 二、操作规程

1. 准备工作

(1) 正确穿戴好劳保用品。

(2) 准备工具、用具（表 13-2）。

(3) 油井、计量站或中转站一座，井站生产流程规范、符合要求。

表 13-2  绘制井站流程图工具、用具表

| 序号 | 名称 | 规格 | 数量 |
| --- | --- | --- | --- |
| 1 | 铅笔 | 2H | 1 支 |
| 2 | 铅笔 | HB | 1 支 |
| 3 | 铅笔 | 2B | 1 支 |
| 4 | 橡皮 |  | 1 块 |
| 5 | 绘图板 |  | 1 张 |

续表

| 序号 | 名称 | 规格 | 数量 |
|---|---|---|---|
| 6 | 直尺 | 300mm | 1把 |
| 7 | 彩笔 |  | 1套 |
| 8 | 绘图纸 | A3 | 1张 |
| 9 | 草纸 |  | 1张 |
| 10 | 铅笔刀 |  | 1把 |
| 11 | 圆规 |  | 1把 |
| 12 | 三角板 |  | 1套 |

2. 操作步骤

1) 绘制草图

(1) 观察现场，确定井站方位，在草图上确定坐标方向，了解具体工艺流程。

(2) 先确定井站流程主要设备位置，记录名称、位号、规格，绘制草图；再确定其他辅助设备位置，记录名称、位号、规格，绘制草图。

(3) 根据现场绘制管线，用箭头标注管线走向，并标注管线介质的来源、去向。

(4) 确定主要阀门、仪表，记录名称、规格、用途。

2) 绘制流程图

(1) 绘制图框。用粗实线画出边框线，左边距 25mm，其他边距 5mm。

(2) 在图框内距离上边距 20mm 中心位置绘制图头。

(3) 在图框内右上角确定坐标方向。

(4) 合理布局，确定主要设备位置，按表示符号在绘图纸上用细实线画出标准图样；再绘制其他辅助设备，并标注名称、位号、规格。

(5) 按生产流程的顺序绘制管线，先绘制主要管线，再绘制其他次要或辅助管线，用箭头标注管线走向，并标注管线介质的来源、去向。

(6) 绘制主要阀门、仪表，并标注名称、规格、用途。

3) 设备的画法

(1) 各种设备在图上一般只需用细实线画出标准图例。同一设备不论规格如何，其在同一图纸上出现的规定符号大小应基本一致。

(2) 不同设备的大小只需大致保持设备之间的相对大小、设备之间相对位置及设备上重要接管口位置，没有要求绝对精确，只要大致符合实际情况、美观即可。

(3) 图上每一台设备均要标注名称、规格、位号，通常注在设备图形附近，也可直接在设备图形之内标注，要排列整齐。

4) 管线的画法

(1) 管线之间间距要大于 5mm；不论管线直径多大，但在图上体现的线条应粗细一致。

(2) 管路要用水平线和垂直线表示，不允许用斜线表示，管路转弯处画成直角；每条管路还要用箭头标出管路中介质的走向，并在管路介质的起点和终点标注介质名称及来源、去向。

(3) 为了在图上避免管线与设备间发生重叠，通常把管线画在设备的上方或下方；管线与管线发生交叉而实际上是不相连时,应遵循"横连竖断"的原则在图上画出。

(4) 主要管线用粗实线,次要管线用细实线;地上管线用粗实线表示,地下管线用粗虚线表示,地下管线用粗虚线表示。

5) 上色

(1) 检查图样是否与草图相符,并加以修改。

(2) 根据管路中的不同介质用彩色笔给管线上色。

(3) 在图框内空白处建图例:标注各设备、仪表名称和规格;标注管线名称,各条管线的颜色与图上管线一一对应。

(4) 标注绘图人姓名、日期、单位。

### 三、注意事项

工艺流程图上主要设施的方位、主要管线的走向要与总平面布置大体一致。

背景知识

### 一、工艺流程中管线图色标准

(1) 油管线——灰色。

(2) 天然气管线——橘黄色。

(3) 清水管线——绿色。

(4) 污水管线——褐色。

(5) 空气管线——蓝色。

(6) 热水管线——银白色。

(7) 污油管线——黑色。

(8) 消防管线、放空管线——红色。

### 二、工艺流程绘制常用图例

工艺流程绘制常用图例见表13-3。

表13-3 工艺流程绘制常用图例

| 序号 | 名称 | 图例 | 序号 | 名称 | 图例 |
|---|---|---|---|---|---|
| 1 | 主要管线 |  | 3 | 次要管线 |  |
| 2 | 管路介质流向 |  | 4 | 液体进出流向 |  |
| 5 | 管线交叉 |  | 23 | 截止阀 |  |
| 6 | 压力表 |  | 24 | 法兰阀门 |  |
| 7 | 过滤器 |  | 25 | 针型阀 |  |

续表

| 序号 | 名称 | 图例 | 序号 | 名称 | 图例 |
|---|---|---|---|---|---|
| 8 | Y形过滤阀器 | | 26 | 球阀 | |
| 9 | 网状过滤器 | | 27 | 升降止回阀 | |
| 10 | 低压泄压阀 | | 28 | 蝶阀 | |
| 11 | 清管球指示器 | | 29 | 止回阀 | |
| 12 | 调节阀 | | 30 | 旋启止回阀 | |
| 13 | 减压阀 | | 31 | 电动阀 | |
| 14 | 阻火器 | | 32 | 管道泵 | |
| 15 | 立式加热炉 | | 33 | 离心泵 | |
| 16 | 立式加热炉 | | 34 | 电动往复泵 | |
| 17 | 箱式加热炉 | | 35 | 蒸汽往复泵 | |
| 18 | 卧式加热炉 | | 36 | 螺杆泵 | |
| 19 | 箱式加热炉 | | 37 | 齿轮泵 | |
| 20 | 卧式加热炉 | | 38 | 真心泵 | |
| 21 | 装卸鹤管 | | 39 | 球形储罐 | |
| 22 | 闸阀 | | 40 | 外浮顶罐 | |
| 41 | 内浮顶罐 | | 51 | 转子流量计 | |
| 42 | 疏水阀 | | 52 | 文氏流量计 | |
| 43 | 卧式油罐 | | 53 | 孔板流量计 | |
| 44 | 立式油罐 | | 54 | 电磁流量计 | |

续表

| 序号 | 名称 | 图例 | 序号 | 名称 | 图例 |
|---|---|---|---|---|---|
| 45 | 重锤安全阀 | | 55 | 胶管 | |
| 46 | 弹簧安全阀 | | 56 | 鹤管 | |
| 47 | 减压阀 | | 57 | 卸油臂（快速接头） | |
| 48 | 旋塞阀 | | 58 | 法兰 | |
| 49 | 电磁阀 | | 59 | 盲板 | |
| 50 | 流量计 | | 60 | 消气器 | |

### 三、工艺流程图范例

阿南某计配水间、总机关工艺流程图如图13-4、图13-5所示。

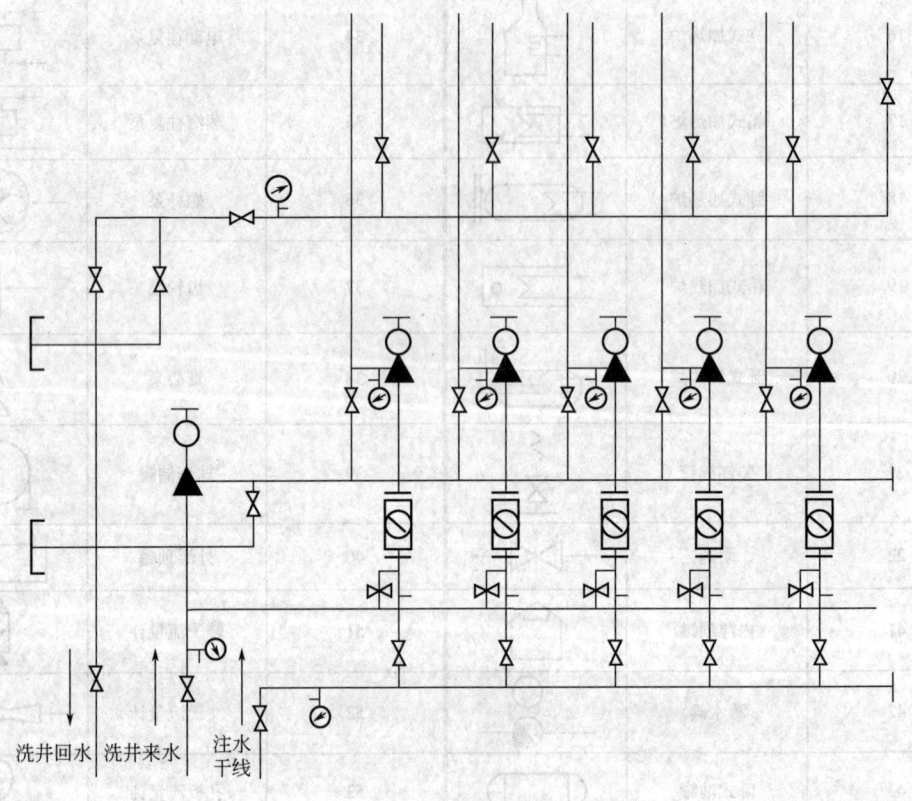

图 13-1　阿南某计配水间工艺流程图

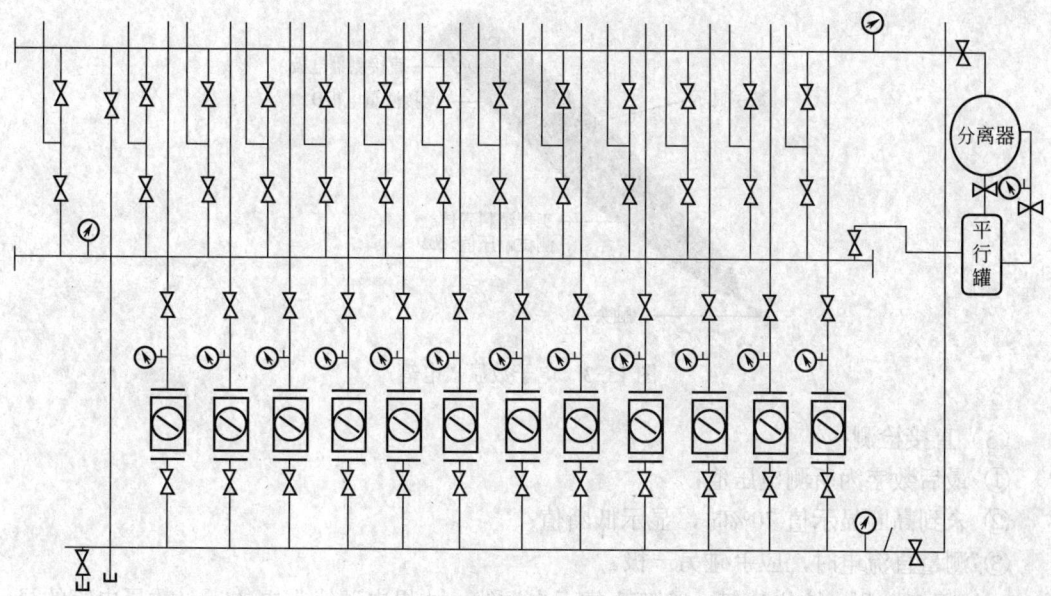

图 13-2 阿南某总机关工艺流程图

## 思考练习题

1. 工艺流程图中常用图例有哪些？
2. 绘制工艺流程图的步骤有哪些？

## 第二节 安全用电基础知识

### 项目一 试电笔使用

试电笔（又称电笔）是电工常用工具之一，用来判别物体是否带电。它的测电范围是 60～500V 之间，按照外观形式有电子数显式和氖管式两种。

**一、电子数显式试电笔的使用方法**

（1）按钮说明：DIRECT（A 键），直接测量按键（离液晶屏较远），用笔头直接去接触线路时，按此按钮；INDUCTANCE（B 键），感应测量按键（离液晶屏较近），用笔头感应接触线路时，按此按钮。不管电笔上如何印字，认明离液晶屏较远的为直接测量健，离液晶较近的为感应键即可，如图 13-3 所示。

（2）本测电笔适用于直接检测 12～250V 的交直流电和间接检测交流电的零线、相线和断点，还可测量不带电导体的通断。

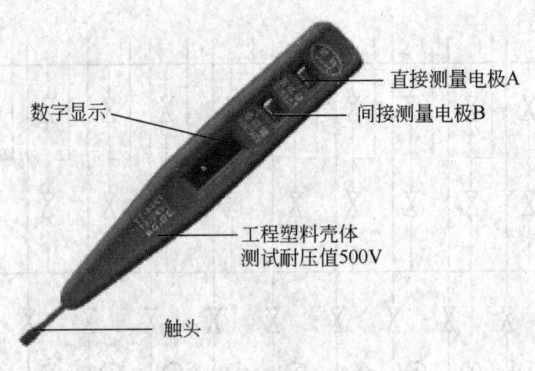

图 13-3　电子数显式电笔

(3) 直接检测：

① 最后数字为所测电压值；

② 未到高断显示值 70%时，显示低断值；

③ 测量直流电时，应手碰另一极。

(4) 间接检测：按住 B 键，将笔头靠近电源线，如果电源线带电的话，数显电笔的显示器上将显示高压符号。

(5) 断点检测：按住 B 键，沿电线纵向移动时，显示窗内无显示处即为断点处。

(6) 直接检测导线是否短路。

有一个按键是断点测量，对于一根线，可以一只手拿着导线的这头，另一只手用手指触摸着断点测量的热键，在用电笔头触摸线的另一端，若电笔红灯亮，说明导线导通，不亮则表示导致断开。如果没有断点测量功率，用电笔无法判断导线通断。

(7) 电压显示：上面显示为 12V、24V、36V、110V、220V。若搭在火线上，则显示 220V，零线一般显示 16 或 24V。

(8) 零线断后，用电笔测电源侧（断点前端）的零线时，灯不亮，数显笔显示电的符号；用电笔测断点后端时，灯正常发光，试电笔显示 220V。

(9) 两芯线短路的查找：插上电源，用数显电笔的间接测量查找，如果查不出可能是断点在零线上，反转插头使零火线对调再测即可。

(10) 试电笔一般上面会显示 12V、24V、48V、110V、220V、380V，但是实际读数的时候要看数显表的最大值，也就是显示数据的最大值，比如显示"12V，36V"，则测电压的近似值为 36V。火线的电压，即单相电压，额定值为 220V；零线的电压一般称为中性线的电压，平衡时为 0V；地线，顾名思义，直接接地的线，为 0V。实际测量时的数据显示，火线一般为 210~230V 之间，零线由于一般都为不平衡负载，所以一般为 0~24V 之内，地线为 0V，要不然肯定就会触电。

## 二、氖管式低压验电器的使用方法

氖管式低压验电器由笔尖、降压电阻、氖管、弹簧、笔尾金属体等部分组成，如图 13-4 所示。

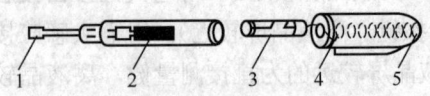

图 13-4　氖管式低压验电器

1—笔尖；2—降压电阻；3—氖管；
4—弹簧；5—笔尾金属体

**1. 低压验电器的使用方法和注意事项**

(1) 使用前，先要在有电的导体上检查电笔是否正常发光，检验其可靠性。

(2) 在明亮的光线下往往不容易看清氖泡的辉光，应注意避光。

(3) 电笔的笔尖虽与螺钉旋具形状相同，但它只能承受很小的扭矩，不能像螺钉旋具那样使用，否则会损坏。

2. 试电笔的使用方法

(1) 低压验电器可以用来区分相线和零线，氖泡发亮的是相线，不亮的是零线。低压验电器也可用来判别接地故障。

(2) 低压验电器可用来判断电压的高低。氖泡越暗，则表明电压越低；氖泡越亮，则表明电压越高。低压试电笔（测 220V 的试电笔）除能测量物体是否带电外，还能做一些其他的辅助测量之用。

(3) 判断感应电。用一般试电笔测量较长的三相线路时，即使三相交流电源缺一相，也很难判断出是哪一根电源线缺相，原因是线路较长，并行的线与线之间有线间电容存在，使得缺相的某一根导线产在生感应电，使电笔发亮。

(4) 区别交流电和直流电交流电通过试电时，氖管中两极会同时发亮；而直流电通过时，氖管里只有一个极发亮。

(5) 判别物体是否产生静电：手持试电笔在某物体周围寻测，若氖管发亮，证明该物体上已有静电。

(6) 粗估电压时经常使用的试电笔，可根据测电时氖管发光亮的强弱程度，粗估计电压高低，电压越高，氖管越亮。

## 项目二　站内电气设备使用

### 一、使用要求

电气设备的安全使用要求是非电工人员不得随意乱动或私自修理车间内的电气设备；电气设备不得带故障运行；任何电气设备在未验明无电之前，一律认为有电，不要盲目触及；对挂有的"禁止合闸""有人操作"等标牌，非有关人员不得移动；电气设备必须有保护性接地、接零装置，并经常对其进行检查，保护连接的牢固；需要移动某些非固定安装的电气设备，如照明灯、电焊机灯时，必须先切断电源再移动，移动中，要防止导线被拉断；员工经常接触和使用的配电箱、配电板、闸刀开关、按钮开关、插座、插销以及导线等，必须保持安全完好，不得有破损。熟悉站内常用电器设备的使用方法并正确使用。

(1) 要熟悉站内各用电设备的主断路器（俗称总闸）的位置，并且要有明确的标识，一旦发生火灾、触电或其他电气事故时，应第一时间切断电源，避免造成更大的财产损失和人身伤亡事故。

(2) 要熟练掌握站内各种断路器的操作方法以及送电、停电倒闸操作的顺序（紧急停电时除外），送电时应先送总闸，再送各用电设备；停电时应先停各用电设备，再停总闸。

(3) 掌握正确触摸电气设备的方法：操作电气设备（开关）要用单手，同时侧身脸部要背向开关，以防止开关出现故障（火花）灼伤脸部。电气设备送电后，要先用手指的末端背面轻触设备的表面来判断设备是否漏电，在确保安全的前提下组织生产。

（4）站内各配电柜（箱）内的漏电开关要每月进行一次漏电检测，如有不灵敏的应立即更换。车间内部使用的移动用电设备（如电风扇、角磨机、手电钻等），要定期检查外壳及电源线绝缘的好坏，电动工具必须接到带有漏电保护的开关后面，采用单相三孔插头要遵循"左零右火上地线"，实行单机漏电保护。按要求安装漏电保护开关。

（5）购买使用电器时，应购买国家认定生产的合格产品，不要购买"三无"的假冒伪劣产品。购买后要认真阅读产品说明书，注意使用电压和功率，应不超过使用电源插座、保险丝、电表和导线的允许负荷，方可使用。

（6）安装家用电器时，要注意电器的使用环境。不要将家用电器安装在潮湿、有热源、多灰尘、有易燃和腐蚀性气体的环境中。易受潮和腐蚀性的场所，要经常检查有无漏电现象，一般可用验电笔在墙壁、地板、设备外壳上进行测试。

（7）使用家用电器时，要有完整可靠的电源线的插头，不许将导线直接插入插座，不要用双脚插头和双脚插座代替三脚插头和三脚插座，以防由于插头错接造成家用电器金属外壳带电，发生触电伤亡事故。

（8）不准在地线和零线上装设开关和保险丝。禁止将接地线接到自来水、暖气和其他管道上。

（9）常用电器在使用时，不要用湿手触及开关和外壳。使用手持电器设备，不要将电线绕在手上。移动电器时，要切断电源，禁止用手拽电线。

（10）不要乱拉电线和乱接电器设备，更不要利用"一线一地"方式接线用电。

（11）电器使用完毕，要随时切断电源。在意外紧急情况需要切断电源时，应切断总闸，或使用电工钳剪断电线，不要用手硬拽电线。

（12）所以电器设备应在有人监护情况下使用，人员离开，应关闭电器设备，防止事故发生。

（13）如发现电器设备有故障或漏电起火，要立即拉开电源开关，在未切断电源前，不能用水或酸、碱泡沫灭火器灭火。

（14）不要用湿手去摸灯口、开关插座以及电器设备外壳。更换灯泡时，先关闭开关，然后站在干燥绝缘物上进行。灯线不要拉得太长或到处乱拉。

（15）人触电后，脱离低压电源的方法有三种：拉闸断电；切断电源（要用绝缘工具分相切断电源）；用绝缘物品脱离电源。如触电者昏迷，呼吸停止，应立即进行人工呼吸，尽快送医院抢救。

（16）配电设施及电器设备要定期检查，保持良好的散热，不能在其周围存放易燃、易爆物品，防止因散热不良而损坏设备或引起火灾，巡检并有巡检记录，巡检应做到"看、听、闻、测"。看：通过用眼睛观察，判断设备有无异常、设备是否过载运行。听：听变压器、电容器等是否有异常的响声。闻：闻是否有烧焦橡皮、塑料的气味。测：测量连接母排、电缆是否温度过高。若发现冒烟、着火、发出烧焦气味、产生火花时，应立即切断电源，且不可用水和泡沫灭火器来进行灭火，应用二氧化碳灭火器进行灭火，待故障排除后方可通知送电。

（17）防止触电的技术措施有：绝缘、屏护、间距；接地和接零；漏电保护；采用安全电压；加强绝缘。我国及国际电工委员会对安全电压的上限值进行了规定，工频下安全电压的上限值为 42V、36V、24V、12V、6V。

## 二、注意事项

电器设备使用过程中有以下注意事项：

（1）首先在电器设备的选择上，应该购买国家认定生产的合格产品，不要购买"三无"的假冒伪劣产品。购买后要认真阅读产品说明书，注意使用电压和功率应不超过使用电源插座、保险丝、电表和导线的允许负荷，方可使用。使用时应按照说明书进行操作。

（2）对有使用年限的电器设备应在使用年限前进行更换，以防事故发生。

（3）电器设备使用前应对其外观及电源线进行检查，没有异常方可使用。

（4）操作时不得用潮湿的手接触电器设备，以防触电。

（5）电器设备禁止频繁启停，防止电流过大造成电器原件烧毁。

（6）电器设备在使用过程中发生异响、过热、冒烟、起火等，应立即切断电源，如起火应使用二氧化碳灭火器进行灭火，并对电器设备进行检查维修，故障排除后方可使用。

（7）检修过程严禁带电操作。

（8）电器设备使用后应立即切断电源（拔掉插头，不能用电器设备上的开关进行控制）。充电设备应在人员监护下使用，充电完毕应立即切断电源。

（9）加热类电器设备不应长时间使用，以免温度过高造成危险。

（10）应保持电器设备的清洁，在切断电源的情况下对电器设备进行清理。不可用湿毛巾擦拭电器设备。

（11）电器设备长时间不用，应在干燥防尘的地点存放，再次使用前应对电器设备进行检查，没有问题方可使用。

# 项目三　触电的现场急救

触电急救的基本原则是：在现场采取积极措施保护伤员生命，减轻伤情，减少痛苦，并根据伤情需要，迅速联系医疗部门救治。要认真观察伤员全身情况，防止伤情恶化。发现呼吸、心跳停止时，应立即在现场就地抢救，用心肺复苏法支持呼吸。

## 一、脱离电源

触电急救，首先要使触电者迅速脱离电源，越快越好。因为电流作用的时间越长，伤害越重。脱离电源就是要把触电者接触的那一部分带电设备的开关、刀闸或其他断路设备断开，或设法将触电者与带电设备脱离。

如果触电者触及断落在地上的带电高压导线，如尚未确认线路无电，救护人员在未做好安全措施（如穿绝缘靴或临时双脚并紧跳跃地接近触电者）前，不能接近断线点至 8～10m 范围内，以防止跨步电压伤人。触电者脱离带电导线后应迅速带至 8～10m 以外，并立即开始触电急救。只有在确定线路已经无电时，才可在触电者离开触电导线后，立即就地进行急救。

## 二、伤员脱离电源后的处理

触电伤员若神志清醒,应使其就地躺平,严密观察,暂时不要站立或走动;若神志不清,应就地仰面躺平,确保其气道通畅,并用 5s 时间呼叫伤员或轻拍其肩部,以判定伤员是否丧失意识,禁止摇动伤员头部呼叫伤员。需要抢救的伤员,应立即就地坚持正确抢救,并设法联系医疗部门接替救治。

## 三、呼吸、心跳情况的判定

触电伤员如丧失意识,应在 10s 内用看、听、试的方法,判定伤员的呼吸、心跳情况。看:看伤员的胸部、腹部有无起伏动作。听:用耳贴近伤员的口鼻处,听有无呼气声音。试:试测口鼻有无呼气的气流,再用两手指轻试一侧(左或右)喉结旁凹陷处的颈动脉有无搏动。若看、听、试的结果为既无呼吸又无颈动脉搏动,则可判定呼吸、心跳停止。

## 四、心肺复苏

触电伤员呼吸和心跳均停止时,应立即采取心肺复苏法正确进行就地抢救。心肺复苏措施主要有以下三步。

### 1. 通畅气道

触电伤员呼吸停止,重要的是始终确保气道通畅。如发现伤员口内有异物,可将其身体及头部同时侧转,迅速用一个手指或两手指交叉从口角处插入,取出异物。操作中要注意防止将异物推到咽喉深部。通畅气道可采用仰头抬颏法,用一只手放在触电者前额,另一只手的手指将其下颌骨向上抬起,两手协同头部推向后仰,舌根随之抬起,气道即可通畅。严禁用枕头或其他物品垫在伤员头下,头部抬高前倾,会加重气道阻塞,并使胸外按压时流向脑部的血流减少,甚至消失。

### 2. 口对口(鼻)人工呼吸

在保持伤员气道通畅的同时,救护人员用手指捏住伤员鼻翼,救护人员深吸气后,与伤员口对口紧合,在不漏气的情况下,先连续大口吹气两次,每次 1~1.5s,如两次吹气后试测颈动脉仍无搏动,可定断心跳已经停止,要立即同时进行胸外按压。除开始时大口吹气两次外,正常口对口(鼻)呼吸的吹气量不需过大,以免引起胃膨胀。吹气和放松时要注意伤员胸部应有起伏的呼吸动作。吹气时如有较大阻力,可能是头部后仰不够,应及时纠正。触电伤员如牙紧闭,可口对鼻人工呼吸。口对鼻人工呼吸吹气时,要将伤员嘴唇紧闭,防止漏气。

### 3. 胸外按压

(1)按压位置。正确的按压位置是保证胸外按压效果的重要前提。确定正确按压位置的步骤为:一是右手的食指和中指沿触电伤员的右侧肋弓下缘向上,找到肋骨和胸骨接合处的中点;二是两手指并齐,中指放在切迹中点(剑突底部),食指平放在胸骨下部;三是另一只手的掌根紧挨食指上缘,置上胸骨上,即为正确按压位置。

(2)按压姿势。正确的按压姿势是达到胸外按压效果的基本保证,应符合以下要求:一是使触电伤员仰面躺在平硬的地方,救护人员或立或跪在伤员一侧肩旁,救护人员的两肩位于伤员胸骨正上方,两臂伸直,肘关节固定不屈,两手掌根相叠,手指翘起,不接触伤员胸壁;二是以髋关节为支点,利用上身的重力,垂直将正常成人胸骨压陷 3~5cm(儿童和瘦弱者酌减）；三是压至要求程度后，立即全部放松，但放松时救护人员的掌根不得离开胸壁。按压必须有效，有效的标志是按压过程中可以触及颈动脉搏动。

（3）操作频率。胸外按压要以均匀度进行，每分钟 80 次左右，每次按压和放松的时间相等。胸外按压与口对口（鼻）人工呼吸同时进行，其节奏为：单人抢救时，每按压15次后吹气2次（15：2），反复进行；双人抢救时，每按压5次后另一人吹气1次（5：1），反复进行。按压吹气 1min 后（相当于单人抢救时做了4个15：2压吹循环），应用看、听、试方法在5～7s内完成对伤员呼吸和心跳是否恢复后再判定。若判定颈动脉已有搏动但无呼吸，则暂停胸外按压，再进行2次口对口人工呼吸，接着5s吹气一次（即12次/min）。如脉搏和呼吸均未恢复，则继续坚持心肺复苏方法抢救。在抢救过程中，要每隔数分钟再判定一次，每次判定时间均不得超过5～7s。在医务人员未接替抢救前，现场抢救人员不得放弃现场抢救。

### 五、抢救过程中伤员的移动与转院

心肺复苏应在现场就地坚持进行，不要为方便而随意移动伤员，如确有需要移动时，抢救中断时间不应超过 30s。移动伤员或将伤员送医院时，除应使伤员平躺在担架上并在其背部垫以平硬阔木板外，移动或送医院过程中还应继续抢救。心跳呼吸停止者要继续心肺复苏法抢救，在医务人员未接替救治前不能终止。如伤员的心跳和呼吸抢救后均已恢复，可暂停心肺复苏方法操作。但心跳呼吸恢复的早期有可能再次骤停，应严密监护，不能麻痹，要随时准备再次抢救。初期恢复后，神志不清或精神恍惚、跳动，应设法使伤员安静。

## 第三节　消防安全知识

### 项目一　消防器材使用

灭火器的种类很多，按其移动方式可分为手提式和推车式；按驱动灭火剂动力来源可分为储气瓶式、储压式、化学反应式；按所充装的灭火剂则又可分为泡沫、二氧化碳、干粉、卤代烷（例如常见的1211灭火器）、酸碱、清水灭火器等。常见的灭火器有 MP 型、MPT 型、MF 型、MFT 型、MFB 型、MY 型、MYT 型、MT 型、MTT 型，第一个字母 M 表示灭火器；第二个字母 F 表示干粉，P 表示泡沫，Y 表示卤代烷，T 表示二氧化碳；有第三个字母的，T 表示推车式，B 表示背负式，没有第三个字母的表示手提式。下面介绍日常所使用的泡沫、干粉、二氧化碳等灭火器的性能、适用范围及操作使用方法。

#### 一、手提式泡沫灭火器

泡沫灭火器适用于扑救如油制品、油脂等引起的火灾，但不能用于扑救水溶性可燃、易燃液体的火灾，如醇、酯、醚、酮等物质火灾，也不能扑救带电设备等的火灾。

其使用方法是：手提筒体上部的提环迅速奔赴火场，这时应注意不得使灭火器过分倾斜，更不可横拿或颠倒，以免两种药剂混合而提前喷出；当距离着火点 10m 左右，即可将筒体颠倒过来，一只手紧握提环，另一只手扶住筒体的底圈，将射流对准燃烧物。在扑救可燃液体火灾时，如已呈流淌状燃烧，则将泡沫由远而近喷射，使泡沫完全覆盖在燃烧液面上；如在容器内燃烧，应将泡沫射向容器的内壁，使泡沫沿着内壁流淌，逐步覆盖着火液面。切忌直接对准液面喷射，以免由于射流的冲击反而将燃烧的液体冲散或冲出容器，扩大燃烧范围。在扑救固体物质火灾时，应将射流对准燃烧最猛烈处。灭火时随着有效喷射距离的缩短，使用者应逐渐向燃烧区靠近．并始终将泡沫喷在燃烧物上，直到扑灭。使用时，灭火器应始终保持倒置状态，否则会中断喷射。

手提式泡沫灭火器应选择干燥、阴凉、通风并取用方便之处存放，不可靠近高温或可能受到曝晒的地方，以防止碳酸分解而失效；冬季要采取防冻措施．以防止冻结；并应经常擦除灰尘、疏通喷嘴，使之保持通畅。

## 二、推车式泡沫灭火器

推车式泡沫灭火器适应的火灾与手提式化学泡沫灭火器相同。

其使用方法是：使用时，一般由两人操作，先将灭火器迅速推拉到火场，在距离着火点10m左右处停下．由一人施放喷射软管后，双手紧握喷枪并对准燃烧处；另一人则先逆时针方向转动手轮，将螺杆升到最高位置，使瓶盖开足，然后将筒体向后倾倒，使拉杆触地，并将阀门手柄旋转90°，即可喷射泡沫进行灭火。如阀门装在喷枪处，则由负责操作喷枪者打开阀门。

由于此种灭火器的喷射距离远、连续喷射时间长，因而可充分发挥其优势，用来扑救较大面积的储槽或油罐车等处的初起火灾。

## 三、二氧化碳灭火器

二氧化碳灭火器适用于600V以下的带电电器、贵重设备、图书资料、仪器仪表等场所的初起火灾，以及一般可燃液体火灾。

使用手提式二氧化碳灭火器灭火时，应将其提到或扛到火场，在距燃烧物5m左右，放下灭火器拔出保险销，一手握住喇叭筒根部的手柄，另一只手紧握启闭阀的压把。对没有喷射软管的二氧化碳灭火器，应把喇叭筒往上扳70°～90°。使用时，不能直接用手抓住喇叭筒外壁或金属连线管，防止手被冻伤。灭火时，当可燃液体呈流淌状燃烧时，使用者应将二氧化碳灭火器的喷流由近而远向火焰喷射。如果可燃液体在容器内燃烧时，使用者应将喇叭筒提起，从容器的一侧上部向燃烧的容器中喷射。但不能将二氧化碳射流直接冲击可燃液面，以防止将可燃液体冲出容器而扩大火势，造成灭火困难。

推车式二氧化碳灭火器一般由两人操作，使用时两人一起将灭火器推或拉到燃烧处，在离燃烧物10m左右停下，一人快速取下喇叭筒并展开喷射软管后，握住喇叭筒根部的手柄，另一人快速按逆时针方向旋动手轮，并开到最大位置。灭火方法与手提式的方法一样。

使用二氧化碳灭火器时，在室外使用时，应选择在上风方向喷射；在室内窄小空间使用时，灭火后操作者应迅速离开，以防窒息。

## 四、干粉灭火器及其使用方法．

碳酸氢钠干粉灭火器适用于易燃、可燃液体、气体及带电设备的初起火灾；磷酸铵盐干粉灭火器除可用于上述几类火灾外，还可扑救固体类物质的初起火灾。但两者都不能扑救金属燃烧火灾。

其使用方法是：手提或肩扛灭火器快速奔赴火场，在距燃烧处 5m 左右放下灭火器；如在室外，应选择在上风方向喷射；使用的干粉灭火器若是外挂式，操作者应一手紧握喷枪，另一手提起储气瓶上的开启提环；如果储气瓶的开启是手轮式的，则向逆时针方向旋开，并旋到最高位置，随即提起灭火器，当干粉喷出后，迅速对准火焰的根部扫射。使用的干粉灭火器若是内置式储气瓶的或者是储压式的，操作者应先将开启把上的保险销拔下，然后握住喷射软管前端喷嘴部，另一只手将开启压把压下，打开灭火器进行灭火。有喷射软管的灭火器或储压式灭火器在使用时，一手应始终压下压把，不能放开，否则会中断喷射。

干粉灭火器扑救可燃、易燃液体火灾时，应对准火焰根部扫射，如果被扑救的液体火灾呈流淌燃烧时，应对准火焰根部由近而远喷射并左右扫射，直至把火焰全部扑灭。如果可燃液体在容器内燃烧，使用者应对准火焰根部左右晃动扫射，使喷射出的干粉流覆盖整个容器开口表面；当火焰被赶出容器时，使用者仍应继续喷射，直至将火焰全部扑灭。在扑救容器内可燃液体火灾时，应注意不能将喷嘴直接对准液面喷射，防止喷流的冲击力使可燃液体溅出而扩大火势，造成灭火困难。当可燃液体在金属容器中燃烧时间过长，容器的壁温已高于扑救可燃液体的自燃点，此时极易造成灭火后再复燃的现象，若与泡沫类灭火器联用，灭火效果更佳。

使用磷酸铵盐干粉灭火器扑救固体可燃物火灾时，应对准燃烧最猛烈处喷射，并上下、左右扫射。如条件许可，使用者可提着灭火器沿着燃烧物的四周边走边喷，使干粉灭火剂均匀地喷在燃烧物的表面，直至将火焰全部扑灭。

推车式干粉灭火器的使用方法与手提式干粉灭火器的使用相同。

## 项目二　疏散人员

### 一、消防安全重点单位火场疏散的基本原则

（1）火场疏散必须在统一指挥下进行。

统一指挥是避免疏散中产生混乱、交叉和拥挤，减少伤亡的重要措施。统一指挥可使疏散工作在有步骤、有方法、有秩序和有保证的指导下进行。当必须采用同一个通道疏散时，必须合理地安排先后顺序，分别进行引导。当具备多条路线和辅助安全疏散设施时，则应合理分配各自的安全疏散通道和各种安全疏散设施，在互不干扰、分头进行的安排下迅速疏散。安全疏散是一项杂乱而带有危险性的行动，必须在统一指挥下进行，严防自行其是。指挥人员在疏散中应利用广播、话筒等工具将指令及时告知被困人员。

火灾中安全疏散的指挥，应由建筑内的负责人和消防队承担。通常，在消防队未到场之前，由建筑内负责人或指定保卫部门、消防控制室人员临时负责指挥。当消防队到场后，应移交给消防队担任安全疏散的指挥并向消防队详细报告火灾情况、疏散情况，特别是需紧急采取救助和疏散的人员数量、位置等情况。

（2）被火灾围困人员都必须听从指挥和告诫。

每位被火灾围困的人员都要清醒地认识到，在指挥和引导下所进行的疏散方式和方法是具有安全保证的。疏散中都必须按照指挥或疏导人的要求去做，凭想当然擅自行动

或争抢挤撞都是危险的。因此，被困人员一定要严格按照指挥人员的指令，规范自己的行动。

### 二、疏散顺序

优先安排受火势威胁最严重及最危险区域内的人员疏散是最迫切的首要任务。此时若贻误时机，则极易产生惨重的伤亡后果。建筑物火灾中，一般是着火楼层内的被困人员遭受烟火危害的程度最重，要忍受高温和浓烟的伤害。如疏散不及时，极易出现跳楼、中毒、昏迷、窒息等现象。因此当疏散通道狭窄或单一时，应首先救助和疏散着火层的被困人员。着火层以上各层是烟火蔓延将很快波及的区域，也应作为疏散重点，尽快疏散。相对来说，下面各层较为安全，不仅疏散路径短，火势殃及的速度也慢，能够允许留有一段安全疏散时间。分轻重缓急按楼层疏散，可大大减轻安全疏散通道压力，避免人流密度过大、路线交叉等原因所致的堵塞、踩踏等恶果，保持通道畅通。

疏散中先"老、弱、病、残、妇"，后一般被困人员，先顾客后员工，最后疏散救助人员，这是建筑内负责人和消防队领导必须遵循的疏散原则。对于行动有困难的特殊人员，还应指派专人或青壮年顾客协助撤离。

## 项目三　报火警

正确报火警的步骤和方法如下：
（1）要牢记火警电话"119"，消防队救火不收费。
（2）接通电话后要沉着冷静，向接警中心讲清失火单位的名称、地址、什么东西着火、火势大小以及着火的范围。同时还要注意听清对方提出的问题，以便正确回答。
（3）把自己的电话号码和姓名告诉对方，以便联系。
（4）打完电话后，要立即到交叉路口等候消防车的到来，以便引导消防车迅速赶到火灾现场。
（5）迅速组织人员疏通消防车道，清除障碍物，使消防车到火场后能立即进入最佳位置灭火救援。
（6）如果着火地区发生了新的变化，要及时报告消防队，使他们能及时改变灭火战术，取得最佳效果。
（7）在没有电话或没有消防队的地方，如农村和边远地区，可采用敲锣、吹哨、喊话等方式向四周报警，动员乡邻来灭火。

## 项目四　扑救初起火灾

火场上，火势发展大体经历四个阶段，即初起阶段、发展阶段、猛烈阶段和熄灭阶段。在初起阶段，火灾比较易于扑救和控制，据调查，约有45%以上的初起火灾是由当事人或义务消防队员扑灭的。扑救初起火灾要做到以下几点：
（1）消防知识的普及是成功扑灭初起火灾的基本条件。单位、部门以及每个家庭成员应不断提高消防知识的学习训练意识，增强自防自救能力，通过形式多样的学习训练，具备一定的灭火知识和技能，这是成功扑救初起火灾的基本条件。

（2）及时准确的报警是控制火势蔓延的关键。无论何时何地发生火灾都要立即报警，一方面要向周围人员发出火警信号，如单位失火要向周围人员发出呼救信号，通知单位领导和有关部门等，另一方面要向"119"消防指挥中心报警。不管火势大小，只要发现起火就应向消防指挥中心报警，即使有能力扑灭火灾，一般也应当报警。因为火势发展往往是难以预料的，如扑救方法不当，或对起火物质的性质了解不够，或灭火器材的效用所限等，都可能控制不了火势而酿成火灾。

（3）疏散与抢救被困人员是火灾初起时的首要任务。火灾发生时，义务消防队员和其他在场人员必须坚持救人重于救火的原则，尤其是人员集中场所，更要采取稳妥可靠的措施，积极组织人员疏散，要通过喊话引导，稳定被困人员情绪，及时打开疏散通道等方法措施，积极抢救被烟火围困的人员。只要方法得当，绝大多数火灾现场的被困人员是可以安全疏散或通过自救而脱离险境的。

（4）掌握正确的灭火方法是成功扑灭初起火灾的保证。面对初起火灾，必须掌握正确的灭火方法，科学合理使用灭火器材和灭火剂。冷却灭火法是将灭火剂直接喷洒在可燃物上，使可燃物的温度降低到燃点以下，从而使燃烧停止。除用冷却法直接灭火外，还可用水冷却尚未燃烧的可燃物质，防止其达到燃点而着火；也可用水冷却受火势威胁的生产装置或容器，防止其受热变形或爆炸。隔离灭火法是将燃烧物与附近可燃物隔离开，从而使燃烧停止。如将火源附近的易燃易爆物品移到安全地点；采取措施阻拦、疏散易燃或可燃液体（可燃气体）扩散；拆除与火源相毗邻的易燃建筑物，造成阻止火势蔓延的空间地带等。窒息灭火法是采取适当的措施，阻止空气进入燃烧区，或用惰性气体稀释空气中的含氧量，使燃烧物质缺乏或断绝氧气而熄灭。采用湿棉被、湿麻袋、沙土、泡沫等难燃材料覆盖燃烧物或封闭着火孔洞、桶口等，都是窒息灭火法。另外，居民油锅起火，将锅盖盖上即可灭火，如果液化石油气器具发生火灾，在关闭阀门无效或没有条件关闭阀门断绝气源的情况下，可用浸湿的棉被覆盖燃烧器具使火窒息，灭火以后打开门窗驱散室内气体。抑制灭火法是将化学灭火剂喷入燃烧区参与燃烧反应，终止链反应而使燃烧停止。采用这种方法可使用的灭火剂有干粉、泡沫和卤代烷灭火剂等。

（5）扑救火灾时要防中毒、防窒息。许多化学物品燃烧时会产生有毒烟雾。一些有毒物品燃烧时，如果使用的灭火剂不当，也会产生有毒或剧毒气体，扑救人员若不注意很容易发生中毒。大量烟雾或使用二氧化碳等窒息法灭火时，火场附近空气中氧含量降低可能引起窒息。因此，在化工企业扑救火灾时还应特别注意防中毒、防窒息。在扑救有毒物品时要正确选用灭火剂，以避免产生有毒或剧毒气体，扑救时人应尽可能站在上风向，必要时要戴面具，以防发生中毒或窒息。

（6）听指挥，莫惊慌。

发生火灾时不能随便动用周围的物质进行灭火，因为慌乱中可能会把可燃物质当作灭火的水来使用，反而会造成火势迅速扩大；也可能会因没有正确使用而白白消耗掉现场灭火器材，变得束手无策，只能待援。因此，发生火灾时一定要保持镇静，采取迅速正确措施扑灭初起火。这就要求平时加强防火灭火知识学习，积极参加消防训练，制订周密的灭火计划，才能做到一旦发生火灾时不会惊慌失措。此外，当由于各种因素，发生的火灾在消防队赶到后还未被扑灭时，为了卓有成效地扑救火灾，必须听从火场指挥员的指挥，互相配合，积极主动完成扑救任务。

总之，要按照积极抢救人命，及时控制火势，迅速扑灭火灾的基本要求，及时、正确、有效地扑救火灾。

## 第四节　HSE 管理体系、质量管理体系基础知识

### 项目一　正压呼吸机使用

**一、学习目标**

掌握正压呼吸机的正确操作方法，达到规范使用的目的。

**二、风险提示**

（1）中毒。

（2）人身伤害。

**三、应急处置**

（1）发生有毒气体泄漏，戴空气呼吸器把中毒人员救出，送医院救治。

（2）发生人身伤害，立即使伤者脱离伤害源，进行应急包扎后送往医院救治。

**四、操作规程**

1. 准备工作

（1）检查束带是否穿入扣环。

（2）检查气瓶阀门是否关闭（应处关闭状态）。

（3）检查瓶内压力：将气瓶阀门完全打开，观察压力表显示压力不得小于 22MPa。

（4）检查报警压力：关闭气瓶阀门，轻压供气阀红色按钮慢慢排气，观察压力表，在压力为 5～6MPa 时报警笛必须发出报警响声。

2. 操作步骤

（1）将气瓶底部朝向自己，两手握住两侧把手，呼吸器举过头顶，使肩带落在肩上。

（2）往下拉装在两边肩带上的环型垫圈使空气呼吸器贴近背部。

（3）拉紧腰带，使其完全贴合使用者的腰部。

（4）插好胸带扣。

（5）打开气瓶阀门。

（6）佩戴面罩。

（7）检查面罩是否有破损（如侧缘面屏、阀门和束带部分等）。

（8）挂好面罩颈带，使面屏朝下，一手提住面罩束带中心。将面罩由下颚套入并贴合面部，调整头带中心至头顶。

（9）束紧面罩：首先调整顶部头带，然后调整太阳穴及下颌处头带使其适当束紧。

（10）检查面罩的气密性：用掌心堵住面罩的接口并吸气，使用者感觉到面罩紧贴脸部

无法呼吸,则说明密封良好。若感觉面罩并未贴紧面部,应调节束带并重复实验,直到贴紧为止。

(11) 接入供气阀:将供气阀连接在面罩上的接口处。

(12) 深吸一口气将供气阀打开,即可进入工作场所。

(13) 停止不用时,应先脱开供气阀,在脱开供气阀的同时按下供气阀红色按钮,防止空气泄漏;然后取下面罩,松开腰带、胸带、肩带,卸下空气呼吸器,小心放置于空气呼吸器箱内,以防气瓶受撞发生破裂。

### 五、注意事项

(1) 空气呼吸器使用期间,应注意观看压力表。气瓶压力低于 6 MPa 时,报警笛开始鸣叫,在鸣警开始时人员应尽快撤离危险区域。

(2) 在使用过程中如发现面罩或与之相连的呼吸保护装置的性能有问题,应立即离开工作区域。

(3) 在离开工作区域的过程中,切勿将面罩褪下。

(4) 褪下面罩时,应用拇指向前拉开钩环,使束带放松。再将拇指插入面罩和下颚之间,从下颚处开始逐步脱开。在褪下面罩时,要非常谨慎,防止将附着在面罩表面的有害灰尘和其他有害物质吸入。

## 项目二 生产现场急救

### 一、学习目标

能够采取及时有效的急救措施和技术,最大限度地减少伤病员的疾苦,降低致残率,减少死亡率,为医院抢救打好基础。

### 二、风险提示

(1) 中毒。

(2) 人身伤害。

### 三、应急处置

(1) 发生有毒气体泄漏,戴空气呼吸器把中毒人员救出,送医院救治。

(2) 发生人身伤害,立即使伤者脱离伤害源,进行应急包扎后送往医院救治。

### 四、操作规程

1. 准备工作

现场工作人员都应定期接受培训,学会紧急救护法,会正确解脱电源,会心肺复苏法,会止血、会包扎,会转移搬运伤员,会处理急救外伤或中毒等。生产现场和经常有人工作的场所应配备急救箱,存放急救用品,并应指定专人经常检查、补充或更换。

2. 操作步骤

现场急救是在施工现场发生伤害事故时,伤员送往医院救治前,在现场实施必要和及时的抢救措施,是医院治疗的前期准备。为及时应对施工中突发事故对受伤人员的救治,制定出以下急救步骤：

（1）事故发生后，立即使伤者尽快脱离事故现场和疏散场区内、外人员撤出危险地带。

（2）同时报告现场负责人、安全部与综合办。现场负责人、安全管理人员立即赶往事故现场并组织人员对事故现场进行处理，综合办安排车辆。

（3）了解受伤情况，指挥施工现场人员对伤者进行简单处理，转运伤者至救护车送医院救治。

（4）按"先重后轻"的原则对伤者进行救护和运送伤者到医院救治，安排人员随车护送。

（5）安全管理人员应根据了解的受伤情况及时向主管经理汇报，重大事故立即向总部汇报，同时保护事故现场。

（6）如果是自己受伤则要保持镇定，请求别人护送接受急救，轻伤也需要这样做，同时通知安全管理人员。

（7）如果是他人受伤，也需保持镇定，若现场危险，要将伤者移离险地（但自己必须处于安全环境），安慰伤者，尽快通知现场负责人安排救治，通知安全管理人员。

### 五、注意事项

（1）发生事故后，迅速采取必要的措施抢救人员和财产，防止事故的扩大。对受伤人员的抢救决不迟误。遇到紧急事件，首先拨打急救电话："120""999"（急救），"119"（火警），"122"（交通事故）。

（2）急救原则：先救命，后疗伤。

（3）急救步骤：止血、包扎、固定、救运。

## 项目三　应急预案编制

### 一、成立预案编制小组

应急预案的成功编制需要有关职能部门和团体的积极参与，并达成一致意见，尤其是应寻求与危险直接相关的各方进行合作。成立应急预案编制小组是将各有关职能部门、各类专业技术有效结合起来的最佳方式，可有效地保证应急预案的准确性、完整性和实用性，而且为应急各方提供了一个非常重要的协作与交流机会，有利于统一应急各方的不同观点和意见。

### 二、危险分析和应急能力评估

1. 危险分析

危险分析是应急预案编制的基础和关键过程。在危险因素辨识分析、评价及事故隐患排查、治理的基础上，确定本区域或本单位可能发生事故的危险源、事故的类型、影响范围和后果等，并指出事故可能产生的次生、衍生事故，形成分析报告，分析结果作为应急预案的编制依据。

2. 应急能力评估

应急能力包括应急资源（应急人员、应急设施、装备和物资）、应急人员的技术、经验和接受的培训等，它将直接影响应急行动的快速、有效。应急能力评估就是依据危险分析的结果，对应急资源的准备状况的充分性和从事应急救援活动所具备的能力进行评估，以明确应急救援的需求和不足，为应急预案的编制奠定基础。

制定应急预案时应当在评估与潜在危险相适应的应急能力的基础上，选择最现实、最有效的应急策略。

### 三、编制应急预案

应急预案编制过程中，应注重编制人员的参与和培训，充分发挥他们各自的专业优势，使他们均掌握危险分析和应急能力评估结果，明确应急预案的框架、应急过程行动重点以及应急衔接、联系要点等。同时，编制的应急预案应充分利用社会应急资源，考虑与政府应急预案、上级主管单位以及相关部门的应急预案相衔接。

### 四、应急预案的评审与发布

1. 应急预案的评审

为确保应急预案的科学性、合理性以及与实际情况的符合性，应急预案编制单位或管理部门应依据我国有关应急的方针、政策、法律、法规、规章、标准和其他有关应急预案编制的指南性文件与评审检查表，组织开展应急预案评审工作，取得政府有关部门和应急机构的认可。

2. 应急预案的发布

重大事故应急预案经评审通过后，应由最高行政负责人签署发布，并报送有关部门和应急机构备案。

应急预案编制完成后，应该通过有效实施确保其有效性。应急预案实施主要包括：应急预案宣传、教育和培训，应急资源的定期检查落实，应急演习和训练，应急预案的实践，应急预案的电子化，事故回顾等。

## 项目四　编写 QC 成果报告

### 一、学习目标

掌握 QC 成果的写作方法和技巧。

### 二、操作规程

1. 编写人应掌握的要点

（1）小组活动的基础资料。

（2）编写成果报告的要求。

（3）编写成果报告的技巧。

2. 基本要求

（1）文字要精练。

（2）程序要清楚，逻辑性要强。

（3）尽量使用图表、数据、示意图。

（4）成果报告要真实，不允许"倒装"。

（5）要根据课题抓住重点，突出一条主线。

（6）对专业性较强的技术术语要解释。

（7）采用法定计量单位。

3. 写作技巧

对 PDCA 循环的"四个阶段，十个步骤"可根据课题有所取舍。编写成果报告不能就事论事。要提炼、加工、选择最能代表选择活动水平、最有说服力和最精彩的内容报告出来。每一步骤之间要有过渡，要前后呼应。开头要引人入胜，结尾要令人回味。

4. 存在的共性问题

（1）"新八股文"。

（2）文字多，图表少。

（3）中心问题不突出。

（4）逻辑性不强，前后不协调。

（5）缺乏用数据说话。

（6）工具运用不当，出现错误较多。

5. 准备工作及必要性

编写成果报告，实际上是一个学习和提高的过程。对课题整个活动过程进行认真回顾和分析，不能仅仅靠成果报告的起草人，而应靠小组全体成员的共同努力，靠集体的力量和智慧。集体总结就需要做好充分的准备。

6. 准备工作的内容

（1）确定成果报告的中心内容：本次课题活动中主要解决了什么问题，产生问题的主要原因，采取了哪些主要措施，取得的主要成绩以及本课题的最大特色（特点）是什么。

（2）确定成果报告的编写提纲。

（3）全体参与，分工负责。

7. 原始记录的内容

（1）小组开展集体活动的会议记录。

（2）课题活动前对现状的调查资料，如质量、产量、消耗、成本、经济损失、用户意见、现场运行观测等方面的数据、调查记录。

（3）活动中掌握的第一手资料、数据记录等。

（4）对比资料，如课题主要目标（指标）和国内外同行业、本企业历史最好水平，活动前后的对比资料等。

8. 成果报告的主要内容

QC 小组活动是按 PCDA 循环的科学程序进行的，而成果报告是小组活动的真实写照，是依据活动过程编写的。因此成果报告的主要内容和结构也应体现 PCDA 循环过程。

1）小组概况

企业概况或与发表课题有关的产品质量（服务质量）、用户需求的简况。

小组概况：小组成立时间、本课题活动时间、注册时间、注册编号。

（1）人员结构及文化技术素质结构、组内分工。

（2）本课题类型。

（3）本课题小组集体活动总时数、出勤率。

（4）历年课题完成情况，获奖情况。

(5) 发表对象的简介、专业简介及作用等。
2) 选题理由
(1) 企业实现方针目标和中心工作中的重点、难点、关键问题。
(2) 市场营销、用户需要（下道工序）迫切需要解决的问题。
(3) 工作、生产（服务）现场的薄弱环节，以及质量、消耗、成本、提高经济效益等。
3) 现状调查
现状调查主要介绍小组进行了哪些调查活动及分析活动，从而找出主要问题。其内容包括：开展了哪些调查活动，查阅了哪些资料，进行了哪些现场观测调查，征求了哪些服务对象的意见与建议，调查活动采用了什么方法和方式，如何进行的调查；根据调查得到的数据和事实，采用何种统计方法并经过计算分析后对调查对象得出的结论。
现状调查要注意的问题是：
(1) 要简介课题的工艺过程或专业特点。
(2) 注意说明调查方法的客观性、可信度、代表性。
(3) 注意时间性。
(4) 杜绝"三无"，即无调查方法、无数据、无分析。
(5) 主要问题不可确定过多，一般一个为好，最多不要超过两个，防止主题分散、针对性不强。
4) 确定目标值
确定目标值是指针对主要问题的现状，设定本课题通过活动后将主要问题解决或改善到什么程度。
目标值的设定方法是：
(1) 依据本企业的历史最好水平，来说明目标值实现的可行性。
(2) 依据本企业同类产品已达到的质量水平说明目标值是可行的。
(3) 依据同行业厂家达到的水平，确立赶超目标，说明实现目标值的可行性。
(4) 现状调查的结果。其目标值计算公式为：活动目标值=（现有水平+潜力）×排列图中所要解决问题占的频率。
(5) 用户或国家的质量要求、企业或部门领导的指令。这是必须做到的。
设定目标值应注意的问题是：
(1) 目标值应既有进取性又要合情合理，过高难以实现会挫伤大家的积极性，过低会使小组成员觉得组织活动没有必要。
(2) 目标值要量化。
(3) 目标值应和课题相统一。
(4) 目标、目标值不可设的太多，一般以一个为好，最多不要超过两个，以免主题分散无针对性。
(5) 对目标值要进行可行性分析。
5) 原因分析
本部分是现状调查的深入，也是确定主要原因的依据和解决问题的基础，关键是正确表达主要问题和产生原因的关系。

这一部分应包括：

(1) 收集产生主要问题的原因所采用的方式方法。

(2) 将原因进行分类、归类、分析所采用的方式方法。

进行原因分析时，选用工具的原则是：

(1) 因果图、树图，关联图常被QC小组用来进行原因分析，因此在选用这些工具时必须加以区分，以提高使用工具的有效性。

(2) 当影响问题的因素之间没有较密切的关联关系时，采用因果图和树图为好；当因素的展开层次比较多，采用树图为宜。

(3) 当分析的问题影响因素之间有关联关系时，选用关联图为好。

6) 确定主要原因

经过原因分析后，找出了各种产生问题的全部原因，但这些原因对问题的影响程度不一样，也存在着"关键的少数，次要的多数"，能否抓住这少数主要原因，是使问题得到解决的关键。

这一部分应包括以下内容：

(1) 确定要因的方法及结果。

(2) 确定要因的验证方案，如采用的方法、抽样的数量、方法、时间、地点等。

(3) 验证的简要过程及结论。

确定要因应注意的问题是：

(1) 确定要因不能只定性，应辅以定量的验证。

(2) 确定的要因一定是因果图（树图）分析中的末端原因，关联图中的末端原因或主要的中间原因。

(3) 要因确定的数量不可过多，一般不超过5个。

(4) 确定后的要因要在工具图表中做出标记，以示区别。

7) 制定对策

制定对策是指针对确定的影响主要问题的主要原因，策划切实可行的改进方案和活动计划，使主要问题得到改善并提高到一个新水平。具体要求如下：

(1) 针对每个要因制订改善的目标值。

(2) 制订改进的措施，如操作方法、技能、设备、工艺、管理方法内容、工作现场、服务项目、标准等。

(3) 对策、措施要分开，对策表明干什么，措施表明怎么干，措施越详细越好，并确定责任人，规定完成的时间，必要时确定检查人。

(4) 对策中的要因项目，必须是经验证确定的要因，两者必须对应。

(5) 对策是要因项目的改进方法或手段。

(6) 分目标是针对每一要因所设定的改进要求，目标要尽量量化。

(7) 措施项目是针对为改变现状实现目标所采取的作业步骤，应具体且具有可操作性。

(8) 措施的责任人不要求体现全员性。

8) 对策实施

本部分主要介绍按制订的对策实施的情况及实施的效果，应注意的问题是：

(1) 有的成果不介绍实施情况，只用"按对策如期完成"一句话带过。

(2）实施情况和前后内容不对应。
(3）要尽量采用数据、图表说明问题。
9）效果检查
效果检查是整个成果的高潮，是体现小组成绩的具体显示，因此要客观实际，全面体现课题的活动成果。其内容包括：
(1）检查对比活动前后主要问题现状的变化情况以及总目标的实现情况。
(2）检查其他相关指标的改进效果。
效果检查应注意的问题是：
(1）要有明确的目的性，要与课题的主要问题和总目标相对应。
(2）要以数据和事实为依据，取得的成果要有有关部门的认证。
(3）经济效益要有计算依据，对经济效益的计算应按 GB 3533.1—83（标准化经济效果的评价原则和计算方法）规定的计算公式迸行计算。
10）巩固措施
巩固措施应包括以下内容：
(1）逐条列出新增、更改文件的编号、名称及内容。
(2）简要介绍实施这些文件的其他相关活动。
(3）应把那些经过实施验证、确实有效的措施纳入规程、标准、或管理制度中去。
制定巩固措施应注意的问题是：
(1）巩固措施必须是本课题活动的行之有效的措施。
(2）涉及技术文件管理文件的修订、新增应说明编号、名称及相关内容。
(3）不能抽象、笼统、无可操作性。
11）遗留问题及今后打算
这部分是成果的结尾，它的作用应是明确成果主旨，加深印象，增强信服力和令人回味。

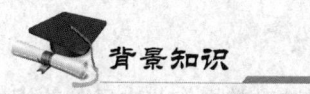

## 一、HSE 管理体系的基本要素

(1）领导承诺、方针目标和职责。
(2）组织机构、职责、资源和文件控制。
(3）风险评价和隐患治理。
(4）承包商和供应商管理。
(5）装置（设施）设计和建设。
(6）运行和维修。
(7）变更管理和应急管理。
(8）检查和监督。
(9）事故处理和预防。
(10）审核、评审和持续改进。

## 二、作业许可证程序

作业许可证程序如图13-5所示。

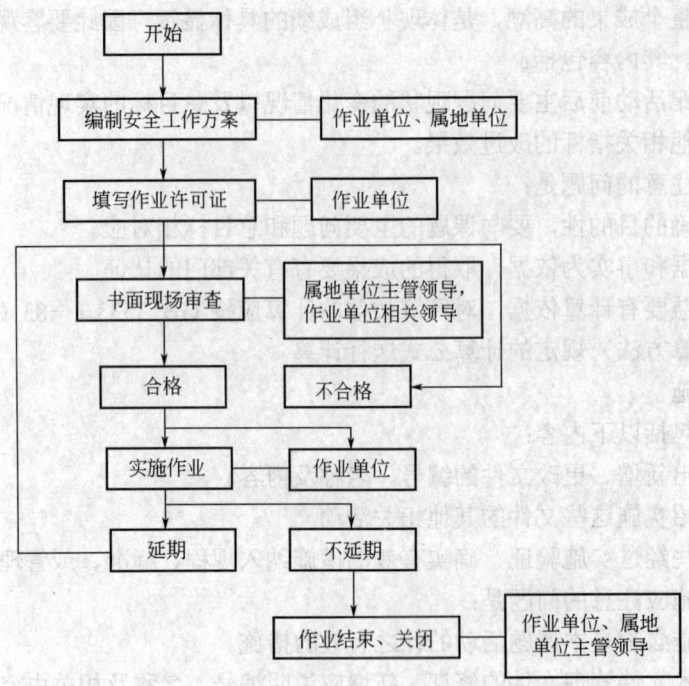

图13-5 作业许可证程序图

## 三、两书一表

HSE的"两书一表"是指《HSE作业指导书》《HSE作业计划书》和《HSE现场检查表》。

### 1. HSE作业指导书

《HSE作业指导书》是对常规作业的HSE风险的管理。它是通过对常规作业中风险的识别、评估、削减或控制以及应急管理等手段，把风险控制在"合理并尽可能低（ALARP）"的水平，对各类风险制订对策措施，经过业务主管部门（或HSE监督部门）组织评审后，整理汇编成相对固定的指导现场作业全过程的HSE管理文件。

### 2. HSE作业计划书

《HSE作业计划书》是针对变化了的情况，由基层组织结合具体施工作业的情况和所处环境等特定的条件，为满足新项目作业的HSE管理体系要求，以及业主、承包商、相关方等对项目风险管理的特殊要求，在进入现场或从事作业前所编制的HSE具体作业文件。编制《HSE作业计划书》的基础是《HSE作业指导书》，但在内容上主要偏重《HSE作业指导书》中没有涵盖的内容，或是在新的风险识别基础上编制更详细的作业规程、应急处置预案以及具体的作业许可程序等。

3. HSE 现场检查表

《HSE 现场检查表》是在现场施工过程中实施检查的工具，涵盖《HSE 作业指导书》和《HSE 作业计划书》的主要检查要求和检查内容，是事先精心设计的一套与"两书"要求相对应的检查表格。

**四、几种作业流程**

1. 动火作业流程

动火作业流程如图 13-6 所示。

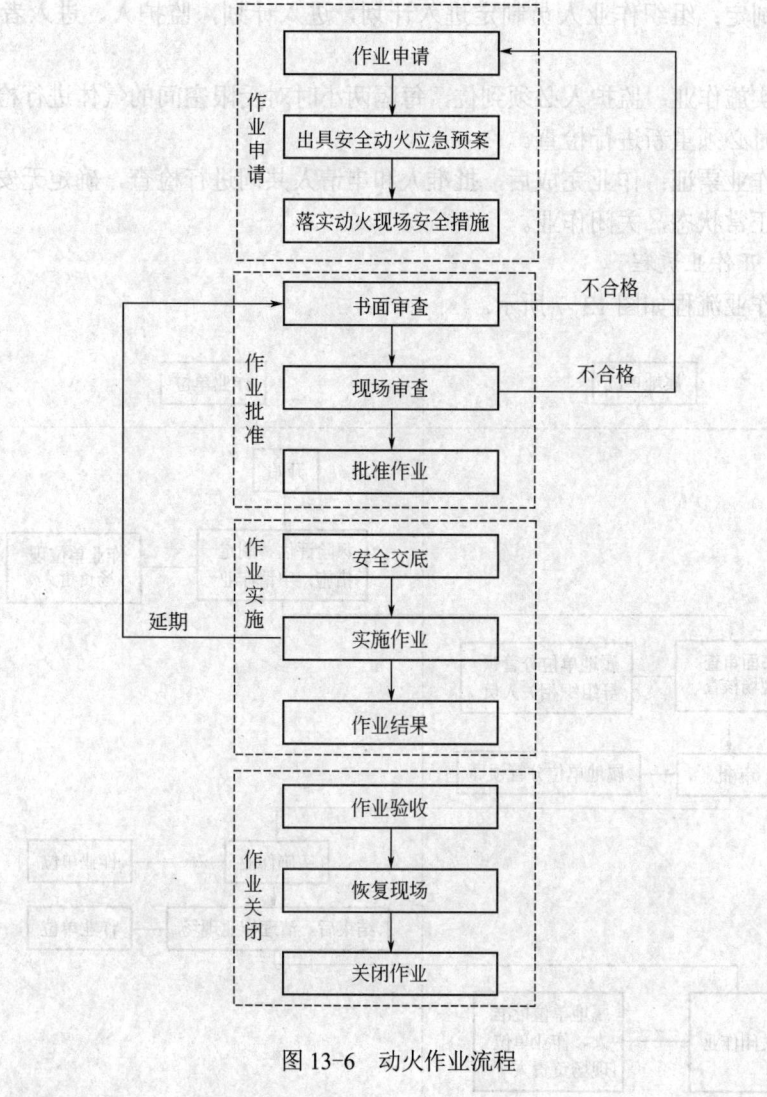

图 13-6 动火作业流程

2. 进入受限空间作业流程

（1）组织作业者进行 JSA：把工作分解成具体工作任务或步骤，识别每一步骤的相关危害风险；确定安全的工作方法；考虑发生的意外与确定预防风险的控制措施。

（2）能力隔离：对受限空间内存在的动能、势能、电能进行上锁、挂签、测试。

（3）通风、检测：对受限空间进行通风、吹扫，检测氧气、易燃气体、毒性气体含量。检测位置为空间的上、中、下部，要求氧气含量为19.5%～23.5%，易燃气体为最低爆炸极限的10%，毒性气体为零。

（4）准备救援物资申请票证：现场的所需的救援物资和安全防护设备到位后由属地主管填写作业许可，提出安全许可和受限空间作业许可申请。

（5）现场核查：审批人到现场核实安全设施和救援物资等是否到位。

（6）作业票证审批：审批人对作业票证进行审批，确定票证填写是否正确，对票证进行审批。

（7）计划制定：组织作业人员制定进入计划，进入计划，监护人、进入者名单并做好记录。

（8）现场实施作业：监护人必须到位，每隔两小时对受限空间的气体进行检测并记录，作业中断半小时必须重新进行检查。

（9）关闭作业票证：作业完成后，批准人和申请人共同进行检查，确定无安全隐患且现场已恢复生产正常状态，关闭作业。

3. 管线打开作业流程

管线打开作业流程如图13-7所示。

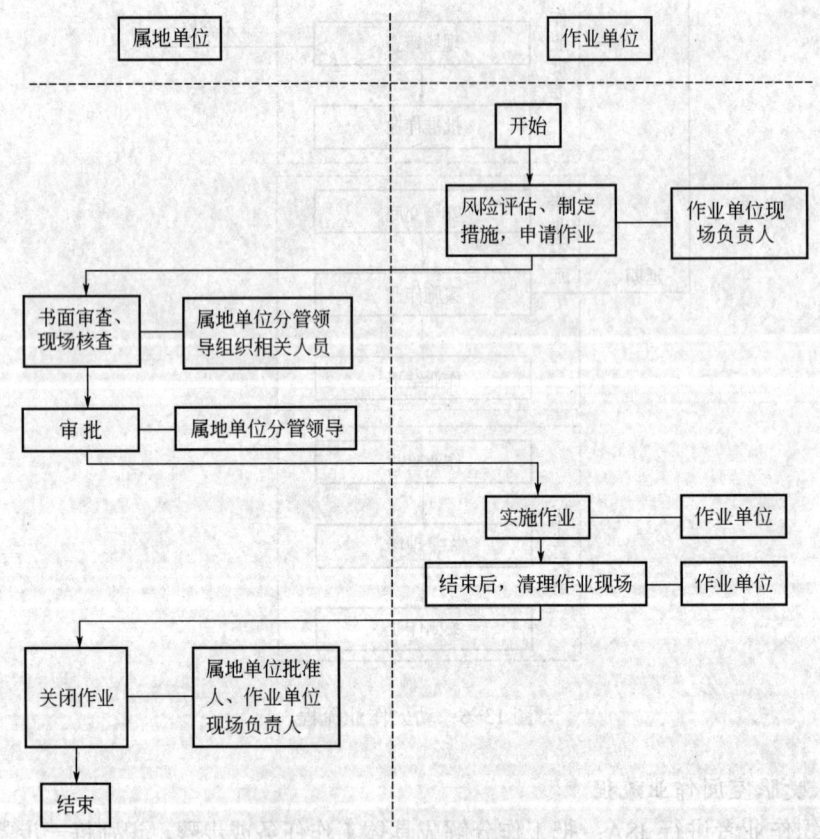

图13-7 管线打开作业流程图

4. 高处作业许可证申请流程

高处作业许可证申请流程如图 13-8 所示，需注意以下几点：

（1）高处作业实行作业许可，需要办理高处作业许可证。

（2）作业前应进行工作安全分析。

（3）对于频繁的高处作业，如钻井、井下作业、更换路灯等，有操作规程或方案且进行了风险识别和控制的，可不办理高处作业许可证。

（4）作业负责人负责申请办理高处作业许可证，办理前应准备以下相关资料：

① 高处作业内容详细说明；

② 工作安全分析结果；

③ 坠落保护计划；

④ 相关安全培训证明和会议记录；

⑤ 其他。

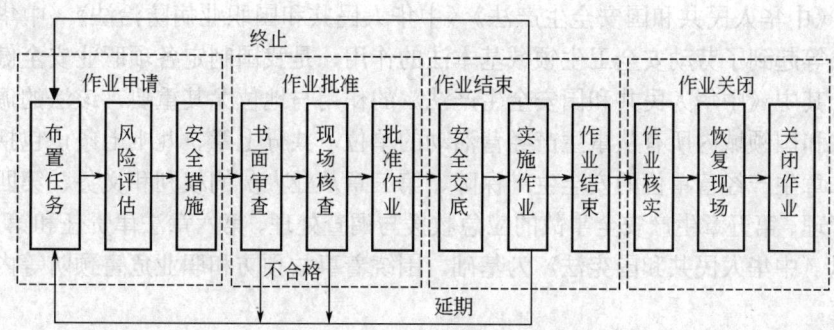

图 13-8　高处作业许可流程图

5. 临时用电作业安全管理规定

公司内部的临时用电，由用电作业部门负责人实施风险分析，落实安全措施，确定现场安全监护人员，填写《临时用电作业安全许可证》，经配电室负责人、安监部审批同意后，由配电室安排专职电工人员负责接、拆电源线，非电工人员不得私自接、拆电源线。外来施工单位需临时用电作业时，作业单位负责人对作业进行风险分析，落实安全措施，确定现场安全监护人员，填写《临时用电作业安全许可证》，向配电室提出用电申请，经公司配电室负责人安排专业电工开始检查安装用电线路和用电设备，安装完毕由配电室、安全管理部门负责人进行审查确认，签批许可后方可实施作业。

临时用电作业需要延时使用时，必须向安监部、配电室申请临时用电作业的延时使用，经批准后方可实施。

**五、职业安全卫生法律法规**

1. 《宪法》

《中华人民共和国宪法》第 42 条规定："中华人民共和国公民有劳动的权利和义务。国家通过各种途径，创造劳动就业条件，加强劳动保护，改善劳动条件，并在发展生产的基础上，提高劳动报酬和福利待遇。国家对就业前的公民进行必要的劳动就业训练。"第 43 条规定："中华人民共和国劳动者有休息的权利。国家发展劳动者休息和休养的设施，规定职工的工作时间和休假制度。"宪法中所有这些规定，是我国职业安全健康立法的法律依据和指导原则。

2. 《刑法》

《中华人民共和国刑法》对违反各项劳动安全卫生法律法规，情节严重者的刑事责任做了规定。如第134条规定："工厂、矿山、林场、建筑企业或者其他企业、事业单位的职工，由于不服管理、违反规章制度，或者强令工人违章冒险作业，因而发生重大伤亡事故或者造成其他严重后果的，处三年以下有期徒刑或者拘役；情节特别恶劣的，处三年以上七年以下有期徒刑。"第135条规定："工厂、矿山、林场、建筑企业或者其他企业、事业单位的劳动安全设施不符合国家规定，经有关部门或者单位职工提出后，对事故隐患仍不采取措施，因而发生重大伤亡事故或者造成其他严重后果的，对直接责任人员，处三年以下有期徒刑或者拘役；情节特别恶劣的，处三年以上七年以下有期徒刑。"

3. 职业安全健康基本法

目前，《中华人民共和国安全生产法》《中华人民共和国职业病防治法》《中华人民共和国劳动法》等起到了劳动安全卫生领域基本法的作用，是我国制定各项职业安全健康专项法律的依据。其中《中华人民共和国安全生产法》的作用与地位尤其重要，该法的调整对象是中华人民共和国领域内所有从事生产经营活动的单位，共分七章、九十七条，包括：第一章总则、第二章生产经营单位的安全生产保障、第三章从业人员的权利和义务、第四章安全生产的监督管理、第五章生产安全事故的应急救援与调查处理、第六章法律责任和第七章附则。这些法律以《中华人民共和国宪法》为基础，围绕着事故预防和职业危害预防等内容，做出明确的规定。

4. 职业安全健康专项法

职业安全健康专项法是针对特定的安全生产领域和特定保护对象而制订的单项法律。如1992年11月第七届全国人大常委会第二十八次会议通过的我国第一部有关职业安全健康的法律《中华人民共和国矿山安全法》，随后陆续颁布了《中华人民共和国海上交通安全法》《中华人民共和国消防法》，2001年10月27日第九届全国人民代表大会常务委员会第二十四次会议通过的《中华人民共和国职业病防治法》等都属于此类。

5. 职业安全健康相关法

职业安全健康涉及社会生产活动各方面，因而我国制定颁布的一系列法律均与其相关。如《中华人民共和国全民所有制企业法》的第三章"企业的权利和义务"第四十一条指出："企业必须贯彻安全生产制度，改善劳动条件，做好劳动保护和环境保护工作，做到安全生产和文明生产。"《中华人民共和国标准化法》第一章规定："工业产品的设计、生产检验、包装、储存、运输、使用的方法或者生产、储存、运输过程中的安全、卫生要求""建筑工程的设计、施工方法和安全要求"。其他一些法律如《中华人民共和国妇女权益保障法》《中华人民共和国环境保护法》《中华人民共和国卫生防疫法》和《中华人民共和国工会法》中部分条款也与职业安全健康有关，因而也属于此类。

6. 职业安全健康行政法规

这一类是由国务院组织制定并批准公布的，为实施职业安全健康法律或规范安全管理制度及程序而颁布的条例、规定等，如《危险化学品安全管理条例》《安全生产许可证条例》、《尘肺病防治条例》和《国务院关于特大安全事故行政责任追究的规定》等。

7. 国际公约

经我国批准生效的《国际劳工公约》，也是我国职业安全健康法形式的重要组成部分。它是国际职业安全健康法律规范的一种形式，不是由国际劳工组织直接实施的法律规范，而是采用由会员国批准，并由会员国作为制定国内职业安全健康法规依据的公约文本。《国际劳工公约》经国家权力机关批准后，批准国应采取必要的措施使该公约发生效力，并负有实施已批准的《劳工公约》的国际法义务。新中国成立后已加入的条约有《作业场所安全使用化学品公约》《三方协商促进履行国际劳工标准公约》《建筑业安全健康公约》等。

8. 各部门发布的有关职业安全健康规章

这一类是由国务院有关部门为加强职业安全健康工作而颁布的规范性文件。

9. 职业安全健康地方性法规和地方政府规章

这一类是指有立法权的地方权力机关——地方人民代表大会及其常委会和地方政府制定的劳动保护规范性文件，是对国家劳动保护法律、法规的补充和完善，以解决本地区某一特定的职业安全健康问题为目标，具有较强的针对性和可操作性。

10. 职业安全健康标准

根据《中华人民共和国劳动法》和《中华人民共和国标准化法》的规定，职业安全健康标准属强制性标准，从而赋予了职业安全健康标准的法律地位，也是我国职业安全健康法规体系中的一个重要组成部分。安全及卫生标准包括主要标准、基础标准、方法标准、作业场所分级标准等。《中华人民共和国标准化法》规定："国家标准、行业标准分为强制性标准和推荐性标准。凡保障人体健康，人身、财产安全的标准和法律、行政法规规定强制执行的标准是强制性标准，其他标准是推荐性标准。"

**六、防火防爆的基本知识**

1. 燃烧的形成

若要有效地做好防火和灭火工作，必须首先了解燃烧是怎样形成的。一般而言，燃烧是由可燃物、助燃物和火源（常见的火源有明火、电火花、撞击或摩擦产生的电火花、赤热体、雷击和自燃起火等）这三个基本条件的相互作用而发生的。所以，采取措施、防止燃烧形成的三个条件同时存在，或者避免它们之间的相互作用，是防火灭火技术的基本原理。

2. 火灾的分类

根据物质燃烧特性，一般将火灾划分为以下 4 类：

A 类火灾，指固体物火灾。这种物质往往具有有机物性质，一般在燃烧时能产生灼热的余烬。如木材、棉、毛、麻、纸张火灾等。

B 类火灾，指液体火灾和可熔化的固体物质火灾。液体火灾还可以分为油品和水溶性液体火灾。油品火灾是指汽油、煤油、柴油、原油、重油、动植物油脂等的火灾；水溶性液体火灾是指甲醇、乙醇、甲醛、乙醛、丙酮、乙醚等极性有机溶剂的火灾。

C 类火灾，指气体火灾，如煤气、天然气、甲烷、乙烷、丙烷、氢气火灾等。

D 类火灾，指金属火灾，如钾、钠、镁、钛、锆、锂、铝镁合金火灾等。

3. 火灾爆炸的原因

1) 物质原因

（1）点燃的烟头：在生产作业现场乱丢未熄灭的烟头，有可能引发火灾。

（2）电火花：如电气短路能使房屋的可燃结构燃烧而造成火灾。

（3）机动车辆排气口喷出的火花：在易燃易爆危险区域，机动车辆排气口喷出的火花，往往酿成火灾或爆炸事故。

2）思想意识和管理上的原因

（1）一些领导对防火安全工作不够重视，缺乏必要的防火安全措施，执行制度不严格、不到位、不坚决。

（2）缺乏经常性的安全教育和定期安全检查工作机制。

（3）操作者的安全生产责任心不强，或违章作业、或缺乏安全防火知识。

（4）设计和工艺不符合防火、防爆的规范要求等。

4. 火灾爆炸的危害

1）火灾对人的危害

（1）火灾产生的高温及火焰，不仅会烧伤人的皮肤或更深层的细胞组织，严重时还会导致人的死亡。

（2）在氧气不足的情况下，导致不完全的燃烧，由其产生的浓烟和一氧化碳，能导致人的窒息和中毒死亡。

2）爆炸的危害

爆炸产生的冲击波、震荡波、冲击碎片等，常会以二次事故的特性，给受灾地造成较大范围的人、财、物的损失及危害。

4. 火场中常见的有毒物质

火场中常见的有毒物质主要有以下七种：

（1）不完全燃烧生产的一氧化碳；

（2）工业用的部分气体（如煤气、天然气等）；

（3）沥青、油漆、塑料、化纤、毛织品及其他化学物质燃烧产物；

（4）油脂、干性油、植物油等分解产物；

（5）氟、氯、溴、碘等卤化物蒸气；

（6）醇、醛、醚、苯、汽油、二硫化碳等液体蒸气；

（7）含毒物质受热或燃烧分解出的有毒毛体或蒸气，如硫化氢、氯气等。

七、防护与急救知识

（1）包扎：伤口包扎绷带必须清洁，伤口不要用水冲洗；如伤口大量出血，要用折叠多层的绷带盖住，并用手帕和毛巾（必要时可撕下衣服）扎紧，直到流血减少或停止。

（2）碰伤：轻微的碰伤，可将冷湿布敷在伤处；较重的碰伤，应小心把伤员安置在担架上，等待医生的处理。

（3）骨折：手骨或脚骨折断，不要盲目搬动伤者。有条件的情况下应将伤员安置在担架或地上，用两块长度超过上下两个关节、宽度不小于 100～1500mm 的地板或竹片绑缚在肢体的外侧，夹住骨折处，并扎紧，以减速伤员的痛苦和伤势。

（4）碎屑入目：当眼睛为碎屑所伤，要立即去医院治疗，不要用手、手帕、毛巾、火柴梗及别的东西擦拭眼睛。

（5）灼烫伤：用清洁布覆盖伤面后包扎，不要弄破水泡，避免创面感染。伤员口渴时可适量饮水或含盐饮料,经现场处理后的伤员要迅速送医院治疗。

(6)触电:发现有人触电时,应立即切断电源或用干木材等绝缘物把电线自触电者身上拨开。进行抢救时,注意勿直接接触触电者。若触电者已经失去知觉,应使其仰卧在地上,解开衣服,使其呼吸不受阻碍;若触电者停止呼吸,应立即进行人工呼吸。触电者脱离电源后,应尽快现场抢救,不间断地做人工呼吸,并挤压心脏,不要等医务人员,更不要不经抢救直接送医院,抢救触电人员时要耐心持久。

(7)中暑:发生中暑后,应迅速将中暑者移送到凉爽通风的地方,脱去或解开衣服,使患者平卧休息,给患者喝含食盐的饮料或凉开水,用凉水或酒精擦身。发生持续高烧或昏迷者应立即送往医院。

## 八、全面质量管理的基本概念与原理

全面质量管理(total quality management,TQM)就是一个组织以质量为中心,以全员参与为基础,目的在于通过让顾客满意和本组织所有成员及社会受益而达到长期成功的管理途径。

全面质量管理的基本方法可以概况为四句话、十八个字,即"一个过程,四个阶段,八个步骤,数理统计方法"。

一个过程,即企业管理是一个过程。企业在不同时间内,应完成不同的工作任务。企业的每项生产经营活动,都有一个产生、形成、实施和验证的过程。

四个阶段,根据管理是一个过程的理论,美国的戴明博士把它运用到质量管理中来,总结出"计划(plan)——执行(do)——检查(check)——处理(act)"四阶段的循环方式,简称 PDCA 循环,又称"戴明循环"。

八个步骤,为了解决和改进质量问题,PDCA 循环中的四个阶段还可以具体划分为八个步骤:

(1)计划阶段:分析现状,找出存在的质量问题;分析产生质量问题的各种原因或影响因素;找出影响质量的主要因素;针对影响质量的主要因素,提出计划,制定措施。

(2)执行阶段:执行计划,落实措施。

(3)检查阶段:检查计划的实施情况。

(4)处理阶段:总结经验,巩固成绩,工作结果标准化;提出尚未解决的问题,转入下一个循环。

在应用 PDCA 四个循环阶段、八个步骤来解决质量问题时,需要收集和整理大量的书籍资料,并用科学的方法进行系统的分析。最常用的七种统计方法是排列图、因果图、直方图、分层法、相关图、控制图及统计分析表。这套方法是以数理统计为理论基础,不仅科学可靠,而且比较直观。

## 九、PDCA 循环

PDCA 是英语单词 plan(计划)、do(执行)、check(检查)和 adjust(纠正)的第一个字母,PDCA 循环就是按照这样的顺序进行质量管理,并且循环不止地进行下去的科学程序,如图 13-9 所示:

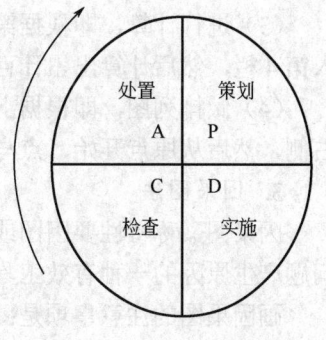

图 13-9 PDCA 循环图

（1）P（plan）计划，包括方针和目标的确定，以及活动规划的制定。

（2）D（do）执行，根据已知的信息，设计具体的方法、方案和计划布局；再根据设计和布局，进行具体运作，实现计划中的内容。

（3）C（check）检查，总结执行计划的结果，分清哪些对了，哪些错了，明确效果，找出问题。

（4）A（adjust）纠正，对总结检查的结果进行处理，对成功的经验加以肯定，并予以标准化。对于失败的教训也要总结，引起重视；对于没有解决的问题，应提交给下一个PDCA循环中去解决。

以上四个过程不是运行一次就结束，而是周而复始的进行，一个循环完了，解决一些问题，未解决的问题进入下一个循环，这样阶梯式上升的。

PDCA循环是全面质量管理所应遵循的科学程序。全面质量管理活动的全部过程，就是质量计划的制订和组织实现的过程，这个过程就是按照PDCA循环，不停顿地周而复始地运转的。

### 十、有关全面质量管理的工具方法

全面质量管理有七种常用工具，就是在开展全面质量管理活动中，用于收集和分析质量数据，分析和确定质量问题，控制和改进质量水平的常用七种方法。这些方法不仅科学，而且实用。

1. 检查表

检查表又称调查表、统计分析表等。检查表是QC七大手法中最简单也是使用得最多的手法。但或许正因为其简单而不受重视，所以检查表使用的过程中存在的问题不少。

使用检查表的目的是：系统地收集资料、积累信息、确认事实并可对数据进行粗略的整理和分析。也就是确认有与没有或者该做的是否完成（检查是否有遗漏）。

2. 排列图法

排列图法是找出影响产品质量主要因素的一种有效方法。制作排列图的步骤是：

（1）收集数据，即在一定时期里收集有关产品质量问题的数据。如可收集1个月或3个月或半年等时期里的废品或不合格品的数据。

（2）进行分层，列成数据表，即：将收集到的数据资料，按不同的问题进行分层处理，每一层也可称为一个项目；然后统计一下各类问题（或每一项目）反复出现的次数（即频数）；按频数的大小次序，从大到小依次列成数据表，作为计算和作图时的基本依据。

（3）进行计算，即根据第3栏的数据，相应地计算出每类问题在总问题中的百分比，计入第4栏，然后计算出累计百分数，计入第5栏。

（4）做排列图，即根据上表数据进行作图。需要注意的是累计百分率应标在每一项目的右侧，然后从原点开始，点与点之间以直线连接，从而做出帕累托曲线。

3. 因果图法

因果图又称特性要因图或鱼骨图。按其形状，也可称为树枝图或鱼刺图。它是寻找质量问题产生原因的一种有效工具。

画因果图的注意事项是：

（1）影响产品质量的大原因，通常从五个大方面去分析，即人、机器、原材料、加工方法和工作环境。每个大原因再具体化成若干个中原因，中原因再具体化为小原因，越细越好，直到可以采取措施为止。

(2) 讨论时要充分发挥技术民主，集思广益。别人发言时，不准打断，不开展争论。各种意见都要记录下来。

### 4. 分层法

分层法又叫分类法，是分析影响质量（或其他问题）原因的方法。我们知道，如果把很多性质不同的原因搅在一起，是很难理出头绪来的。分层法是把收集来的数据按照不同的目的加以分类，把性质相同，在同一生产条件下收集的数据归在一起。这样，可使数据反映的事实更明显、更突出，便于找出问题，对症下药。

企业中处理数据常按以下原则分类：

(1) 按不同时间分类：如按不同的班次、不同的日期进行分类；

(2) 按操作人员分类：如按新、老工人、男工、女工、不同工龄进行分类；

(3) 按使用设备分类：如按不同的机床型号、不同的工夹具等进行分类；

(4) 按操作方法分类：如按不同的切削用量、温度、压力等工作条件进行分类；

(5) 按原材料分类：如按不同的供料单位、不同的进料时间、不同的材料成分等进行分类。

(6) 按不同的检测手段分类。

(7) 其他分类类：如按不同的工厂、使用单位、使用条件、气候条件等进行分类。

总之，因为我们的目的是把不同质的问题分清楚，便于分析问题找出原因。所以，分类方法多种多样，并无任何硬性规定。

### 5. 直方图法

直方图是频数直方图的简称。它是用一系列宽度相等、高度不等的长方形表示数据的图。长方形的宽度表示数据范围的间隔，长方形的高度表示在给定间隔内的数据数。图13-10所示为几种常见的直方图形态。

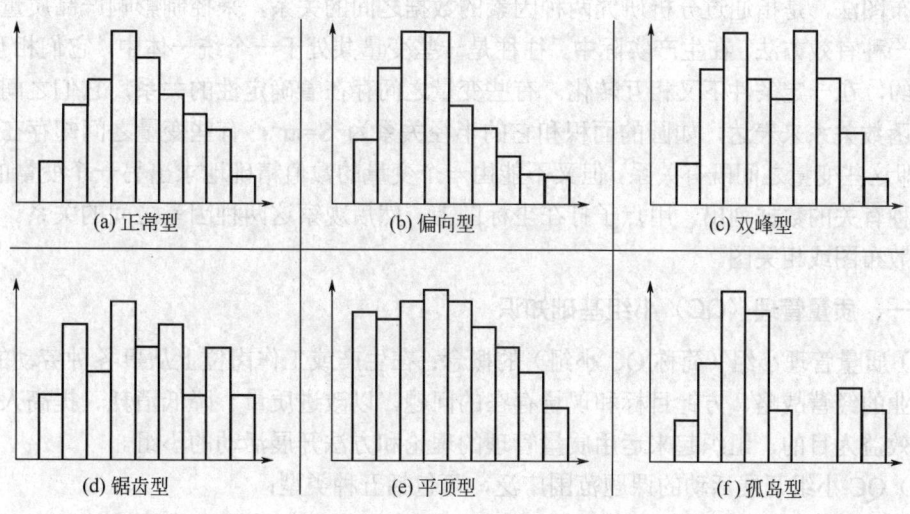

图13-10 常见的直方图形态

直方图的作用是：
（1）显示质量波动的状态；
（2）较直观地传递有关过程质量状况的信息；
（3）通过研究质量波动状况后，就能掌握过程的状况，从而确定在什么地方集中力量进行质量改进工作。

6. 控制图法

控制图法是以控制图的形式，判断和预报生产过程中质量状况是否发生波动的一种常用的质量控制统计方法。它能直接监视生产过程中的过程质量动态，具有稳定生产、保证质量、积极预防的作用，如图 13-11 所示。

控制图在实践中，根据质量数据通常可分为计量型数据的控制图和计数型数据的控制图两大类，共八种。

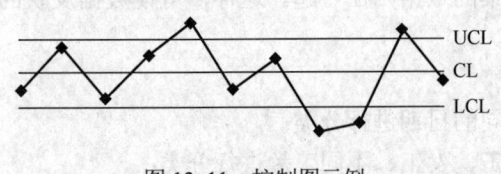

图 13-11 控制图示例

（1）计量型数据的控制图：
① Xbar-R 图（均值—极差图）；
② Xbar-S 图（均值—标准差图）；
③ X-MR 图（单值—移动极差图）；
④ X-R 控制图（中位数图）。

（2）计数型数据的控制图：
① P 图（不合格品率图）；
② np 图（不合格品数图）；
③ c 图（不合格数图）；
④ u 图（单位产品不合格数图）。

7. 散布图法

散布图法，是指通过分析研究两种因素的数据之间的关系，来控制影响产品质量的相关因素的一种有效方法。在生产实际中，往往是一些变量共处于一个统一体中，它们相互联系、相互制约，在一定条件下又相互转化。有些变量之间存在着确定性的关系，它们之间的关系可以用函数关系来表达，如圆的面积和它的半径关系为 $S=\pi r^2$；有些变量之间却存在着相关关系，即这些变量之间既有关系，但又不能由一个变量的数值精确地求出另一个变量的数值。将这两种有关的数据列出，用点子打在坐标图上，然后观察这两种因素之间的关系。这种图就称为散布图或相关图。

十一、质量管理（QC）小组基础知识

（1）质量管理小组（简称 QC 小组）的概念：在生产或工作岗位上从事各种劳动的职工，围绕企业的经营战略、方针目标和现场存在的问题，以改进质量、降低消耗、提高人的素质和经济效益为目的，组织起来运用质量管理的理论和方法开展活动的小组。

（2）QC 小组开展活动的课题范围广泛，可包括五种类型：

① 创新型课题：以运用创新思维开发新产品、新方法，达到有挑战性的目标，以技术人员、管理人员等为主体开展活动的课题。

② 服务型课题：以实现服务工作、标准化、程序化、科学化，提高服务质量、经济效益和社会效益为目的，以从事服务工作人员为主体开展活动的课题。

③ 攻关型课题：以解决部门以上的技术关键问题为对象，须跨班组（甚至跨部门），由有关领导、技术人员和工人相结合组织攻关的难度较大的课题。

④ 管理型课题：以提高管理水平为目的，以业务工作质量和效率方面存在的问题为改进对象，由管理部门工作人员为主体开展活动的课题。

⑤ 现场型课题：以班组和现场存在的问题为改进对象，以稳定工序质量、改进产品质量、降低消耗、提高生产效率、改善生产环境为目的，以操作工人为主体开展活动的课题。

（3）QC 小组注册登记必须每年进行一次。QC 小组注册登记同时就应注册登记课题（注册登记截止时间为每年 12 月 31 日）；只有在上一年活动课题未完成时，才能在新的年度的 QC 小组注册登记时说明继续活动，不必重新登记课题。

（4）QC 小组的四个特点是：明显的自主性，广泛的群众性，高度的民主性，严密的科学性。

（5）QC 小组活动的具体步骤通常是：①选择课题；②现状调查；③设定目标；④原因分析；⑤确定主要原因；⑥制定对策；⑦实施对策；⑧检查效果；⑨制订巩固措施；⑩总结和下一步打算。

（6）QC 小组活动制订对策时，应按"5W1H"来制定。"5W1H"是指对策、目标、措施、地点、完成时间、负责人。

（7）QC 小组整理活动成果报告，应按 QC 小组活动程序进行整理。

（8）在 QC 小组活动中确定主要原因时，通常有讨论分析法、举手表决法、按重要度评分法、"01 打分法"等主观判定方法。但主观判定法易于受经验和现有专业技术的局限，使判断产生误差，要因确定不准，会使下面的对策及实施等活动徒劳无功或事倍功半，影响 QC 小组活动的有效性。正确的判定方法是到现场去通过试验、测量、观察实物、查阅有关记录、向当事者问卷调查、考试等方法取得数据和事实，并依据每一末端原因对其所分析的问题的影响程度大小来判定是否为主要原因。

（9）QC 小组活动与我国传统的技术革新活动的异同是：
① 相同之处：都是群众性的改进活动，都要发挥员工的积极性，创造性来实现改进；都要用到专业技术和经验。
② 不同之处：技术革新活动，可以是一个小组进行，也可是一个人进行，而 QC 小组则是群体活动（小组成员共同参加）；QC 小组活动不仅要运用专业技术和经验，而且还要运用科学的活动程序和方法，以及组织管理技术与方法。

（10）QC 小组活动成果的评审应按照以下原则：
① 从大处着眼，找主要问题；
② 要客观并有依据；
③ 避免在专业技术上钻牛角尖；
④ 不要单纯以经济效益为依据评选优秀 QC 小组。

（11）开展 QC 小组活动的原因是：不仅可以改进生产、经营、技术、管理方面的状况，而且更重要的是可以通过 QC 小组活动，提高小组成员分析问题和解决问题的能力，增强大家的团队精神和协作意识,并为企业培养和锻炼一批管理方面的后备力量;因此,开展QC小组活动,能最大限度地调动企业全体员工的积极性,参与到企业的质量管理活动中来,有助于提高企业的整体素质。

(12)"创新型"课题与"问题解决型"课题的主要区别在于课题的立意和活动的重点不同。"问题解决型"课题,是为了解决现存的问题,运用现有的技术和经验,弄清问题的现状、原因及主要原因,而后制订与实施对策,实现预定的目标(或上级下达的任务,或小组自定的提高管理水平的目标,如提高质量、降低消耗、满足顾客需要,提高经济效益等);而"创新型"课题,则是运用新的思维方式,突破现有技术和经验的条条框框,开发新产品和新方法,实现新的目标,为此充分发挥小组成员的创造性和想象力,提出更多的可能实现目标的各种对策,然后对它们分别进行综合评价,在此基础上选出准备实施的最佳对策,再将之具体化为对策表加以实施。

### 十二、QC成果报告编写要求和方法

#### 1. 编写要求

编写小组活动报告书,最主要的目的是要告诉读者小组活动的成果及其活动过程。一般来讲,对报告书的基本要求可归纳为以下4点:

(1)如实客观——报告书应如实、客观地反映小组活动的过程,不要节外生枝、生搬硬套。

(2)恰当选材——确定编写的重点,选择素材并恰当地裁剪。素材应来自活动过程中的积累,而不能在有了效果之后再拼凑材料、按四段八步组装报告书。要尽可能地用事实和数据来描述活动的过程。

(3)层次分明——报告书应按问题的产生、原因分析、采取措施、效果验证等依次展开,各部分之间的衔接要合理自然,活动的主线要清晰明了。

(4)图文并茂——报告书的文字和图表部分的比例要恰当,形式要尽可能地生动活泼。

#### 2. 报告书的结构

报告书的一般结构如下:

(1)小组概况——小组成员构成、历年活动情况等;

(2)成果或工艺简介(必要时)——要尽量浓缩,往往在介绍一些专业性、技术性较强的成果时或在报告书正文中不便处理时使用"简介";

(3)选题理由——要清楚地表明当初而不是事后为什么选择这一课题;

(4)活动前现状——现状应尽可能用事实和数据来描述,现状可以是问题造成的后果,也可以是生产工艺或产品的水平等,一份报告书是否需要有现状调查这一部分应视具体情况而定;

(5)目标与目标值——报告书要清楚地告诉读者目标与目标值确定的科学性、合理性,必要时可附可行性分析;

(6)原因分析——应具体描述原因与问题之间的关系,原因确定要有依据;

(7)对策与实施——要交代清楚各项对策与原因之间的对应关系,以及哪些事由哪些人做、什么时候做、怎么做、何时完成、如何检查;

(8)效果验证——报告书中列出主要对策的效果验证,其中有效的、无效的与无显著效

果的都要有交代；

（9）巩固措施——主要叙述如何巩固对策的效果；

（10）遗留问题——这部分内容实际上是本次循环的小结，重点找出不足之处或尚待解决的问题。

3. 选题

报告书的选题要突出小组活动的中心内容，要尽量采用精练的语言告诉读者小组针对什么对象、解决了什么问题，要使读者一看就明白这是个什么性质的成果。选题在文字结构上要尽量少用专业术语，就表现小组的成果和活动场所来讲，选题要具体明确、实事求是，不要"小题大做"。

4. 选题理由与现状调查

报告书从"选题理由"起即进入正文，选题理由要说明当时为什么要选择这一课题，而理由往往表现为问题或问题造成的后果。现状调查是对问题或其后果的进一步展开而不是问题或现象的重复。

5. 原因分析

原因分析，关键是要对原因与结果之间的关系进行合乎逻辑的、客观的描述。要写好这部分内容，首先要搞清楚因果关系——原因与结果之间客观存在的关系，因果分析——分析、确定因果关系的过程，因果分析方法——分析因果关系过程中采用的手段这三者之间的关系。在整理、选择素材时要注意能表达清楚这种关系。比如，小组在活动过程中，运用何种方法对事实和数据等有关资料进行归纳分析，从中得出了什么结论，这一结论与生产实际情况是否相符，一般地应从生产工艺原理上对因果关系进行必要的解释。

对原始素材进行恰当的剪裁，充分展示因果分析的逻辑性、科学性和合理性，这不仅是编写报告书的要点，也是评价的重点内容。

6. 对策与实施

对策应针对原因分析中的要因来制定，切要在小组的职责权限之内。实施要着重体现小组成员的参与情况，比如，小组成员做了哪几件事，是如何做的？这里特别要提出的是，解决主要问题是成果，解决次要问题同样也是成果。

7. 效果验证

发现问题——分析原因——采取措施——验证效果——改进提高，这不仅是QC小组开展活动也是解决其他问题应当遵循的一般规律。

验证效果要对各项措施的实施效果进行验证，以便了解这些措施的实施是否有效及有效的程度如何。作为报告书应列出主要措施实施后的效果，这里讲的"效果"一定要与活动前的现状相对照。同时，对效果的计算要注意与措施实施并生效的时间相吻合。

总的来讲，一份QC小组活动成果的报告书应体现PDCA循环的工作程序，但必须明白的是，具体到各个小组的攻关活动来讲，应有其自身的特色和活动的重点，因此只要是按"发现问题——分析原因——采取措施——验证效果——改进提高"这一思路开展活动并总结活动的成效，就是遵循了PDCA循环的逻辑，这一思路可概括为QC小组活动规律，如图13-12所示。

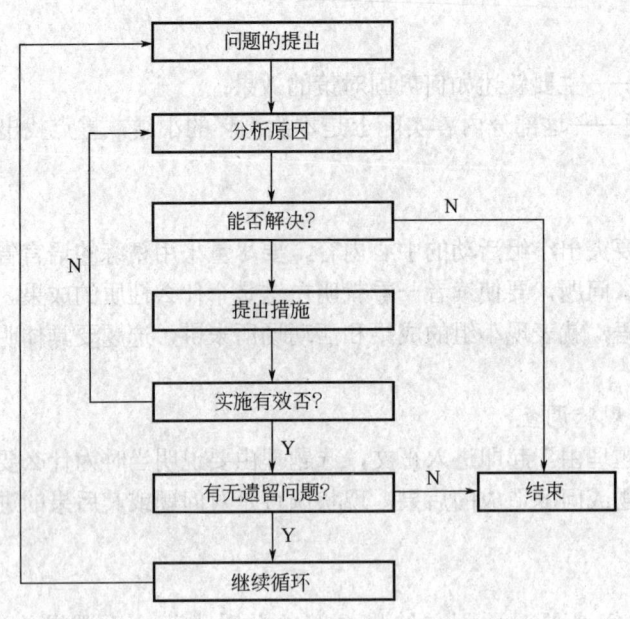

图 13-12 QC 小组活动规律

**十三、合理化建议的编写要求以及方法**

1. 建议类别

在填写合理化建议登记表时,首先需要根据建议内容将其分类,明确的建议类别可以提升后续统计及评审工作的效率。

目前合理化建议主要涉及 5 个类别,分别为业务流程、工作环境、节能环保、企业文化、职工生活及福利。其中,每年选出的优秀建议主要以改善业务流程、工作环境较为多。

2. 背景现状

在提出改善建议前,需要先对当前的状态及提案的背景做一个简单的介绍,这可以帮助其他人,特别是帮助原来不涉及建议相关操作的人员较快地了解建议内容。此外,现状的介绍还将作为后期评审时进行改善前后考评的依据。因此,合理化建议提案中现状介绍必不可缺。

3. 方案措施

合理化建议活动的目的不仅是发现问题,更重要的是发挥大家的智慧,因此一份优秀的合理化建议提案关键是能够提出自己的思考,给出一个改善问题、解决问题的方案或措施。

建议方案的说明必须清晰、具体,要让收到提案的人员能够准确地理解作者的意思。表述时可以另附说明图纸、计算数据、可行性分析等材料,详细说明改善提案的具体操作方法,充分展现改善建议实施后可以创造的价值或节省的资源。

4. 部门意见

部门对于收集到的合理化建议可以进行内部讨论,并给出研究后的意见,比如部门采纳的情况、实际实施的情况,还可以向公司推荐作为评优候选。

经过部门内部讨论的过程不但可以预先筛选出含金量较高的建议,对于一些早已经实施,或是建议本部门改进的意见都能在第一时间进行反馈处理。

合理化建议提案可以涉及以下几方面内容:

(1) 在管理理论、管理技术上有创见,对提高公司经营管理、提高服务质量、提高经济效益或社会效益有具体指导作用。

(2) 对公司和各部门在组织、机构、制度、考核等方面提出改革办法或改进方案。

(3) 对公司目前各项业务流程和经营模式提出新的见解或改进方案。

(4) 对提高企业内部的工作效率和企业在市场经济大环境下的应变能力和服务能力的建议和方法。

(5) 对公司在实施商务洽谈、仓储运输、人员聘用、财务统计、IT技术应用、物业管理、安全生产、环境整治、劳动保护等各项工作中的改进方案。

(6) 对公司增收节支、提高库存、盘活存量、降低开支提出积极的办法。

华北油田公司第×采油厂合理化建议成果申报表见表13-4。

表13-4 华北油田公司第×采油厂合理化建议成果申报表

| 成果名称 | 曹××-×井补孔成功 喜获10t/d高产油流 | | | |
|---|---|---|---|---|
| 成果类别 | 技术人员 | | | |
| 成果完成人 | 戴×× | 林×× | 彭× | 武× |
| 职务(职称) | 助理工程师 | 助理工程师 | 工程师 | 助理工程师 |
| 任务来源 | 曹××断块低产低效井 | | 立新或借鉴 | 立新 |
| 工作起止时间 | 2017年4月至2017年6月 | | 成果采用时间 | 2017年5月1日 |
| 推荐单位 | ××采油作业区 | | | |
| 成果主要技术内容 | 曹××-×井是采油×厂曹××断块的一口生产井,投产于2012年8月17日,初期生产ES32Ⅱ油组,日产油4.9t,不含水,由于无注水对应,地层能量持续下降,逐渐递减至日产1t油。<br>地质技术人员结合多项动静资料综合分析,判断曹××-×井ES32Ⅰ油组的含油饱和度高,油层厚度大,且位置较高,邻井同层未开采,决定补孔Ⅰ油组,与原生产层合采。曹××-×井补孔开井后,连续保持自喷生产,日增油10t,日产液10t,不含水,目前生产形势稳定,日产油量比补孔前增加了9t。与此同步,转注曹××-×井,对应给曹××-×井的Ⅰ油组补充注水,保持地层能量充足。<br>××营采油作业区密切协调作业队伍,现场监督到位,开井后,认真做好后期管理,采油班员工每天清蜡1000m,并根据油井压力变化,悉心调整油嘴大小,力保该井持续稳定的自喷能量 | | | |
| 推广及其应用情况 | 该井的补孔成功对此类低产低效井具有借鉴意义,为曹××断块的增油上产明确了挖潜方向。地质技术人员将继续深入研究,完善该断块注采井网,确保长效高效生产 | | | |
| 有关评审鉴定结论 | 作业区合理化项目评审委员会认为,此方案可行 | | | |
| 创经济效益(计算过程)及社会效益情况 | 按照每增1t油效益2000元计算,创效:275×2000=55.0(万元) | | | |
| 基层单位领导小组意见:<br><br><br><br>(公章)<br>负责人签名:<br>　年　月　日 | | 厂合理化建议评审意见:<br><br><br><br>(公章)<br>负责人签名:<br>　年　月　日 | | |

## 思考练习题

1. 消防器材是如何分类的？
2. 火灾爆炸的原因是什么？

# 附录　采油（气）工技能等级表

| 工种名称 | 项目名称 | 模块名称 | 技能点 名称 | 课时 | 知识点 名称 | 课时 | 适用等级 初级工 | 中级工 | 高级工 | 技师、高级技师 |
|---|---|---|---|---|---|---|---|---|---|---|
| 采油工 | | 采油井井场工艺流程、设备与设施 | 1. 检查工艺流程 | 4 | 1. 井口装置的作、结构、原理 | 4 | 技能点 1-2 知识点 1-2 | 技能点 1-2 知识点 1-4 | 技能点 1-2 知识点 1-4 | 技能点 1-2 知识点 1-4 |
| | | | 2. 检查加热炉工况 | 4 | 2. 集油流程 | 4 | | | | |
| | | | | | 3. 抽油机的结构、类型及工作原理 | 4 | | | | |
| | | | | | 4. 加热炉的结构及工作原理 | 4 | | | | |
| 采油工 | 抽油机井采油 | 抽油机井操作 | 1. 启、停抽油机 | 8 | 1. 抽油机皮带型号及规格 | 1 | 技能点 1-9 知识点 1-3 | 技能点 1-9 知识点 1-5 | 技能点 1-12 知识点 1-7 | 技能点 1-14 知识点 1-8 |
| | | | 2. 抽油机井巡回检查 | 4 | 2. 压力表现场的校对方法 | 1 | | | | |
| | | | 3. 抽油机井开、关井 | 8 | 3. 判断压力表不起压力的原因 | 1 | | | | |
| | | | 4. 抽油机井井口取样 | 4 | 4. 抽油机一级保养的内容 | 4 | | | | |
| | | | 5. 井口更换压力表 | 4 | 5. 影响泵效的因素及提高泵效措施 | 4 | | | | |
| | | | 6. 录取油、套压 | 2 | 6. 抽油杆的型号、类型 | 2 | | | | |
| | | | 7. 更换光杆密封填料 | 8 | 7. 抽油泵的类型及工作原理、适用范围 | 4 | | | | |
| | | | 8. 调整抽油机刹车行程 | 8 | 8. 打捞筒的结构原理 | 1 | | | | |
| | | | 9. 抽油机一级保养 | 4 | | | | | | |
| | | | 10. 检查抽油机底座水平 | 8 | | | | | | |
| | | | 11. 更换抽油机曲柄销子总成 | 8 | | | | | | |
| | | | 12. 更换抽油机毛辫子、驱动绳 | 8 | | | | | | |

续表

| 工种名称 | 项目名称 | 模块名称 | 技能点 | | 知识点 | | 适用等级 | | | |
|---|---|---|---|---|---|---|---|---|---|---|
| | | | 名称 | 课时 | 名称 | 课时 | 初级工 | 中级工 | 高级工 | 技师、高级技师 |
| 采油工 | 抽油机井采油 | 抽油机井操作 | 13. 抽油机井打捞光杆 | 4 | | | 技能点 1-9 知识点 1-3 | 技能点 1-9 知识点 1-5 | 技能点 1-12 知识点 1-7 | 技能点 1-14 知识点 1-8 |
| | | | 14. 抽油机井校对驴头对中 | 8 | | | | | | |
| | | 抽油机井管理 | 1. 测抽油机电流 | 8 | 1. 抽油机平衡标准及检查方法 | 2 | 技能点 1-4 知识点 1-2 | 技能点 1-6 知识点 1-4 | 技能点 1-9 知识点 1-6 | 技能点 1-11 知识点 1-8 |
| | | | 2. 更换抽油机井电动机皮带 | 8 | 2. 抽油机井资料录取与分析 | 2 | | | | |
| | | | 3. 抽油机井井口加药 | 4 | 3. 套管气对油井生产的影响 | 2 | | | | |
| | | | 4. 抽油机井井口憋压 | 4 | 4. 抽油机井热洗标准 | 4 | | | | |
| | | | 5. 检测调整电动机四点一线 | 8 | 5. 检泵作业施工工序与质量要求 | 1 | | | | |
| | | | 6. 抽油机井热洗 | 8 | 6. 抽油机井故障的判断及处理 | 7 | | | | |
| | | | 7. 抽油机井调冲次 | 8 | 7. 理论示功图的绘制与解释 | 2 | | | | |
| | | | 8. 调整游梁式抽油机防冲距 | 8 | 8. 实测示功图的分析 | 4 | | | | |
| | | | 9. 游梁式抽油机井碰泵 | 8 | | | | | | |
| | | | 10. 调整抽油机井平衡 | 8 | | | | | | |
| | | | 11. 调整游梁式抽油机冲程 | 8 | | | | | | |
| 采油工 | 螺杆泵井采油 | 螺杆泵井工艺流程、设备与设施 | 1. 螺杆泵井巡回检查 | 8 | 1. 螺杆泵的结构及工作原理 | 2 | 技能点 1-2 知识点 1-2 | 技能点 1-2 知识点 1-3 | 技能点 1-2 知识点 1-4 | 技能点 1-2 知识点 1-5 |
| | | | 2. 螺杆泵启停操作规程 | 8 | 2. 螺杆泵井地面工艺流程及巡检要点 | 2 | | | | |
| | | | | | 3. 螺杆泵井地面装置的组成及作用（常规型和直驱型） | 2 | | | | |
| | | | | | 4. 螺杆泵的类型与参数 | 1 | | | | |
| | | | | | 5. 螺杆泵井的适用范围 | 1 | | | | |

续表

| 工种名称 | 项目名称 | 模块名称 | 技能点 名称 | 课时 | 知识点 名称 | 课时 | 适用等级 初级工 | 中级工 | 高级工 | 技师、高级技师 |
|---|---|---|---|---|---|---|---|---|---|---|
| 采油工 | 螺杆泵井采油 | 螺杆泵井操作 | 1. 更换螺杆泵密封盒填料 | 4 | 1. 螺杆泵采油技术特点 | 1 | 技能点1-2 知识点1-2 | 技能点1-2 知识点1-2 | 技能点1-2 知识点1-2 | 技能点1-2 知识点1-2 |
| | | | 2. 更换螺杆泵皮带 | 4 | 2. 螺杆泵的日常维护 | 1 | | | | |
| | | 螺杆泵井管理 | 1. 螺杆泵井提出转子洗井 | 4 | 1. 螺杆泵常见故障分析 | 1 | 技能点1-2 知识点1-2 | 技能点1-3 知识点1-2 | 技能点1-5 知识点1-3 | 技能点1-6 知识点1-5 |
| | | | 2. 螺杆泵井更换光杆 | 4 | 2. 螺杆泵井资料录取与要求 | 1 | | | | |
| | | | 3. 更换（地面卧式驱动）螺杆泵电动机 | 4 | 3. 延长螺杆泵检泵周期的措施 | 2 | | | | |
| | | | 4. 更换螺杆泵井驱动头 | 4 | 4. 利用电流法、憋压法诊断螺杆泵况 | 2 | | | | |
| | | | 5. 螺杆泵井憋压 | 4 | 5. 螺杆泵洗井的目的和原则 | 2 | | | | |
| | | | 6. 螺杆泵井测电流 | 4 | | | | | | |
| 采油工 | 自喷井采油 | 自喷井工艺流程、设备与设施 | 1. 自喷井巡回检查 | 4 | 1. 完井井身结构组成 | 1 | 技能点1-4 知识点1-3 | 技能点1-5 知识点1-6 | 技能点1-8 知识点1-7 | 技能点1-8 知识点1-7 |
| | | | 2. 自喷井开关井 | 4 | 2. 油井完井方法 | 4 | | | | |
| | | | 3. 自喷井井口取样 | 4 | 3. 井口装置的类型、结构及参数 | 2 | | | | |
| | | | 4. 自喷井检查更换压力表 | 4 | 4. 诱喷排液 | 2 | | | | |
| | | | 5. 自喷井检查更换油嘴 | 4 | 5. 油井自喷流态 | 2 | | | | |
| | | | 6. 清蜡钢丝打接头 | 4 | 6. 流动过程动力与阻力 | 2 | | | | |
| | | | 7. 自喷井机械清蜡 | 4 | 7. 油井自喷的基本原理 | 2 | | | | |
| | | | 8. 更换阀门 | 4 | | | | | | |
| | | 自喷井操作 | 1. 计量分离器加底水 | 4 | 1. 生产压差与工作制度 | 2 | 技能点1-2 知识点1-3 | 技能点1-4 知识点1-3 | 技能点1-4 知识点1-3 | 技能点1-4 知识点1-3 |
| | | | 2. 计量分离器冲底砂 | 4 | 2. 自喷井井场流程 | 2 | | | | |
| | | | 3. 更换计量分离器板式液位计 | 4 | 3. 油井结蜡因素与清防蜡技术 | 4 | | | | |
| | | | 4. 更换计量分离器安全阀 | 4 | 4. 安全阀的结构及原理 | 1 | | | | |

续表

| 工种名称 | 项目名称 | 模块名称 | 技能点 名称 | 技能点 课时 | 知识点 名称 | 知识点 课时 | 适用等级 初级工 | 适用等级 中级工 | 适用等级 高级工 | 适用等级 技师、高级技师 |
|---|---|---|---|---|---|---|---|---|---|---|
| 采油工 | 自喷井采油 | 自喷井管理 | 1. 合理工作制度选择 | 4 | 1. 采油常用名词解释 | 4 | 技能点1-2 知识点1-2 | 技能点1-3 知识点1-2 | 技能点1-4 知识点1-2 | 技能点1-4 知识点1-2 |
| | | | 2. 自喷井资料录取与分析 | 4 | 2. 孔板流量计结构及工作原理 | 2 | | | | |
| | | | 3. 自喷井故障判断与分析 | 4 | | | | | | |
| 采油工 | 电动潜油泵采油 | 电动潜油泵井工艺流程、设备与设施 | 1. 电泵井巡回检查 | 4 | 1. 电动潜油泵井工作原理 | 4 | 技能点1-2 知识点1-2 | 技能点1-2 知识点1-3 | 技能点1-2 知识点1-4 | 技能点1-2 知识点1-4 |
| | | | 2. 电泵潜油泵启泵 | 4 | 2. 电动潜油泵井结构及各部件作用 | 2 | | | | |
| | | | 3. 电动潜油泵停泵 | 4 | 3. 电动潜油泵井适用范围 | 1 | | | | |
| | | | | | 4. 电动潜油泵型号及工作参数 | 1 | | | | |
| 采油工 | 电动潜油泵采油 | 电动潜油泵井操作 | 1. 电泵井清蜡 | 4 | 1. 控制屏组成及功能 | 1 | 技能点1 知识点1-2 | 技能点1-2 知识点1-2 | 技能点1-2 知识点1-2 | 技能点1-2 知识点1-2 |
| | | | 2. 电泵井洗井 | 4 | 2. 电泵井结蜡与防蜡措施 | 1 | | | | |
| | | 电动潜油泵井管理 | 1. 处理电泵井欠载停机 | 4 | 1. 电动潜油泵井过、欠载值设定原则 | 2 | 技能点1-2 知识点1-2 | 技能点1-3 知识点1-3 | 技能点1-4 知识点1-4 | 技能点1-4 知识点1-4 |
| | | | 2. 处理电泵井过载停机 | 4 | 2. 潜油电泵井资料录取与分析 | 4 | | | | |
| | | | 3. 检查更换电泵井油嘴 | 4 | 3. 分析、处理电泵井常见故障 | 4 | | | | |
| | | | 4. 电泵井作业跟踪描述 | 4 | 4. 影响电泵井生产的主要因素 | 4 | | | | |
| 采油工 | 采油站管理 | 采油站设备、设施 | 1. 量油、测气 | 2 | 1. 计量分离器的结构及工作原理 | 2 | 技能点1 知识点1-2 | 技能点1-2 知识点1-3 | 技能点1-3 知识点1-3 | 技能点1-3 知识点1-4 |
| | | | 2. 更换分离器安全阀 | 4 | 2. 量油、测气的方法及原理 | 2 | | | | |
| | | | 3. 添加闸板阀密封填料 | 4 | 3. 常用阀门的类型及使用 | 2 | | | | |
| | | | | 2 | 4. 安全阀结构及原理 | 4 | | | | |
| | | 采油站操作 | 1. 启、停离心泵 | 4 | 1. 离心泵结构及工作原理 | 2 | 技能点1-2 知识点1-2 | 技能点1-2 知识点1-3 | 技能点1-2 知识点1-5 | 技能点1-2 知识点1-6 |
| | | | 2. 制作更换法兰垫片 | 4 | 2. 离心泵的工况参数 | 2 | | | | |

续表

| 工种名称 | 项目名称 | 模块名称 | 技能点 名称 | 课时 | 知识点 名称 | 课时 | 适用等级 初级工 | 中级工 | 高级工 | 技师、高级技师 |
|---|---|---|---|---|---|---|---|---|---|---|
| 采油工 | 采油站管理 | 采油站操作 | 3．更换阀门操作 | 4 | 3．离心泵常见故障判断及处理 | 2 | 技能点 1-2 知识点 1-2 | 技能点 1-3 知识点 1-4 | 技能点 1-3 知识点 1-5 | 技能点 1-4 知识点 1-6 |
| | | | 4．站内扫线 | 2 | 4．螺杆泵常见故障判断处理 | 2 | | | | |
| | | | | | 5．变频器的作用 | 2 | | | | |
| | | | | | 6．站内扫线的技术要求 | 2 | | | | |
| | | 采油站管理 | 1．油水井资料的录取 | 2 | 1．资料录取的技术要求 | 2 | 技能点 1 知识点 1 | 技能点 1-2 知识点 1-2 | 技能点 1-3 知识点 1-3 | 技能点 1-3 知识点 1-4 |
| | | | 2．站内设备故障诊断与处理 | 2 | 2．油井清、防蜡的方法 | 2 | | | | |
| | | | 3．处理管线堵塞故障 | 2 | 3．调节并计量单井井口掺水量的方法 | 2 | | | | |
| | | | | | 4．管线解堵方法和安全要求 | 3 | | | | |
| 采油工 | 注水管理 | 注水井工艺流程、设备与设施 | 1．注水井巡回检查 | 4 | 1．油田注水的目的 | 1 | 技能点 1-3 知识点 1-2 | 技能点 1-4 知识点 1-3 | 技能点 1-5 知识点 1-4 | 技能点 1-6 知识点 1-4 |
| | | | 2．注水井开、关井 | 4 | 2．水源的类型 | 1 | | | | |
| | | | 3．倒注水井注水流程 | 4 | 3．油田注水的方式 | 2 | | | | |
| | | | 4．清洗、更换高压水表芯子 | 4 | 4．注水井站工艺流程及设备设施 | 4 | | | | |
| | | | 5．倒注水井洗井流程 | 4 | | | | | | |
| | | | 6．更换注水阀门及配件 | 4 | | | | | | |
| | | 注水井操作 | 1．注水井取水样 | 4 | 1．注入水水质要求及处理工艺 | 2 | 技能点 1-3 知识点 1-2 | 技能点 1-4 知识点 1-3 | 技能点 1-5 知识点 1-3 | 技能点 1-5 知识点 1-3 |
| | | | 2．调整注水井注水量 | 4 | 2．注水井井身结构 | 2 | | | | |
| | | | 3．更换注水井压力表 | 4 | 3．注水井投注程序 | 2 | | | | |
| | | | 4．测注水井指示曲线 | 4 | | | | | | |
| | | | 5．注水井冲洗地面管线 | 4 | | | | | | |

续表

| 工种名称 | 项目名称 | 模块名称 | 技能点 名称 | 课时 | 知识点 名称 | 课时 | 适用等级 初级工 | 中级工 | 高级工 | 技师、高级技师 |
|---|---|---|---|---|---|---|---|---|---|---|
| 采油工 | 注水管理 | 注水井管理 | 1. 注水井资料录取 | 2 | 1. 注水井资料录取与分析 | 4 | 技能点 1-2 知识点 1-2 | 技能点 1-3 知识点 1-3 | 技能点 1-4 知识点 1-4 | 技能点 1-4 知识点 1-5 |
| | | | 2. 注水井故障诊断与处理 | 4 | 2. 注水井洗井原因目的及标准 | 2 | | | | |
| | | | 3. 注水井作业跟踪描述 | 2 | 3. 注水井注水量变化的原因分析 | 4 | | | | |
| | | | 4. 分析注水井指示曲线 | 4 | 4. 分层注水管柱类型 | 2 | | | | |
| | | | | 4 | 5. 注水井调剖的目的 | 2 | | | | |
| | | 水井分注工艺 | | | 1. 分注机理 | 2 | | | | 知识点 1-2 |
| | | | | | 2. 分注施工工序 | 2 | | | | |
| 采油工 | 智慧油田基础知识 | 前端感知、采集设备 | 1. 抽油机更换角位移传感器 | 4 | 1. 载荷传感器的原理 | 1 | 技能点 1-2 知识点 1-2 | 技能点 1-5 知识点 1-4 | 技能点 1-7 知识点 1-5 | 技能点 1-9 知识点 1-6 |
| | | | 2. 抽油机更换载荷传感器 | 4 | 2. 角位移传感器的原理 | 1 | | | | |
| | | | 3. 更换压力传感器操作 | 4 | 3. 压力变送器分类和测量原理 | 1 | | | | |
| | | | 4. 更换温度传感器操作 | 4 | 4. 温度变送器类型 | 1 | | | | |
| | | | 5. 更换油井掺水流量自控仪 | 4 | 5. 掺水流量自控仪工作原理 | 1 | | | | |
| | | | 6. 更换注水井高压流量自控仪 | 4 | 6. PLC控制柜的组成 | 1 | | | | |
| | | | 7. 油井掺水流量自控仪保养与维护 | 4 | | | | | | |
| | | | 8. RTU供电故障排除 | 4 | | | | | | |
| | | | 9. 监控系统报警处理 | 4 | | | | | | |
| 采油工采气工 | | 通信部分 | | | 1. McWiLL技术 | 1 | | 知识点 1-2 | 知识点 1-3 | |
| | | | | | 2. TD-LTE技术 | 1 | | | | |
| | | | | | 3. 网络安全要求 | 1 | | | | |

续表

| 工种名称 | 项目名称 | 模块名称 | 技能点 | | 知识点 | | 适用等级 | | | |
|---|---|---|---|---|---|---|---|---|---|---|
| | | | 名称 | 课时 | 名称 | 课时 | 初级工 | 中级工 | 高级工 | 技师、高级技师 |
| 采油工 | | 上位机软件平台部分 | 1. 油井远程启停操作 | 2 | 1. 油气生产自动化基础知识 | 4 | 技能点 1-5 知识点 1-2 | 技能点 1-6 知识点 1-2 | 技能点 1-8 知识点 1-3 | 技能点 1-10 知识点 1-3 |
| | | | 2. 远程自动启停注水泵操作 | 4 | 2. 视频监控系统基础知识 | 4 | | | | |
| | | | 3. 视频监控系统操作操作 | 2 | 3. 视频监控系统的组成 | 4 | | | | |
| | | | 4. A2生产报表的录入 | 2 | | | | | | |
| | | | 5. 油井自动计量 | 2 | | | | | | |
| | | | 6. 电动阀远程操作 | 1 | | | | | | |
| | | | 7. 视频监控系统的常见故障判断 | 1 | | | | | | |
| | | | 8. 抽油机井生产运行参数的采集分析 | 1 | | | | | | |
| | | | 9. 示功图的采集分析 | 1 | | | | | | |
| | | | 10. 无线压力变送器的更换 | 1 | | | | | | |
| | 油水井动态分析 | 油水井单井动态分析 | 1. 整理资料 | 2 | 1. 石油地质基础知识 | 4 | 技能点 1-3 知识点 1-3 | 技能点 1-4 知识点 1-5 | 技能点 1-5 知识点 1-7 | |
| | | | 2. 单井地面管理分析 | 4 | 2. 油田开发基础知识 | 4 | | | | |
| | | | 3. 分析生产动态 | 4 | 3. 油田开发的指标 | 4 | | | | |
| | | | 4. 分析单井措施效果 | 4 | 4. 油水井管柱结构 | 2 | | | | |
| | | | 5. 分析单井问题产生的原因,并提出整改措施 | 4 | 5. 采油管理指标 | 2 | | | | |
| | | | | | 6. 动态分析的内容和方法 | 4 | | | | |
| | | | | | 7. 动态分析常用曲线、图表及应用 | 4 | | | | |
| | | 油水井井组动态分析 | 1. 整理井组资料 | 2 | 1. 井组连通知识 | 4 | | 技能点 1-3 知识点 1-3 | | 技能点 1-7 知识点 1-6 |
| | | | 2. 分析井组生产现状 | 4 | 2. 地层三大矛盾知识 | 4 | | | | |
| | | | 3. 分析井组油层连通状况 | 4 | 3. 井组动态分析的内容和方法 | 4 | | | | |

续表

| 工种名称 | 项目名称 | 模块名称 | 技能点 名称 | 技能点 课时 | 知识点 名称 | 知识点 课时 | 适用等级 初级工 | 适用等级 中级工 | 适用等级 高级工 | 适用等级 技师、高级技师 |
|---|---|---|---|---|---|---|---|---|---|---|
| 采油工 | 油水井动态分析 | 油水井井组动态分析 | 4. 分析三大矛盾 | 2 | 4. 井组动态分析常用曲线、图表及应用 | 4 | | | | |
| | | | 5. 分析井组地下动态变化 | 4 | 5. 井组注采平衡和压力平衡状况 | 4 | | | | |
| | | | 6. 分析井组措施效果 | 4 | 6. 井组综合含水状况 | 4 | | | | |
| | | | 7. 分析井组问题产生的原因，并提出整改措施 | 4 | | | | | | |
| 采气工 | 采气井管理 | 煤层气井操作 | 1. 煤层气井示功图测试 | 4 | 1. 煤层气井典型示功图 | 8 | 技能点1-3 知识点1 | 技能点1-4 知识点1 | 技能点1-6 知识点1-2 | |
| | | | 2. 煤层气井动液面测试 | 4 | 2. 液面曲线校正方法 | 8 | | | | |
| | | | 3. 单井扫线、凝液缸放水 | 4 | | | | | | |
| | | | 4. 旋进旋涡流量计故障判断及处理 | 4 | | | | | | |
| | | | 5. 清管器发球操作 | 4 | | | | | | |
| | | | 6. 清管器收球操作 | 4 | | | | | | |
| | | 煤层气井排采管理 | 1. 煤层气井资料录取 | 4 | 1. 排采技术发展历程 | 4 | 技能点1 知识点1 | 技能点1 知识点1-2 | 技能点1-2 知识点1-2 | |
| | | | 2. 单井监测辨识与处理 | 4 | 2. 排采工艺 | 8 | | | | |
| 采油工 采气工 | 常用工具、量具 | 工具 | 1. 管钳 | 1 | 1. 工具型号、结构、用途及性能 2. 工具的使用、维修和保养 | 1 | 技能点1-6 知识点1-2 | 技能点1-8 知识点1-2 | 技能点1-11 知识点1-2 | 技能点1-13 知识点1-2 |
| | | | 2. 扳手 | 1 | | 1 | | | | |
| | | | 3. 手钢锯 | 1 | | 1 | | | | |
| | | | 4. 手钳 | 1 | | 1 | | | | |
| | | | 5. 起子 | 1 | | 1 | | | | |
| | | | 6. 黄油枪 | 1 | | 1 | | | | |
| | | | 7. 锉刀 | 1 | | 1 | | | | |
| | | | 8. 大锤、手锤和撬杠 | 1 | | 1 | | | | |

附录 采油（气）工技能等级表

续表

| 工种名称 | 项目名称 | 模块名称 | 技能点 名称 | 技能点 课时 | 知识点 名称 | 知识点 课时 | 适用等级 初级工 | 适用等级 中级工 | 适用等级 高级工 | 适用等级 技师、高级技师 |
|---|---|---|---|---|---|---|---|---|---|---|
| 采油工 采气工 | 常用工具、量具 | 工具 | 9．台虎钳 | 1 |  | 1 | 技能点 1-6 知识点 1-2 | 技能点 1-8 知识点 1-2 | 技能点 1-11 知识点 1-2 | 技能点 1-13 知识点 1-2 |
|  |  |  | 10．拔轮器 | 1 |  | 1 |  |  |  |  |
|  |  |  | 11．压力钳 | 1 |  | 1 |  |  |  |  |
|  |  |  | 12．绳具、索具 | 1 |  | 1 |  |  |  |  |
|  |  |  | 13．千斤顶 | 1 |  | 1 |  |  |  |  |
|  |  | 量具 | 1．内外卡钳 | 1 | 1．量具型号、结构、用途及性能 2．量具的使用、维修和保养 | 1 | 技能点 1-2 知识点 1-2 | 技能点 1-4 知识点 1-2 | 技能点 1-6 知识点 1-2 | 技能点 1-8 知识点 1-2 |
|  |  |  | 2．塞尺 | 1 |  | 1 |  |  |  |  |
|  |  |  | 3．游标卡尺 | 1 |  | 1 |  |  |  |  |
|  |  |  | 4．钢尺和钢卷尺 | 1 |  | 1 |  |  |  |  |
|  |  |  | 5．水平尺 | 1 |  | 1 |  |  |  |  |
|  |  |  | 6．量油尺 | 1 |  | 1 |  |  |  |  |
|  |  |  | 7．量块 | 1 |  | 1 |  |  |  |  |
|  |  |  | 8．螺旋千分尺 | 1 |  | 1 |  |  |  |  |
| 采油工 | 仪器仪表 | 仪器仪表 | 1．选择、安装、使用压力表 | 4 | 1．仪器、仪表的结构、型号、用途、性能 2．仪器仪表的使用、维修和保养 | 2 | 技能点 1-2 知识点 1-2 | 技能点 1-3 知识点 1-2 | 技能点 1-5 知识点 1-2 | 技能点 1-5 知识点 1-2 |
|  |  |  | 2．使用钳型电流表 | 4 |  | 4 |  |  |  |  |
|  |  |  | 3．使用干式水表 | 2 |  | 2 |  |  |  |  |
|  |  |  | 4．使用可燃气体检测仪 | 2 |  | 2 |  |  |  |  |
|  |  |  | 5．使用硫化氢检测仪 | 2 |  | 2 |  |  |  |  |
| 采油工 采气工 | 技术培训与论文编写 | 技术培训 | 1．调研培训需求的方法 | 2 | 1．收集培训需求 2．编写技术教学方案 3．编写培训大纲 4．制定培训教材编写的内容及要求 5．培训手段 6．培训评估总结 | 2 |  |  |  | 技能点 1-6 知识点 1-6 |
|  |  |  | 2．编写技术教学方案的方法 | 2 |  | 2 |  |  |  |  |
|  |  |  | 3．编写教学大纲的方法 | 2 |  | 2 |  |  |  |  |
|  |  |  | 4．编写培训教材的方法 | 2 |  | 2 |  |  |  |  |

续表

| 工种名称 | 项目名称 | 模块名称 | 技能点 名称 | 技能点 课时 | 知识点 名称 | 知识点 课时 | 适用等级 初级工 | 适用等级 中级工 | 适用等级 高级工 | 适用等级 技师、高级技师 |
|---|---|---|---|---|---|---|---|---|---|---|
| 采油工 采气工 | 技术培训与论文编写 | 技术培训 | 5．组织教学方法 | 2 | | 2 | | | | 技能点1-6 知识点1-6 |
| | | | 6．设计培训评估表 | 1 | | 1 | | | | |
| | | 论文编写 | 1．编写技术论文的方法 | 2 | 1．技术论文的分类<br>2．技术论文写作过程中常用的方法<br>3．技术论文常用术语<br>4．技术论文编写基本要求<br>5．技术论文的写作格式<br>6．运用掌握论文的三要素 | 2 | | | | 技能点1 知识点1-6 |
| 采油工 采气工 | 综合管理 | 识读工艺流程图 | 1．读懂井站流程图 | 4 | 1．工艺流程图图色标准 | 4 | 技能点1 知识点1 | 技能点1-2 知识点1 | 技能点1-2 知识点1 | 技能点1-2 知识点1 |
| | | | 2．绘制井站流程图 | 4 | 2．工艺流程图常用图例 | | | | | |
| | | | | | 3．工艺流程图范例 | | | | | |
| | | 安全用电基础知识 | 1．正确使用试电笔 | 0.5 | 1．常用电气设备安全用电常识 | 4 | 技能点1-4 知识点1-2 | 技能点1-4 知识点1-2 | 技能点1-4 知识点1-2 | 技能点1-4 知识点1-2 |
| | | | 2．站用生活电器的安全使用 | 1 | 2．触电后的急救方法 | 4 | | | | |
| | | | 3．电气设备的操作 | 1 | | | | | | |
| | | | 4．触电的现场急救 | 4 | | | | | | |
| | | 消防安全知识 | 1．正确使用消防器材 | 2 | 1．消防法规概述 | 1 | 技能点1-4 知识点1-5 | 技能点1-4 知识点1-5 | 技能点1-4 知识点1-5 | 技能点1-4 知识点1-5 |
| | | | 2．正确疏散、救人与逃生 | 2 | 2．消防基础知识 | 1 | | | | |
| | | | 3．正确报火警 | 2 | 3．火场逃生与疏散 | 1 | | | | |
| | | | 4．会扑救初起火灾 | 2 | 4．常用消防器材的使用与要求 | 1 | | | | |

续表

| 工种名称 | 项目名称 | 模块名称 | 技能点 | | 知识点 | | 适用等级 | | | |
|---|---|---|---|---|---|---|---|---|---|---|
| | | | 名称 | 课时 | 名称 | 课时 | 初级工 | 中级工 | 高级工 | 技师、高级技师 |
| 采油工 采气工 | 综合管理 | HSE 管理体系基础知识 | 1．正确使用正压呼吸器 | 4 | 1．HSE 管理体系的基本要素 | 4 | 技能点 1-2 知识点 1-3 | 技能点 1-3 知识点 1-7 | 技能点 1-3 知识点 1-7 | 技能点 1-4 知识点 1-7 |
| | | | 2．生产现场急救 | 2 | 2．作业许可程序 | 2 | | | | |
| | | | 3．应急预案编制 | 4 | 3．两书一表 | 2 | | | | |
| | | | | | 4．动火作业、进入受限空间作业、管线打开作业、高处作业、临时用电作业的管理办法与流程 | 4 | | | | |
| | | | | | 5．职业安全卫生法律法规 | 4 | | | | |
| | | | | | 6．防火防爆的基本知识 | 4 | | | | |
| | | | | | 7．防护与急救知识 | 4 | | | | |
| | | 质量管理体系基础知识 | 1．编写 QC 成果报告 | 4 | 1．全面质量管理的基本概念和原理 | 2 | | | 技能点 1 知识点 1-6 | 技能点 +A3:K205 1 知识点 1-6 |
| | | | | | 2．PDCA 循环 | 2 | | | | |
| | | | | | 3．有关全面质量管理的工具方法 | 1 | | | | |
| | | | | | 4．质量管理（QC）小组基础知识 | 1 | | | | |
| | | | | | 5．QC 成果报告编写要求及方法 | 2 | | | | |
| | | | | | 6．合理化建议的编写要求及方法 | 2 | | | | |

· 417 ·

## 参 考 文 献

[1] 中国石油天然气集团公司职业技能鉴定指导中心. 采油工[M]. 北京：石油工业出版社，2011.
[2] 中国石油天然气集团公司职业技能鉴定指导中心. 采油工[M]. 北京：石油工业出版社，2009.
[3] 王欣辉. 螺杆泵采油工艺技术[M]. 青岛：中国石油大学出版社，2017.
[4] 刘玉忠. 地面驱动螺杆泵采油装置[M]. 北京：石油工业出版社，2015.
[5] 齐振林. 螺杆泵采油技术问答[M]. 北京：石油工业出版社，2002.
[6] 连经社. 采油工艺[M]. 北京：中国石化出版社，2011.
[7] 邹艳霞. 采油工艺技术[M]. 北京：石油工业出版社 2006.
[8] 高志亮，等，数字油田在中国——油田物联网技术与进展[M]. 北京科学出版社，2013.
[9] 金海英. 油气井生产动态分析[M]. 北京：石油工业出版社，2010.
[10] 唐磊，吴秀杰. 采油技师培训教程习题集[M]. 北京：石油工业出版社，2014.
[11] 高书香. 采油生产管理[M]. 天津：天津大学出版社，2012.
[12] 陈凡云. 国内三次采油技术[M]. 北京：石油工业出版社，2016.